Erdbeben

Götz Schneider

Erdbeben

Zuschriften und Kritik an:
Elsevier GmbH, Spektrum Akademischer Verlag, Dr. Christoph Iven, Slevogtstr. 3-5, 69126 Heidelberg
Professor Dr. Götz Schneider, Gerokstraße 58, 70184 Stuttgart

Bibliografische Information Der Deutschen Bibliothek
Die Deutsche Bibliothek verzeichnet diese Publikation in der Deutschen Nationalbibliografie; detaillierte bibliografische Daten sind im Internet über http://dnb.ddb.de abrufbar.

1. Auflage Juli 2004, Softcover 2013

Spektrum Akademischer Verlag ist ein Imprint der Elsevier GmbH.

04 05 06 07 5 4 3 2 1 0

Planung und Lektorat: Frank Wigger / Christoph Iven
Redaktion: Peter Linden / Christoph Iven
Herstellung: Katrin Frohberg
Satz: Mitterweger & Partner, Plankstadt
Druck und Bindung: Krips BV, NL-Meppel
Umschlaggestaltung: SpieszDesign, Neu-Ulm
Titelfotografie: Typischer Erdbebenschaden an einem Altbau im Epizentralgebiet des Loma-Prieta-Erdbebens (Santa Cruz, Kalifornien, 1989), Foto: Götz Schneider

ISBN 978-3-8274-1525-7 (Hardcover)
ISBN 978-3-8274-3080-9 (Softcover)

Aktuelle Informationen finden Sie im Internet unter www.elsevier.de

Inhaltsverzeichnis

Vorwort

Wie der Mensch sich auf das Phänomen „Erdbeben" einstellen sollte, findet man bereits in einer Schrift von Kant, die der Philosoph vor fast 250 Jahren nach dem Lissabonner Erdbeben veröffentlicht hat. Er sagt: „Der Mensch muss sich in die Natur schicken lernen, aber er will, dass sie sich in ihn schicken soll". Das Wissen über die Entstehung und die Wirkung seismischer Bodenbewegungen ist vor allem im 20. Jahrhundert sprunghaft angestiegen. Trotzdem kommt es aber auch heute noch bei Erdbeben zu katastrophalen Auswirkungen. Das Verhalten des Menschen ist offensichtlich nicht ausreichend vernünftig, wie es Kant für die Handlungen im Alltag ebenso wie für die Einstellung gegenüber der Naturerscheinung „Erdbeben" ausdrücklich gefordert hat.

Dieses Buch wendet sich an Geowissenschaftler, Ingenieure und interessierte Laien, die sich über die Naturerscheinung „Erdbeben" informieren möchten. Zur besseren Lesbarkeit des Textes wurden Formeln und Gleichungen in Kästen zusammengefasst. Unterstützung findet der Leser im Abschnitt „Begriffserklärungen". Die Literaturverzeichnisse sollen einen Einstieg in die Fachliteratur zu speziellen Fragen ermöglichen.

Dank. Das vorliegende Buch wurde in einer Diskussion mit Herrn Dr. Ch. **Iven** konzipiert, dem mein besonderer Dank für die Betreuung des Projekts und zahlreiche nützliche Hinweise gilt.

Folgende Kollegen haben mich mit der Überlassung von Abbildungen unterstützt:

Dr. G. **Berz**, Münchener Rückversicherungs-Gesellschaft, München; Dr. W. **Brüstle**, Landesamt für Geologie, Rohstoffe und Bergbau Baden-Württemberg, Freiburg; Dr. G. **Grünthal**, Geoforschungszentrum, Potsdam; Prof. Dr. G. **Klein**, Hannover.

Prof. Dr. A. **Udías**, Madrid, Dr. H. **Schneider**, Wirtschaftsministerium Baden-Württemberg, Stuttgart, die American Geophysical Union, Washington D.C., die Royal Astronomical Society, London, Kluwer Academic Publishers, Dordrecht, die Eclogae geologicae Helvetiae, Basel haben mir freundlicherweise die Erlaubnis erteilt, veröffentlichte Darstellungen zu übernehmen.

Herrn Prof. Dr. E. **Wielandt** danke ich für wertvolle Hinweise und die Möglichkeit, die Bibliothek des Instituts für Geophysik der Universität Stuttgart zu benützen, wobei mich Frau K. **Gliddon** unterstützt hat.

Meiner Frau **Hetha Schneider** danke ich für die Durchsicht des Manuskripts und meinem Sohn Dr. **Urs Schneider** für die geduldige Hilfe beim Umgang mit dem P.C.

Stuttgart im Frühjahr 2004

1. Entstehung von Erdbeben

In unseren Tagen treten Erdbeben als Schadensursache deutlich hinter Stürmen und Überschwemmungen zurück. Während sich heute außergewöhnliche Ereignisse der Luft- und Wasserhülle meist schon während ihrer Entstehung erfassen und verfolgen lassen, bleiben die Prozesse, die im Erdinnern zu einem größeren Erdbeben führen, weitgehend im Dunklen. Das überraschende Auftreten starker Bodenbewegungen führt zu psychischen Effekten, die vom Schrecken bis zur panischen Reaktion reichen. Der Erdboden wird vom Menschen als etwas Ruhendes, Zuverlässiges betrachtet. Der Verlust dieser Sicherheit wurde vom Altertum bis weit in die Neuzeit hinein von religiösen Weltanschauungen als Strafe eines Gottes interpretiert: Das Erdbeben sollte durch Verbreitung von Schrecken und Zerstörung von Werken der sündigen Menschheit an die Existenz und Herrschaft höherer Wesen erinnern.

Man kann die Versuche einer naturwissenschaftlichen Erklärung des Phänomens „Erdbeben" zwar ebenfalls bis ins klassische Altertum zurückverfolgen; aber erst mit dem Beben von Lissabon (1755) setzt ein deutlicher Umbruch im Verhältnis zwischen naturwissenschaftlicher und theologischer Deutung des Erdbebenvorgangs ein. So zeigt Kant, unmittelbar nach dem Ereignis in Portugal, dass Erdbeben in ihrer Entstehung an den Wärmehaushalt des Erdkörpers gebunden sind. Ein Jahrhundert danach ordnet der österreichische Geologe E. Suess die Erdbeben Niederösterreichs und Süditaliens Bewegungen auf tektonischen Brüchen zu. Durch eine Analyse der mit dem „San-Francisco-Erdbebens" des Jahres 1906 verbundenen Brüche und Deformationen zeigt H. F. Reid, dass sich Erdbeben aus einer Bewegungshemmung auf tektonischen Bruchflächen, in diesem Falle der San-Andreas-Horizontalverschiebung, entwickeln.

Das Erdbeben ist jetzt zu einer Teilerscheinung des weltweiten Umformungsprozesses der äußersten Erdschicht, der Lithosphäre geworden. Im Laufe des 20. Jahrhunderts kann die Seismotektonik nachweisen, wie sich schnell verlaufende, d. h. seismische Verschiebungen in den Rahmen der globalen Tektonik einordnen.

1.1 Horizontalverschiebungen

a. Kalifornien und die San-Andreas-Störung

Die Untersuchungen an dieser tektonischen Struktur bestimmen sehr weitgehend unseren Wissensstand über den seismischen Herdprozess. Das ist nicht nur der Zugänglichkeit der San-Andreas-Störung, sondern vor allem der herausragenden Qualität kalifornischer Erdbebenforschung zu verdanken. Wir wenden uns deshalb zuerst dieser Erdbebenregion zu.

In den 50er Jahren des 20. Jahrhunderts macht eine Gruppe von Geowissenschaftlern im mittleren Kalifornien die folgende wichtige Beobachtung: Ein 1948 gebauter Abwasserkanal, der die San-Andreas-Störung kreuzt, wird in den Jahren 1948 – 1959 um etwa 30 cm entlang eines Risses verschoben, ohne dass ein größeres Erdbeben oder eine andere Bodenbewegung in seiner Umgebung stattgefunden hat (*Steinbrugge et al., 1960*). Nördlich des Ortes, an dem die nicht-seismische Verschiebung entdeckt wurde, war die San-Andreas-Störung im Jahre 1906 Schauplatz des bekannten Nordkalifornischen Bebens („San-Francisco-Beben"). Nach diesem Ereignis wurden auf einer Länge von 432 km Horizontalverschiebungen von maximal 6-8 m nachgewiesen (*Yeats et al., 1997; Brune & Thatcher, 2002;* Abb. 1.1 und 1.2).

Die technischen Auswirkungen des Erdbebens von 1906 auf eine moderne Großstadt waren für die Jahre vor dem I. Weltkrieg eine Nachricht, die – ähnlich wie der Untergang der Titanic im Jahre 1912 – weltweites Interesse erregte.

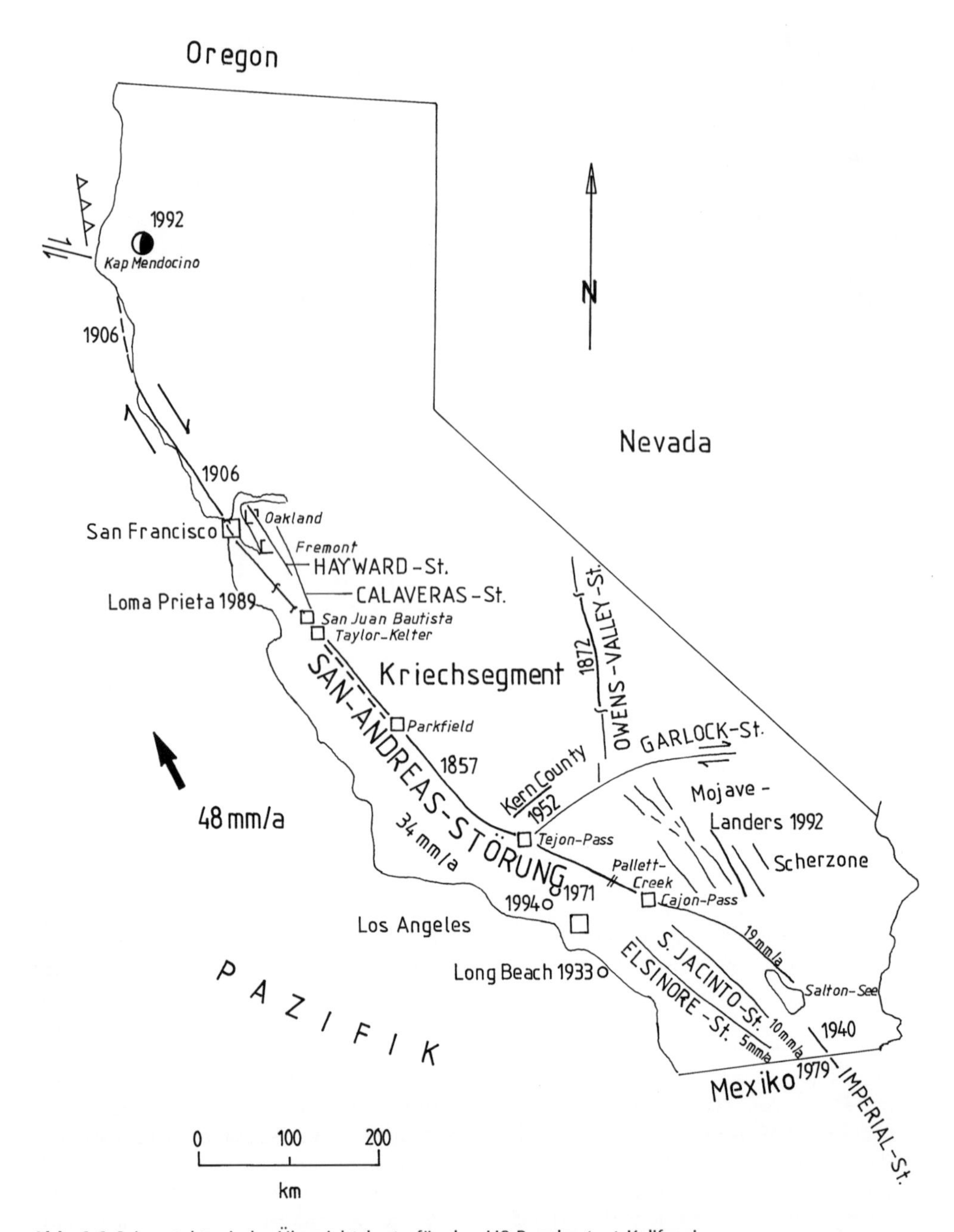

Abb. 1.1 Seismotektonische Übersichtskarte für den US-Bundesstaat Kalifornien.

Geodätische und geologische Geländeaufnahmen der mit diesem Erdbeben verbundenen Deformationen wurden zur Grundlage des ersten **geophysikalischen Modells** für den seismischen Herdprozess. Vor dem Erdbeben von 1906 war in Nordkalifornien eine Triangulation durchgeführt worden, die nach dem Beben wiederholt wurde. Um den Zustand vor und nach dem Beben vergleichen zu können, wurde dazu ein Messpunktnetz verwendet, das aus Dreiecken aufgebaut war. Innerhalb dieser Konfiguration wurden

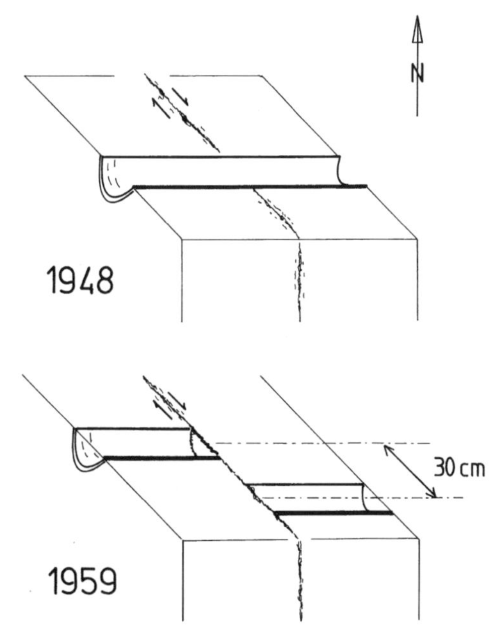

Abb. 1.2 Zerscherung eines Abwasserkanals im Kriechsegment der San-Andreas-Störung (schematisiert).

vor und nach dem Erdbeben Horizontalwinkel gemessen (Kasten 1.A; Abb. 1.3). Das Verhältnis zwischen zwei so erfassten geometrischen Zuständen ist ein Maß für die Deformation, die durch den Herdvorgang an der Erdoberfläche verursacht worden ist. Ergänzt wurden die flächenhaft ausgeführten geodätischen Messungen durch eine Aufnahme von Versetzungen, die man an technischen Objekten wie Gartenzäunen, Wegen und Straßen, welche die San-Andreas-Störung kreuzen, feststellen konnte. Bekannt geworden ist vor allem der „Erdbebenzaun" auf einem Bauernhof nördlich von San Francisco, an dem man noch heute den Versatz durch das Beben von 1906 abmessen kann. Eine Zusammenschau der gesammelten Beobachtungen führte *Reid* (*1910*) zur Interpretation des seismischen Herdvorgangs als Scherbruch. Für Reid ist der in den technischen Disziplinen entwickelte Begriff der Festigkeit als Grenzwert für eine maximale Belastung, die ein Material ohne Zerstörung erträgt, von zentraler Bedeutung. Entlang einer potenziellen Bewegungsfläche, in unserem Fall der San-Andreas-Störung, leistet Reibung einer Verschiebung so lange Widerstand, bis an einem Punkt der Fläche der kritische Wert der Belastung – d. h. der Scherdeformation oder der Scherspannung – erreicht wird (Abb. 1.4). Zu diesem Zeitpunkt ändert sich das Verhalten des betrachteten Gesteinsverbands schlagartig. Das Material lässt sich nicht weiter verbiegen, es kommt zu einem Scherbruch. Der Ausgleich der aufgestauten Spannung erfolgt über eine ruckartige Verschiebung entlang der Störungsfläche, mit der eine Rückbildung der Verbiegung (engl.: *strain rebound*) verbunden ist. Wesentliche Anregungen für Reid waren die von *Suess* (*1874, 1875*) beschriebenen Zusammenhänge zwischen tektonischen Bruchstrukturen auf der einen und Erdbeben bzw. Vulkantätigkeit auf der anderen Seite. Suess und auch andere Wissenschaftler, die sich nach ihm dem Problem „Erdbeben" gewidmet haben, gehen bereits von einer flächenhaft ausgedehnten Erdbebenquelle aus (engl.: *fault-plane*).

Kehren wir zu dem Punkt auf einer tektonischen Störungsfläche zurück, in dem bei einem Erdbeben die kritische Spannung erreicht wird. Man bezeichnet ihn als Herdpunkt oder **Hypozentrum** (Abb. 1.5; Kasten 1.B). Ist die Spannung auch in der Umgebung des Hypozentrums ausreichend hoch, so breitet sich von dort eine Bruchfront aus, die zur Trennung der Gesteinspartien beiderseits der Störung führt. Ihre Ausbreitungsgeschwindigkeit liegt bei etwa 3 km/s, wenn das Erdbeben relativ oberflächennah stattfindet (vgl. Kasten 2.D). Der Trennung der Gesteinsmassen beiderseits der Herdfläche folgt eine rasche Verschiebung, die aber – im Vergleich zum vorausgehenden Bruchvorgang – wesentlich langsamer, d.h. mit einer Geschwindigkeit von etwa 1 m/s abläuft (vgl. *Kasahara, 1981*). Die Bewegungswiderstände auf der San-Andreas-Störung – wie Reibung, geometrische Unebenheiten, Verheilung durch Kristallwachstum nach einem Beben – hatten entlang des Nordabschnitts der Störung zu einer Bewegungshemmung geführt, die man mit einem Verkehrsstau vergleichen könnte. Bei einem Erdbeben wird dieser Stau innerhalb von Sekunden bis Minuten aufgelöst, während die Aufstau-Epoche Größenordnungen zwischen 100 und 10.000 Jahren erreichen kann.

Kasten 1.A: Tektonische Deformation

Unter dem Einfluss exogener und endogener Kräfte, die durch Transportprozesse in Atmosphäre, Hydrosphäre und Erdkörper aufgebracht werden, erfährt ein geologischer Körper Änderungen in Lage, Volumen und Form. Diese Deformationen lassen sich nach dem Fundamentalsatz der Kinematik in die Grundformen Translation – Rotation – Volumen- und Formänderung aufgliedern (*Päsler, 1960*):

a. Die **Translation** ist ein Vektor, der sich durch drei Verschiebungskomponenten (z. B. u_x, u_y, u_z) darstellen lässt. Die Bewegung von Lithosphärenplatten oder Krustenblöcken kann in erster Näherung als Translation beschrieben werden (wie z. B. die Hebung der alpidischen Externmassive; Abb. 1.3a).

b. Bei einer **Rotation** bewegt sich ein Masselement auf einem Weg $s = r\,\Phi$ (r = Radius der Drehung, Φ = Drehwinkel). Kleinere Lithosphärenplatten wie auch Bereiche der Erdkruste führen Bewegungen aus, die einer Starrkörperrotation nahe kommen (z. B. die Öffnung der Biskaya durch Drehung Iberiens gegen den Uhrzeigersinn). Betrachtet man in globalem Maßstab die Lithosphärenplatten als Aus-

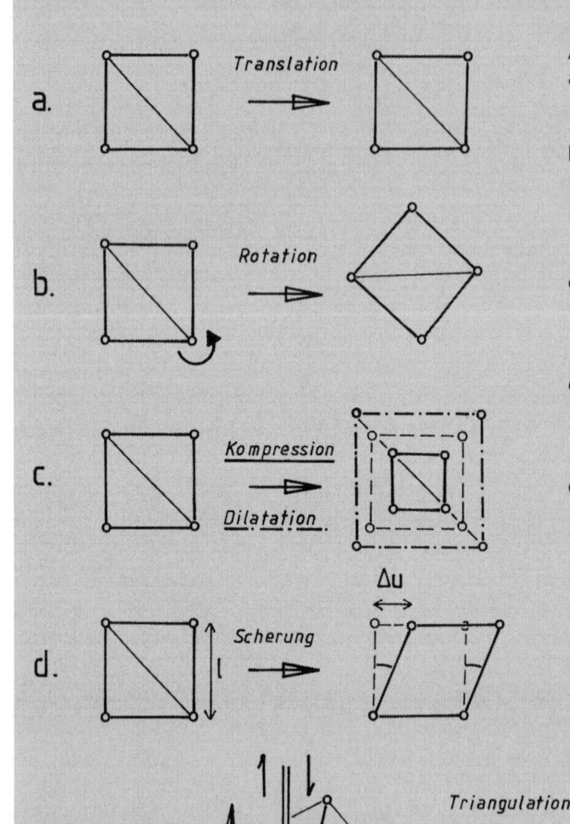

Abb. 1.3 Deformation.
a. Translation, wie bei der Verschiebung eines starren Blockes (z. B. der Hebung eines Massivs);
b. Rotation, wie bei der Drehung eines Starrkörpers um einen Festpunkt: So hat sich die Biskaya durch eine Drehung Iberiens im Gegenuhrzeigersinn geöffnet;
c. Kompression/Dilatation: Kompression tritt z. B. bei jeder Verlagerung von Gesteinen in die Tiefe auf, Dilatation bei Hebungen zur Erdoberfläche;
d. Die Scherung γ bestimmt sich als das Verhältnis $\Delta u/l$; die Herdverschiebung q_o ist der zweifache Betrag der Verschiebung Δu (vgl. Abb. 1.4);
e. Triangulation im Gebiet einer Horizontalverschiebung. Referenzfiguren zur Feststellung einer Formveränderung des untersuchten Gebietes sind hier die im Messpunktnetz aufgespannten Dreiecke.

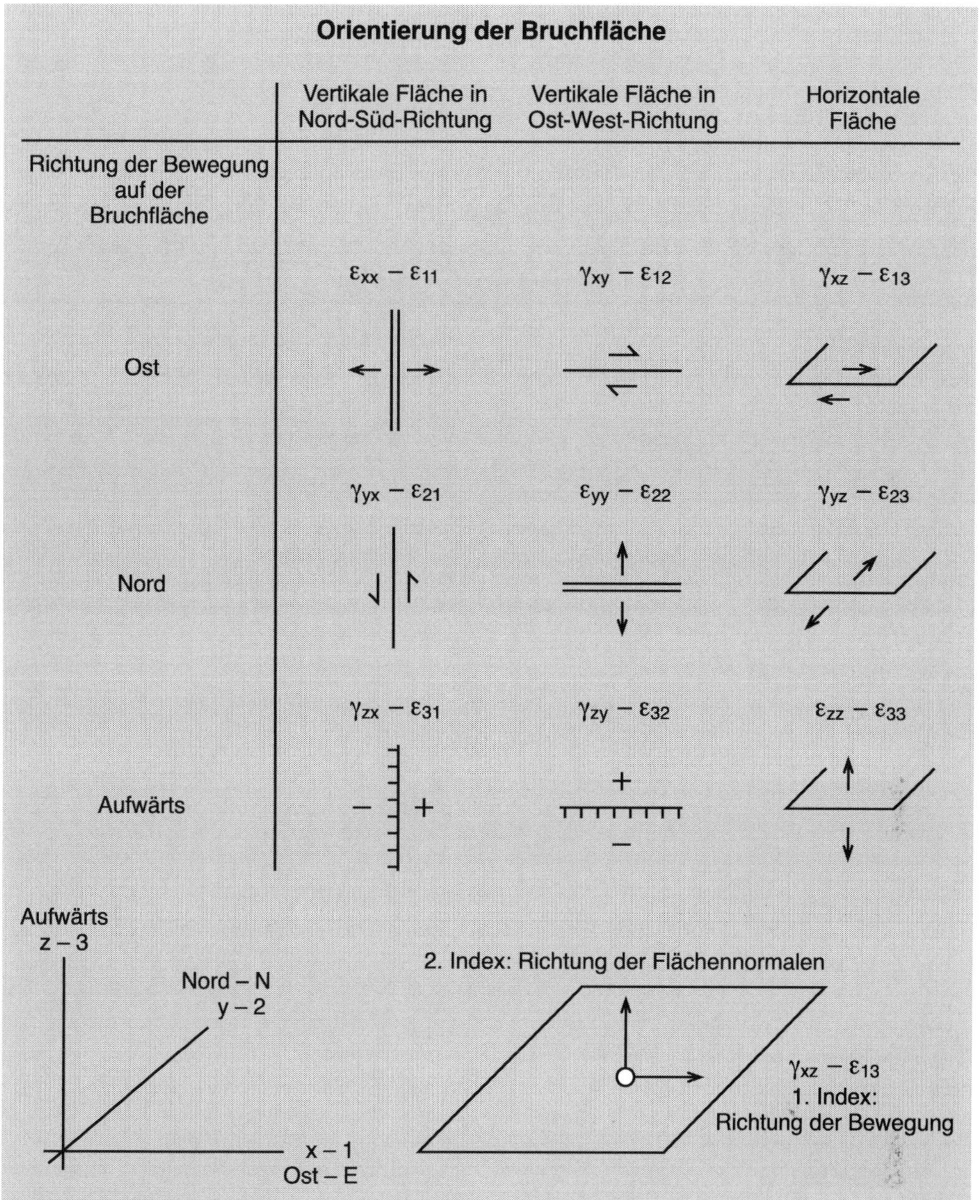

Orientierung der Bruchfläche

Richtung der Bewegung auf der Bruchfläche	Vertikale Fläche in Nord-Süd-Richtung	Vertikale Fläche in Ost-West-Richtung	Horizontale Fläche
Ost	$\varepsilon_{xx} - \varepsilon_{11}$	$\gamma_{xy} - \varepsilon_{12}$	$\gamma_{xz} - \varepsilon_{13}$
Nord	$\gamma_{yx} - \varepsilon_{21}$	$\varepsilon_{yy} - \varepsilon_{22}$	$\gamma_{yz} - \varepsilon_{23}$
Aufwärts	$\gamma_{zx} - \varepsilon_{31}$ (− +)	$\gamma_{zy} - \varepsilon_{32}$ (+ −)	$\varepsilon_{zz} - \varepsilon_{33}$

Aufwärts
z – 3
Nord – N
y – 2
x – 1
Ost – E

2. Index: Richtung der Flächennormalen
$\gamma_{xz} - \varepsilon_{13}$
1. Index:
Richtung der Bewegung

schnitte von Kugelschalen, so kann man ihre Bewegung auf einen Rotationspol beziehen und so die gesamte Globaltektonik unter dem Blickwinkel von Rotationen betrachten (Abb. 1.3b).

c. **Volumen- und Formänderung** werden als Deformation im engeren Sinne bezeichnet; Letztere wird durch einen Tensor zweiter Stufe abgebildet:

$$\begin{matrix} \varepsilon_{xx} & \gamma_{xy} & \gamma_{xz} \\ \gamma_{yx} & \varepsilon_{yy} & \gamma_{yz} \\ \gamma_{zx} & \gamma_{zy} & \varepsilon_{zz} \end{matrix}$$

Von den neun Komponenten des Deformationstensors sind sechs unabhängige Größen, da gilt:

$\gamma_{xy} = \gamma_{yx}$; $\gamma_{zx} = \gamma_{xz}$; $\gamma_{zy} = \gamma_{yz}$.

Die ε-Komponenten beschreiben eine Dehnung bzw. eine Stauchung. So ist beispielsweise $\varepsilon_{xx} = \delta u_x/\delta x$; sie wird durch eine relative Verschiebung in Richtung einer Koordinatenachse bewirkt.

Fasst man die Dehnungen/Stauchungen in den drei Koordinatenrichtungen zusammen, so erhält man die **Volumenänderung** Θ (Kompression oder Dilatation; vgl. Abb. 1.3c):

$$\Theta = \varepsilon_{xx} + \varepsilon_{yy} + \varepsilon_{zz}.$$

Mit negativem Vorzeichen wird eine Kompression (z. B. der Einsturz eines Hohlraums), mit positivem Vorzeichen eine Dilatation (z. B. eine Explosion) beschrieben. Bei Veränderungen in Druck und Temperatur reagieren Gesteine durch Volumenzunahme (Dilatation) oder Volumenverkleinerung (Kompression). Die Bildung von Lithosphärenplatten in der Nähe der mittelozeanischen Schwellen ist mit einer Volumenabnahme des erkaltenden Gesteins, der eine Dichtezunahme entspricht, verbunden. Beim Aufstieg von Massiven oder Salzmassen vergrößert sich das Volumen der Gesteine, ihre Dichte nimmt ab.

Die γ-Komponenten des Deformationstensors beschreiben die **Formänderung** des betrachteten Bereichs. Der erste Index kennzeichnet die Bewegungsrichtung, der zweite die Flächennormale, auf der die Verschiebung erfolgt. In Abb. 1.3d wird eine einfache Scherung gezeigt. Ein Quadrat dient als Referenzfigur, das zu einem Rhombus verformt wird. Hier ist $\gamma = \Delta u/l$. Formveränderung durch Scherung steht bei Bewegungen zwischen Lithosphärenplatten oder Krusteneinheiten im Vordergrund: **Scherzonen**. Erdbeben sind ruckartige Bewegungen auf einer solchen Bruchzone. Bei einer seismisch erfolgenden Verschiebung wird Energie vor allem in Form von **Scherwellen** abgegeben.

Bei einer **Triangulation** werden Horizontalwinkel in einem aus Dreiecken aufgebauten Netz vermessen (Abb. 1.3e). Die Pfeile zeigen die Veränderung der Punktlagen im Messnetz an, die sich durch tektonische Deformation während des Zeitabschnitts zwischen zwei Messkampagnen ereignet hat.

Während sich die stetigen Verformungen in der weiteren Umgebung einer Scherzone durch Komponenten eines Deformationstensors beschreiben lassen, erfolgt die Bewegung im unmittelbaren Kontaktbereich der durch eine Störung getrennten Blöcke als **unstetige Verschiebung**, die man durch den tektonischen Verschiebungsvektor $\mathbf{q_o}$ bzw. seinen Komponenten (in m) ausdrückt (vgl. Abb. 1.3e u. 1.4):

$$\mathbf{q_o}\ (q_{ox}, q_{oy}, q_{oz});$$

Die horizontale Komponente der tektonischen Verschiebung q_h beträgt:

$$q_h = \sqrt{q_{ox}^2 + q_{oy}^2}.$$

Bei bruchtektonischen Verformungen kann man mit *Molnar & Deng (1984) bzw. Wesnousky et al. (1984)* die Komponenten des Momententensors verschiedenen Orientierungen von Bewegungsfläche und Verschiebungsrichtung zuordnen (vgl. Kasten 1.B).

Die Orientierung der Herdfläche und die Ausrichtung der Verschiebung auf dieser Fläche sind neben der Herdtiefe und den geometrischen Abmessungen der Herdfläche bzw. der Herdverschiebung die wichtigsten Merkmale eines seismischen Herdvorgangs, vor allem dann, wenn man ihn einer neotektonischen Gesamtsituation zuordnen will (Abb. 1.6).

Während sich das Beben von 1906 als horizontale Verschiebung auf einer vertikal in der Erdkruste stehenden Verschiebungsfläche (Horizontalverschiebung; engl.: *horizontal strike slip*) abgespielt hat, lassen sich genauso horizontale Verschiebungen auf einem horizontalen Bewegungshorizont nachweisen. Hierher gehören das zentrale Ereignis der Friauler Erdbebenserie des Jahres 1976 (vgl. *Stoll, 1980*) und die Beben entlang der Himalaya-Front (vgl. *England & Molnar, 1997*).

Man unterscheidet heute kleine von großen Beben. Bei Verwendung einer logarithmischen Skala, der **Momentmagnitude** (vgl. Kasten 1.B), erhält man für die kleinsten Beben mit einer Ausdehnung von etwa 100 m den Wert Mw = 0, während sich für die größten Beben, deren Abmessungen fast 1000 km erreichen, ein Wert unterhalb von Mw = 10 ergibt. Dem Nordkalifornischen Beben von 1906 wird eine Momentmagnitude von Mw = 7,8 zugeordnet. Die Beben in Mitteleuropa bleiben knapp unter dem Wert Mw = 6,0, wäh-

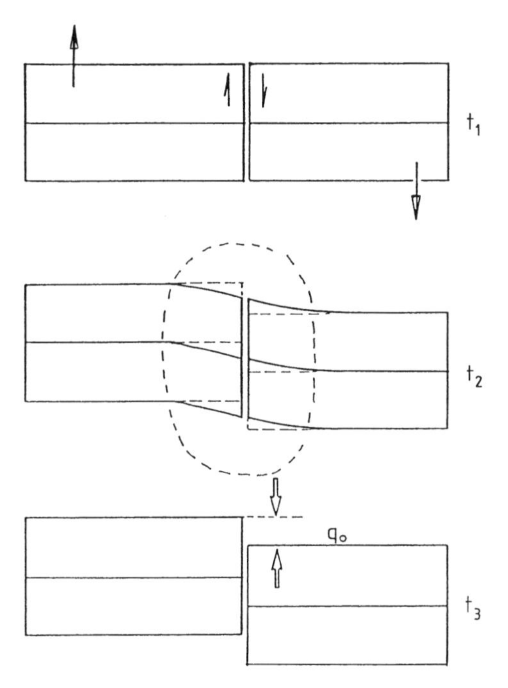

Abb. 1.4 Entstehung eines Erdbebens nach den Vorstellungen von *Reid*. Zum Zeitpunkt t_1 hat gerade ein Beben auf der schon existierenden Bruchfläche stattgefunden. Durch Reibung wird eine gleitende Bewegung verhindert: Es kommt zu einer Verbiegung der Gesteinspartien beiderseits der Bruchfläche (t_2).
Die Verformung der Gesteine beiderseits der Bruchfläche hält so lange an, bis der Scherwiderstand (bzw. die Scherfestigkeit) überwunden wird und die beiden durch die Bruchfläche getrennten Gesteinspartien durch eine schnelle Bewegung, d. h. durch ein Erdbeben in ihre neue Lage gelangen (t_3).

rend die Momentmagnituden der größten italienischen Beben bei Mw = 7,0 liegen. Wichtige Beben des 20. Jahrhunderts sind in Tab. 1.I skizziert.

Scholz et al. (1969) zeigen, dass seismische wie die aseismische Bewegungen auf einer rezent aktiven Störungsfläche Antworten auf eine aus dem tieferen Erdinnern stammende Belastung sind. Dem Herdgebiet des Bebens von 1906 schließt sich nach Süden, wie eingangs angedeutet, ein Gebiet mit „Kriechreaktion" an, das sich von San Juan Bautista bis nach Parkfield über etwa 140 km verfolgen lässt (Abb. 1.1; *Revenough & Reasoner, 1997*). Entlang der San-Andreas-Störung stößt man noch weiter südlich auf ein dem Erdbeben von 1906 durchaus ebenbürtiges Ereignis, das Ft.-Tejon-Erdbeben des Jahres 1857. Die zur Zeit des Bebens dünne Besiedlung der Region – Kalifornien gehört erst seit 1848 zu den USA – bedingt eine sehr spärliche Datensammlung über die Wirkungen dieser Bodenbewegung. Die Bedeutung des Ft.-Tejon-Erdbebens für das Studium des Verschiebungshaushalts im San-Andreas-System hat zur Entwicklung einer Methode geführt, die eine Rekonstruktion von Erdbebenparametern durch Geländebefunde wie Flussversetzungen, bleibende Verformungen der oberflächennahen Schichten und überkritische Deformationen – wie z. B. Bodenverflüssigung und ähnliche Phänomene – erlaubt (vgl. Abschnitt 3.1). So rekonstruierte *Sieh (1978a)* das Ft.-Tejon-Erdbeben von 1857, indem er

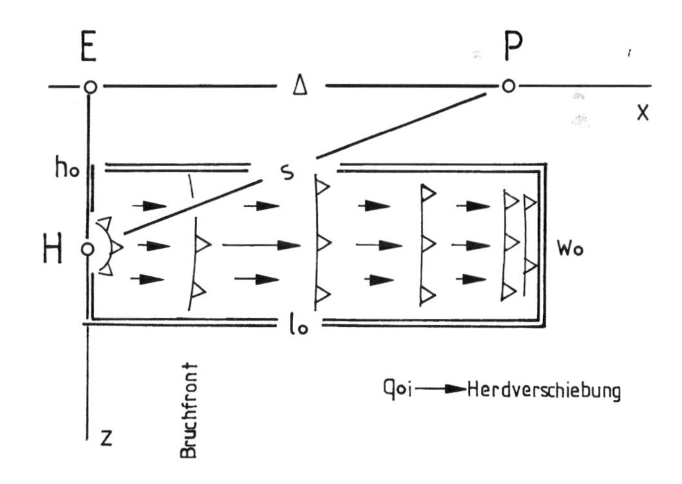

Abb. 1.5 Herdpunkt – Herdfläche – Herdparameter. Verwendete Symbole:
E = Epizentrum;
Δ = Epizentralentfernung;
s = Hypozentralentfernung;
P = Beobachtungsort;
h_o = Herdtiefe;
H = Hypozentrum;
w_o = Herdbreite;
l_o = Herdlänge;
q_{oi} = Herdverschiebung.

Kasten 1.B: Seismische Herdparameter

Der Herdpunkt (**Hypozentrum**) H wird durch folgende Koordinaten beschrieben:

λ_o = geographische Länge (Grad, min, s);
ϕ_o = geographische Breite (Grad, min, s);
h_o = Herdtiefe (km);
t_o = Herdzeit (a, mon, d = Jahr, Monat, Tag; h, min, s = Stunde, Minute, Sekunde) in Weltzeit (TU): Im Winter geht die Weltzeit gegenüber der Mitteleuropäischen Zeit um eine Stunde nach, im Sommer um zwei.

Der Punkt an der Erdoberfläche, der senkrecht über dem Hypozentrum liegt, wird als **Epizentrum** E bezeichnet (vgl. Abb. 1.5).

Die Entfernung vom Hypozentrum zu einem Beobachtungspunkt an der Erdoberfläche ist die **Hypozentralentfernung** s. Sie steht mit der **Epizentralentfernung** Δ, d.h. der Entfernung zwischen dem Beobachter und dem Epizentrum, in der folgenden Beziehung:

$$s = \sqrt{\Delta^2 + h_o^2} \text{ in m bzw. km} \qquad (1.1)$$

Bei Wellenproblemen spielt nicht nur die Entfernung zwischen Quelle und Beobachter eine Rolle, sondern auch die Richtung, unter der ein Signal ausgestrahlt oder empfangen wird (Richtwirkung einer Dipol-Antenne, Abstrahlcharakteristik eines Erdbebenherds, vgl. Abb. 2.13). Man bezieht den Winkel, unter dem ein Signal ausgesandt wird, auf die Nordrichtung: **Azimut**.

Der tektonische Effekt eines Erdbebens wird durch den Betrag des **seismischen Herdmoments** beschrieben (*Haskell, 1964; Maruyama, 1963; Burridge & Knopoff, 1964; Aki, 1966):*

$$M_o = G\, A_o\, q_o \text{ in Nm} \qquad (1.2)$$

G = **Schermodul** in Pa; für oberflächennahe Beben liegt der Schermodul bei $G = 3 \cdot 10^{10}$ Pa. Das Erdbeben geht in erster Linie von einer Scherdeformation aus, weshalb der Widerstand gegen Formveränderungen über den Schermodul in die Gleichung (1.2) eingeht.

A_o = **Herdfläche** in m^2 bzw. km^2; die Herdfläche ist das Produkt aus **Herdlänge** l_o und **Herdbreite** w_o, beide in m (vgl. Abb. 1.5). Unter **Herdvolumen** V_o versteht man den Raum beiderseits der Herdfläche, soweit dieser Beiträge zur Entstehung seismischer Wellen liefert. Die Querabmessung eines Erdbebenherds s_o erreicht nach *Ohnaka (1976)* den Betrag $s_o \approx 0{,}4\, w_o$. Das Herdvolumen V_o beträgt dann: $2\, l_o\, w_o\, s_o$.

q_o = Mittelwert der **Herdverschiebung** in m bzw. cm, die an den Rändern der Herdfläche verschwindet.

Das Produkt aus A_o und q_o wird als „tektonisches Moment" oder auch als „tektonische Effektivität" eines Herdvorgangs bezeichnet.

Während die Herdlänge l_o einen Wertebereich von Δl_o = 100 m bis etwa 1000 km besetzt, wird die Herdbreite bei zunehmender Tiefenerstreckung durch Temperatureinflüsse begrenzt, so dass sich bei großen Erdbeben, wie im Falle des Nordkalifornischen Erdbebens von 1906, eine streifenförmige Herdfläche ausbildet.

Zwischen Herdverschiebung und den Abmessungen des Erdbebenherds (l_o bzw. w_o) besteht ein Ähnlichkeitsverhältnis der Form:

$$q_o = \alpha\, (l_o, w_o) \qquad (1.3)$$

von Flussbettversätzen am Pallett Creek, etwa 55 km NE von Los Angeles, ausgeht. Er bestimmte für dieses Ereignis folgende Parameter:

Herdlänge l_o = 300 km;
Herdverschiebung q_o = 3 bis 9,5 m;
Herdmoment M_o = 5,3 bis $8{,}7 \cdot 10^{20}$ Nm;
Herdbreite w_o = 10 bis 15 km (Annahme);
Momentmagnitude Mw = 7,9 $\pm$ 0,1 (nach den oben stehenden Angaben).

Derselbe Autor erweiterte seine Untersuchungen auf die dem Beben von 1857 vorausgehenden Ereignisse. Er weist durch kombinierte Sedimentanalysen und Altersbestimmungen (C14-Methode, Pollenanalyse, botanische Bestimmungen) acht Vorgänger-Ereignisse nach, die etwa zwischen 545 und 1745 stattgefunden haben. Ihr Abstand beträgt im Mittel Tr = 160 a, wobei die Schwankungen zwischen 50 und 300 Jahren liegen (*Sieh, 1978b*).

Damit war die Methode der **Paläoseismologie** zur Erkundung von Ereignissen eingeführt, die in der geschichtlichen Vergangenheit stattgefunden haben (vgl. Tab. 4.I).

In dem Faktor α drückt sich der Scherwiderstand des Herdbereichs aus (vgl. Kasten 1.C; *Tsuboi, 1933*).

Nach den bisher bei Krustenbeben gesammelten Beobachtungen liegt der Wert für α bei 10^{-4} bis 10^{-5} (*Scholz, 1990a*).

Setzt man für das Erdbeben von 1906 die an der Erdoberfläche gemessenen Werte der Herdlänge und der mittleren Herdverschiebung von (vgl. Tab. 1.I) $l_o = 432$ km bzw. $q_o = 6{,}1$ m zusammen mit der aus geodätischen und seismologischen Messungen abgeleiteten Herdbreite $w_o = 15$ km (es handelt sich um den vorher erwähnten streifenförmigen Herd; vgl. *Harris & Archuleta, 1988*) in die Gleichung 1.2 ein, so erhält man als Betrag des seismischen Herdmoments für das Beben von 1906:

$M_o = 1{,}2 \cdot 10^{21}$ Nm.

Um Erdbebenherde – vom seismotektonischen Standpunkt aus gesehen – durch eine einzige Zahl charakterisieren zu können, wurde die **Momentmagnitude** Mw eingeführt (*Hanks & Kanamori, 1979*):

$$Mw = (2/3) \lg M_o - 6{,}0 \quad (1.4)$$

So ergibt sich für das Beben von 1906 als Momentmagnitude:

$Mw = 8{,}1$.

Die folgenden Beispiele sollen den Zusammenhang zwischen Momentmagnitude und Herdlänge l_o veranschaulichen:

Mw	Herdregion und Jahr	l_o (in km)
9,5	Chile 1960	850
9,2	Alaska 1964	600
8,1	Nordkalifornien 1906	432
7,4	Nordanatolien 1999	120
6,5	Friaul 1976	30
5,7	Schwäbische Alb 1911	6
5,1	Schwäbische Alb 1978	4,5

Nach *Kostrov (1974)* besteht folgender Zusammenhang zwischen Deformation (ε) und Herdmoment (M):

$$\varepsilon_{ij} = (1/G \cdot V)\, \Sigma\, M_{ij};$$

G ist hier der Schermodul in Pa, V das Volumen in m^3. M_{ij} ist der Momententensor:

$$M_{ij} = \begin{vmatrix} M_{11} & M_{12} & M_{13} \\ M_{21} & M_{22} & M_{23} \\ M_{31} & M_{32} & M_{33} \end{vmatrix}.$$

Der erste Index zeigt die Richtung der Bewegung an, der zweite die der Flächennormalen. Die Spur des Tensors (Komponenten mit übereinstimmenden Indizes) beschreibt eine Kompression bzw. eine Dilatation (Einsturz wie bei einem Gebirgsschlag bzw. die Wirkung einer unterirdischen Explosion). Zwei komplementäre Horizontalverschiebungen auf vertikal einfallender Fläche werden wie folgt dargestellt:

$$M_o \begin{vmatrix} 0 & M_{12} & 0 \\ M_{21} & 0 & 0 \\ 0 & 0 & 0 \end{vmatrix}.$$

M_o ist der Betrag des Herdmoments; M_{12} = rechtsdrehende Horizontalverschiebung mit Ost-West-Streichen; M_{21} = linksdrehende Horizontalverschiebung mit Nord-Süd-Streichen. Die beiden Komponenten M_{31} und M_{32} sind vertikalen Verstellungen auf Nord-Süd bzw. Ost-West orientierten Bewegungsflächen zugeordnet. Die Komponenten M_{13} und M_{23} stehen für horizontale Bewegungen auf horizontaler Bruchfläche, wie sie bei Deckenüberschiebungen oder auch bei seismischen Überschiebungen wie z. B. im Friaul auftreten.

In einer vergleichenden Studie zeigt *Sieh (1981)*, dass sich das große Chile-Beben des Jahres 1960 (vgl. Tab. 1.I) in eine Serie von Ereignissen ähnlicher Qualität einordnen lässt, wobei diese Beben in Abständen von 100 bis 162 Jahren aufgetreten sind. Er konnte außerdem nachweisen, dass entlang der Nankai-Tiefseerinne (im Pazifik vor Südwest-Japan) in der Zeit zwischen 684 und 1946 Beben der Magnitude $Mw \geq 8{,}0$ durchschnittlich alle 180 Jahre stattgefunden haben (vgl. auch Abb. 4.5).

In einer Überarbeitung der Feldstudie am Pallett Creek in Südkalifornien, bei der sich die Altersbestimmungen ausschließlich der C14-Methode bedienen, kam *Sieh (1984)* zu einer Serie von zwölf Erdbeben, welche diesen Abschnitt der San-Andreas-Störung zwischen 260 und 1857 bewegt haben. Bei etwa konstanter Herdverschiebung wird eine mittlere Wiederkehrperiode von Tr = 143 a bestimmt, wobei diese Größe einen zeitlich abnehmenden Trend zeigt.

Da die verschiedenen Bereiche der San-Andreas-Störung zwischen Kap Mendocino im

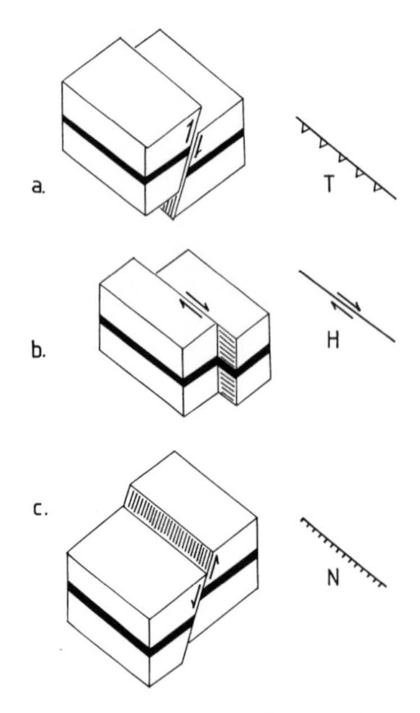

Abb. 1.6 Grundtypen der Herdkinematik:
a. Überschiebung T (engl.: *thrust faulting*);
b. Horizontalverschiebung H (engl.: *strike slip faulting*);
c. Abschiebung N (engl.: *normal faulting*).
Die im Text erwähnte Überschiebung auf horizontaler Fläche ist ein Sonderfall des Typs T.

Norden (vgl. Abb.1.1) und der kalifornisch-mexikanischen Grenze im Süden nach den bis heute gesammelten Beobachtungen ein sehr unterschiedliches Verhalten im Ablauf der tektonischen Verschiebungen zeigen, erscheint es sinnvoll, eine Einteilung des Gesamtsystems vorzunehmen.

Wir beginnen mit dem **Nordsegment** (zwischen Kap Mendocino im Norden und San Juan Bautista im Süden): Im Süden dieses Abschnitts teilt sich die San-Andreas-Störung in drei Zweige auf:

(a) die **eigentliche San-Andreas**-Störung, die nahe der Pazifikküste, an einigen Teilabschnitten bereits im Ozean verläuft;
(b) die **Hayward**-Störung, die etwa dem Ostufer der Bucht von San Francisco folgt;
(c) die **Calaveras**-Störung, die östlich an der Bucht von San Francisco vorbeiführt.

Zwischen den seismischen Verschiebungen des Bebens von 1906 und der Kriechzone (von San Juan Bautista bis Parkfield) blieb nach dem vorher genannten Beben ein Teilbereich der Störung innerhalb der tieferen Erdkruste stehen. Er wurde im Jahre 1989 zum Herd des Loma-Prieta-Erdbebens, das unter den Santa-Cruz-Bergen stattfand (Abb. 1.7). Man spricht hier von einer **seismischen Lücke** (engl.: *gap*), ein Begriff, der von *Sykes (1971)* bei Untersuchungen des seismisch

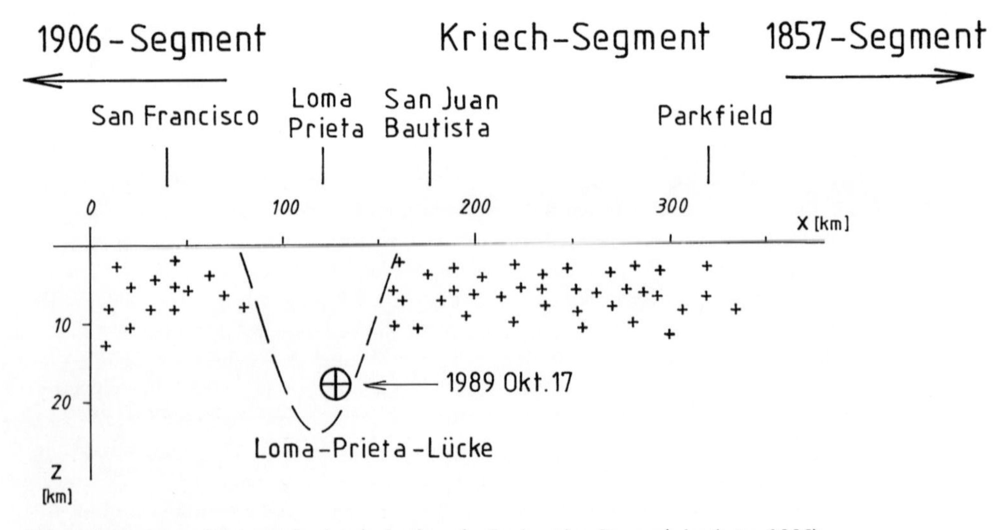

Abb. 1.7 Die Loma-Prieta-Lücke (nach *Earthquake Engineering Research Institute, 1989*).

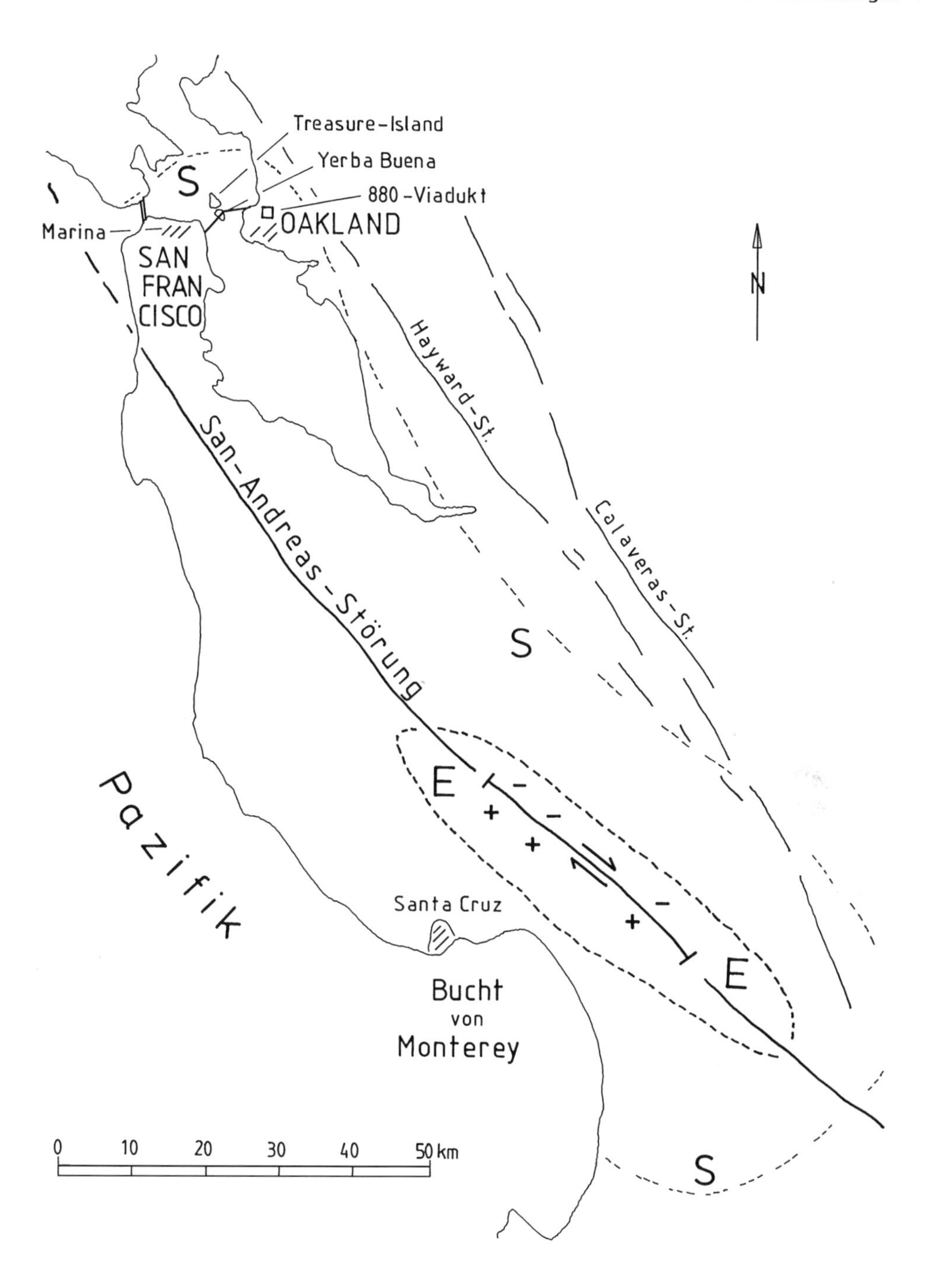

Abb. 1.8 Lage des Herdgebiets (E) und der Schadenszone (S) beim Loma-Prieta-Erdbeben 1989. Innerhalb des Herdgebietes sind Hangbewegungen und sekundäre Verschiebungen an der Erdoberfläche aufgetreten. Im Nahbereich bestimmen Zerstörungen in Santa Cruz sowie Schäden an technischen Einrichtungen wie Brücken und Kraftwerkseinrichtungen das Bild der Erdbebenwirkungen. Im Fernbereich (Distanz: etwa 100 km) begünstigt vor allem die Qualität des Baugrunds (Aufschüttungen an der Peripherie der Halbinsel San Francisco) die Entstehung von Schäden (vgl. *Plafker & Galloway, 1989*).

hochaktiven Inselbogens der Alëuten, zwischen Alaska und Kamtschatka (vgl. Abschnitt 1.2), eingeführt worden ist. Wie *Scholz (1990a)* betont, sollte man nur dann von einer seismischen Lücke sprechen, wenn sich für den betrachteten Abschnitt einer aktiven Störung nachweisen lässt, dass Vorereignisse regional typischer Größenordnung stattgefunden haben, oder dass sich ein bestimmtes Segment „kriechfrei" im Stadium der Aufspannung befindet.

Das Loma-Prieta-Beben (Abb. 1.8 und 1.9) demonstriert beispielhaft den individuellen Charakter der Bewegungen entlang der San-Andreas-Bruchzone. Der Herdvorgang trägt sowohl Züge einer rechtsdrehenden Horizontalverschiebung als auch partiell den Charakter einer Überschiebung (Abb. 1.9). Eine direkte Durchpausung der Herdverschiebung konnte im Gelände nicht beobachtet werden. Die Tiefenlage der Herdfläche trägt zu einer deutlichen Polarisierung der Erdbebenwirkungen bei. So lassen sich makroseismische Wirkungen im Nahfeld des Herdes in Santa Cruz und Umgebung von den Fernwirkungen in San Francisco und Oakland unterscheiden (Abb. 1.10 und 1.11). Die Selektivität der Schadenswirkung ist deutlich (vgl. Kap. 3, Erdbebenwirkungen).

Im Norden streicht die San-Andreas-Störung bei Kap Mendocino (Abb. 1.1) aus: Sie stößt hier auf eine vom Pazifik zum Kontinent verlaufende Horizontalverschiebung, die rechtsdrehende **Mendocino**-Störung, Grenz-

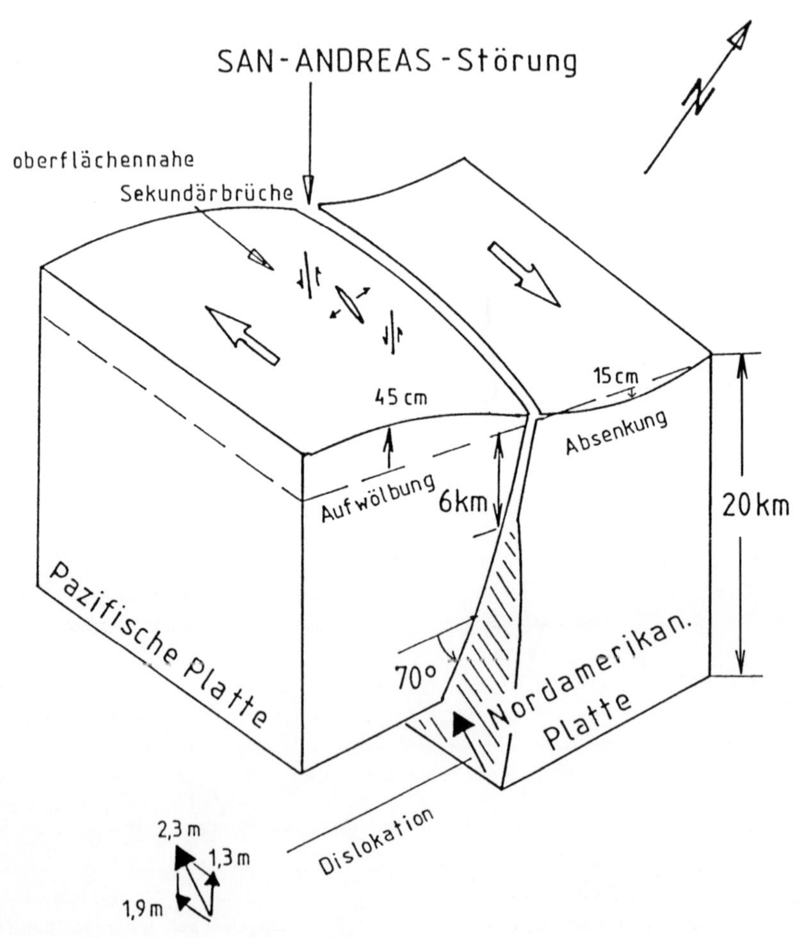

Abb. 1.9 Herdvorgang des Loma-Prieta-Bebens 1989 (nach *Plafker & Galloway, 1989*).

Abb. 1.10 Loma-Prieta-Beben 1989: Schäden im Nahbereich: Altbauten in der Fußgängerzone von Santa Cruz (vgl. Abb. 1.8; Aufnahmen: G. Klein, Hannover).

fuge zu einer sich nach Norden anschließenden Subduktionszone (vgl. Abschnitt 1.2).

Entlang einer Scherzone können seismisch reagierende Segmente von „Kriechabschnitten“ unterbrochen sein, wie am Verhalten der San-Andreas-Störung zwischen San Juan Bautista und Parkfield zu sehen ist. Bei näherer Betrachtung des Segments einer Scherzone offenbart sich die komplexe Verhaltensweise selbst der einzelnen Abschnitte einer Störzone. Ein wichtiges Beispiel hierfür bietet vor allem die **Hayward-**Störung (Abb. 1.1). Verschiebungsmessungen entlang dieser Fuge ergaben, dass sich für die letzten Jahrzehnte aseismische Bewegungen mit einer durchschnittlichen Geschwindigkeit von 5 mm/a für die gesamte Länge der Störung nachweisen lassen. *Savage & Lisowski (1993)* zeigen, dass die Kriechzone sich dort bis in eine Tiefe von 4 – 5 km erstreckt. Im südlichen Bereich der Hayward-Störung fand aber im Jahre 1868 Erdbeben der Momentmagnitude Mw = 7 statt, das offensichtlich von einem seismogenetischen Tiefenbereich ausgegangen sein muss, der unterhalb einer etwa 5 km mächtigen Kriechzone liegt. *Lienkaemper et al. (2001)* und *Simpson et al. (2001)* folgern, dass die seismisch aktive Schicht bis in eine Tiefe von etwa 12 km reicht. Darunter folgt erneut eine Tiefenschicht mit aseismischer Bewegung, für die man eine Verschiebungsgeschwindigkeit von 9 mm/a annimmt. Das ist die Geschwindigkeit, die den beiden Abzweigungen der San-Andreas-Störung, der Hayward- und der Calaveras-Störung zugeordnet wird, während sich im Gebiet von San Francisco die „Mutterstörung“ mit 20 mm/a bewegt. Die Autoren entnehmen den Messwerten, dass sich die Kriechgeschwindigkeit entlang der Hayward-Störung signifikant än-

Abb. 1.11 Loma-Prieta-Beben 1989: Schäden im Fernbereich. Links: Im Stadtgebiet von San Francisco; rechts: im Stadtgebiet von Oakland (vgl. Abb. 1.8; Aufnahmen: G. Klein, Hannover).

dert. Sie beträgt im Nordwesten bei Oakland 3,7 mm/a, im Südosten bei Fremont 9 mm/a; im äußersten Norden des Bruchs scheint das Kriechverhalten die ganze Kruste zu durchsetzen.

Wesentliches Resultat dieser Untersuchungen ist weiterhin, dass es durch das Loma-Prieta-Beben von 1989 im Südosten der Hayward-Störung zu einer starken Verminderung der Kriechaktivität gekommen ist. Als Ursache dafür wird eine Übertragung von linksdrehendem tektonischen Signal aus dem Herdbereich des Loma-Prieta-Bebens in den südöstlichen Endabschnitt der Hayward-Störung angesehen. Die San-Andreas- und die Hayward-Störung verlaufen etwa parallel. Der Verschiebungssinn ist auf beiden Brüchen dextral. Eine Bewegung auf dem Ostufer der San-Andreas-Störung – wie beim Loma-Prieta-Erdbeben – kompensiert die gegenläufige Verschiebung auf dem Westufer der Hayward-Störung (vgl. Abb. 1.8).

Die Analyse der rezenten Bewegungen im Gebiet der San-Francisco-Bucht demonstriert, dass die Konvektion im tieferen Erdinnern den oberflächennahen Lithosphärenplatten ihre Bewegung aufzwingt. Diese Bewegungen bestimmen primär das tektonische Geschehen in der Erdkruste. Spannungsansammlung und Spannungsabbau sind im Falle einer Bewegungshemmung nur sekundärer Ausdruck des tektonischen Verformungsprozesses (vgl. *Geist & Andrews, 2000*).

Das **Zentralsegment** der San-Andreas-Störung erstreckt sich von San Juan Bautista im Norden bis zum Cajon-Pass im Süden, also dem südöstlichen Ende der Herdfläche des Ft.-Tejon-Erdbebens von 1857 (Abb. 1.1). Während der Abschnitt bis Parkfield eine Kriechzone bildet, reagiert die Fortsetzung nach Südosten seismisch. Die Verschiebungsgeschwindigkeit der San-Andreas-Störung liegt im Zentralsegment bei $v_h \approx 35$ mm/a (*Harris & Archuleta, 1988; Hudnut, 1992*).

Besonderes Interesse hat hier vor allem die Erdbebentätigkeit bei Parkfield gefunden. Aus zwei Gründen ist das Beben bei **Parkfield** von 1966 für die Seismologie von ganz besonderem Interesse:

a. Einmal ist es seine Lage innerhalb des San-Andreas-Bruchsystems (Abb. 1.12; *Roeloffs & Langbein, 1994*). Der Herd bildet den Übergang zwischen dem blockierten Bereich der Störung, in dem das Ft.-Tejon-Erdbeben von 1857 im Süden von Parkfield stattgefunden hat, und dem Kriechsegment zwischen Parkfield und San Juan Bautista im Norden. Im Parkfield-Bereich treten episodische Kriechbewegungen mit einer Geschwindigkeit von 23 mm/a auf, während die Kriechgeschwindigkeit nördlich davon als stetiges Signal 30 mm/s erreicht. Da Vorereignisse zum Parkfield-Beben von 1966 mit ähnlicher Magnitude in einem gemittelten Abstand von 22 Jahren registriert worden waren, wurde vielfach angenommen, dass zu Beginn der 90er Jahre ein vergleichbares Ereignis zu erwarten wäre. Projekte der Erdbebenvorhersageforschung waren deshalb mit ausgedehnter Instrumentierung auf dieses Gebiet konzentriert worden. Inzwischen ist ein Jahrzehnt vergangen, ohne dass es zur Wiederholung eines typischen Parkfield-Ereignisses gekommen ist. Die geringe Zahl von Beobachtungen, die der Abschätzung der Wiederkehrperiode zugrunde liegen, wie auch die Irreversibilität der Verhältnisse auf einer komplex gebauten Struktur, wie sie eine Scherzone bildet, werden für das Nichteintreffen des erwarteten Ereignisses verantwortlich gemacht (vgl. *Savage, 1993*).
b. Die im Herdgebiet der Parkfield-Beben herdnah aufgezeichneten seismischen Bodenbewegungen sind für die Seismotektonik wie auch für die Ingenieurseismologie von grundlegender Bedeutung (vgl. *Aki, 1968*).

Für den südlichen Mittelabschnitt ist die Abbiegung der San-Andreas-Störung und ihre Auffiederung typisch (Abb. 1.1). Im Zwickel zwischen Garlock- und San-Andreas-Störung liegt das Mojave-Gebiet, das über eine Breite von etwa 200 km an den Bewegungen des San-Andreas-Systems beteiligt ist (*Sauber et al., 1994*). In seinem südlichen Bereich hat sich 1992 die Landers-Erdbebenserie abgespielt. Die mit dem Hauptstoß (Mw = 7,3) verbundenen oberflächennahen Defor-

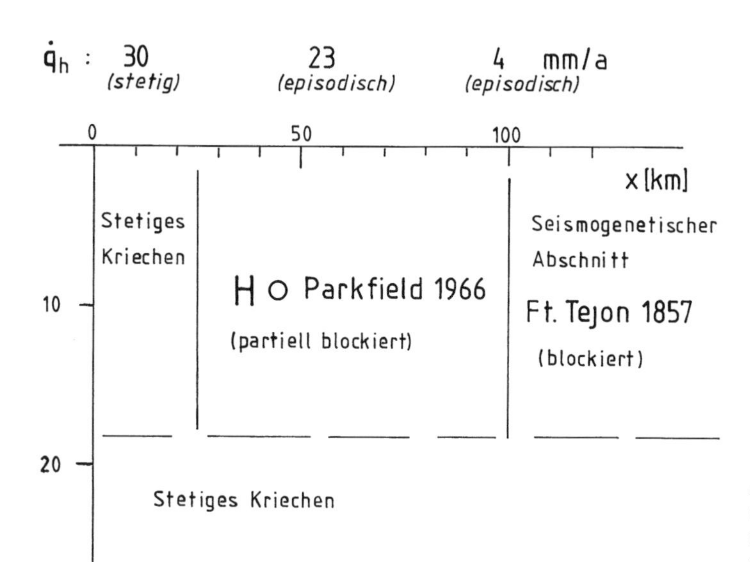

Abb. 1.12 Schnitt durch die Oberkruste im Parkfield-Abschnitt der San-Andreas-Störung (nach *Roeloffs & Langbein, 1994*).

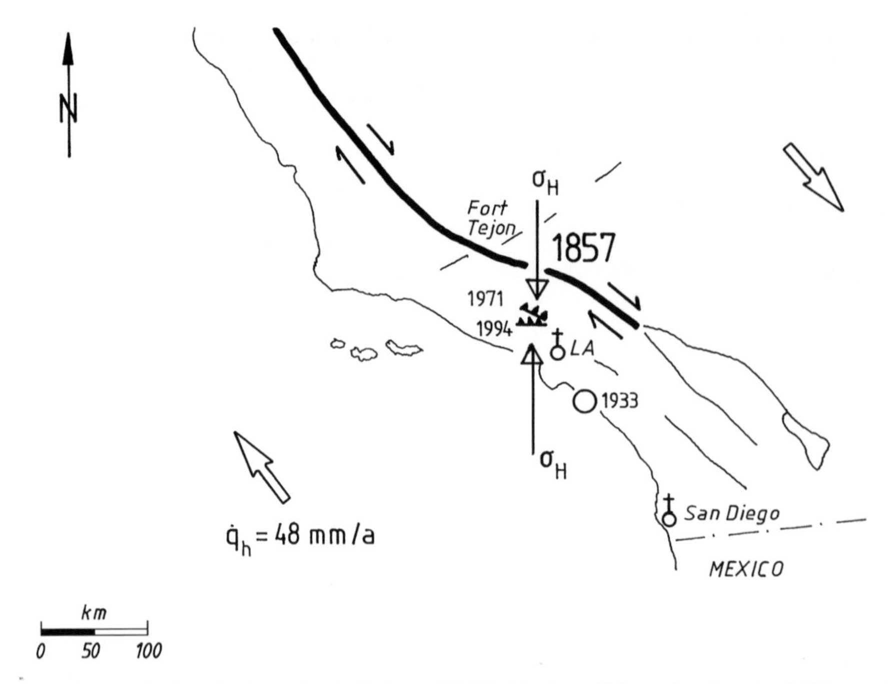

Abb. 1.13 Das Herdgebiet des Ft.-Tejon-Erdbebens (1857). Nordwestlich von Los Angeles (LA) kommt es zu Komplikationen entlang der Hauptstörung, die sich als flache Überschiebungen in den beiden Beben von San Fernando (1971) und Northridge (1994) äußern. Im Küstengebiet von Los Angeles findet im Jahre 1933 das Long-Beach-Erdbeben statt, das einmal zeigt, dass sich die seismotektonischen Bewegungen in Südkalifornien auf mehrere parallel verlaufende Störungen verteilt, zum anderen wird dieses Beben zum auslösenden Ereignis für eine rasche Entwicklung von Ingenieurseismologie und Baudynamik in den USA. Das Symbol σ_H beschreibt die Richtung der größten tektonischen Horizontalspannung. Diese allen Lehrbuchvorstellungen widersprechende Orientierung (Winkel von 45° zwischen größter Hauptspannung und dem Verlauf der Scherfläche als Fläche größter Scherspannung) hat zu erheblichen Diskussionen unter den Seismotektonikern in den USA gesorgt.

mationen wurden durch ein kontinuierlich arbeitendes GPS-System erfasst (*Bock et al., 1993*).

Die Biegung der San-Andreas-Störung führt zu Komplikationen, die sich in den Beben von San Fernando 1971 und Northridge 1994 geäußert haben (Abb. 1.13). Das San-Fernando-Beben (Los-Angeles-Gebiet) bestand in einer flachen Überschiebung. Seine technischen Wirkungen konzentrierten sich auf ein kleines Gebiet. Während die für US-amerikanische Verhältnisse überraschenden Zerstörungen an zwei Krankenhaus-Komplexen und an einigen anderen wichtigen öffentlichen Bauwerken eine starke Schockwirkung ausgelöst haben, war die seismische Überschiebung im Gebiet der lehrbuchmäßigen Horizontalverschiebung für die allgemeine Seismologie, insbesondere die Seismotektonik ebenso überraschend. Das San-Andreas-System hat sich mit seiner Komplexität im selben Gebiet nochmals mit einem flachen Ereignis als Northridge-Erdbeben im Jahre 1994 in Erinnerung gebracht (zu den Konsequenzen, vgl. Kap. 4).

„Randerscheinungen" entlang von größeren Horizontalverschiebungen, wie die von 1971 und 1994, sind auch in anderen Gebieten der Erde zu beobachten. Entlang der Levante-Störung (engl.: *Dead Sea Fault*), die als linksdrehende Horizontalverschiebung vom Roten Meer in Süd-Nord-Richtung nach Ost-Anatolien verläuft, treten drei Zugbecken (engl.: *pull apart basins*) auf: der Golf von Akaba im Süden, dann weiter im Norden das Tote Meer und schließlich der See Genezareth. Alle drei Zugbecken sind an einen ostwärts gerichteten Versatz der Levante-Störung gebunden (vgl. *Ben-Menahem, 1979; Ben-Menahem et al., 1982*; *Mohamad et al., 2000*).

Die Ursache der begleitenden Bruchstrukturen liegt im heterogenen Aufbau der Erdkruste, in querschlägigen Störungen bzw. auch in Unregelmäßigkeiten bei den Bewegungen in der unteren Erdkruste. Neben den hier angesprochenen Negativ-Formen sind auch Auftürmungen von flachen Schichten durch Überschiebung (engl.: *pop up*) bei anderer geometrischer Konfiguration möglich (Abb. 1.14). Bei entsprechender rheologischer Verformbarkeit kommt es auch zu begleitender Faltung, wie das Palmyrische Faltensystem im Nordosten der Levante-Störung deutlich macht.

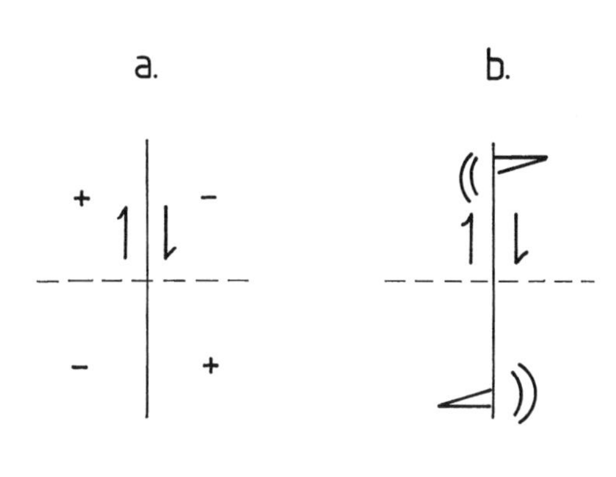

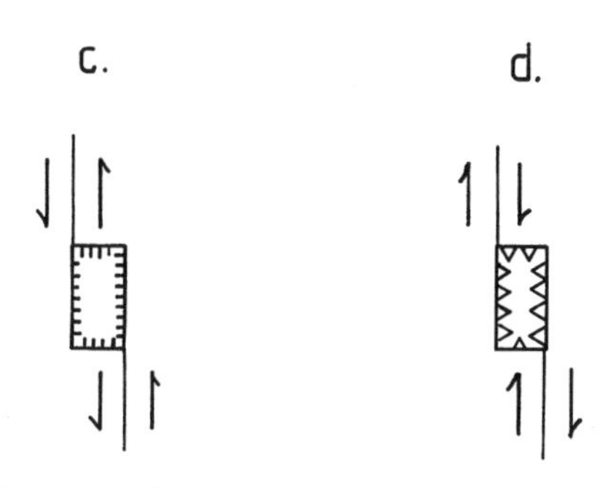

Abb. 1.14 Begleitstrukturen bei Horizontalverschiebungen:
a. Belastungsverteilung im elastischen Bereich;
b. Nicht-lineare Wirkungen des Belastungsfalls: Zugrisse und Falten;
c. Ausbildung eines Zugbeckens (engl.: *pull-apart basin*) durch seitliche Versetzung einer Horizontalverschiebung;
d. Entstehung eines Druck-Horsts (engl.: *pop up/ pressure horst*) entlang einer Horizontalverschiebung (nach *Aydin & Nur, 1982*).

Im Bereich des **Südsegments**, zwischen Cajon-Pass und der Staatsgrenze USA-Mexiko, verzweigt sich die San-Andreas-Störung ähnlich wie im Nordsegment. Die wichtigsten Ableger sind hier die Elsinore-Störung und die San-Jacinto-Störung. Nach *Feigl et al. (1993)* übernimmt im Verschiebungshaushalt die Elsinore-Störung 5 mm/a, die San-Jacinto-Störung 10 mm/a und der Stammzweig der San-Andreas-Störung 19 mm/a.

Im unmittelbaren Staatsgrenzenbereich verläuft die Imperial-Störung, an der in den Jahren 1940 bzw. 1979 Erdbeben mit einer Magnitude Mw = 7,2 bzw. 6,5 stattgefunden haben (Abb .1.1). Das an der Station El Centro im Jahre 1940 aufgenommene Seismogramm der herdnahen Bodenbeschleunigung war eine der wichtigsten Aufzeichnungen der seismischen Bodenbewegung, die als Grundlage für Eingangsfunktionen zur dynamischen Berechnung von Bauwerken benützt wurde.

Im **Zentralsegment** zweigt in der Nähe des Ft. Tejon eine linksdrehende Horizontalverschiebung von der San-Andreas-Störung ab, die Garlock-Störung. Auf einer Parallelstörung dazu, der White-Wolf-Störung, fand 1952 das Kern-County-Erdbeben (Mw = 7,2) statt (Abb. 1.1). Ein NNW verlaufender Bruch, die Owens-Valley-Störung, war im Jahre 1872 Schauplatz eines der größten kalifornischen Erdbeben während der letzten 200 Jahre (Mw = 7,8, vgl. *Wesnousky, 1986*).

b. Stockwerksbau einer Scherzone

Während sich Herdlänge und Herdverschiebung bei flachem Herd und ausreichender Größe des Erdbebens ganz oder teilweise bis zur Erdoberfläche durchpausen, ist man hinsichtlich der Tiefenerstreckung seismischer oder aseismischer Verschiebungen auf indirekte Verfahren angewiesen. Auf die aus Seismogrammen ableitbare Größe des seismischen Herds wird im nächsten Kapitel eingegangen. Als weiteres wesentliches Verfahren ist die Auswertung von geodätischen Messun-

Tab. 1.I. Wichtige Erdbeben des 20. Jahrhunderts

Hier sind solche Ereignisse aufgeführt, die wichtige Hinweise auf den seismischen Herdprozess geliefert oder zur Entwicklung von Methoden beigetragen haben, die der Vermeidung von Erdbebenschäden dienen.

Die einzelnen Ereignisse werden durch das Jahr des Bebens, das Herdgebiet, die Momentmagnitude Mw und die Herdkinematik (T = Überschiebung, H = Horizontalverschiebung, N = Abschiebung) beschrieben.

Nach einer kurzen Charakterisierung des Ereignisses und seiner Bedeutung für die Erdbebenforschung folgen noch Angaben über Herdparameter (l_o = Herdlänge; q_o = mittlere Herdverschiebung) und Erdbebenschäden (n_T = Zahl der Toten, n_M = Zahl der Vermissten, n_V = Zahl der Verletzten, S = Summe des Sachschadens).

Neben den sich auf einzelne Beben beziehenden Literaturstellen wurden Arbeiten von *Kanamori (1977); Pacheko & Sykes (1992)* und die Berichte des *International Seismological Centers* verwendet.

1906	USA Kalifornien Nordkalifornien („San Francisco")	Mw = 8,1; H

Reid (1910) entwickelt das erste geophysikalische Modell des Erdbebenherds, das **Scherbruch-Modell.**

Während sich die Erschütterungsschäden bei diesem Beben in Grenzen halten, kommt es durch einen sich nach dem Ereignis entwickelnden **Flächenbrand** zu einem Großschaden. Die Löschwasserleitungen versagen wegen ungünstiger Untergrundverhältnisse (nicht-verfestigte Ablagerungen). Erste Ansätze für äußere Zusatzkräfte in der Bauwerksberechnung werden formuliert.
(l_o = 432 km, w_o = 15 km; q_o = 6,1 m; n_T = 700 bis 800; S = 400 Millionen $, davon 80 Millionen $ durch Erschütterungen, der Rest durch Feuer; *Steinbrugge, 1970; Harris & Archuleta, 1988; Yeats et al., 1997).*

1908	Italien Kalabrien-Sizilien Südkalabrien-Messina	Mw = 7,1; N

Die außerordentlich hohe Zahl von Erdbebentoten (n_T = etwa 80.000) bewirkt den Erlass der ersten Vorschrift für das Bauen in Erdbebengebieten, die konstruktive Hinweise (z. B. die Beschränkung der Stockwerkszahl) und einen Rechenwert für die Horizontalbeschleunigung von etwa 80 cm/s^2 enthält *(Baratta, 1910; Capuano et al. 1988; Ghisetti, 1992; Schick, 1977).*

1920	China Gansu Ost-Gansu – Haiyan	Mw = 7,8; H

Gehört zu den Ereignissen mit sehr hohem Personenschaden (Größenordnung von n_T = 100.000). Ursache dafür sind vor allem starke Deformationen in den Löss-Ablagerungen *(Dammann, 1924; Liu & Zhou, 1986).*

1923	Japan Hondo Kanto	Mw = 7,9; T/H

Vor allem durch einen großen Flächenbrand in Tokio sehr hoher Personenschaden (n_T = 91.344, n_M = 13.275; n_V = 35.560; *Bureau of Social Affaires, Home Office, Japan, 1926; Ward & Somerville, 1995*).

1929	Kanada Nordatlantik Grand Banks – Neu-Fundland	Mw = 7,4

Das Beben löste eine untermeerische Rutschung aus, die sich zu einem Suspensionsstrom entwickelte. Durch die Sedimentbewegung wurden die untermeerischen Telefonkabel zwischen Europa und Nordamerika zerstört. Ein **Tsunami** entstand, der an der Südküste von Neu-Fundland den Tod von 27 Fischern verursachte *(Hasegawa & Kanamori, 1987; Jones, 1992).*

1933	USA Kalifornien Long Beach	Mw = 6,3; H

Die Zerstörung von Schulgebäuden bewirkt, dass im Staatsparlament von Kalifornien die ersten verbindlichen Vorschriften für das Bauen in Erdbebengebieten erlassen werden
(n_T = 102; S = 40 bis 50 Millionen $; *Wood, 1933; Steinbrugge, 1970; Barclay, 2003).*

Tab. 1.I: Wichtige Erdbeben des 20. Jahrhunderts (Fortsetzung)

1960 Chile Südchile Mw = 9,5; T

Größtes Beben des 20. Jahrhunderts: Entlang eines küstenparallelen Subduktionsstreifens kommt es zu umfassenden Geländeveränderungen (Concepcion – Puerto Mutt); Auslösung eines Tsunamis, der an den Küsten des Pazifiks zu großen Schäden führt: In Hilo (Hawaii) kommen noch 41, in Japan 114 Personen ums Leben.
Die Konvergenzrate der Plattenbewegung beträgt hier 84 mm/a (l_o = 850 km, w_o = 150 km, q_o = 14 m; *Takahasi, 1963; Wadati, 1963; Weischet, 1963; Kanamori, 1977; Barrientos & Ward, 1990).*

1964 Japan Hondo Niigata Mw = 7,7; T

Die seismischen Signale eines Herds, der vor der Westküste von Hondo liegt, führen vor allem in der Küstenstadt Niigata zu einer größeren Zahl von Untergrundveränderungen durch **Bodenverflüssigung** (engl.: *liquefaction*). Die oberflächennahen Schichten bestehen hier aus feinsandigen, stark durchfeuchteten Ablagerungen (*Kawasumi, 1968; Kasahara, 1981).*

1964 USA Alaska Prince William Sound Mw = 9,2; T

Zweitgrößtes Beben des 20. Jahrhunderts. Starke Geländeveränderungen über dem Herdgebiet. Auslösung eines **Tsunamis** und von **Eigenschwingungen der Erde** (l_o = 600 km; w_o = 200 km; q_o = 7.bis.20 m; n_T = 125; davon 110 durch Tsunami; S = 311 Millionen $; *Kanamori, 1970*; *Committee on the Alaska Earthquake, 1968/1973*: Größte Monographie über ein Erdbeben).

1966 Usbekistan Taschkent Mw = 5,3; T

Flaches Beben mit Überschiebungscharakter unter dem Zentrum der mittelasiatischen Millionenstadt, wo intensive Zerstörungen auftreten. Die Spürbarkeit bleibt praktisch auf das Stadtgebiet beschränkt. Zeigt die Gefährlichkeit flacher Überschiebungen im kontinentalen Bereich (*Zacharowskaya, 1970).*

1970 Peru Ancash Mw = 7,9; T

Flaches Subduktionsbeben vor der peruanischen Küste. Auslösung einer Schlammlawine am Nordwestgipfel des Berges Huascarán, die die Stadt Yungay verschüttet (n_T = 66.000, davon 18.000 durch **Hangbewegung;** *Cluff, 1971*; *Plafker & Erikson, 1978*).

1971 USA Kalifornien San Fernando Mw = 6,5; T

Flaches Beben mit Überschiebungscharakter in unmittelbarer Nähe des Hauptasts der San-Andreas-Störung führt zu starken Schäden an wichtigen öffentlichen Einrichtungen. (Krankenhäuser, Staudamm, Verkehrsbauten, Versorgungseinrichtungen; n_T = 64; *US. Dept. of the Interior, US Dept. of Commerce, 1971).*

1976 Guatemala Guatemala City Mw = 7,6; H

Erdbebenwirkungen erfassen das ganze Land von der Pazifik- zur Karibikküste. Es handelt sich um eine Horizontalverschiebung an der Grenze zwischen Nordamerika und der Karibikplatte. Die heutige Hauptstadt ersetzt die durch ein Beben 1773 zerstörte Hauptstadt Antiqua (l_o = 250 km; w_o = 15 km als Annahme, q_o = 2 m; komplexer Herdvorgang; n_T = 25.000; *Münchener Rückversicherung, 1976; Kanamori & Stewart, 1978).*

1976 China Hopeh Tangschan Mw = 7,5; H/N

Es ist eines der folgenreichsten Beben in historischer Zeit (n_T = 225.000). Die seismische Herdbewegung bestand in einer Horizontalverschiebung mit Abschiebungskomponente; das Ereignis gehört zu einer

Tab. 1.I: Wichtige Erdbeben des 20. Jahrhunderts (Fortsetzung)

Erdbebenserie, in der sich die neotektonische Ausformung des Nord-China-Beckens abbildet *(US Geological Survey, 1990; Nábělek et al., 1987; Chen et al., 1988).*

1985	Mexiko Michoacan	Mw = 8,1; T

Subduktionsbeben an der mexikanischen Pazifikküste. Fernwirkungen in der etwa 300 km entfernten Hauptstadt Mexico-City, wie schon bei vorangehenden Ereignissen mit Herd entlang der mexikanischen Subduktionszone. Es wurden selektiv Hochhäuser mit bis zu 20 Stockwerken stark beschädigt oder zerstört. Die betroffenen Gebäude lagen auf einer 30 bis 50 m mächtigen Seetonschicht mit niedriger Wellenausbreitungsgeschwindigkeit im Zentrum der Stadt: **Mexico-City-Effekt**. Die Vergrößerung der Bodenbewegung erreicht bei einer Periode von T = ca. 2 s einen Wert von 10 und mehr. Die Zahl der Todesopfer wird auf über 10.000 geschätzt *(Ammann et al., 1986; Münchener Rückversicherung, 1986; Priestly & Masters, 1986)*.

1986	Griechenland Peloponnes Kalamata	Mw = 5,8; N

Beben mit Abschiebungscharakter an der Südküste des Peloponnes. Deutliche Einflüsse der **Lockerschichtmächtigkeit** auf die Belastung lassen sich durch herdnahe Messungen quantitativ interpretieren (n_T = 21; n_V = 330; l_o = 8 km, w_o = 14 km, q_o = 0,15 m; *Gariel et al.,1989 ; Gazetas et al., 1990; Lyon-Caen et al., 1988; Papazachos et al., 1988*).

1989	USA Kalifornien Loma Prieta	Mw = 7,1; H/T

Neben schweren Zerstörungen im Epizentralgebiet kennzeichnen selektive Fernwirkungen in San Francisco und Oakland die makroseismische Wirksamkeit dieses Bebens (n_T = 62, davon 42 Opfer beim Zusammenbruch des Cypress-Viadukts in Oakland, n_V = 3757; *Benuska, 1990; Choy & Boatwright, 1990; EQE Engineering, 1989).*

1992	Nicaragua	Mw = 7,6; T

Subduktionsbeben zwischen Cocos-Platte im Westen und Nordamerika im Osten. Durch subduzierte Sedimente kommt es zu einer Verlangsamung der koseismischen Verschiebung und damit zur Entstehung eines **Tsunamis**, ein sehr wichtiger Hinweis auf die notwendigen Voraussetzungen für die Entstehung einer seismischen Flutwelle (*Kanamori & Kikuchi, 1993*).

1995	Japan Hondo Hyogo-ken Nanbu, Kobe	Mw = 6,9; H

Horizontalverschiebung im intrakontinentalen Bereich, die von der Insel Awaji ausgehend auf die Stadt Kobe zuläuft, wo es zu selektiven Zerstörungen kommt. Todesopfer (etwa 5500) treten vor allem in bestimmten Einfamilienhaustypen auf, daneben wichtige Schäden an Verkehrsbauten, starke Untergrundsveränderungen in den küstennahen Gebieten der Stadt, zahlreiche Folgebrände (*Kanamori, 1995; Schweizer Rück, 1995).*

1999	Türkei Nordanatolien Kocaeli	Mw = 7,5; H

Am westlichen Ende der Nordanatolischen Horizontalverschiebung; Städte an der Ismet-Bucht und Adapazari im Osten des Herdgebiets werden verwüstet (l_o = ca. 120 km; q_o = 2,5 m; n_T = 15.350, n_V = 24.000; 50.000 Zusammenbrüche von Gebäuden; *Mayer & Lu, 2001; Kiratzi & Louvari, 2001; Tibi et al., 2001).*

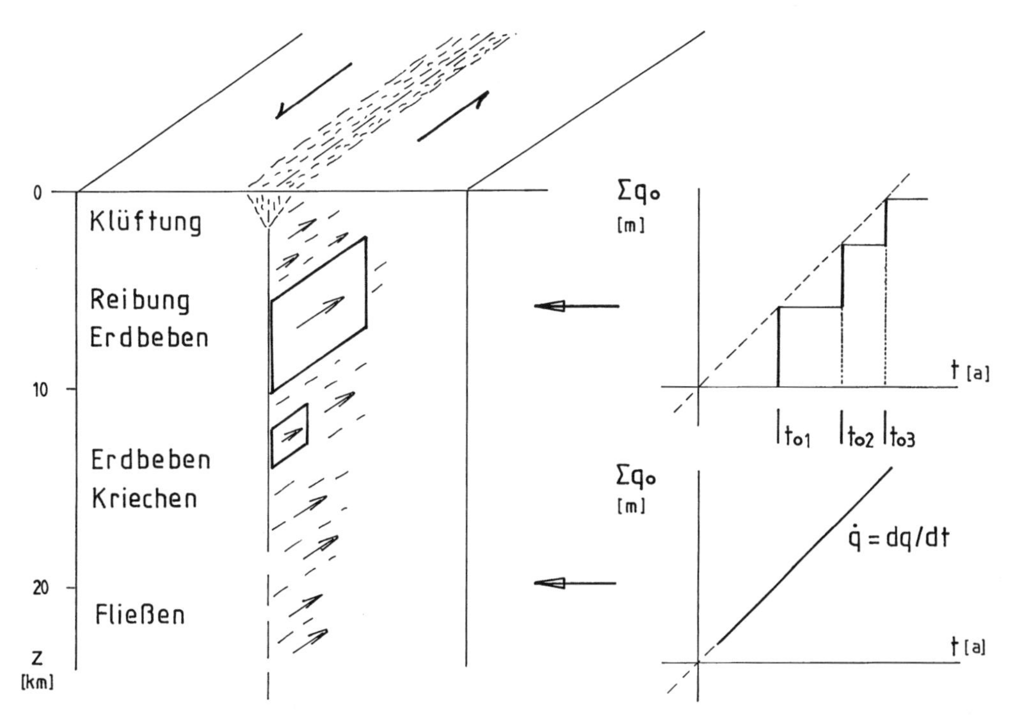

Abb. 1.15 Seismisch und aseismisch reagierende Stockwerke in der Erdkruste; links: Stockwerke; rechts: Gleitbewegung im tieferen Stockwerk, seismisches Verhalten im höheren Stockwerk. q_0 ist die Verschiebung entlang einer Scherzone; die Zeitpunkte t_{0i} sind die Herdzeiten von Beben.

gen zu betrachten, die in der Umgebung des Herdvorgangs durchgeführt worden sind. Durch einen Vergleich des gemessenen Verschiebungsfeldes mit der theoretischen Verteilung der Verschiebungen eines Herdmodells kann auf die Tiefenerstreckung der Herdfläche, auch Herdbreite genannt, geschlossen werden. *Chinnery (1961)* erhält so für die Herdbreite des Erdbebens von 1906 einen Wert von $w_0 = 12\,km$, während *Harris & Archuleta (1988)* auf $w_0 = 15\,km$ kommen. Welche Einflüsse begrenzen einen seismischen Herd mit der Tiefe?

An erster Stelle steht hier die Temperatur, die dafür sorgt, dass mit zunehmender Tiefe ein bruchartiges Verhalten durch einen duktil verlaufenden Verschiebungsprozess ersetzt wird. Berücksichtigt man einen mittleren Temperatur-Tiefengradienten von 30 K/km, so wird in 20 km Tiefe eine Temperatur von 600 °C erreicht. Das ist ein Wert, bei dem wichtige Gesteinskomponenten wie Quarz bereits duktil reagieren (vgl. *Stüwe, 2000*).

Man kann innerhalb einer Scherzone folglich ein seismogenetisches Stockwerk von einer tieferen Gleitzone unterscheiden (Abb. 1.15). Im Falle einer Kriechzone (engl.: *creep segment*) – wie in Mittelkalifornien – reicht das Gleitverhalten bis an die Erdoberfläche. Bei seismischer Aktivität löst sich die stetige Verschiebung der Gleitzone in einzelne ruckartige Verschiebungen auf. Die Bilanz erfährt – über die gesamte Tiefe betrachtet – einen Ausgleich, der allerdings nicht synchron erfolgen muss. Beide Stockwerke beeinflussen sich vielmehr gegenseitig. So überträgt die schnelle Verschiebung, die sich bei einem Erdbeben vollzieht, ein tektonisches Signal auf die duktile Unterschicht, während primär aus der Unterschicht eine Aufladung in Form **tektonischer Spannung** das seismogenetische Stockwerk belastet (Kasten 1.C).

Die Bestimmung des tektonischen Spannungszustandes geht von einer Messung der Deformation aus: Die Verformung einer Referenzgeometrie wird betrachtet, beispielsweise

Kasten 1.C: Tektonische Spannungen

Mechanische Spannungen sind flächenbezogene Kräfte:

Spannung = Kraft / Flächeinheit:

$$\sigma = dF/ dA \text{ in } N/m^2 = Pa \qquad (1.5)$$

Die Spannungen innerhalb der Erde können durch ein **Hauptspannungssystem** beschrieben werden, das mit seinen drei Hauptspannungsvektoren (σ_1 = größte Hauptspannung, σ_2 = mittlere Hauptspannung, σ_3 = kleinste Hauptspannung) ein Spannungsellipsoid aufspannt (Abb. 1.16a, links).

In der Tektonik ist es üblich, das Spannungssystem an der lithostatischen Auflast, d. h. der von der Schwerkraft bedingten Spannung σ_z zu orientieren (Abb.1.16a, rechts):

$$\sigma_z = \rho\, g\, z \qquad (1.6)$$

ρ = Dichte in kg/m^3 (ein typischer Wert für die Gesteine der Erdkruste ist $\rho = 2{,}7 \cdot 10^3\, kg/m^3$); g = Vertikalkomponente der Schwerebeschleunigung = ca. $10\, m/s^2$; z = Tiefe in m.

Bei einem hydrostatischen Zustand, wie man ihn innerhalb einer magmatischen Schmelze zu erwarten hat, würde dieser Wert für alle drei Richtungen des Spannungsellipsoids gelten: Das Ellipsoid „degeneriert" dann zu einer Kugel.

Man unterscheidet bei einem **tektonischen Spannungssystem** die folgenden Spannungsvektoren (vgl. *Engelder, 1993*):

$$\{\sigma_z, \sigma_H, \sigma_h\} \qquad (1.7)$$

Neben der Auflastspannung, die in vertikaler Richtung wirkt, sind das die größte Horizon-

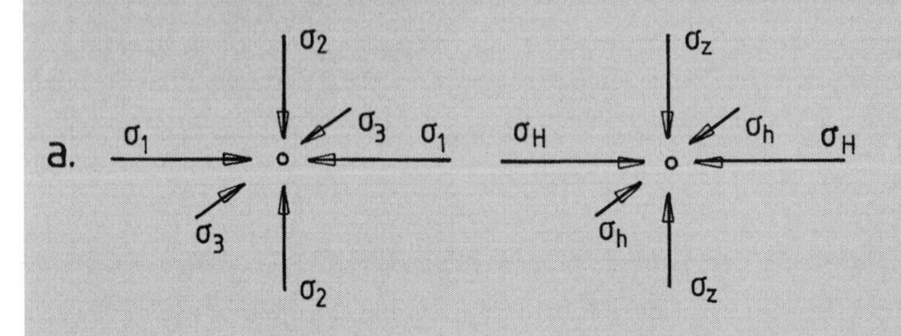

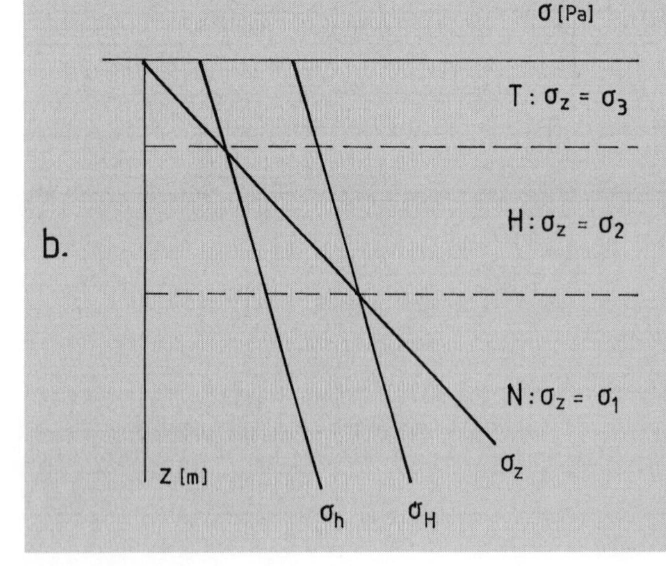

Abb. 1.16 Tektonische Spannungen:
a. Spannungssysteme: Hauptspannungen (links); tektonisches Spannungssystem (rechts);
b. Anderson-System der tektonischen Kinematik; oben: Etage der Überschiebungen (T); in der Mitte: Etage der Horizontalverschiebungen (H); unten: Etage der Abschiebungen (N).

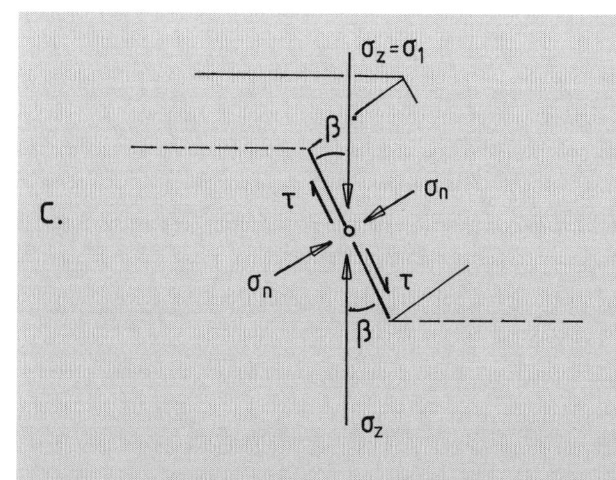

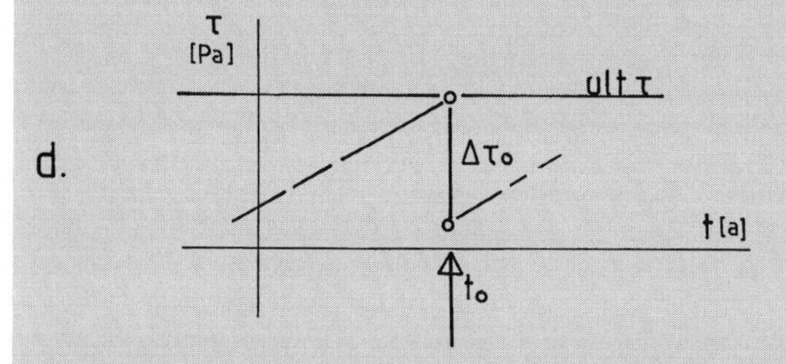

Abb. 1.16 Tektonische Spannungen:
c. Normalspannung (σ_n) und Scherspannung (τ) auf einer Abschiebungssfläche. Die Bewegungsfläche bildet einen Winkel β mit der größten Spannung $\sigma_z = \sigma_1$.
d. Die Scherspannung auf einer belasteten Scherfläche steigt mit der Zeit t so lange an, bis der kritische Wert ult τ_o erreicht wird; in diesem Moment (zur Herdzeit t_o) kommt es durch einen Spannungsabfall $\Delta\tau_o$ zu einem neuen „Ruhezustand".

talspannung (σ_H) und die kleinste Horizontalspannung (σ_h).

Man kann sich vorstellen, dass die Auflastspannung durch tektonische Spannungsanteile $\pm \Delta\sigma_T$ vergrößert oder verkleinert wird und so die Abweichungen vom Kugelzustand der Lithostatik entstehen: $\sigma_{H,h} = \sigma_z \pm \Delta\sigma_T$.

Mit dem tektonischen Spannungssystem lassen sich entsprechend *Anderson (1942)* drei Etagen der tektonischen Kinematik unterscheiden, je nach dem Verhältnis der Auflast σ_z zu den beiden anderen Spannungsgrößen σ_H und σ_h (Abb. 1.16b):

T-Etage: σ_z = kleinste Spannung: Stockwerk der Überschiebung (engl.: *thrust faulting*);

H-Etage: σ_z = mittlere Spannung: Stockwerk der Horizontalverschiebung (engl.: *horizontal strike slip faulting);*

N-Etage: σ_z = größte Spannung: Stockwerk der Abschiebung (engl.: *normal faulting*).

Wirkt ein tektonisches Spannungssystem auf eine innerhalb des Erdkörpers vorhandene Fläche (Scherfläche), so entsteht auf dieser Fläche ein Wechselspiel zwischen einer die Bewegung fördernden **Scherspannung** τ und einer die Bewegung hemmenden **Normalspannung** σ_n (Abb. 1.16c).

In einem ungestörten Festkörper erreicht die Scherspannung τ unter einem Winkel β von 45° zur größten Hauptspannung ihren Maximalwert. In einem idealisierten Sandhaufen hängt der Böschungswinkel von der Größe der Reibung ab, die zwischen den Sandkörnern herrscht. Sie wird durch den Reibungskoeffizienten R* beschrieben. Der Widerstand gegen eine Bewegung auf einer Scherfläche lässt sich wie folgt darstellen:

$$\text{ult}\ \tau_R = R^*\ \sigma_n \qquad (1.8)$$

Nach *Ranalli* (1997) enthält der Widerstandskoeffizient R* die folgenden Faktoren:

$$R^* = R\ \Phi\ \Pi\ W$$

R = Reibungskoeffizient (dimensionslos) = 0,5 bis 0,8; Φ = Einfluss der Herdkinematik: 3,0 für ein T-Regime, 1,2 für ein H-Regime, 0,75 für ein N-Regime; Π = Einfluss des umgebenden Spannungsfeldes = $(\sigma_2 - \sigma_3)/(\sigma_1 - \sigma_3)$;

W = Einflüsse des Porenwasserdrucks = 1 – λ^*, $\lambda^* = p_{H_2O}/\rho\, g\, z$ = Wasserdruck/Auflastdruck.

Gehen wir von der Annahme aus, dass die entscheidende Belastung der Erdkruste bzw. der Lithosphäre ständig aus dem Innern des Erdkörpers aufgeprägt wird, so kommt es, je nach Tiefenlage und Orientierung einer Scherzone, früher oder später zu einem kritischen Zustand, der durch eine Überschreitung der kritischen Scherspannung gekennzeichnet ist: Durch eine schnelle Bewegung, durch ein **Erdbeben** wird die Spannung auf der betrachteten Fläche um den **Spannungsabfall** abgesenkt (Abb. 1.16d).

bei der Feststellung eines rezenten Spannungszustandes die Veränderung eines Bohrlochquerschnitts von der Kreisform zur Ellipse. Aus der Verformung von Fossilien lässt sich auf die Deformation bzw. Spannungszustände in der geologischen Vergangenheit schließen. Die Ableitung des Spannungszustandes setzt voraus, dass man die Beziehungen zwischen Spannung und Deformation kennt. Man spricht bei diesen Zusammenhängen vom Stoffgesetz oder der rheologischen Beziehung. Das Hooke'sche Gesetz gehört in die Reihe dieser Beziehungen (vgl. Kasten 1.D).

Bei der Beschreibung des physikalischen Aufbaus der Erdkruste steht der Begriff der Schichtung im Vordergrund. Im Falle der genannten Stoffgesetze spricht man von **rheologischer Schichtung der Erdkruste** (Kasten 1.D). Schichtung ist ein Begriff, der uns anschaulich bei Sedimenten begegnet. Auf die Wechsellagerung harter und weicher Sedimentgesteine, aber auch auf mehr spröd-elastischeres oder eher duktiles Verhalten der Ablagerungen trifft man in vielen Gebieten der Erde. So spricht man beim Innern der Süddeutschen Großscholle von einer Schichtstufenlandschaft: Hier wurden Sedimente unterschiedlicher Festigkeit und Rheologie durch die kombinierte Wirkung von Tektonik und Erosion zur charakteristischen Schichtstufenlandschaft geformt.

Innerhalb der kontinentalen Erdkruste unterscheidet man Etagen, die sich durch ihre Spannungsverhältnisse und physikalischen Eigenschaften unterscheiden (vgl. Tab. 2.II; Kasten 1.C; Abb. 1.16): Die Oberkruste, die in Mitteleuropa bis in eine Tiefe von etwa 20 km reicht, und die Unterkruste, die bei 10 km Dicke in einer Tiefe von etwa 30 km endet. Während die Oberkruste überwiegend aus sauren Gesteinen (Graniten, Dioriten, Gneisen, Glimmerschiefern) aufgebaut ist, herrschen in der Unterkruste quarzärmere Gesteine vor, die man aufgrund ihrer physikalischen Eigenschaften als Gabbro, heute häufiger als Granulit interpretiert. Kennzeichen für die Identifizierung von Gesteinen, die sich einer direkten Betrachtung oder Probenentnahme entziehen, sind dabei die aus seismischen Messungen (Reflexions- oder Refraktionsseismik) ermittelten Wellengeschwindigkeiten, die wiederum von den elastischen Parametern und der Dichte der untersuchten Gesteine abhängen. Durch gravimetrische Messungen und Interpretationen werden die aus seismischen Analysen abgeleiteten Modelle der Erdkruste noch hinsichtlich des Dichteaufbaus kontrolliert. Basische Gesteine zeigen generell eine höhere Dichte, aber auch höhere Geschwindigkeitswerte und Elastizitätsgrößen. Da hier „leichtes“ Material über „schwerem“ lagert, kann man die kontinentale Kruste meist als stabil geschichtet ansehen. Eine Reaktion erfolgt erst durch von außen kommende Belastungen.

Wenn man von äußeren, mehr oder weniger statisch wirkenden Kräften, wie Sediment- und Eislasten, oder dynamischen Bewegungen durch Strömungsvorgänge absieht, so sind es Kräfte aus dem Erdinnern, welche zu Reaktionen, d. h. Deformationen der Erdkruste führen, wie sie hier in Form von Verschiebungen auf Scherzonen behandelt werden.

Bei einer rheologischen Betrachtung tektonischer Probleme muss folglich der Beschreibung durch physikalische Merkmale – wie Wellengeschwindigkeit und Dichte – noch eine die Duktilität, die Fließfähigkeit, charakterisierende Materialeigenschaft, hinzugefügt werden: die **Viskosität** (vgl. Kasten 1.D). Der rheologischen Schichtung der Erdkruste widmet sich bereits ein zu Ehren des Geologen *E. Wegmann* von *Schaer (1967)* herausgegebener Band mit dem Titel „Étages tectoniques", in dem aus der Sicht von Geologie und Petrologie auf die Fragen der Krustendynamik eingegangen wird.

Benioff hatte in einer Arbeit des Jahres *1951* die Frage der Rheologie der Erdkruste auf der Basis von Beobachtungen über Nachbebenserien aufgegriffen. Die Wiederaufnahme der Methode und die gleiche Fragestellung ist in den Untersuchungen zu der Landers-Erdbebenserie in Südkalifornien zu sehen (*Deng et al., 1998, 1999*).

Ein erster theoretischer Ansatz, der versucht, Ordnung in die Vielfalt tektonischer Bruchvorgänge zu bringen, ist das Buch von *Anderson (1942)* mit dem Titel „*Dynamics of faulting*" (dt.: Dynamik der tektonischen Scherbrüche). Der Autor zeigt, dass es von zentraler Bedeutung ist, welche Rolle die Schwerkraft innerhalb des tektonischen Beanspruchungsplans spielt. Dieses Verhältnis bestimmt die kinematische Bewegungsform in den verschiedenen Tiefenzonen (Abb. 1.16b).

Für flache Überschiebungen benötigt der tektonische Verformungsprozess ausreichend hohe Werte der größten Horizontalspannung (vgl. Kasten 1.C). Dies ist in Zonen starker Einengung gegeben, so in der Nachbarschaft einer sich tektonisch schnell bewegenden Horizontalverschiebung und vor allem aber bei starker kompressiver Belastung. Die Herdgebiete in Algerien (1980: El-Asnam-Beben), Armenien (1988: Spitak-Beben) Usbekistan (1976: Gazli-Beben) seien hier als Beispiele genannt (vgl. Abschnitt 1.2).

Kombiniert man jetzt die Vorstellungen von Anderson mit dem Modell der rheologischen Schichtung der Erdkruste, so erhält man ein System, in dem sich verschiedene petrologische und geophysikalische Einflussgrößen überlagern. Dabei sind besonders folgende Parameter wichtig:

Petrologische Zusammensetzung;
Temperatur-Tiefenkurve $\vartheta(z)$ in °C;
Effektive Normalspannung $\sigma_z - p_{H_2O}$ in Pa, d.h. Auflast der Gesteine – Wasserdruck;
Spannungsdifferenzen $\Delta\sigma$ in Pa;
Verschiebungsgeschwindigkeit V in mm/a oder m/s;
Deformationsgeschwindigkeit $d\varepsilon/dt$, $d\gamma/dt$ in s^{-1}.

Bei einer bestimmten Belastung, die aus dem tieferen Erdinnern auf die Erdkruste übertragen wird, resultiert im Zusammenwirken mit der Verteilung von Widerstands- oder Festigkeitswerten ein charakteristisches Tiefenprofil der seismischen bzw. auch aseismischen Reaktionen. Dabei wird sich – vor allem von Temperaturverteilung und Verschiebungs- bzw. Deformationsgeschwindigkeit gesteuert – nicht nur eine vertikale Abfolge von seismisch oder aseismisch reagierenden Stockwerken einstellen, auch der kinematische Charakter der Bewegungen ändert sich entsprechend mit der Tiefe.

Bei einer langsamen Verformung reicht die größte horizontale Spannung (vgl. Abb. 1.16) nicht aus, um den kritischen Wert des Anderson-Diagramms für flache Überschiebungen zu erreichen. Ein kritisches Verhalten wird erst im nächst tieferen Stockwerk, d.h. in der Etage der Horizontalverschiebungen erreicht. Die Auflast übernimmt innerhalb dieser Tiefenzone die Rolle der mittleren Hauptspannung, während sie bei einer flachen Überschiebung gegenüber beiden Horizontalspannungen zurücktritt. In den Tiefen unterhalb des H-Stockwerks entspricht die Auflast der größten Hauptspannung. Hier ist ein Regime mit Abschiebungscharakter (N-Regime) zu erwarten. Gleichzeitig gerät man aber in Tiefenbereiche, in denen die Kriechreaktion in den Vordergrund tritt, so dass in vielen Gebieten eine starke Dominanz der Horizontalverschiebungen als seismische Reaktion übrig bleibt. Neben die hier in den Vordergrund gerückten Einflüsse der Temperatur und der Deformationsgeschwindigkeit treten weitere Größen, vor allem der Bestand an Strukturen wie Blöcken, Terranes, Brüchen und Schichtungen, die für eine große Variationsbreite in den Bewegungsformen vor allem der Scherzonen sorgen. Man nimmt heute an, dass die Veränderung der Reibungsverhältnisse durch den Wasserhaushalt und spezielle Gesteine, wie z.B. Serpentinite, das Kriechverhalten im Mittelabschnitt der San-Andreas-Störung verursachen (vgl. *Scholz, 1990a*).

c. Kontinentaldrift

Grob schematisch lässt sich sagen, dass entlang der San-Andreas-Störung heute zwei Schollen mit einer Geschwindigkeit von 48 mm/a aneinander vorbeigleiten (*Hudnut, 1992*). Auf der Ostseite bewegt sich der nordamerikanische Kontinent nach Süden, auf der Westseite der Pazifik nach Norden. Diese Bewegung wird hauptsächlich von der San-Andreas-Störung, aber auch noch von anderen Scherzonen übernommen (Abb. 1.1).

Horizontale Verschiebungen oberflächennaher Partien des Erdkörpers spielen in der wichtigsten geowissenschaftlichen Veröffentlichung des 20. Jahrhunderts eine zentrale Rolle: *A. Wegeners* Buch über die Kontinentaldrift, das nach einigen Vorträgen und Darstellungen in Zeitschriften mit seinem Erscheinen im Jahre *1915* die geowissenschaftliche Welt hätte erschüttern sollen, während es in Wahrheit eigentlich nur Aufgeregtheit produzierte und fast einhellig auf Widerstand stieß. Wegener stellt in seinem Buch dar, dass die heutige Verteilung von Kontinenten und Ozeanen das Resultat eines Driftvorgangs ist, bei dem die Kontinente aus einem „Pangäa-Zustand" durch horizontale Verschiebung in ihre heutige Lage gelangt seien. Pangäa-Zustand heißt, dass alle Kontinente – aus einem vorher getrennten Zustand zusammengeschoben – den Superkontinent **Pangäa** bilden. Wegener hatte vor allem geomorphologische Argumente, wie die Ähnlichkeit der Küstenlinien Westafrikas und der Ostküste Südamerikas, paläogeographische, wie die Faunenbeziehungen über heute weit entfernte Kontinentgrenzen hinweg, und paläoklimatologische, wie die Spuren der permokarbonischen Vereisung in Australien und Südafrika ins Feld geführt, um seine Vorstellungen zu stützen.

Schwierigkeiten bereiteten ihm zwei Fragen: Einmal war das der Gleithorizont auf der Unterseite der Kontinentalschollen und zweitens – wesentlich schwerer wiegend – das Problem des Kräftesystems, das eine solche kontinentale Verschiebung bewirken könnte. Bei der ersten Frage nach der Unterkante der Driftkörper griff er auf Vorstellungen zurück, die in verschiedenen geowissenschaftlichen Disziplinen damals diskutiert wurden. Zunächst betrachtete er die Grenze zwischen oberer kontinentaler Erdkruste und der Unterkruste als möglichen Gleithorizont. In Mitteleuropa liegt diese Trennfläche, die Conrad-Diskontinuität, in einer Tiefe von etwa 20 km (*Conrad, 1928*). Später verlegte Wegener den Bewegungshorizont in das Niveau der Mohorovičić-Diskontinuität, die von dem gleichnamigen kroatischen Seismologen durch Nahbeben-Beobachtungen nachgewiesen worden war (*Mohorovičić, 1910*). Sie bildet die Untergrenze der Erdkruste, wie sie im Laufe des 20. Jahrhunderts als markanter Anstieg in der seismischen P-Wellengeschwindigkeit (von Werten um 6,5 – 7 km/s auf etwa 8,1 km/s; vgl. Kap. 2) für fast alle kontinentalen und ozeanischen Strukturen ermittelt wurde.

Gutenberg (1926, 1948, 1959) hatte durch die Beobachtung an seismischen Signalen zeigen können, dass in Tiefen von etwa 100 bis 200 km eine Zone erniedrigter Wellengeschwindigkeit bzw. erhöhter Absorptivität existiert, was man später auf partiell geschmolzenes Gestein zurückführte. Nach dem altgriechischen Wort asthenes (dt.: schwach) benennt Gutenberg diesen Tiefenbereich als Asthenosphäre, über der die festere Lithosphäre lagert. Unterstützt werden diese Vorstellungen durch den Nachweis der **Eis-Isostasie** für die während der Eiszeit vergletscherten polaren Bereiche der Erde. Die postglazialen Bewegungen in Nordamerika und im nördlichen Europa lassen sich durch ein Modell erklären, bei dem die Asthenosphäre als **hydraulische** Ausgleichsschicht wirkt. Während der Belastung durch eiszeitliche Vergletscherung wird die elastische Oberschicht eingedellt, sie verdrängt an ihrer Unterseite Material aus der Asthenosphäre, welches in die weitere Umgebung des Vereisungsgebiets abströmt. Mit dem Einsetzen der Schmelzphase der letzten Eiszeit strömt die asthenosphärische Ausgleichsmasse wieder in die ehemals vergletscherten Gebiete zurück (Abb. 1.17). Es kommt dort zu Hebungsbewegungen mit einer Geschwindigkeit von maximal 9 mm/a im Gebiet des Bottnischen Meerbusens zwischen Nordschweden und Finnland (vgl. *Mörner, 1980*). Durch Interpretation

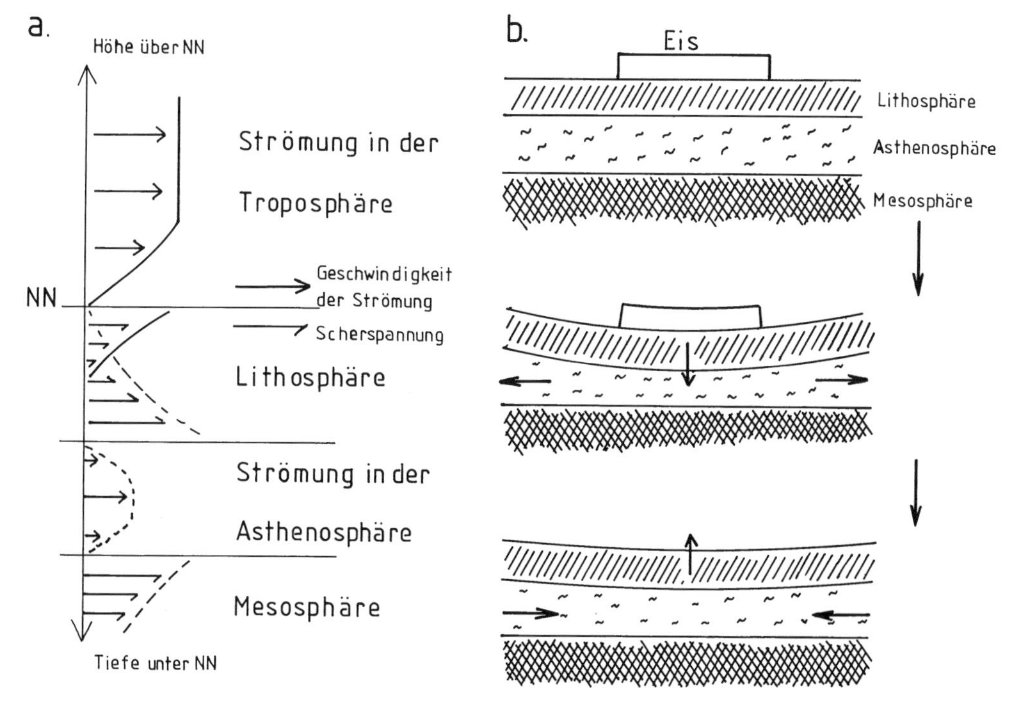

Abb. 1.17 Das System „Lithosphäre-Asthenosphäre" und die Eis-Isostasie:
a. Die Lithosphäre als zweiseitige Grenzschicht zwischen den Strömungen in der Atmosphäre und im Erdkörper. In den Grenzschichten werden Scherspannungen von unten wie von oben auf die Lithosphäre ausgeübt.
b. Eis-Isostasie: Bei Belastung durch Eismassen während der pleistozänen Vergletscherung wird Material der Asthenosphäre an die Peripherie der mit Eis bedeckten Gebiete transportiert. Während der Abschmelzphasen strömt das verdrängte Material wieder an seinen ursprünglichen Platz zurück: Es kommt zu Hebungsbewegungen, wie wir sie heute in Skandinavien und im nördlichen Nordamerika beobachten.

der Hebungsraten lässt sich zeigen, dass die duktile Unterschicht um mehrere Potenzen niedriger viskos als die Oberschicht ist. Die in Skandinavien gemessene rezente Hebungsgeschwindigkeit ist deutlich höher als die des Himalayas mit 4 bis 5 mm/a *(Shen & Rybach, 1994; Freymüller et al., 1996),* während die tektonoisostatischen Ausgleichsbewegungen der alpidischen Externmassive (wie z. B. des Aar-Gotthard-Massivs) eine Hebungsrate von nur 1 bis 2 mm/a erreichen (*Gubler et al., 1981*).

Die Kontinentaldrift A. Wegeners „überwinterte" bei wenigen Geowissenschaftlern in den USA, wo vor allem **Gutenberg** in Pasadena (Seismological Laboratory, California Institute of Technology) den Weg des „Mobilismus" unbeirrt weiter verfolgte.

Das Modell „Lithosphäre-Asthenosphäre" wird durch *Elsasser (1969, 1971)* weiterentwickelt und als rheologische Konfiguration zur Erklärung dynamischer Phänomene eingesetzt.

Die offene Flanke bietet Wegener seiner nicht gerade geringen Zahl von Gegnern mit der Vorstellung des die Kontinentalverschiebung verursachenden Kräftesystems. Hier steht die „Polfluchtkraft" im Mittelpunkt, für die leicht nachzuweisen war, dass sie wegen ihrer zu geringen Größe nicht in der Lage ist, die Kontinente in der vorgeschlagenen Weise zu verschieben.

Erst nach dem II. Weltkrieg gelingt es, sowohl die kinematischen Aspekte wie auch die dynamischen Grundlagen der „Kontinentaldrift" auf eine neue Grundlage zu stellen. Dabei spielt vor allem die Einbeziehung der Geophysik und Geologie ozeanischer Räume wie auch die Verwendung neuer Ideen und Methoden innerhalb verschiedener geowissenschaftlicher Disziplinen eine wichtige Rolle.

Betrachtet man aktuelle geophysikalische Modelle zur Erklärung der Krustendynamik, wie das von *Fuchs (2000),* so kann man feststellen, dass die ursprüngliche Idee Wegeners von einer Bewegungsfuge in der Tiefe der Conrad-Diskontinuität wieder auflebt. Sie wird jetzt als kleinskalige Bewegung der Erdkruste in das größerskalige System „Lithosphäre-Asthenosphäre" eingebettet.

d. Horizontalverschiebungen außerhalb Kaliforniens

Horizontalverschiebungen haben in der Erdgeschichte zu allen Zeiten eine wesentliche Rolle im Gesamtkonzept tektonischer Deformationen gespielt. Es sei hier nur an das System von Horizontalverschiebungen im nördlichen Schottland erinnert, wo die Südwest-Nordost verlaufende Great-Glen-Störung nach Ausräumung der Scherzone durch Gletschereis als wichtigste regionale Entwässerungsrinne zum Bett des Flusses Ness geworden ist. Die großen tektonischen Verformungen erfolgten hier während der kaledonischen Gebirgsbildung.

Unter den rezent beweglichen Horizontalverschiebungen ragen einige durch ihre seismische Aktivität deutlich heraus. Sie sind die Quelle wichtiger regionaler Maximalereignisse. Unter diesen seien als Beispiele drei Scherzonen genannt, die wie das San-Andreas-System Plattenränder markieren:

Eurasien – Anatolische Platte;
Nordamerika – Karibische Platte;
Chinesische Platte – Philippinen-Platte.

Horizontalverschiebungen treten aber auch in vielen anderen tektonischen Verformungsprozessen auf. So sind alle tektonischen Globalstrukturen, wie die Subduktionszonen, die mittelozeanischen Schwellen und die Gebirgszüge der mediterran-transasiatischen Kollision durch transversal ausgerichtete Horizontalverschiebungen in Einheiten mit unterschiedlicher tektonischer Struktur und Bewegungsrhythmus gegliedert.

1. Die **Nordanatolische Scherzone**. Diese Horizontalverschiebung verläuft, wenn man nur die Kernbewegung betrachtet, als rechtsdrehende Störung etwas südlich der Südküste des Schwarzen Meeres. Sie lässt sich von der Nordwestecke Anatoliens am Marmara-Meer bis zum ostanatolischen Karhova verfolgen, wo sie auf die linksdrehende Ostanatolische Horizontalverschiebung trifft *(Bozkurt, 2001).* Auf etwa 900 km Länge der Nordanatolischen Scherzone kommt es seit 1939 immer wiederzu seismischen Verschiebungen, wobei sich die Herde von Osten nach Westen verlagert haben (*Barka 1996*; Abb. 1.18a). Die Bewegungsgeschwindigkeit beträgt etwa 25 mm/a. Auf dieses Gebiet wird im Rahmen der Einheit Anatolien-Ägäis nochmals eingegangen.

2. Die **Motagua-Horizontalverschiebung**. Die etwa in Ost-West-Richtung das Land Guatemala durchquerende linksdrehende Horizontalverschiebung erstreckt sich über den gesamten nördlichen Karibikraum bis hin zur Puerto-Rico-Rinne (Abb. 1.18b). Die stärksten Wirkungen des letzten großen Bebens auf dieser Störung im Jahre 1976 betrafen über ein Drittel der Fläche des Landes, verteilt auf einen Streifen, der sich von der Pazifik- bis zur Karibik-Küste erstreckte. Die Bewegungsgeschwindigkeit liegt mit 21 mm/a etwas unter den entlang der Nordanatolischen Scherzone festgestellten Werten (*Espinosa, 1976*). Die Länge des Hauptbruchs wird bei diesem Beben auf 300 km geschätzt, während die Verschiebungen im Einzelnen zwischen 73 und 142 cm liegen. Nimmt man für die Herdbreite 20 km an, so stimmen die im Gelände erfassten Werte gut mit den aus instrumentellen, d. h. seismographischen Aufzeichnungen abgeleiteten Größen überein ($M_o = 2{,}6 \cdot 10^{20}$ Nm; Mw = 7,6; Ms = 7,5; *Kanamori & Stewart, 1978*).

3. Die **Philippinen-Scherzone**. Diese Scherzone durchquert als linksdrehende Horizontalverschiebung etwa in Nord-Süd-Richtung die philippinischen Hauptinseln und lässt sich über etwa 1200 km hinweg verfolgen (*Allen, 1962*). 1990 kam es auf Luzon zu einem Beben der Magnitude Mw = 7,8. Als

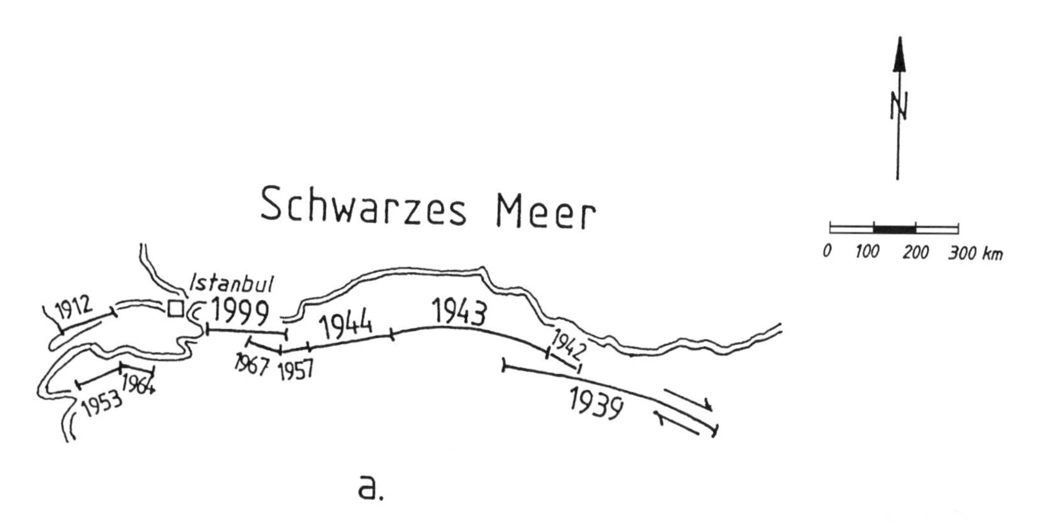

Abb. 1.18 Wichtige Horizontalverschiebungen außerhalb Kaliforniens:
a. Oben: *Nordanatolische Horizontalverschiebung* (Türkei); nach *Barka (1996)*;
Unten: Zerstörungen durch das Beben im Jahre 1999 (Izmit-Kocaeli, vgl. Tab. 1.I). Beachtenswert sind die baulichen Totalschäden inmitten von deutlich weniger betroffenen Bauwerken (Aufnahme: Alexander Allmann, Münchner Rückversicherungs-Gesellschaft, München).

maximale horizontale Verschiebung wurden 6,2 m beobachtet. Die Beträge des horizontalen Versatzes liegen meistens oberhalb von 3 m. Die vertikalen Verschiebungen erreichten 0,2 bis 2,2 m. Während der letzten vier Jahrhunderte war das gesamte Störungssystem seismisch aktiv (Abb. 1.18c; *Rantucci, 1994*).

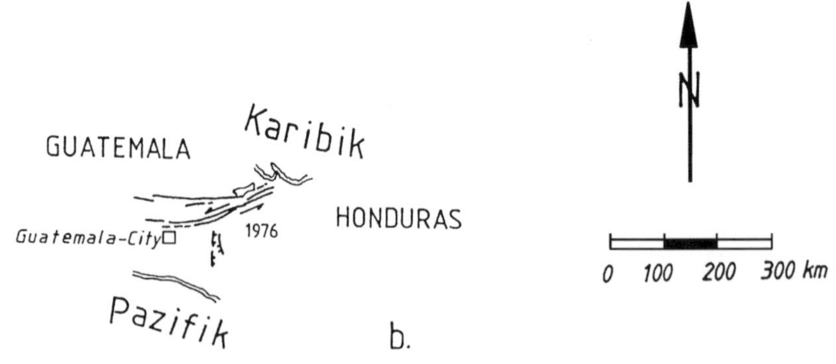

Abb. 1.18 Wichtige Horizontalverschiebungen außerhalb Kaliforniens:
b. Oben: *Motagua-Horizontalverschiebung* (Guatemala); nach *Espinosa (1976)*;
Unten: Bei dem Beben von 1976 wird eine Straße durch koseismische Verschiebungen beschädigt. Bewegungen dieser Art markieren den Verlauf der Herdzone durch das ganze Land hindurch (Aufnahme: Dr. G. Berz, Münchener Rückversicherungs-Gesellschaft, München).

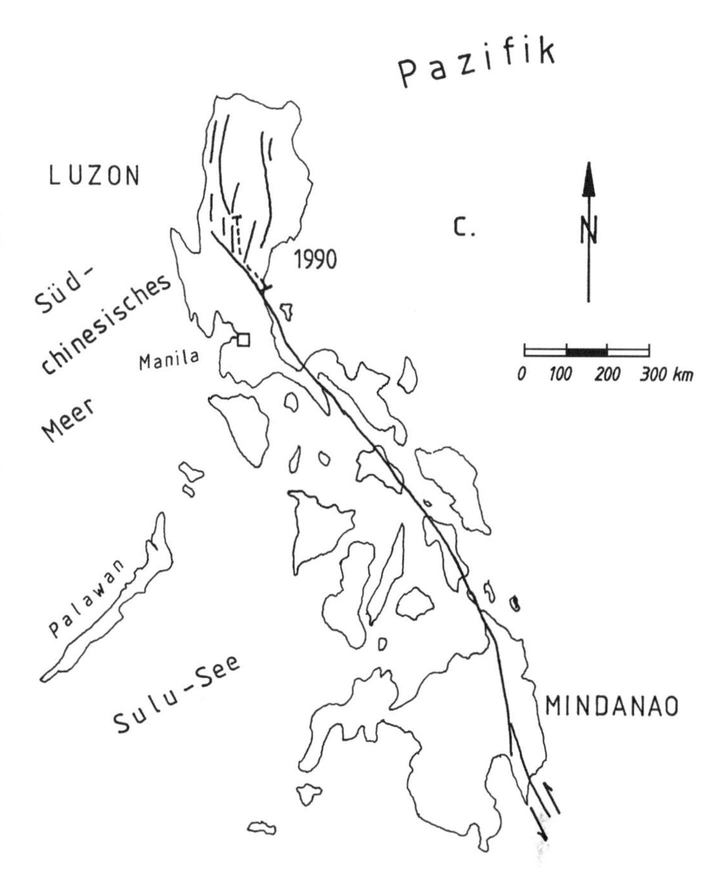

Abb. 1.18 Wichtige Horizontalverschiebungen außerhalb Kaliforniens:
c. Oben: *Philippinen-Horizontalverschiebung*; nach *Rantucci (1994)*;
Unten: Die Zerstörung eines in Stahlbeton errichteten Hotels bei dem Beben des Jahres 1990 ist charakteristisch für den Ende der 50er Jahre einsetzenden Trend bei den durch Erdbeben verursachten Personenschäden. Während der ersten Hälfte des 20. Jahrhunderts waren die meisten Erdbebenopfer beim Zusammenbruch von Mauerwerksbauten zu beklagen; nach 1950 treten in zunehmendem Maße Personenschäden in Stahlbetonbauten auf (Aufnahme: Dr. G. Berz, Münchener Rückversicherungs-Gesellschaft, München).

1.2 Kompressive Tektonik

a. Subduktion

Verfolgt man die Küste des Ostpazifiks entlang der San-Andreas-Störung als Leitlinie, so wechselt das seismotektonische Klima ganz entscheidend, sobald man im Norden die Mendocino-Störung und im Süden den Golf von Kalifornien erreicht. Im Norden endet die Mendocino-Störung am Gorda-Rükken, einem Überbleibsel des Ostpazifischen Rückens. Am nördlichen Ende der Gorda-Platte springt der Ostpazifische Rücken nochmals entlang der Blanco-Bruchzone nach Westen in den Pazifik vor, wo der Juan-da-Fuca-Rücken die gleichnamige Ozeanplatte gegen den freien Pazifik abschließt. Der Küste des nördlichsten Kaliforniens, der Staaten Oregon und Washington und des kanadischen Bundesstaates Brit.-Columbia folgt eine Tiefseerinne. Mit einer rechtshändigen Horizontalverschiebung (Königin-Charlotten-Störung) beginnt jetzt eine der typischen Subduktionszonen des Westpazifiks, der Alaska-Alëuten-Inselbogen.

Verlässt man – nach Süden gehend – die San-Andreas-Störung an der Staatsgrenze USA – Mexiko, so schaltet sich dort der Golf von Mexiko als Abfolge von Transform-Störungen (vgl. Abschnitt 1.4) ein, bevor man am Kap Corrientes ebenfalls in eine Subduktionszone gerät, entlang der sich die Cocos-Platte ostwärts unter Mexiko, Guatemala, El Salvador, Honduras, Nicaragua und Costa Rica schiebt. Die Cocos-Platte hat ihren Ursprung am Ostpazifischen Rücken. Im Ost-Pazifik ist dieser relativ küstennahe ozeanische Rücken Ausgangspunkt des Subduktionsprozesses. Er ist nur durch den Bereich der San-Andreas-Störung unterbrochen. Hier liegt der ozeanische Rücken schon weitgehend unter dem Kontinent und wird in neuer Funktion als Horizontalverschiebung benützt.

Im Westpazifik sind Inselbögen ein Charakteristikum der Subduktionszonen. Der heute sehr selbstverständlich gebrauchte Begriff der **Subduktion** ist das Resultat einer langen Zeit intrumenteller Beobachtungen und wissenschaftlicher Auseinandersetzungen. Zunächst ging es dabei um die Anerkennung der Realität von Tiefherdbeben (Herdtiefe größer als 50 km). Diese Vorstellung von seismischen Prozessen in größerer Tiefe wurde ebenso abgelehnt wie die Forderung Wegeners, dass der Großteil tektonischer Bewe-

a.

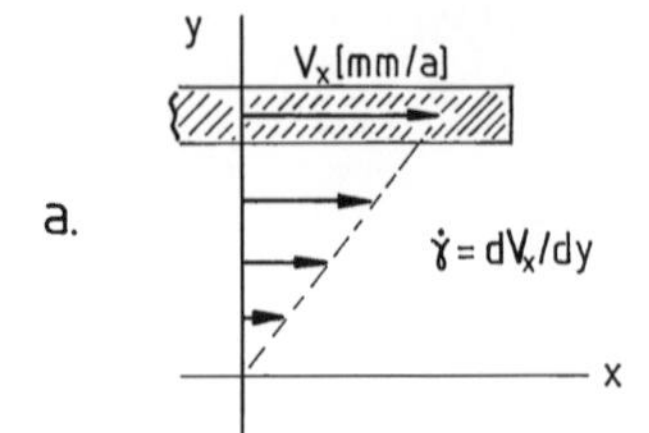

b.

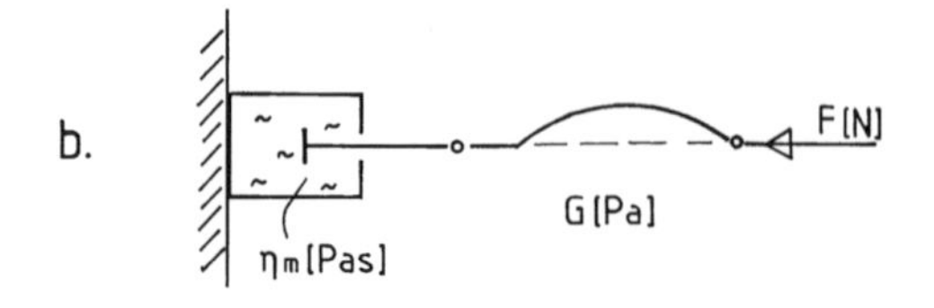

c.

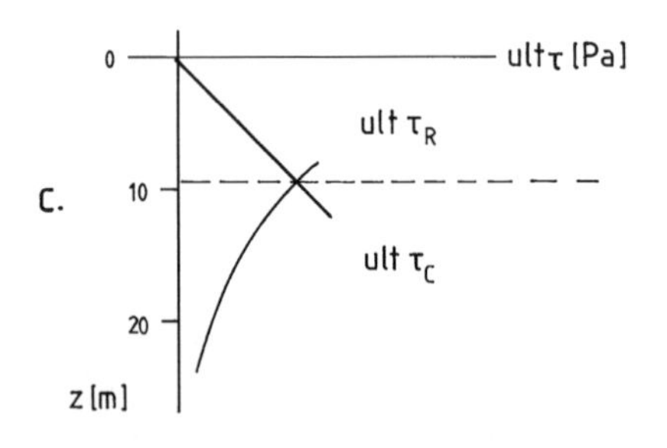

Abb. 1.19 Rheologie:
a. Couette-Strömung: Die auflagernde Platte bewegt sich mit einer Geschwindigkeit V_x. Diese Bewegung wird als Geschwindigkeitsgradient auf die viskose Basis übertragen. Zwischen den sich mit abnehmender Geschwindigkeit bewegenden Schichten entsteht eine Schergeschwindigkeit $\gamma = dV_x/dy$.
b. Maxwell-Modell: Hintereinanderschaltung eines Newton-Elements (Flüssigkeit der Viskosität η_m) und eines Hooke-Elements (elastisches Element mit dem Schermodul G).
c. Rheologische Schichtung der Oberen Erdkruste. In den mehr oberflächennahen Partien dominiert beim Scherwiderstand die Reibung, während in den Tiefenzonen darunter der Kriechwiderstand beherrschend ist. Der Kriechwiderstand hängt von der Schergeschwindigkeit ($d\gamma/dt$), der Temperatur T und materialspezifischen Parametern (A*, E*, n* = Dorn-Parameter) ab.

gung in horizontaler Richtung erfolgt. *Wadati (1935)* konnte durch Beobachtungen in Japan zeigen, dass die Herdtiefen eine auffallend systematische Verteilung zeigen. Sie werden von den japanischen Inseln westwärts zum asiatischen Festland immer größer. *Benioff (1954)* stellt für verschiedene Abschnitte des zirkumpazifischen Gürtels Herdtiefenschnitte senkrecht zum Küstenverlauf dar. Als charakteristisch werden dabei das Einfallen der Hypozentren gegen den Kontinent und gewisse aseismische Tiefenbereiche in etwa 250 bis 500 km Tiefe hervorgehoben. Es wird ein deutlicher Zusammenhang zwischen der Erdbebentätigkeit des zirkumpazifischen Gürtels und einer kontinentwärts gerichteten Unterschiebung des Pazifiks hergestellt sowie Erscheinungen wie dem andesitischen Vulkanismus und den Tiefseerinnen, welche die Subduktionszonen begleiten.

Die geographische Einteilung des zirkumpazifischen Erdbebengürtels wird durch eine Tiefengliederung auf der nach unten wandernden ozeanischen Lithosphäre ergänzt (*Spence*, *1987;* Abb. 1.20). Bei horizontaler Annäherung an den Kontinent entsteht in der ozeanischen Lithosphäre ein Transportstau. Sie steht daher hier unter kompressiver Belastung. Die Folge ist eine Aufbiegung vor der Küste, die bis zur Bildung eines Rükkens (engl.: *outer rise*) führen kann. An der Grenze zwischen dem Flyschkeil, der durch „Abfräsen" der obersten Schichten der ozeanischen Kruste entsteht, und der ozeanischen Lithosphäre bildet sich eine Tiefseerinne (engl.: *trench*). Im Kontakt zwischen der Unterseite der kontinentalen Lithosphäre und der Oberkante der sich unterschiebenden Pazifik-Platte treten Hemmungen durch Unebenheiten und andere Widerstände auf. Es baut sich Scherspannung auf, die in den **größten Flachherdbeben** der Erde wieder abgebaut wird (Abb. 1.21; vgl. Chile, 1960, Tab.1.I). Nach Überwindung der Hemmung unter dem Kontinentalrand folgt ein Absinken mit entsprechenden Dehnungsbewegungen, die sich als Tiefherdbeben bemerkbar machen.

Der schon sehr früh beobachtete aseismische Tiefenbereich zwischen 300 und 500 km wird heute durch erhöhte Temperaturen erklärt, die in dieser Tiefenzone herrschen. Sie werden auf eine exotherme Reaktion bei der Wandlung von Olivin in ein β-Spinell zurückgeführt. Schließlich kommt es in etwa 700 km Tiefe zu einer Einstauchung der abtauchenden ozeanischen Lithosphärenplatte in das Mantelmaterial, was zu einem Aufleben der seismischen Aktivität in diesem Tiefenintervall führt. Warum die Seismizität ab hier ganz verschwindet und welchen weiteren Weg die Lithosphärenbruchstücke nehmen, ist durch Messungen bisher nicht nachgewiesen worden. Modellvorstellungen zufolge setzen die subduzierten und wahrscheinlich in 700 km Tiefe aufgespaltenen Lithosphärenbestandteile ihren Weg bis zur Kern-Mantel-Grenze fort, wo sie nach Aufheizung über einen Aufstiegsmechanismus wieder in die oberflächennahe Asthenosphäre gelangen.

Benioff hatte bereits festgestellt, dass sich der Subduktionswinkel von Region zu Region systematisch ändert. Der flachen südamerikanischen Unterschiebung steht die steile biozeanische Subduktion (z. B. entlang der Marianen-Inseln) gegenüber. Hier erreichen die Tiefseerinnen eine größere Tiefe. Es bilden sich keine Akkretionsprismen durch „Abfräsen" oberflächennaher Bereiche der subduzierten Lithosphärenplatten aus. Die zirkumpazifische Subduktion setzt sich über Indonesien in den Indik hinein fort. Isolierte Bereiche der marin-kontinentalen Subduktion findet man in der Ägäis (Afrika schiebt sich hier unter die Ägäis-Anatolien-Platte), im Makran (Arabien unter Asien), im Antillen-Bogen (Atlantik unter die Karibik) und im Sandwich-Inselbogen (Pazifik-Atlantik unter Antarktis-Südamerika).

Auf die Subduktionszonen konzentrieren sich mehr als 80 % aller seismischen Verschiebungen. Hier finden auch die größten Beben der Erde statt (Abb. 1.21).

Außerhalb des mediterran-transasiatischen Erdbebengürtels ist die Küstenzone vor allem der lateinamerikanischen Länder bevorzugter Schauplatz ausgedehnter Erdbebenkatastrophen. Zur großen geometrischen Herdausdehnung treten noch folgende Effekte:

* Auslösung seismischer Seewogen (japan.: **Tsunamis**), für die in Herdnähe die Vorwarnzeiten sehr kurz sind (vgl. Abschnitt 3.1 und 4.3).

Kasten 1.D: Rheologie

Rheologie (ursprünglich griech.:"Fließkunde") stellt die Verbindung zwischen Deformation (vgl. Kasten 1.A) und Spannung (vgl. Kasten 1.C) her, so in Form des klassischen Hookeschen Gesetzes:

$\tau = G\,\gamma$ in Pa (1.9)

τ = Scherspannung in Pa; G = Schermodul in Pa; γ = Scherung (dimensionslos; vgl. Abb. 1.3d).

Der **Schermodul** G charakterisiert den Widerstand eines Materials gegen Formveränderung. Bei der Entspannung des verbogenen Bereichs einer Scherzone entstehen als dominierendes dynamisches Signal **Scherwellen**, die sich mit einer Geschwindigkeit c_S ausbreiten:

$c_S = \sqrt{G/\rho}$ in m/s (1.10).

Die Beziehung (1.9) verbindet Spannung und Deformation durch ein lineares Gesetz. Man bezeichnet ein solches Verhalten deshalb als linear-elastisch (Hooke'sches Verhalten).

Es ist nur bei kleinen Spannungen bzw. Deformationen gültig (z. B. für $\gamma \leq 10^{-5}$). Die Ausbreitung von Erdbebenwellen außerhalb der Herdzone wird in sehr guter Näherung durch ein solches Stoffgesetz beschrieben.

Tektonische Prozesse, wie die Bewegung auf Scherzonen, machen aber eine Erweiterung der Materialgesetze – über das Hooke'sche Gesetz hinaus – notwendig.

Eine grundlegende Ergänzung des linear-elastischen Verhaltens bildet das linear-viskose Stoffgesetz (Newton'sche Flüssigkeit), das einen Zusammenhang zwischen Spannung und Schergeschwindigkeit herstellt:

$\tau = \eta(d\gamma/dt)$ in Pa (1.11)

η = dynamische Viskosität in Pa s; $d\gamma/dt$ = Schergeschwindigkeit in s^{-1}; diese Größe beschreibt die Geschwindigkeit, mit der sich eine Scherung innerhalb eines Mediums aufbaut (vgl. Abb. 1.19a).

Die **dynamische Viskosität** erklärt hier – phänomenologisch betrachtet – den Widerstand gegen eine Scherung, die einer Flüssigkeit aufgezwungen wird (z. B. innerhalb einer Couette-Strömung; vgl. Abb. 1.19a).

Die dynamische Viskosität nimmt in der Geophysik einen Wertebereich von etwa 30 Zehnerpotenzen ein:

η in Pas:

Luft	10^{-5}
Wasser	10^{-3}
Basalt-Schmelze	10^{1}
Rhyolith-Schmelze	10^{5}
Salz	10^{11}
Eis	10^{13}
Asthenosphäre	10^{18} – 10^{19}
Erdmantel	10^{20} – 10^{22}
Lithosphäre	10^{25}

Wenn man die Bewegung auf einer Scherzone vorläufig als eine „Fließbewegung" (engl.: „*creep*") betrachtet, wie sie im Mittelabschnitt der San-Andreas-Störung zu beobachten ist (vgl. Abb. 1.1), so setzt die Entstehung von Erdbeben einen ausreichenden Scherwiderstand voraus. Das Gesetz (1.11) erhält jetzt die folgende Form:

$\eta(d\gamma/dt) \geq \text{ult}\ \tau$ in Pa (1.12).

Der kritische Zustand wird hier durch den **Scherwiderstand** bzw. die Scherfestigkeit ult τ gekennzeichnet. Er kann nur erreicht werden, wenn das Produkt aus dynamischer Viskosität und Schergeschwindigkeit ausreichend groß wird. *Bonafede et al. (1982)* bezeichnen diese Beziehung deshalb auch als seismogenetische Grundbedingung. *Reiner (1960/1968)* zeigt bereits, dass es bei zu geringer Verformungsgeschwindigkeit zu einem Gleichgewicht zwischen Aufspannung und Relaxation kommt. **Relaxation** lässt sich durch das rheologische Modell eines **Maxwell-Körpers** erklä-

* Auslösung von **Hangbewegungen** durch seismische Bodenbewegungen: Vulkanische-Tätigkeit im Hinterland (andesitischer Vulkanismus) und schnelle Hebungsbewegungen der küstennahen Bereiche der kontinentalen Lithosphäre verursachen die Ansammlung großer Hangmassen, die durch seismische Bodenbewegungen angeschoben werden. Bei Untermischung der Lockergesteinsmassen mit Eis, Schmelz- und Niederschlagswasser bilden sich Schlammströme (indonesisch: Lahare), die vor allem in Peru zu dramati-

ren. Erfolgt die Aufspannung zu langsam, so entspannt sich die Feder über den Dämpferkolben mit der dynamischen Viskosität η_m (Abb. 1.19b).

Was bedeutet in diesem Zusammenhang „langsam"? Die „Langsamkeit" wird hier durch die **Relaxationszeit** rel t gemessen:

$$\text{rel}\,t = \eta_m / G \text{ in s oder a} \qquad (1.13)$$

Da entsprechend Gleichung (1.10) der Wert des Schermoduls für die Gesteine der Oberen Erdkruste bei $3{,}0 \cdot 10^{10}$ Pa (Scherwellengeschwindigkeit c_s = ca. 3,4 km/s; Dichte ρ = ca. $2{,}7 \cdot 10^3$ kg/m^3) liegt, erhält man nach Gleichung (1.13), je nach dynamischer Viskosität des Maxwell-Körpers (10^{18} bis 10^{25} Pas), Relaxationszeiten von rel t = 1 bis 10^7 a. *Pfiffner & Ramsay (1982)* schätzen bei aktiven Zonen den Wertebereich der Schergeschwindigkeit auf $\Delta(d\gamma/dt) = 10^{-13}$ bis 10^{-15} s^{-1}.

Rheologische Schichtung heißt, dass eine elastisch reagierende Schicht mit einer sich mehr duktil verhaltenden Schicht in Wechselbeziehung treten kann. Betrachtet man die äußersten Partien des Erdkörpers, so sind das – von oben nach unten gesehen – die Oberkruste über der Unterkruste, in der nächst-größeren Skala die Lithosphäre (einschließlich der Erdkruste) über der Asthenosphäre; auch im Innern einer Scherzone sind duktil reagierende Bereiche von mehr elastisch bestimmten Partien zu unterscheiden. Das Wechselspiel zwischen den rheologisch unterschiedlich anwortenden Einheiten und das Zusammenwirken verschiedener Skalen rheologischer Systeme bedingen die Komplexität der tektonischen Deformation in Raum und Zeit.

An Stelle einer linearen Beziehung zwischen Schergeschwindigkeit und Scherspannung werden heute nicht-lineare Gleichungen verwendet, die man auch als Arhenius-Funktionen bezeichnet (*Ilschner, 1973*):

$$d\varepsilon/dt,\ d\gamma/dt = A^*(S,T)\ e^{-E_{act}/R\,T}\ (\sigma,\tau)^{n^*} \qquad (1.14)$$

Die Deformationsgeschwindigkeit bzw. Schergeschwindigkeit ($d\varepsilon/dt$ bzw. $d\gamma/dt$ in s^{-1}) wächst mit einer Potenz der Spannung (Druck- bzw. Zugspannung σ bzw. Scherspannung τ):

$$n^* = 2{,}0 \text{ bis } 4{,}0.$$

Die Viskosität wird jetzt durch stoff-, struktur- und temperaturabhängige Größen beschrieben:

$A^* = 10^{-9}$ bis 10^4 (in MPa$^{-n^*}$s^{-1}); S beschreibt den Einfluss der petrologischen Zusammensetzung, der Struktur und des Wassergehalts der am Prozess beteiligten Gesteine; T ist die absolute Temperatur in K; R ist die Gaskonstante (8314 J/kMol K). Das beträchtliche Intervall, das die Größe A* einnimmt, entspricht in der üblichen Einteilung der Tiefengesteine einer Spannweite zwischen Granit und Peridotit. Die Größen n* und A* werden auch als Dorn-Parameter bezeichnet. Die Aktivierungsenergie E_{act} bewegt sich in folgendem Rahmen: E_{act} = 120 bis 550 kJ/mol.

Wesentlich für den Scherwiderstand wird hier neben den petrologischen und strukturellen Eigenschaften der Gesteine vor allem die Temperaturverteilung mit der Tiefe im Erdinnern.

Über die Schergeschwindigkeit lässt sich die tektonische Aktivität klassifizieren, wenn man den folgenden Zusammenhang als grobe Näherung benützt:

$$d\gamma/dt \approx V/w_o,$$

V = Verschiebungsgeschwindigkeit auf einer Scherzone in mm/a; w_o = vertikale Erstreckung der Scherzone. Man kann dann die folgenden Kategorien der tektonischen Aktivität unterscheiden:

	$d\gamma/dt$ in s^{-1}	V in mm/a	tektonische Aktivität
A	10^{-13}	10 bis 100	sehr hoch
B	10^{-14}	1 bis 10	hoch
C	10^{-15}	0,1 bis 1	mittel
D	10^{-16}	0,01 bis 0,1	niedrig
E	10^{-17}	0,01	verschwindend

schen Konsequenzen geführt haben (vgl. Tab. 1.I).

* **Fernwirkungen** von Subduktionsbeben weit ins Landesinnere hinein. In diesem Zusammenhang ist vor allem Mexiko zu nennen. Die gesamte „Cocos-Küste" (Mexiko und Mittelamerika) des Pazifiks ist mit Erdbebenherden besetzt, deren Oberflächenwellen-Magnitude im 20. Jahrhundert häufig den Wert Ms = 7,0 erreicht bzw. mehrfach überschritten hat. *Singh et al. (1981)* verweisen sehr deutlich auf zwei „Lücken" entlang der mexikani-

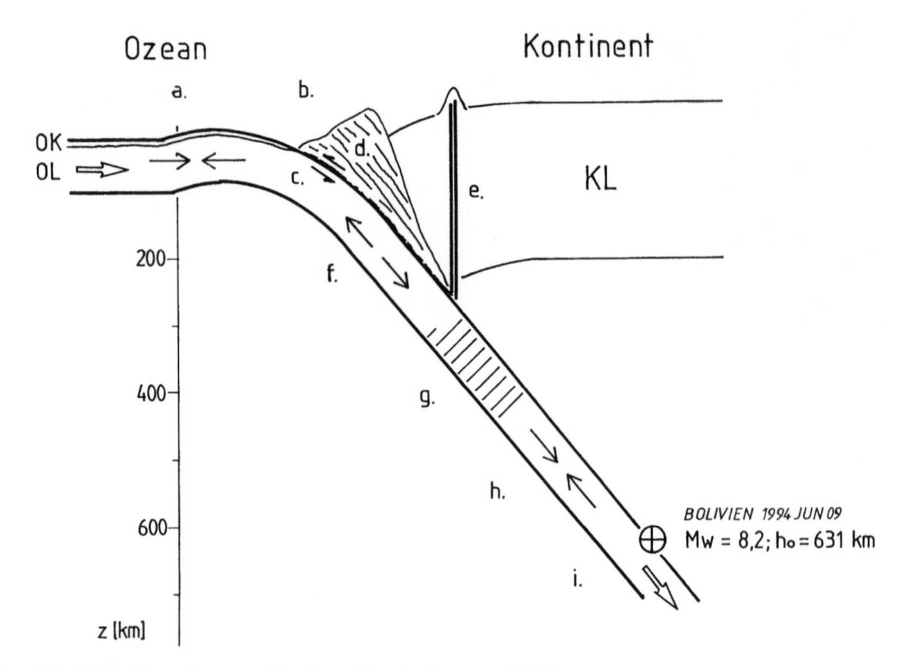

Abb. 1.20 Subduktion Ozean – Kontinent (nach *Spence, 1987*).
a. Äußere Stauzone: OL = Ozeanische Lithosphäre, OK = Ozeanische Kruste, KL = Kontinentale Lithosphäre.
b. Tiefseerinne.
c. Flache Stauzone: Hauptschauplatz für die Überschiebungsbeben des zirkumpazifischen Erdbebengürtels (vgl. Abb. 1.21).
d. Flysch- oder Akkretionskeil.
e. Andesitischer Vulkanismus.
f. Zugzone.
g. „Hiatus" = bebenarmer Tiefenbereich; hier findet Aufheizung durch den exothermen Prozess beim Übergang von Olivin in β-Spinell statt.
h. Tiefe Stauchzone.
i. Bereich der tiefsten Erdbeben.

schen Subduktionszone, auf den „Michoacan-gap" und den „Tehuantepec-gap". Es sind Segmente der betrachteten Zone , die – schaut man etwa 100 Jahre zurück – keine größeren Erdbeben erzeugt haben. Am 19. September 1985 wird die „Michoacan-Lücke" durch ein Beben der Magnitude Mw = 8,1 ausgefüllt. Die Herdverschiebung verteilt sich auf zwei getrennte Flächen (*Astiz et al., 1987*). Das Michoacan-Erdbeben, benannt nach dem gleichnamigen mexikanischen Bundesstaat, gehört zu den bemerkenswertesten seismischen Ereignissen des 20. Jahrhunderts, da es zu schweren Schäden in Mexico-City, der mehr als 300 km entfernten Hauptstadt des Landes geführt hat (vgl. Abschnitt 3.3). Ausgehend von verschiedenen Abschnitten der mexikanischen Subduktionszone war es bereits vorher mehrfach zu solchen Fernwirkungen gekommen.

Innere Segmentierung einer Subduktionszone. Die Beispiele des San-Fernando- und des Northridge-Bebens in Südkalifornien demonstrieren, dass „reine" Horizontalverschiebungen nicht existieren. Unregelmäßigkeiten und Platzprobleme bei Schollenverschiebungen in einer stabil geschichteten Lithosphäre sorgen für deutliche Abweichungen, weil das Material unter Umständen nach oben ausweichen muss. Bei einer Subduktionszone, die sich über eine größere Länge hinweg erstreckt, wird eine Aufteilung bereits im Ausgangsgebiet der Platten, also innerhalb der mittelozeanischen Rücken erzeugt. Letztere

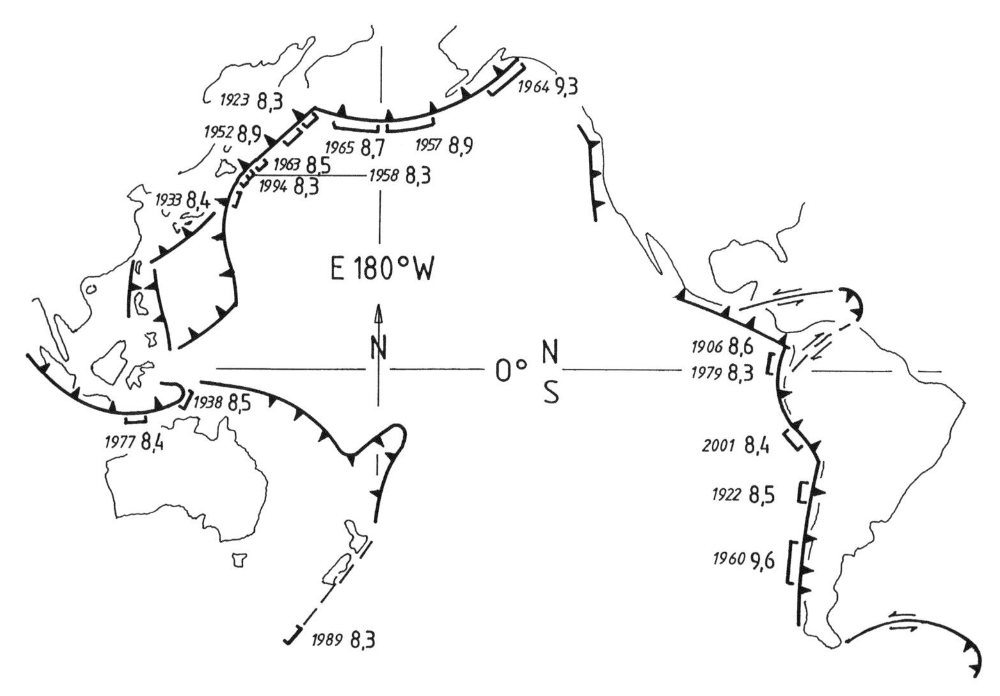

Abb. 1.21 Große Subduktionsbeben des 20. Jahrhunderts im zirkumpazifischen Erdbebengürtel (z. B. 1964: 9,3 = Jahr des Bebens: Momentmagnitude; der Balken soll einen qualitativen Hinweis auf die Herdlänge geben).

zeigen sehr deutliche Querstörungen, die erst einen Materialtransport in Streifenform senkrecht zum allgemeinen Verlauf der Rücken ermöglichen. Die Cocos-Platte, an deren Stirnseite das Michoacan-Beben von 1985 stattgefunden hat, besteht aus solchen Lithosphärenstreifen, die sich individuell unterschiedlich bewegen. Durch Unterschiede in der Ankopplung bzw. Hemmung im küstennahen Unterschiebungsbereich entwickelt sich eine weitere Verselbständigung der einzelnen Streifen, die sich deshalb zeitlich und räumlich außer Phase bewegen. Auf der anderen Seite können sich auch benachbarte Segmente verbinden, wie es gerade das Michoacan-Beben verdeutlicht.

Zwischen den Segmenten einer Subduktionszone verlaufen innerhalb der Erdkruste **Horizontalverschiebungen**, die mehr oder weniger senkrecht zur Küste orientiert sind. Diese im allgemeinen den Ansiedlungen viel näher gelegenen Störungen – vergleicht man sie mit der Subduktionszone selbst – sorgen sehr häufig, wenn auch bei geringerer Herdausdehnung, für größere Folgen als die Bewegungen auf der Subduktionsfläche. Zwei Beispiele hierfür sind das Managua-Beben des Jahres 1972, das mit einer Magnitude von Mw = 6,1 zur weitgehenden Zerstörung der Hauptstadt Nicaraguas geführt hat, und das Quindío-Erdbeben von 1999 in Kolumbien, wo ebenfalls ein krustales Transversalbeben mit einer Magnitude von Mw = 6,2 umfassende Zerstörungen vor allem in der Stadt Armenia verursacht hat. An den Küsten des Westpazifiks, wo die Subduktionszonen durch Inselbögen gekennzeichnet sind, herrschen noch kompliziertere Verhältnisse. So liegt der zentrale Teil der japanischen Hauptinsel Hondo im Schnittpunkt von verschiedenen Scherzonen, die aus der Bewegung mehrerer Lithosphärenplatten resultieren.

b. Kollision

Die Kontinent-Kontinent-Kollision zwischen Eurasien im Norden und den südlichen Konti-

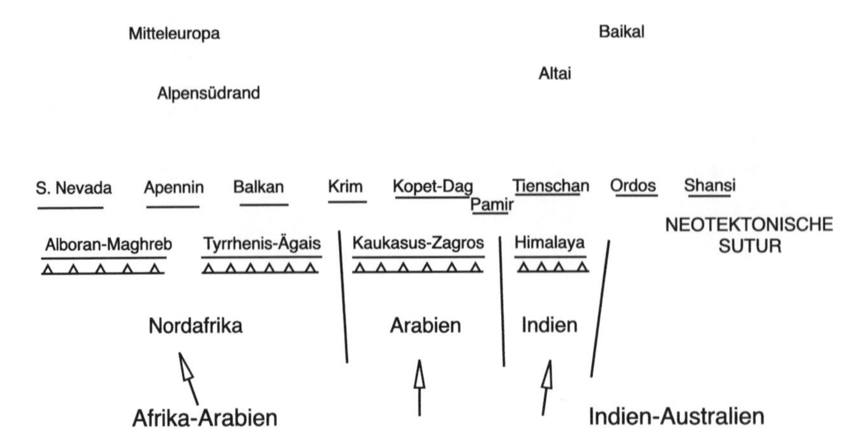

Abb. 1.22 Die neotektonische Sutur Eurasiens.

nentplatten, d.h. mit Afrika, Arabien und Indien, ist für die Gefährdung des Menschen durch Erdbebenwirkungen von zentraler Bedeutung (vgl. Kap.4, Erdbebengefährdung).

Die hauptsächlichen Gründe hierfür sind:

- Flache Herde in unmittelbarer Nähe zu menschlichen Ansiedlungen;
- Häufig handelt es sich um flache Überschiebungen mit einer sehr ungünstigen Einstrahlung von Scherwellen auf die Erdoberfläche (vgl. Abb. 4.8).

Die als **mittelmeer-transasiatischer Erdbebengürtel** bezeichnete Kollisionszone erstreckt sich von den Azoren, wo sie auf die Mittelatlantische Schwelle trifft, über die Azoren-Gibraltar-Bruchzone ins Mittelmeer, wo sie sich in ihrem westlichen Bereich durch flache Überschiebungen in Algerien bemerkbar macht. Die zentrale Achse des mittelmeer-transasiatischen Erdbebengürtels lässt sich über die Ägäis, den Kaukasus, die Iraniden bis zum Himalaya verfolgen (Abb. 1.22). Während der letzten hundert Jahre haben sich die meisten Beben mit katastrophalen Personenschäden innerhalb dieses Gürtels abgespielt.

Exkurs

Geisteswissenschaftliche Aspekte von Erdbeben mit katastrophalen Wirkungen

Auch wenn man die Zeiträume vor 1900 studiert, stößt man hier immer wieder auf Ereignisse mit außergewöhnlichen Wirkungen. In diesem Zusammenhang ist vor allem das „Lissabon"-Beben vom 1. November 1755 zu nennen. Kein seismisches Ereignis hat die europäische Geisteswelt so erschüttert wie dieses Beben, dessen Herd einer Überschiebungsstruktur der Azoren-Gibraltar-Bruchzone, der Gorrindge-Bank im Atlantik, zugerechnet wird (vgl. Abschnitt 1.4). Seine Auswirkungen auf der Iberischen Halbinsel wie auch im Maghrebinischen Afrika, insbesondere aber die Zerstörungen innerhalb der portugiesischen Hauptstadt, waren nicht nur ein sensationelles Nachrichtenereignis, in der Folge dieses Bebens kam es auch zu heftigen Diskussionen zwischen den Vertretern verschiedener philosophischer Schulen (vgl. *Breidert, 1994*). Voltaire hat das Ereignis darüber hinaus in verschiedenen Werken literarisch verarbeitet, so in seinem „Candide" und in einem Poem über das „Desaster von Lissabon". Während Goethe in seiner Autobiographie „Dichtung und Wahrheit" die allgemeine Reaktion des Entsetzens beschreibt, kommt es zwischen den Vertretern einer mehr positiven Betrachtung der Welt, wie Rousseau, und dem die Welt mit der Brille eines Pessimisten betrachtenden Voltaire zu einem heftigen Schlagabtausch. Einen völlig anderen Charakter haben die Äußerungen von *Kant (1756)* zu diesem Ereignis. Er stellt in seiner Schrift vor allem das Fehlverhalten des Menschen in der Auseinandersetzung mit einem solchen Naturereignis in den Vordergrund. Während in den Zeiten, die vor diesem Ereignis lagen, das Erdbeben überwiegend als gerechte Strafe Gottes über die sündige Menschheit gewertet wurde, sieht Kant sehr nüchtern das Erdbeben als Ausdruck der thermischen Verhältnisse im tieferen Erdinnern. Er verweist auf die innerhalb von Erzbergwerken beobachtete Temperaturzunahme mit der Tiefe und interpretiert das Erdbeben als Teilaspekt eines thermischen Ausgleichsvorgangs. Er zeigt bereits die Möglichkeit erdbebenresistenter Bauweisen auf und erwähnt in diesem Zusammenhang die Bauten der südamerikanischen Indianer in Peru. Sein Fazit lautet: Der Mensch muss sich der Natur anpassen und nicht umgekehrt.

Das Lissabonner Erdbeben hat insofern auch positive Aspekte aufzuweisen, als zum ersten Mal Erdbebenwirkungen statistisch erfasst wurden. Neben den heute noch sichtbaren Wirkungen des Bebens sind es bereits auch einzelne Bauwerke, die durch ihr widerstandsfähiges Verhalten gegenüber einer dynamischen Bodenbelastung auffallen und so als Beispiel für entsprechende Bauweisen dienen können (Abb. 1.23).

Die Bewegungen innerhalb der einzelnen Segmente des mediterran-transasiatischen Erdbebengürtels sind sehr unterschiedlich, da sich zwischen die südlichen Platten und die Hauptmasse des eurasiatischen Kontinents komplexe Strukturen einschalten, die in sich wiederum Blöcke und Terranes (Inselstrukturen) als Bestandteile umschließen. Letztere

Abb. 1.23 Auswirkungen des Bebens vom 1. November 1755:
a. Die Ruine der Igreja do Carmo in Lissabon;
b. Ein Wohnhaus in Lissabon, das das Erdbeben von 1755 gut überstanden hat.

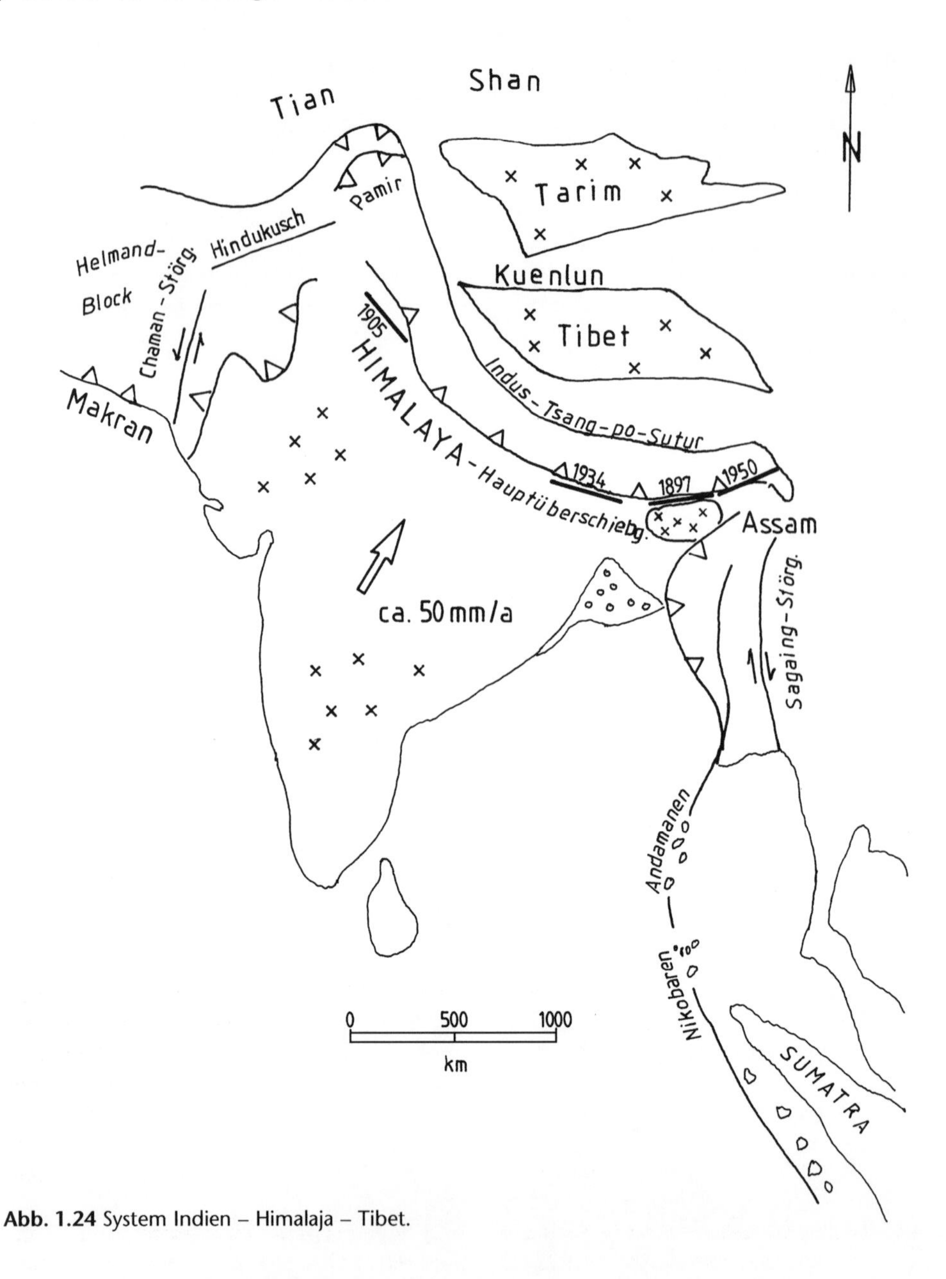

Abb. 1.24 System Indien – Himalaja – Tibet.

heben sich durch höhere Festigkeit gegenüber dem umgürtenden Materialien heraus. So ist der zwischen Kuenlun und Tienschan eingeschlossene Tarim-Block (Abb. 1.24) weitgehend erdbebenfrei, während sich die Grenzbereiche durch starke Erdbeben abheben.

Wichtige Markierungen für den Verlauf des mittelmeer-transasiatischen Erdbebengürtels sind seine **Tiefherdbebengebiete**. Sie bilden einen wichtigen Hinweis auf Platzprobleme beim tektonischen Transport:

In der Alboran-See sind sie offensichtlich an eine Weitung des Beckens zwischen der Iberischen Halbinsel und dem Maghreb gebunden (*Buforn & Udias, 1991*). Ein Tiefherdbeben der Magnitude Mb = 6,3 hat hier im Jahre 1954 in einer Tiefe von 650 km stattgefunden. Geht man weiter nach Osten, so stößt man im Tyrrhenischen Meer auf eine bogenförmige Anordnung von Tiefherdbeben, wobei in Richtung Sardinien die Herde mit den größten Tiefen liegen (*Martini & Scarpa, 1983*). Ein Zusammenhang mit der noch andauernden Schwenkbewegung der Appenin-Halbinsel in Richtung Adria ist anzunehmen. Ein weiteres eng begrenztes Tiefherdbebengebiet liegt unter dem Karpatenknick nordöstlich der rumänischen Hauptstadt (Vrançea-Zone), wo bisher eine maximale Herdtiefe von 220 km beobachtet worden ist, während eine mäßige Erdbebentätigkeit innerhalb der Erdkruste durch einen aseismischen Tiefenbereich in $\Delta z = 40$ bis 70 km von der darunter liegenden Tiefherdbebenzone getrennt ist (*Fuchs & Wenzel, 2000*).

Im Grenzgebiet zwischen dem nordöstlichen Afghanistan und dem südlichen Tadschikistan liegt ein weiteres Tiefherdbebengebiet (Herdtiefen zwischen 60 und 300 km), das unter den Gebirgszügen des Hindukusch und Pamir Ausdruck für einen neotektonischen Raummangel ist (*Kondorskaja & Shebalin, 1977*).

Der Himalaja-Südrand ist innerhalb des mediterran-transasiatischen Erdbebengürtels der wichtigste Schauplatz seismotektonischer Bewegungen. Hier schiebt sich der Indische Subkontinent unter die Einheiten des Himalaya-Bogens und schließlich unter Tibet. Fast der ganze Bogen war während der letzten 120 Jahre seismisch aktiv (Abb. 1.24; *Seeber & Armbruster, 1981; Ni & Baranzagi, 1984*).

c. Erdbeben und Gebirgsbildung

Kontinentale Erdbeben spielen sich immer in einem Milieu ab, das mehrere Prägungen oder Umformungen durch Oro- und Taphrogenesen im Laufe der Erdgeschichte erfahren hat. Betrachtet man eine geologische oder eine tektonische Karte, so sind die wiedergegebenen Bruchstrukturen sehr häufig das Resultat tertiärer, vor allem bis ins späte Miozän reichender Verformungen. Solche über längere Zeiträume hinweg aktive Bruchsysteme, insbesondere wenn es Abschiebungen sind, prägen in vielen Fällen unser heutiges Landschaftsbild, wie z. B. die Randstörungen des Oberrheingrabens und die der anderen etwa in gleicher Richtung streichenden Gräben im mittleren Europa. Unter Seismotektonik wurde in der ersten Hälfte des 20. Jahrhunderts die Zuordnung zwischen Epizentren und den kartenmäßig erfassten Störungen, vor allem vom Abschiebungstyp, verstanden. Dieser Zusammenhang war aber in den meisten Fällen nicht gegeben. Die Verbesserung der seismologischen Beobachtung liefert den Hinweis, dass eine direkte Beziehung zwischen den Erdbebenhypozentren und dem Verlauf wichtiger tektonischer Brüche nicht nachzuweisen waren. Herausragendes Beispiel sind wiederum die Randverwerfungen des Oberrheingrabens, die von der rezenten Erdbebentätigkeit weitgehend gemieden werden. Die nach der Veröffentlichung von *Nakano (1923)* entwikkelten Methoden zur Bestimmung von Herdflächenlösungen (vgl. Kapitel 2) fördern noch weitere Widersprüche zu Tage. Die rezenten Beben des Oberrheingrabens zeigen sehr häufig den Typ einer Nord-Süd streichenden Horizontalverschiebung. Was steckt hinter diesem Widerspruch? Betrachtet man die Orientierung des rezenten tektonischen Spannungsfeldes – beschrieben durch seine Hauptspannungsvektoren oder durch das tektonische Spannungssystem (vgl. Kasten 1.C) – als primäre Ursache für die Ausbildung stetiger wie auch unstetiger Deformationsformen (Biegung, Faltung bzw. Brüche), so kann man davon ausgehen, dass an der Wende von Miozän zu Pliozän, also vor etwa 5 Millionen Jahren eine Drehung der Richtung größter Beanspruchung aus der Nordnordost-Richtung in die auch heute noch festzustellende Nordwest-Richtung stattgefunden hat (*Becker, 1993, 1995; Grünthal & Stromeyer, 1992; Müller et al., 1992*).

Offensichtlich wird auch im rezenten Spannungsfeld auf ein Inventar von Deformationserscheinungen zurückgegriffen, das bereits vor dem Tertiär, in Epochen vor der Bildung der Alpen und des Oberrheingrabens, in der Erdkruste geformt worden ist. *Edel & Weber (1995)* weisen in diesem Zusammenhang auf variszische und prävariszische Strukturen im Untergrund der Süddeutschen Großscholle hin. Diese Strukturen sind als krustale Tiefenbrüche heute wenigstens teilweise in der Richtung größter Scherspannung innerhalb des re-

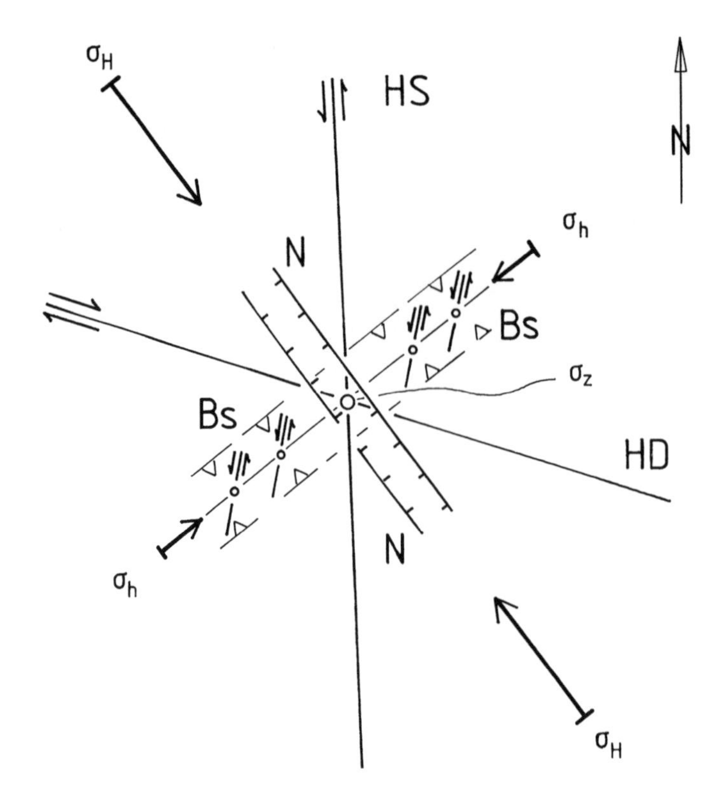

Abb. 1.25 Rezentes tektonisches Spannungsfeld im mittleren Europa und bruchtektonische Reaktionen (Schema): σ_z = vertikale Spannung; σ_H = größte Horizontalspannung; σ_h = kleinste Horizontalspannung; Bs = Buchstapel-Tektonik; HS = sinistrale Horizontalverschiebung; HD = dextrale Horizontalverschiebung; N = Abschiebung.

zenten Beanspruchungsplans orientiert und werden wegen ihres minimalen Scherwiderstands als Bewegungsbahnen im aktuellen Ausgleichsprozess verwendet (Abb. 1.25).

Betrachtet man die variszischen Prägungen der Erdkruste in Mitteleuropa, so kann man grob davon ausgehen, dass zwischern dem Beanspruchungsplan in den Zonen variszischer Gebirgsbildung und der heutigen Spannungsorientierung eher eine Übereinstimmung herrscht als mit der Orientierung des Spannungsfeldes und den entsprechenden Deformationen miozäner Tektonik (vgl. *Kossmat, 1927*). Die variszischen Einheiten Europas enthalten neben den für diese Zeit typischen Prägungen durch Deformation und Materialzufuhr aus dem tieferen Erdinnern auch Bestandteile noch älterer Gebirgsbildungen bzw. von Land-Meer-Verteilungen, die als Inselstrukturen (engl.: *terranes*) in spätere Gebirgsbildungen integriert worden sind.

So hat die der variszischen vorangehende kaledonische Gebirgsbildung wichtige Einheiten Nordeuropas wie auch Nordamerikas geformt. Cadomische und auch präkambrische Orogenesen sind nicht nur in den alten Kernen der Kontinente anzutreffen, sondern als Inselstrukturen auch in wesentlich jüngeren Gebirgsbildungen vorhanden.

Das gilt auch für die „jungen" Gebirge wie die Alpen. Es bestehen grundlegende Unterschiede zwischen der alpidischen Gebirgsbildung und den rezenten Verformungen des Alpenraums. Die wichtigsten Bewegungen spielen sich heute als Massiv-Hebungen ab, die sich sowohl für die klassischen Externmassive der Westalpen (z. B. Aar-Gotthard-Massiv oder Mont-Blanc-Massiv) wie auch bei Aufwölbungen im Silvretta- oder Tauern-Gebiet nachweisen lassen. Hier ergeben wiederholte geodätische Höhenmessungen (Nivellements) Hebungen mit einer Geschwindigkeit von 1 bis 2 mm/a. Die Erdbebentätigkeit konzentriert sich auf den Nord- und Südrand der Alpen im östlichen Teil des Gebirges, während in den italienisch-französischen Westalpen die Ost- bzw. die Westseite durch Erdbebenherde markiert sind (Abb. 1.26).

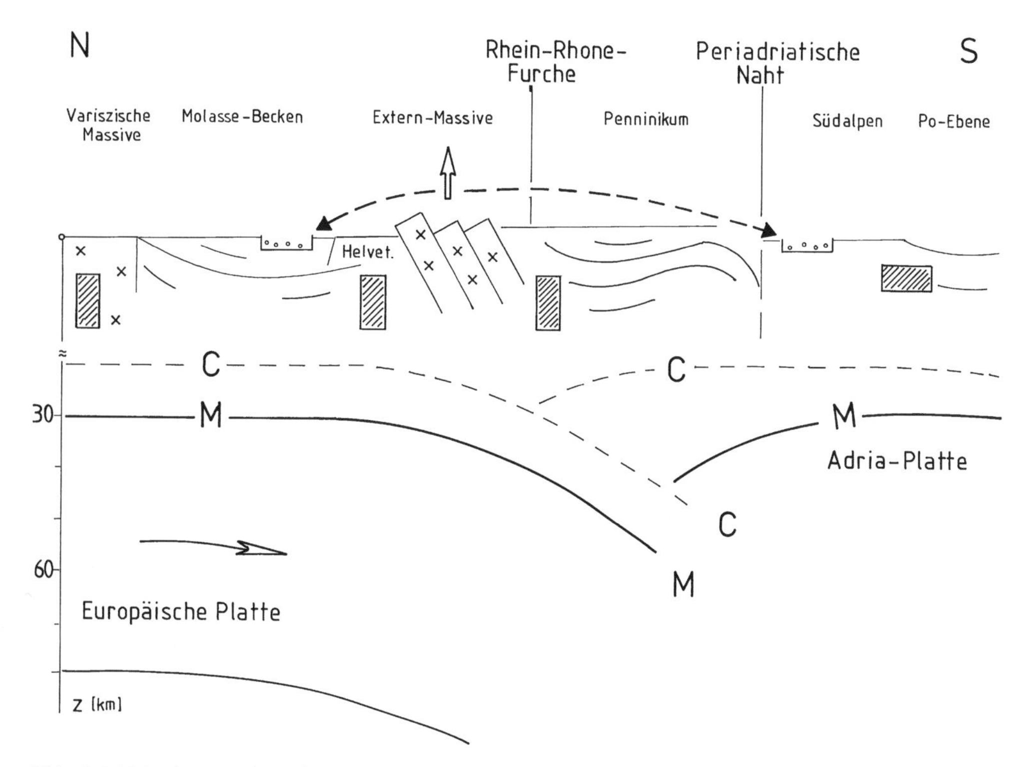

Abb. 1.26 Die Alpen sind mit ihren Externmassiven und den penninischen Decken eine Art neotektonisches Sicherheitsventil für die Konvergenz des mittleren Europas (vgl. *Pfiffner et al., 1997):* Hebung der Externmassive, Abtragung und Ablagerung in den Voralpenseen. Erdbebenzonen (schraffiert), deren Ereignisse dem Typ der Horizontalverschiebung bzw. der Buchstapel-Tektonik zuzuordnen sind, begleiten die Aufnahme der Konvergenz. Am Alpensüdrand sind neben begleitenden, transversal orientierte Horizontalverschiebungen auch flache Überschiebungen. wie die im Friaul, zu beobachten (C = Conrad-Diskontinuität, M = Mohorovičić-Diskontinuität).

Die Menge an Strukturen, die im heutigen Beanspruchungsplan innerhalb eines Kontinents bevorzugt unstetigen Ausgleichsbewegungen unterliegen, beschränken sich nicht nur auf Scherbruchsysteme, sondern sie bestehen ebenso in Biegeelementen, die genauso konservativ wie alt angelegte Scherzonen reagieren. Das Michigan-Basin in Nordamerika ist ein wichtiges Beispiel dafür, dass eine tektonische „Knautschzone" über lange geologische Zeiträume hinweg, d. h. vom Silur bis heute, als Deformationselement benutzt werden kann (*Sleep & Sloss, 1980*).

Ebenso ist es nicht nur die Felderteilung der kontinentalen Kruste, die durch ein Angebot unterschiedlicher Festigkeiten gegenüber kompressiver oder distensiver Beanspruchung bzw. gegenüber von Scherbelastungen zu einem deutlichen Muster aseismischer und seismischer Reaktionen führen, z. B. das Tarim-Becken und das Ordos-Massiv im westlichen China; auch auf die rheologische Schichtung der Erdkruste, die ein bestimmendes Element für die Reaktion auf eine rezente Belastung darstellt, trifft dies zu.

Flache Überschiebungen und – in der Weiterentwicklung – Deckentransporte sind grundlegende Prozesse bei der Entstehung kontinentaler Kruste. Sie bedingen einen heterogenen Aufbau der obersten Bereiche der Lithosphäre. So wird die unterschiedliche Reaktion von individuellen Krustenvolumina auf eine an sich regional gleichförmige Belastung verständlich.

Im System rezenter Tektonik (Abb. 1.27 u. 1.28) kommt es entsprechend dem ererbten Strukturinventar zu einem Filterprozess, bei

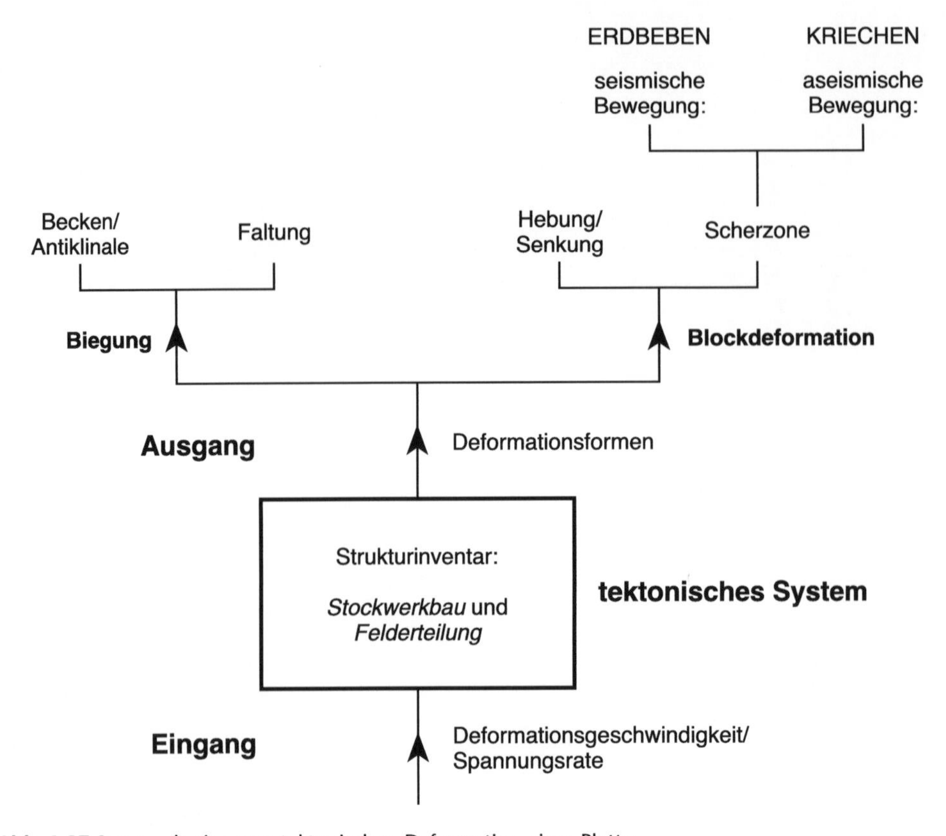

Abb. 1.27 System der inneren tektonischen Deformation einer Platte.

welchem nach dem Prinzip des geringsten Widerstands die Elemente aussortiert werden, die für eine Biegung, eine Dehnung bzw. eine Scherung besonders günstig positioniert bzw. orientiert sind. Ehe es zu einer Neubildung von Strukturen kommt, wird stets das vorhandene Inventar nach dem Prinzip des „*revival of the fittest*" (in Anlehnung an Darwins Prinzip vom *survival of the fittest*) verwendet.

1.3 Distensive Tektonik

a. Riftsysteme

Nach dem II. Weltkrieg findet eine Schwerpunktverlagerung der geowissenschaftlichen Forschung in die ozeanischen Räume statt. Es sind die ozeanischen Schwellen, die mit ihrer Länge von mehr als 75.000 km die ausgedehnteste tektonische Struktur der Erdoberfläche bilden, zum bevorzugten Studienobjekt der maritimen Geophysik werden (*Nicolas, 1995*). Nachdem flächenmäßige Aufnahmen des erdmagnetischen Feldes eine streifenartige Struktur parallel zur Achse der untermeerischen Erhebungen nachgewiesen hatten, wurde nach Probenahmen auf Profilen quer zu den Rücken festgestellt, dass die Streifen mit zunehmender Entfernung von der Achse immer älter werden; außerdem konnte man eine Symmetrie der Streifen, nicht nur in ihrem Alter sondern auch in der Magnetisierungsrichtung auf beiden Seiten der Schwellen nachweisen (*Vine & Mathews, 1963*). Damit ist offensichtlich, dass die Dehnung des Ozeanbodens von den ozeanischen Schwellen ausgeht (engl.: *ocean floor spreading*, vgl. *Hess, 1962*; *Wood, 1985*). Eine Zusammenschau der Ergebnisse verschiedener geowis-

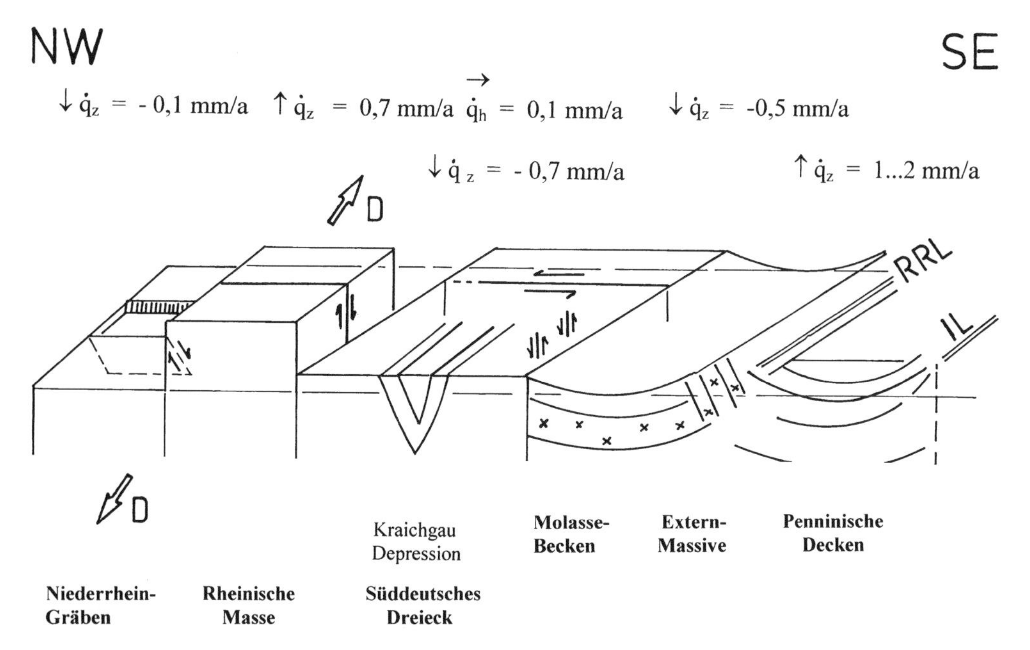

Abb. 1.28 Reaktion verschiedener tektonischer Einheiten Mitteleuropas auf eine Nordwest-Südost gerichtete Einengung durch Grabenbewegung (D = Dilatation) im Norden, durch Massivhebung im Mittelrheingebiet, durch differenzierte Reaktion im Gebiet Oberrheingraben-Süddeutsches Dreieck-Molassebecken (Verbiegung, Nord-Süd streichende Horizontalverschiebungen, Buchstapeltektonik). In den Alpen wird der Hauptteil der Konvergenz durch Hebung der Externmassive und durch weitgehend aseismische Reaktion der penninischen Decken aufgenommen. Die seismischen Bewegungen konzentrieren sich auf die nördlichen und südlichen Randzonen des Gebirges (vgl. *Fuchs et al., 1983, Pavoni & Mayer-Rosa, 1978, Zippelt & Mälzer, 1987*).

senschaftlicher Disziplinen ergibt, dass entlang der Schwellen heißes Gestein aus dem Erdinnern aufdringt, sich dort abkühlt. Es entsteht neue Lithosphäre. Das von unten nachrückende Magma strömt in der Asthenosphäre unter die sich neue bildenden ozeanischen Platten beiderseits des Rückens; dabei wird ein lateraler Zug auf den Rücken ausgeübt. Die **Dehnung des Ozeanbodens** äußert sich in ihrem primären Stadium als topographisch sichtbarer zentraler Graben, weshalb man von Rift-Strukturen spricht.

Der Abtransport der neu gebildeten Lithosphäre geht weder „reibungs- noch geräuschlos“ vor sich. Das zeigt sich sehr deutlich durch die Markierung der ozeanischen Schwellen mit Erdbeben-Epizentren, worauf *Rothé* bereits *1954* hingewiesen hatte.

Einen Teilbereich des Weltriftsystems bilden die Ostafrikanischen Gräben, die sich bis in das Rote Meer hinein fortsetzen und an der südlichen Kante Arabiens mit den Schwellen des Indiks verbunden sind. Alle sich über größere Distanzen erstreckenden tektonischen Strukturen, wie das ozeanische Riftsystem oder auch die Gebirgszüge im zirkumpazifischen wie im mediterran-transasiatischen Gürtel, sind durch **Querbrüche** gegliedert. Besonders deutlich wird die Ergänzung der mittelozeanischen Riftzüge durch senkrecht zum Schwellenverlauf streichende Horizontalverschiebungen. Die Kombination aus diesen beiden Elementen werden von *Wilson (1965)* als Transform-Störung beschrieben (Abb. 1.29).

b. Kontinentale Gräben

Außerhalb des weltweiten Rift-Verbundsystems sind Gräben und Abfolgen von Abschiebungen (engl.: *normal faults* = N) häufig

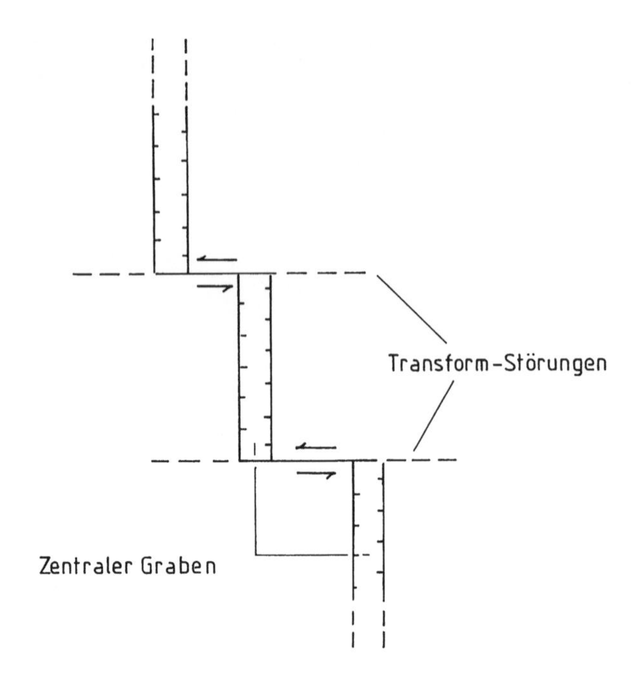

Abb 1.29 Transform-Störung (vgl. *Wilson, 1965*).

an andere dominierende bruch- oder biegetektonische Deformationen gebunden. Die Zugbecken entlang von Horizontalverschiebungen wurden bereits bei der San-Andreas- und der Levante-Störung erwähnt. Große Überschiebungen, der Ausdruck einer Einengungstektonik, bedingen im Hinterland des Eindringvorgangs (engl.: *indenter)* eine deutliche **Querdehnung**, die sich in senkrecht zur Überschiebungszone streichenden Gräben bemerkbar machen. Wichtiges Beispiel hierfür sind die Gräben in Südtibet, die den Himalaja nördlich der Überschiebungsfront zerteilen. Diese Querdehnung belastet aber nicht nur die unmittelbare Nachbarschaft der Kontaktzone zwischen Indien und Eurasien im Himalaja, sondern überträgt sich auf das gesamte Hinterland des Himalaja-Tibet-Tienschan-Systems (vgl. c. Globaltektonik).

Der Zentralsibirische Kraton ragt in seinem südwestlichen Teil mit einer Spitze in das Altai-Sajan-Gebiet. An der östlichen Flanke dieses Vorbaus liegt der Baikal-See, der sich nach Messungen der Satelliten-Geodäsie mit einer Geschwindigkeit von 4,5 ± 1,2 mm/a in WNW – ESE-Richtung dehnt (*Calais et al., 1998*). Ein seismisch aktiver Gürtel umgibt in der Form eines V die Südwest- und die Südostflanke der Kratonspitze. Herausragendes Ereignis innerhalb des Gebiets Baikal-Ostsibirien ist das Muiskoje-Beben von 1957 (Mw = 7,4, etwa 450 km östlich vom nördlichen Seeende; *Solonjenko, 1968*). Geodäsie und Seismotektonik sprechen für eine asthenosphärische Anströmung in der Unterkruste oder im Oberen Mantel, die aus der Eindrükkung Indiens resultiert. Eine abweichende Deutung als Fernwirkung der westpazifischen Subduktion wird aus geodätischen Beobachtungen abgeleitet (vgl. Abschnitt 1.4b).

In Europa sind die westlichen Subduktions- und Kollisionszonen des Anatolien-Ägäis-Systems ebenfalls durch Abschiebungen und Gräben gekennzeichnet, die den Süden Griechenlands und den Westen Anatoliens durchziehen.

Noch etwas weiter westlich wird Europa erneut von einer Dehnungszone durchlaufen, welche im Süden des Kontinents innerhalb der Apennin-Halbinsel verläuft, um nach schwacher Markierung in den Alpen (Beben in den Lechtaler Alpen) ihre Fortsetzung in den Rheinischen Gräben zu finden, wo die Niederrheinische Bucht im Norden einen Höhepunkt seismischer Aktivität bildet.

c. Globaltektonik

Während kompressive Systeme zunächst ganz im Mittelpunkt des Interesses der Geowissenschaftler standen, wurden – wie vorher beschrieben – die Zugstrukturen erst nach dem II. Weltkrieg zum bevorzugten Forschungsobjekt vor allem angelsächsischer Institute. Die Bedeutung des sich von Gibraltar bis nach China erstreckenden Kollisionsgürtels wurde in der Nachfolge von A. Wegener vor allem von *Argand (1924)* und *Staub (1928)* in seiner Bedeutung für die globale Tektonik erkannt. Nachdem die für rezente Bewegungen noch wichtigeren Subduktionsbereiche des Zirkumpazifiks von Benioff in die Tektonik eingeführt worden waren, fehlte jetzt als logisches Gegenstück zu beiden Gürteln der Kompression ein System von Zerrungen. Als entscheidender Durchbruch kann deshalb die Arbeit von *Isacks et al. (1968)* gewertet werden, die aus den verschiedenen Teilstücken des globalen Puzzles ein tektonisches System formt, in dem jetzt Lithosphärenplatten, die aus ozeanischen und kontinentalen Anteilen bestehen können, eine hauptsächlich horizontal erfolgende Verschiebung übernehmen (Abb. 1.30 und Abb. 1.31). A. Wegener hatte eine solche Beweglichkeit nur dem „leichten Treibgut" der kontinentalen Schollen zugestanden.

Bei der Drift von Eisschollen und Sedimentmassen ist der Zusammenhang mit Luft- bzw.Wasserströmung durch Scherspannungsübertragung in einer Grenzschicht wenigstens in beschreibender Form als geklärt zu betrachten. Was treibt also die Platten, Schollen, Decken und Blöcke der Lithosphäre bzw. der Erdkruste an?

Einen ersten Hinweis auf dynamische Ausgleichsvorgänge, die sich innerhalb des Erdkörpers abspielen, hat die Temperaturzunahme mit der Tiefe geliefert, wie man sie in Erzbergwerken beobachten konnte. Mit diesem Temperaturgradienten ist ein ständiger Wärmestrom zur Erdoberfläche verbunden (Mittelwert: 80 mW/m^2; im Vergleich zur so genannten „Solarkonstanten", d. h. des Wärmeflusses, der in die äußeren Partien der Erdatmosphäre eindringt: 1400 W/m^2). Während man bei physikalischen Erdmodellen im 19. Jahrhundert noch von einer ständigen Abkühlung der Erde aus einem „solaren" Zustand ausging, wurde mit der Entdeckung der natürlichen Radioaktivität durch *H. Becquerel* und *M. Curie* Ende des 19. Jahrhunderts klar, dass selbst bei einem geringen Anteil an radioaktiven Isotopen wie U^{238}, U^{235}, Th^{232} und K^{40} das Erdinnere ständig aufgeheizt wird, was wiederum Ausgleichsvorgänge auslöst, vergleichbar mit den Verhältnissen in Atmosphäre und Ozean, wo der großräumige Wärmeaustausch zwischen tropischen und polaren Breiten erfolgt.

Ein erster qualitativer Hinweis auf mögliche Strömungsprozesse im Erdkörper stammt von dem Geologen *Ampferer (1906)*, der die „Verschluckung" der penninischen Decken

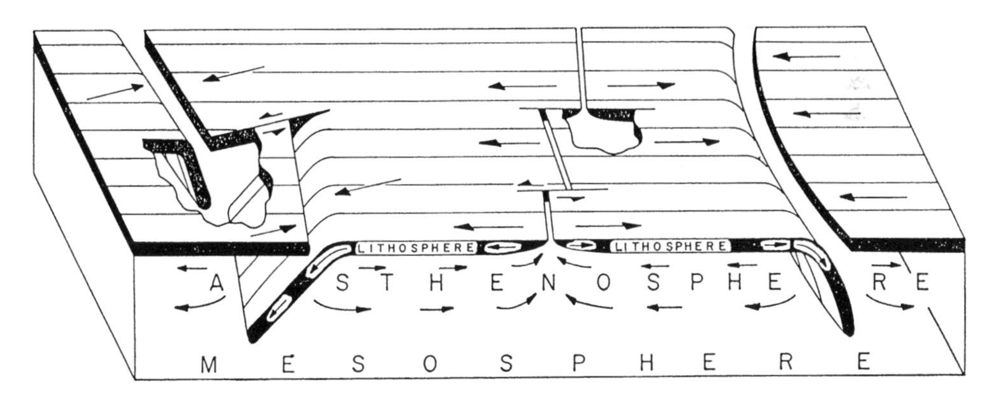

Abb. 1.30 Kompressive und distensive tektonische Großstrukturen ergeben eine neue Sicht der weltweiten Lithosphärentektonik (*Isacks et al., 1968*).

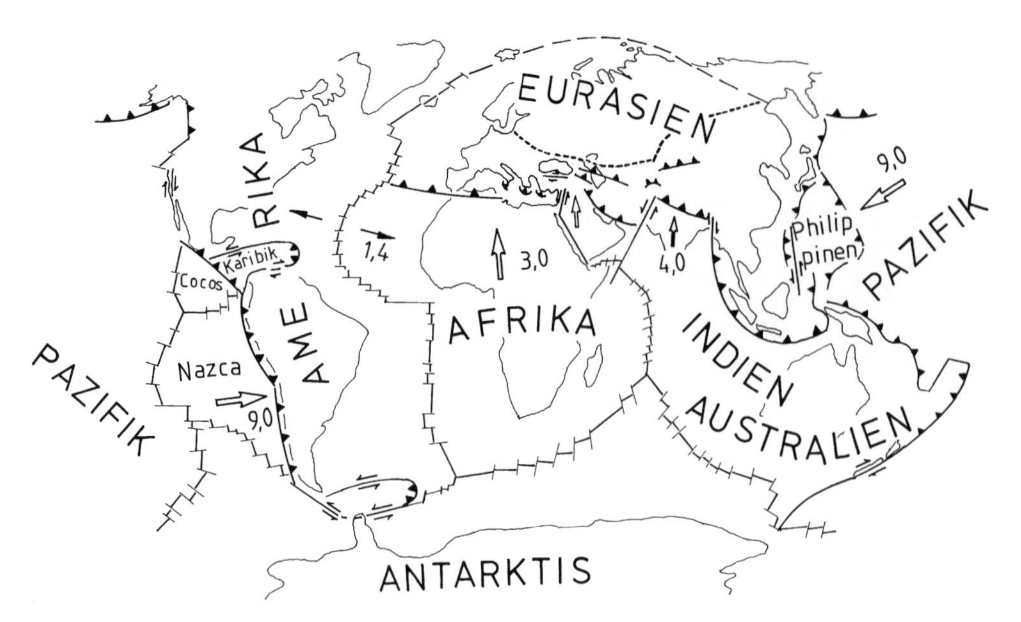

Abb. 1.31 Globaltektonik: Subduktionszonen, Riftsysteme, Horizontalverschiebungen. Verschiebungsgeschwindigkeit der Platten in Zentimeter/Jahr (vgl. *Frisch & Loeschke, 1990; Jacoby, 1985; Miller, 1992*).

entlang der Grenze zu den Südalpen durch subkrustale Konvektion erklärt hat.

Die Störung oder Auflösung der Mohorovičić-Diskontinuität unter dem zentralen Rift der mittelozeanischen Schwellen, nachgewiesen von verschiedenen Verfahren der maritimen Geophysik und der systematische randliche Anbau neuer ozeanischer Kruste bzw. Lithosphäre, zusammen mit den Verfahren der Altersbestimmung an basaltischen und sedimentären Proben, haben die Vorstellungen über ein konvektives System der Anlieferung heißen Gesteins zum Ozeanboden entstehen lassen. Die Subduktion übernimmt in einer „Verschluckung" ozeanischer Lithosphäre die Aufgabe der konvektiven Kühlung.

Gutenberg konnte *1914* aus Laufzeit- und Amplitudenbeobachtungen auf Seismogrammen (vgl. Kap. 2) folgern, dass der von Wiechert bereits 1897 geforderte Erdkern in einer Tiefe von 2900 km beginnt (*Wiechert, 1907; Schröder & Treder, 1997*; vgl. Abb. 1.32). Da der Erdkern nicht direkt von Scherwellen durchdrungen werden kann, wurde für ihn ein flüssiger Aggregatzustand angenommen. Aus Analogvergleichen mit Hochofenprozessen und der Zusammensetzung von Meteoriten (Stein- bzw. Nickel-Eisen-Meteoriten) wurde gefolgert, dass sich der Erdkern im Wesentlichen aus Eisen aufbaut, dem noch – je nach Modellvorstellung – einige Nebengemengteile zugemischt sind. Damit konnte auch der Sitz des erdmagnetischen Hauptfeldes eindeutig lokalisiert werden. Er war schon auf der Grundlage der Analyse der Struktur des erdmagnetischen Feldes durch *Gauß* im tiefen Erdinnern angesiedelt worden. Von *Curie* wurde nachgewiesen, dass bei einer kritischen Temperatur das Verhalten des Ferri-und Ferromagnetismus zusammenbricht. Da diese Curie-Temperatur für ferro- und ferrimagnetische Minerale der Erdkruste bei $\vartheta \approx 600$ °C liegt, war die Entstehung des erdmagnetischen Innenfeldes innerhalb der Erdkruste auch durch ein festkörperphysikalisches Argument ausgeschlossen, da dieser Wert bei einer durchschnittlichen Temperaturzunahme von 30 K/km bereits in 20 km Tiefe erreicht wird, ab der in kontinentalen Gebieten – wenigstens nach älteren Vorstellungen über den Aufbau der Erdkruste – eher mit basischen Tiefengesteinen d. h. auch mit einer Magnetisierung ferro- oder ferrimagnetischer Minerale zu rechnen wäre.

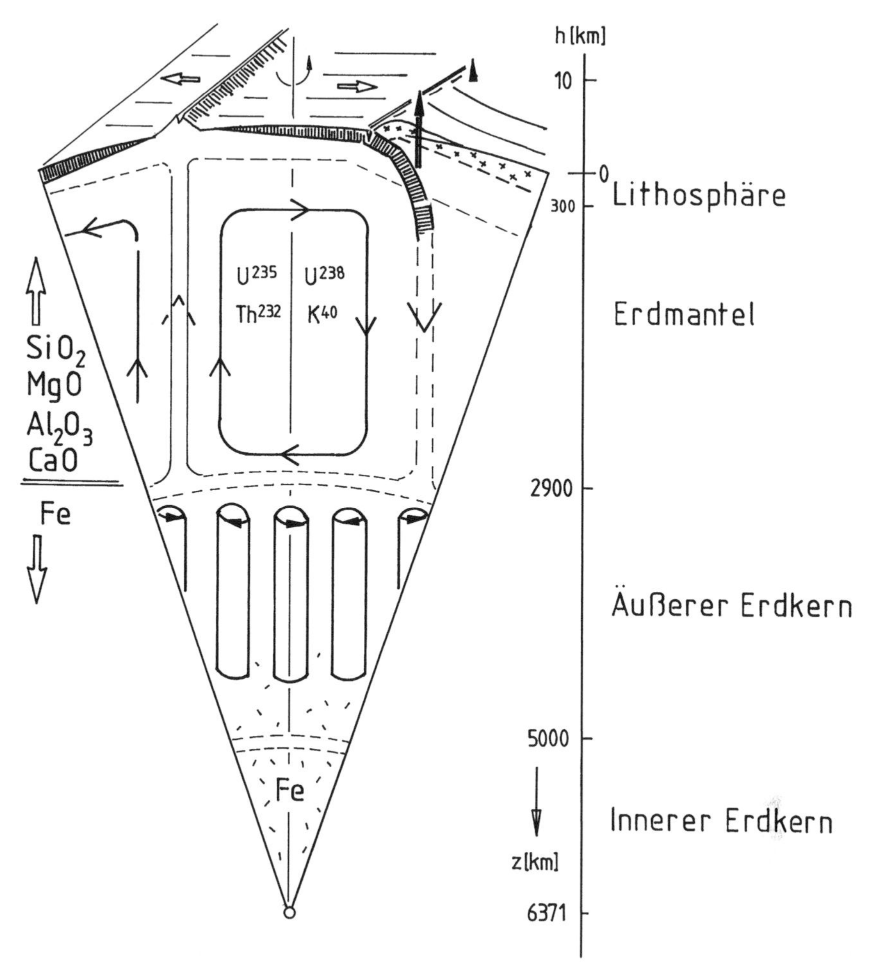

Abb. 1.32 Aufbau und Dynamik des Erdkörpers.

Ein weiterer wesentlicher Schritt auf dem Wege zu dynamischen Modellen des Erdkörpers war die Entdeckung des Inneren Erdkerns durch die dänische Seismologin *I. Lehmann (1936)*. Der Innere Erdkern erlaubt die Fortpflanzung von Scherwellen, so dass man ihm einen festen Aggregatzustand zuschreiben kann.

Aus der Erdkernflüssigkeit des Äußeren Erdkerns, der sich nach der Entdeckung des Inneren Erdkerns auf den Tiefenbereich zwischen 2900 und 5000 km Tiefe beschränkt, frieren ständig Eisen-Moleküle aus, die sich auf der Außenhaut des Inneren Kerns ablagern. Sie werden aus dem Mantel an der Grenze zwischen Erdkern und Mantel gravitativ dem Mantelkreislauf entzogen. Der Innere Erdkern wächst so ständig, außerdem wird bei der Kristallisation aus der mit Eisen übersättigten Erdkernflüssigkeit latente Wärme frei, welche im Äußeren Erdkern zum Antrieb der Flüssigkeitsumwälzung, d. h. zur Bewegung von Eisen-Ionen führt. Da das erdmagnetische Innenfeld schon seit Milliarden von Jahren existiert, muss der Erddynamo nicht nur von der Unterseite her aufgeheizt, sondern vor allem auch von der Oberseite aus, d. h. an der Erdkern-Mantel-Grenze entsprechend gekühlt werden.

Man geht heute davon aus, dass der primitive, noch nicht ausdifferenzierte Mantel die Zusammensetzung eines Perowskits besitzt:

$(Fe,Mg)SiO_3$ (*Poirier, 1991*). Dieses Mineral kann man sich vereinfacht als aus leichten Komponenten wie Magnesium und Quarz sowie einer schweren Komponente – dem Eisen – zusammengesetzt denken. Bei der inneren Aufheizung des Erdmantels durch die bereits genannten radioaktiven Isotope kommt es – wie in einem Hochofen – zur Trennung zwischen Metall und Schlacke. Das Metall sinkt in die Tiefe, übersättigt dort die Erdkernflüssigkeit, um sich schließlich an der Außengrenze des Inneren Erdkerns abzulagern. Quarz und andere leichte Moleküle wandern zur Erdoberfläche bzw. bleiben in einem Niveau, wo der Auftrieb keine Wirkung mehr ausübt.

Neben der Dichte ist es die Einbaufähigkeit der Atome und Moleküle, die eine stabile Lagerung in einer bestimmten Tiefe kontrolliert. Atome mit großem Radius, so die radioaktiven Uran- und Thorium-Atome, werden mit Material geringer Dichte in die obersten Partien des Erdkörpers transportiert, wo sie sich in den quarzreichen Tiefenzonen der Oberkruste anreichern.

Dem Wärmeausgleich im Erdinnern überlagert sich ein gravitativer Ausgleich, der im Endzustand der Entwicklung unseres Planeten eine Konzentration allen Eisens im Innern Erdkern und der leichten Stoffe wie Quarz in der Nähe der Erdoberfläche bewirkt.

Die mit diesem Differentiationsprozess verbundene Anreicherung von Wärmequellen in der Oberkruste der Kontinente führt zu einem Wärmestau, der – vom Erdinnern her gesehen – den terrestrischen Wärmegradienten vermindert, was den Abtransport von Wärme durch Leitung herabsetzt.

Die ozeanische Lithosphäre ist instabil gelagert, weil hier schwere basische Gesteine auf einer heißen Asthenosphäre geringerer Dichte lasten. Die kontinentale Lithosphäre ist im Gegensatz dazu zwar thermisch instabil, weil sie sich durch eine hohe Konzentration an radioaktiven Wärmequellen aufheizt, mechanisch ist sie aber stabil gelagert, da die Dichte hier mit der Tiefe zunimmt, wenn man von einer leichten Abnahme innerhalb der Asthenosphäre absieht. Daraus resultieren zwei unterschiedliche Drift-Tendenzen für Lithosphärenplatten. Sind die Kontinente getrennt, so werden sie in Richtung auf einen Pangäa-Zustand zusammengetrieben, wie z.B. während des Perms. Da dieser Zustand durch seine hohe Wärmeproduktion unter dem Einheitskontinent thermisch instabil ist, setzt dann eine gegenläufige Bewegung der Trennung ein, wie man sie seit der Trias beobachtet.

1.4 Seismotektonische Systeme

a. Kontinente

EURASIEN

Azoren-Gibraltar-Bruchzone. Im Gebiet der Azoren, einem Austrittsbereich von heißem Mantelmaterial auf der mittelatlantischen Schwelle, liegt der Kontaktpunkt zwischen dem Weltriftsystem und dem mediterrantransasiatischen Erdbebengürtel. Letzterer setzt im Westen mit der Azoren-Gibraltar-Bruchzone ein, die, geht man von den Ereignissen des 20. Jahrhunderts aus, durch Horizontalverschiebungen markiert wird (*Moreira, 1991*). Unter diesen Bewegungen erreicht das Beben von 1941 eine Momentmagnitude von Mw = 8,1 (*Lopez-Arroyo & Udias, 1972; Pacheko & Sykes, 1992*). Der Herd des Bebens von 1755 wird ebenfalls in dieser Zone, im Bereich der Gorrindge-Bank angenommen (Abb. 1.33; *Bergeron & Bonnin, 1991*).

Iberien – Alboran – Maghreb. In den Ländern des Maghrebs setzt die seismische Aktivität an der Atlantikküste Marokkos im Süden des Atlas-Gebirges ein, wo im Jahre 1960 das folgenreiche Beben von Agadir stattgefunden hat. Dieses Beben (Magnitude Mx = 5 3/4), wie auch andere Ereignisse im westlichen Marokko sind an das Süd-Atlas-Transalboran-Bruchsystem gebunden (*Jacobshagen, 1991*; Abb. 1.33). Diese Bruchzone durchzieht Marokko in SW-NE-Richtung und setzt sich durch die Alboran-See ins östliche Spanien fort. Es handelt sich bei der Mehrzahl dieser Beben wie auch beim Agadir-Beben um Horizontalverschiebungen innerhalb der oberen Erdkruste (*Medina & Cherkaoui, 1991*). Im Alboran-Meer wie in den angrenzenden Kü-

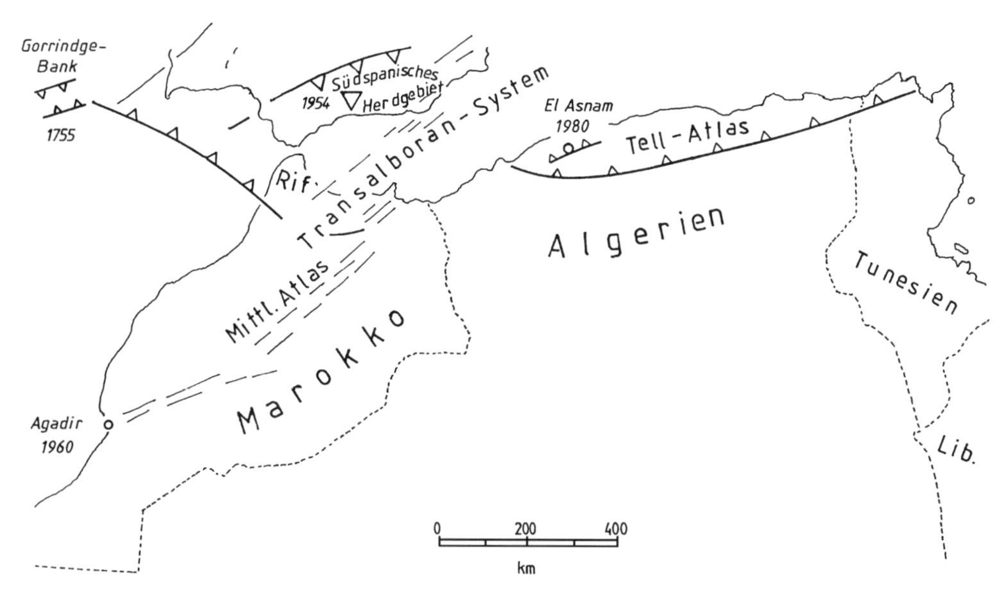

Abb. 1.33 Seismotektonik Iberiens, der Alboran-See und der Maghreb-Länder (nach *Buforn et al., 1988, Jacobshagen, 1991, Jiménez-Munt et al., 2001*).

stengebieten Südspaniens drückt sich die überregionale Nord-Süd-Kompression ebenso aus wie eine Ost-West gerichtete Querdehnung, die auch die Herdflächenlösung des Sierra-Nevada-Tiefherdbebens von 1954 kontrolliert (*Buforn & Udias, 1991*). In diesem Gebiet treten neben Überschiebungen sowohl Abschiebungen als auch Horizontalverschiebungen auf. Die Südküste Spaniens wird durch Schadenbeben markiert (z.B. Malaga, 1680; Torrevieja/Alicante 1829; Alhama de Granada 1884), deren Magnituden in die Nähe von Mx = 7 kommen (*Munoz & Udias, 1991*). Die iberische Halbinsel zeigt neben der Aktivität in ihrem südöstlichen Bereich noch zwei weitere Gebiete erhöhter Seismizität. Das ist der Nordosten des Landes (Katalonien) und die Gebirgskette der Pyrenäen, die durch Herde deutlich markiert ist, während ihr nördliches Vorland fast frei von Erdbeben ist (*Institut de protection et de securité nucléaire, 1992*).

Im Westen war die Küste Portugals immer wieder stärkeren Erschütterungen ausgesetzt, die sich als Fernwirkungen von größeren Ereignissen der Azoren-Gibraltar-Zone, aber auch als Naheffekte autochthoner Herde an der Westküste des Landes bemerkbar machen, wo NNE bis NE streichende, sinistrale Horizontalverschiebungen das Land durchziehen (*Fonseca & Long, 1991*).

Den Küstenstreifen Algeriens und Tunesiens durchzieht eine seismisch aktive Zone, deren Herde zu den größten und auch folgenreichsten seismischen Vorgängen im Mittelmeerraum zählen. Paläoseismologische Untersuchungen im Herdgebiet des Al-Asnam-Bebens (1980: Ms = 7,2), das sich als flache Überschiebung abspielte (Abb. 1.34), zeigen, dass die Erdbebentätigkeit der letzten 7000 Jahre einen unregelmäßigen Charakter hatte, wobei die Wiederkehrperioden bei Tr = 300 bis 500 Jahren lagen. Die Verschiebungsrate erreicht etwa 0,65 mm/a (*Meghroui et al., 1988*). Die Erdbebentätigkeit lässt sich aus Algerien in östliche Richtung nach Tunesien verfolgen, ohne dass dort die gleichen Maximalwerte wie in Algerien beobachtet wurden. Im zentralen Teil der Küste Libyens, im Verlauf des Hun-Grabens, der mit NNW-Streichen nördlich des Golfs von Sidra auf die Mittelmeerküste zuläuft, erreicht die seismische Aktivität Nordafrikas einen relativ isolierten Höhepunkt, wo sich im Jahre 1935 ein Erdbeben

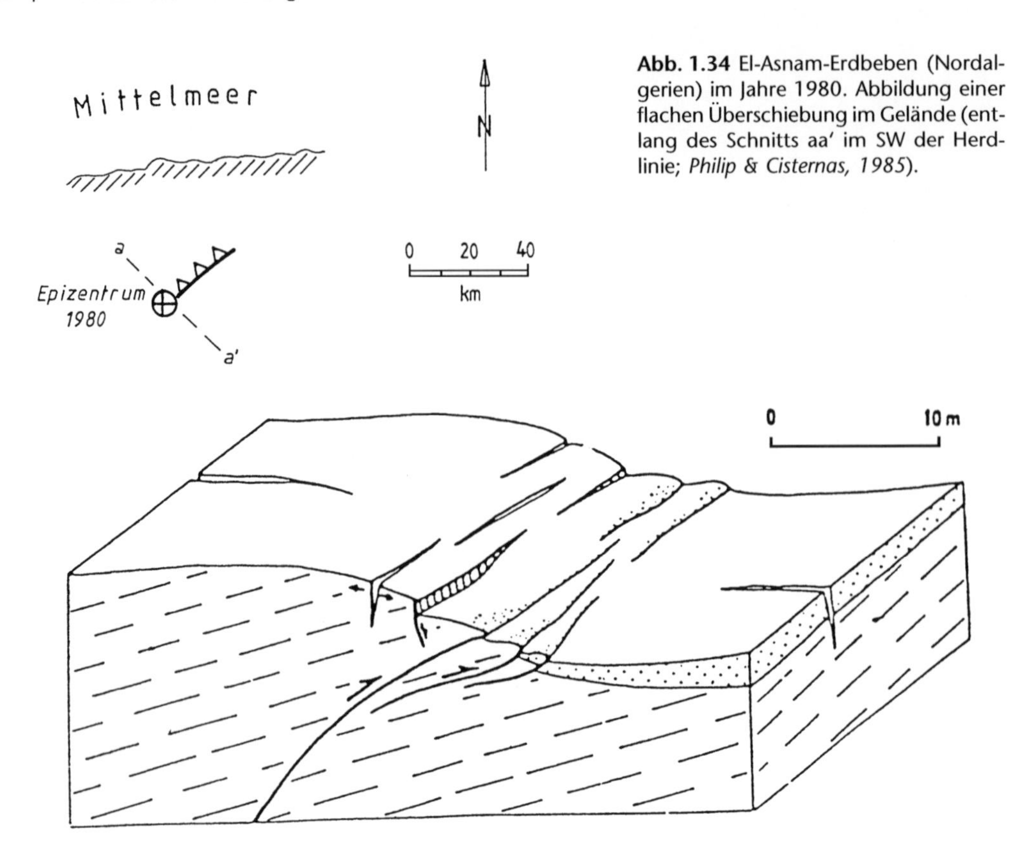

Abb. 1.34 El-Asnam-Erdbeben (Nordalgerien) im Jahre 1980. Abbildung einer flachen Überschiebung im Gelände (entlang des Schnitts aa' im SW der Herdlinie; *Philip & Cisternas, 1985*).

der Magnitude Ms = 7,0 ereignete (*Ambraseys, 1984*).

Adria-Platte. Die Adria-Platte bildet ein Brücken-Element in den Bewegungen zwischen Europa und Afrika. Ein Abdriften dieser Kleinplatte nach Süden schafft die Ablagerungsräume für mesozoische Sedimente der zentralen Alpen. Seit der Kreide kommt es zu einer nordwärts gerichteten Kollision, die im Tertiär zur Deckenbewegung und Deckenstapelung führt.

Mit dem Zusammenschub des französisch-schweizerischen Juras in der Mitte des Pliozäns übernimmt die Adria-Platte die Rolle eines Kraftschlusses zwischen Nord- und Südkontinent. Sie führt dabei eine Drehung gegen den Uhrzeigersinn aus, wobei im Norden der Apennin-Halbinsel 2 mm/a, im Süden 6 mm/a gemessen werden (*Ward, 1994*). Diese Rotation hat zur Folge, dass die Apennin-Halbinsel parallel zu ihrer Längserstreckung im zentralen Bereich aufreißt: Die folgenreichsten Beben haben hier als Abschiebungen stattgefunden (Abb. 1.35). Im Süden verläuft diese Trennlinie etwa in Nord-Süd-Richtung. An ihr hat im Jahre 1908 das durch seine Folgen herausragende **Messina-Beben** stattgefunden (Tab. 1.I; *Schick, 1977*).

Das Campania-Lucania-Erdbeben von 1980, das Avezzano-Erdbeben von 1915 in den Abruzzen und die Erdbebenserie der Jahre 1997/98 in Umbrien-Marken sind Markierungspunkte für den Spaltvorgang innerhalb des Schafts der Apennin-Halbinsel (*Martini & Scarpa, 1983; Amato et al., 1998; Galli & Galadini, 1999*). Unter dem nördlichen Apennin treten subkrustale Beben bis in eine Tiefe von etwa 90 km auf (*Selvaggi & Amato, 1992*).

Die Peripherie der Adria-Platte erfährt durch ihre Schwenkbewegung ganz wesentliche Belastungen. So übt sie auf der Ostseite Druck auf die Dinariden aus. Eine Reaktion

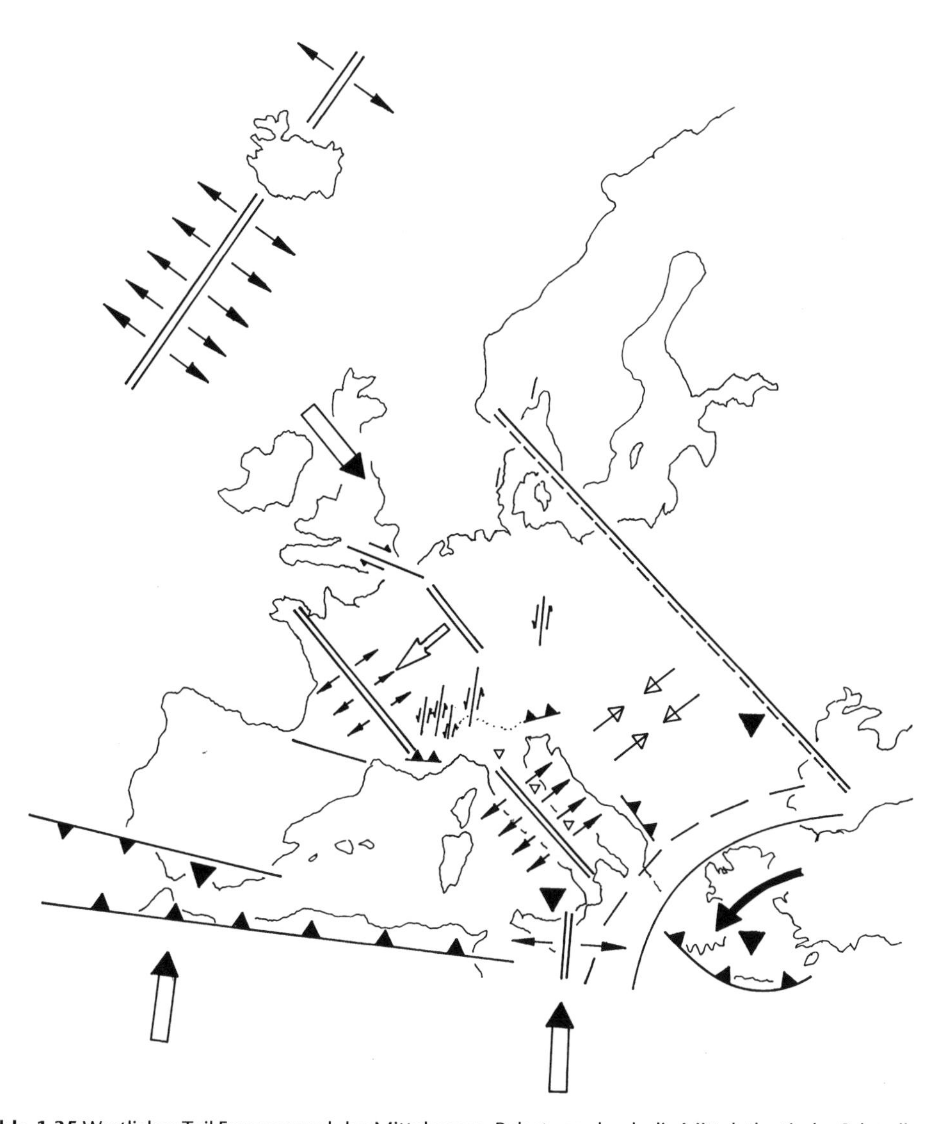

Abb. 1.35 Westlicher Teil Europas und des Mittelmeers: Belastung durch die Mittelatlantische Schwelle aus nordwestlicher Richtung und durch Afrika aus dem Süden. Reaktion durch Ost-West-Dehnung in Sizilien und senkrecht zum allgemeinen Verlauf des Apennins; diese Tendenz setzt sich weiter nördlich im Mittel- und Niederrheingebiet fort. Flache Überschiebungen beherrschen die Szene an den Küsten der Alboran-See, in der Ägäis, an der südlichen Adriaküste der Balkanhalbinsel und am Südrand der Alpen , d. h. in der Provence und im Friaul. Horizontalverschiebungen herrschen im Oberrheingebiet und im Vogtland als sinistrale, etwa Nord-Süd streichende Scherbewegungen vor, während im Gebiet Kanal – Belgien – Nordwest-Frankreich dextrale, etwa herzynisch verlaufende Horizontalverschiebungen dominieren.

durch krustale Überschiebungsbeben findet statt: Das Montenegro-Beben des Jahres 1979 (Mw = 7,1) ist ein wichtiges Beispiel für diese Bewegungsform an der östlichen Adriaküste *(Boore et al., 1981)*.

Die Balkaniden stehen in weiten Bereichen unter Zugbelastung (vgl. *Kotzev et al. 2001*). In einem der wichtigsten Herdgebiete Bulgariens, im Struma-Tal, mischen sich aber offensichtlich die Einflüsse von Dinariden und

Helleniden in der Beanspruchung. Die Erdbebenserie von Kresna (1903/05) im Struma-Tal, bei der das Hauptbeben eine Momentmagnitude von Mw = 7,1 erreichte, wird mit WNW bzw. WSW streichenden Abschiebungen in Verbindung gebracht (*Ambraseys, 2001*).

Während der Alpenbildung übernimmt der Nordrand der Adria-Platte („afrikanisches Ufer") die Rolle der Schubmasse, entlang deren Vorderseite penninische Decken verschluckt, d.h. subduziert werden. Durch die rezenten Bewegungen, bei denen sich Europa gegen Afrika vorschiebt, entstehen jetzt am Südrand der Ostalpen in Friaul und Slowenien Druckbereiche, wodurch sich die Kruste der Adria-Platte als Unterlage in die Alpen hineindrückt. Dabei werden Beben, die sich als Unterschiebung auf fast horizontaler Herdfläche abspielen, im Westen von sinistralen und im Osten von dextralen Nord-Süd streichenden Horizontalverschiebungen begleitet. Die Bebenserie des Jahres 1976 hat im Tagliamento-Tal des Friauls zu großen Schäden geführt. Das erste und auch gleichzeitig größte Ereignis dieser Serie erreichte am 6. Mai 1976 eine Momentmagnitude von Mw = 6,5. Bei einer mittleren Herdverschiebung von q_h = 33 cm erhält man Abmessungen des Herdes von l_o = w_o = 22 km (vgl. *Cipar, 1980*). Am 15. September 1976 erfolgen zwei weitere Beben mit einer Magnitude von Ms = 6,0 bzw. 5,9, die erneut große Schäden in der Talschaft erzeugen. Untersuchungen der älteren Ereignisse aus diesem Gebiet durch *Ambraseys (1976)* machen deutlich, dass auch das „Villacher" Beben des Jahres 1348 dem Herdgebiet um Gemona in Friaul zuzurechnen ist. Den etwas schwächer ausgebildeten westlichen „Druckpunkt" der Adria-Platte hat man in der Provence zu suchen. Dort hat sich im Jahre 1909 das wichtigste Beben Frankreichs im 20. Jahrhundert südlich des Luberon und der mittleren Durance bei der Ortschaft Lambesc abgespielt. Das Beben zeigt die typische makroseismische Intensitätsverteilung einer flachen Überschiebung (vgl. Abschnitt 4.1). Bei einer mittleren Magnitude von Mw = 5,7 starben in den Trümmern ländlicher Gebäude 40 Menschen (*Vogt, 1979; Levret et al., 1988*).

ANNO CHRISTI 1112 DEN 3. TAG DES IEN
ERS BEY LEBZEITEN BAPST BENEDICTI
DES ACHTEN VND KHAYSSER HEINRICH DES
FYNFTEN IST DIE STAT SO LANDCZ ORTH
ODER LANDCZ KRON GENANT DVRCH ERT
BIDEM VN GEWESER VNDERGANGEN VND ANNC
1271 VON GRAFF ALBRECHT VON HOHEN
BERG WIDER YFF GEBAVWET VND
ROTENBVERG GENANT VN DISE
MAVR ALSO ZVM GEDEHTNVS
WIDER ANNO 1602 ERNEWERT

Abb. 1.36 Gedenktafel zum Beben von 1117 (Herdgebiet: Verona – Garda-See) am südlichen Stadtrand von Rottenburg/Neckar (Baden-Württemberg). Die Widersprüche historischer Art (Regierungszeit von Papst und Kaiser im Bebenjahr: Papst Paschalis II. 1099 – 1118; Papst Benedict VIII. 1012 – 1024; Kaiser Heinrich V. hat tatsächlich im Jahre des Ereignisses regiert) zeigen, dass man historischen Beschreibungen von Naturereignissen mit Skepsis begegnen sollte (Aufnahme: U. Schneider).

Schon während der Entstehung der Alpen entwickelte sich im zentralen Teil des Gebirges eine Bewegungsfuge, die senkrecht zum allgemeinen Verlauf der Struktur orientiert ist: die Judicarien-Linie, die die Alpen östlich des Garda-Sees durchschneidet. Im Gebiet des Garda-Sees spielte sich im Jahre 1117 ein

Beben ab, das zu starken Auswirkungen in Verona führte. Es wurde in Mitteleuropa an vielen Orten gespürt; seine Wirkungen sind in verschiedenen Chroniken verzeichnet (Abb. 1.36). Man kann davon ausgehen, dass hier ein Ausgleich in der Belastung zwischen westlichen und östlichen Alpen stattfindet.

Der Ostrand der Alpen bzw. ihr Südrand sind durch Erdbebenherde markiert, die im Westen von *Rothé (1946)* als Piemonteser Erdbebenbogen (frz.: *arc piémontais*) beschrieben, während weiter im Osten auf die seismischen Bewegungen, die dem Alpenrand folgen, bereits durch *Suess (1874)* hingewiesen worden war. Die Erdbebentätigkeit setzt sich aus dem Friaul kommend über die Steiermark bis nach Niederösterreich fort. Diese Herdzone hat Suess u. a. auf den Zusammenhang zwischen Bruchtektonik und Seismizität hingewiesen. Die von Suess als *Thermenlinie* bezeichnete seismisch aktive Zone kann man über Wiener Neustadt hinaus in die Kleinen Karpaten (Dobrá Voda) und schließlich bis die Slowakischen Karpaten nach Žilina und Humenne Vranov verfolgen (*Kárník, 1959*).

Von Friaul als Bezugsgebiet aus gesehen erfolgt an der Nordost-Ecke der Adria-Platte ein deutlicher Wandel in der tektonischen Belastungsrichtung. Während sich im mittleren Abschnitt der Balkan-Halbinsel flache, senkrecht zur Adriaküste streichende Überschiebungen abspielen, wird die Erdbebentätigkeit in Slowenien, Kroatien und Ungarn von Horizontalverschiebungen beherrscht, die in ihrer Orientierung den Wechsel von der mitteleuropäischen zur adriatisch-dinaridischen Situation widerspiegeln (vgl. *Bada et al., 1998*). Dies gilt für das wichtigste Beben Ungarns im 20. Jahrhundert, das Beben von Dunaharaszti im Jahre 1956 (*Csomor, 1966*). Mit einer Magnitude Ms = 5,6 erreicht es den gleichen Wert wie das Albstadt-Erdbeben des Jahres 1911 *(Kunze, 1982)*. Das Schüttergebiet des ungarischen Bebens ist aber nur halb so groß wie das des Ereignisses auf der westlichen Schwäbischen Alb (*Zsiros et al., 1988*). Vom Alpenkörper ausgehend findet eine Querdehnung als Reaktion auf die Einengung in SE-NW-Richtung statt, während in den Zentralalpen die Tauern emporgequetscht werden (*Ratschbacher et al., 1991*). In den Ostalpen mischen sich deshalb Tendenzen des mitteleuropäischen Beanspruchungsplans mit den Einflüssen der dinaridischen und pannonischen Spannungsprovinzen (*Reinecker, 2000*).

Der Alpenkörper zerfällt in seinem Innern in eine südliche erdbebenarme Zone, die von den penninischen Decken gebildet wird, und eine im Bereich der Extern-Massive angesiedelte bebenreichere Zone. Hier dominieren wieder mehr die Horizontalverschiebungen, die für einen Ausgleich zwischen den unterschiedlichen Hebungsgeschwindigkeiten der Externmassive sorgen bzw. in Buchstapel-Reaktion Kompression aufnehmen (vgl. Abb. 1.26).

Ägypten – Israel – Arabien. In Ägypten beginnt, folgt man der Mittelmeerküste nach Osten, eine Umorientierung der seismisch aktiven Zonen, die hier eher Nord-Süd verlaufen. Die Ausläufer der Ostafrikanischen Gräben und die Drehbewegung der Arabischen Platte, mit der eine Nordwärtsbewegung entlang der Levante-Störung (engl.: *Dead Sea fault*) verbunden ist, kontrollieren die Seismizität dieses Landes (Abb. 1.37). Die Konzentration der Bevölkerung Ägyptens auf den Nilverlauf und die weit zurückreichende Naturbeobachtung (bis 2200 v. Chr.) sind sicherlich Faktoren, die den Eindruck einer Nord-Süd-Betonung der seismischen Aktivität verstärken. Hinzu kommen Effekte des Untergrunds im Tal des Nils und innerhalb seines Deltas (*EERI, 1992*). An der Südspitze des Sinai beginnt die Levante-Störung, die Israel, Palästina und den Libanon in Richtung auf Ost-Anatolien durchläuft, wo es zu einem Zusammentreffen mit der Ostanatolischen Scherzone (EAFZ = engl.: *East Anatolian Fault Zone*) kommt. Beide Störungssysteme bilden das westliche Bewegungsscharnier der Arabischen Platte.

Das Eindringen (engl.: *indenter*) der Arabischen Halbinsel nach Norden führt zu einer komplexen Bewegung im Innern des Kaukasus und seiner Umgebung (Abb. 1.38; *Philip et al., 1992*). Die von den Autoren dargestellten Bewegungen entlang des Spitak-Bruchs zeigen eine Überlagerung aus Überschiebung, Faltung, Sekundärbrüchen mit einer Horizon-

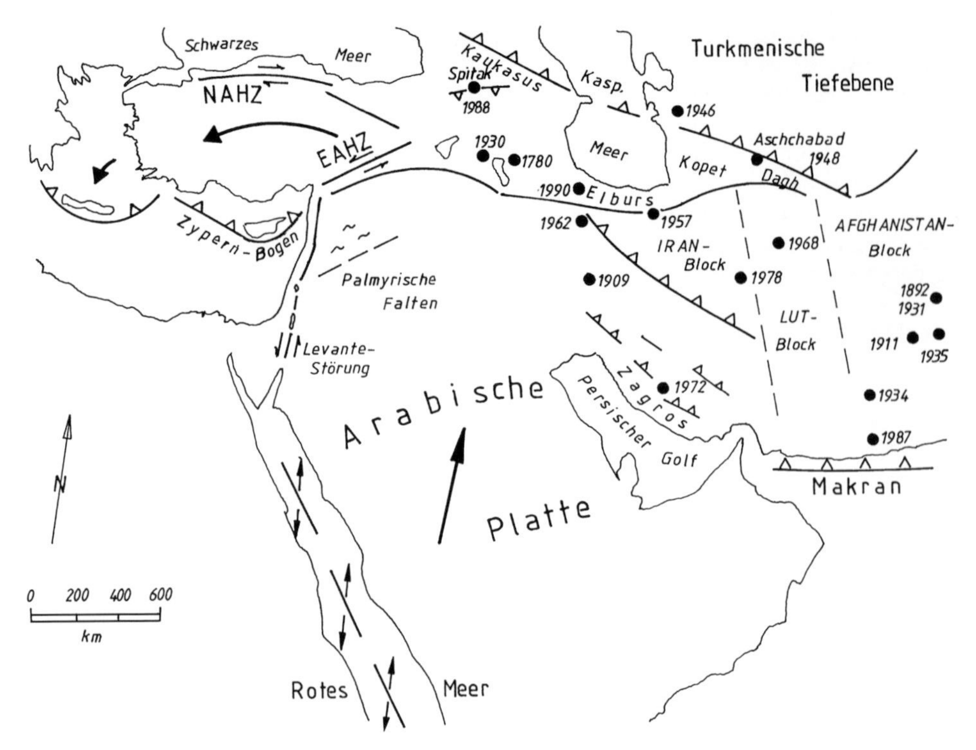

Abb. 1.37 Bewegungen der Arabischen Platte und ihre Auswirkungen auf die Nachbargebiete *(nach Ambraseys, 1984; Ambraseys & Melville, 1982; Hempton, 1987; Byrne & Sykes, 1992; Lawrence et al., 1981).*

talverschiebung. Diese Verformungen wurden während des folgenreichen Armenien-Bebens im Jahre 1989 sichtbar.

Im Nordosten presst sich die Arabische Platte im Zagros-Gebirge des Irans gegen die eurasische Masse. Entlang des Persischen Golfs reagiert die Oberkruste mit Faltung (Zagros-Faltengürtel), während das Hinterland die Belastung durch Überschiebungen (engl.: *Zagros thrust*) auffängt. Den Übergang zur Indischen Platte vermittelt die Makran-Subduktionszone, die im Osten auf die im Indik verlaufende Owens-Bruchzone stößt. Das sich über Transform-Störungssysteme öffnende Rote Meer und der Golf von Aden bilden zusammen mit der Owen-Bruchzone den Ablösungsbereich zwischen Arabien auf der einen und Indien bzw. Afrika auf der anderen Seite (Abb. 1.31).

Anatolien – Ägäis. Die Arabien-Platte übergibt einen Teil ihrer Drehbewegung an das System Anatolien-Ägäis. Im Norden Anatoliens verläuft etwa parallel zur Südküste des Schwarzen Meers die Nordanatolische Horizontalverschiebung. Die Verschiebungsgeschwindigkeit (engl.: *slip rate*) dieser rechtsdrehenden Horizontalverschiebung liegt bei 25 mm/a (*Le Pichon et al., 1995*). Fast alle Abschnitte dieser über 1000 km langen tektonischen Fuge waren seit 1939 von Erdbeben der Magnitude Mw = 6,5 bis 7,9 betroffen (*Stein et al .,1997*). Im Süden und Osten Anatoliens schafft die Ostanatolische Scherzone eine Verbindung zu den Bewegungen der Levante-Scherzone und der Arabischen Platte. An seinem westlichen Ende spaltet sich Anatolien an der Küste des Marmara-Meers auf (*Zanchi & Angelier, 1993*; *Bozkurt, 2001*): Bei den Beben in diesem Gebiet dominiert die etwa Ost-West streichende Abschiebung.

Die Seismizität und Seismotektonik Griechenlands wird durch zwei Systeme bestimmt. Einmal begegnen sich im Hellenischen Bogen

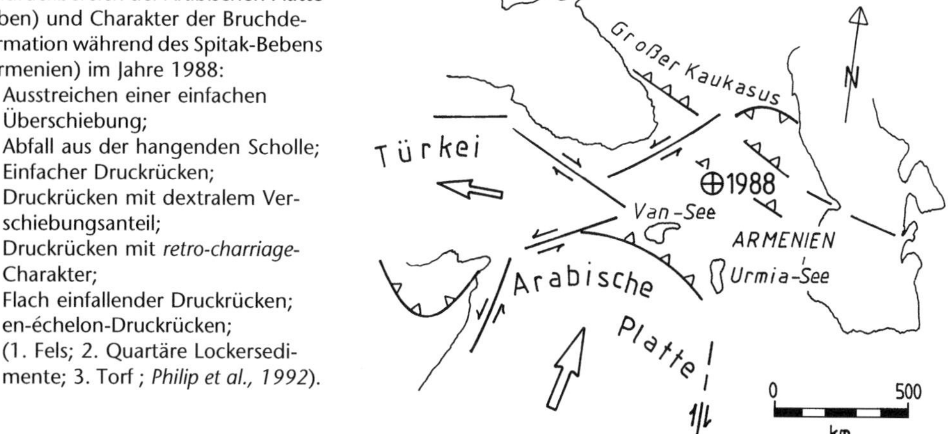

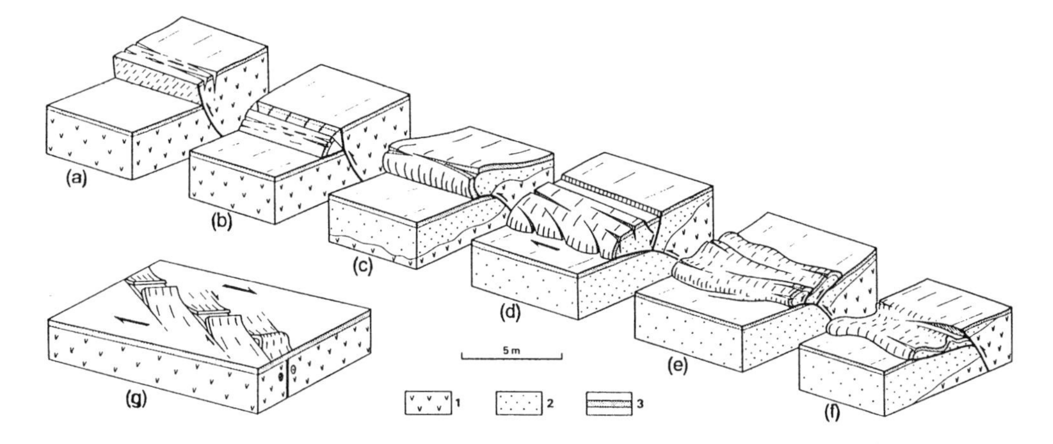

Abb. 1.38 Situation des Kaukasus im Eindruckbereich der Arabischen Platte (oben) und Charakter der Bruchdeformation während des Spitak-Bebens (Armenien) im Jahre 1988:
a. Ausstreichen einer einfachen Überschiebung;
b. Abfall aus der hangenden Scholle;
c. Einfacher Druckrücken;
d. Druckrücken mit dextralem Verschiebungsanteil;
e. Druckrücken mit *retro-charriage*-Charakter;
f. Flach einfallender Druckrücken;
g. en-échelon-Druckrücken;
(1. Fels; 2. Quartäre Lockersedimente; 3. Torf ; *Philip et al., 1992*).

die Anatolien-Ägäis-Platte und der Afrikanische Kontinent. Letzterer schiebt sich unter die eine Rotation gegen den Uhrzeigersinn ausführende Anatolien-Ägäis-Platte (*Taymaz et al., 1991*). Die so entstehende Wadati-Benioff-Zone setzt mit Erdbebentätigkeit an der Hellenischen Tiefseerinne, von Süden nach Norden gesehen etwa 100 km vor Peleponnes, Kreta und Rhodos ein und erreicht unter der Ägäis Herdtiefen von 100 bis 160 km (*Kiratzi & Papazachos, 1995*).

Dieser Kontinent-Kontinent-Kollision überlagert sich ein System von Abschiebungen und Gräben, das in Nord- und Mittelgriechenland etwa WNW – ENE streicht. Die Beben von Korinth (1981) und Athen (1999) gehören zu diesen krustalen Abschiebungen (*Papazachos & Kiratzi, 1992; Papadopoulos et al., 2000*). Auf dem Peloponnes herrscht die mehr Nord-Süd orientierte Abschiebung vor, wie sie beim Kalamata-Beben im Jahre 1986 beobachtet worden ist (*Lyon-Caen et al., 1988*). Auswertung und Interpretation von Messungen der Satelliten-Geodäsie zeigen, dass der Rotation im Gegenuhrzeigersinn, welche die Anatolien-Ägäis-Platte ausführt, im Norden Griechenlands eine Rotation im Uhrzeigersinn gegenübersteht. Die Trennungslinie zwischen beiden Provinzen folgt mit Abschiebungstendenz dem Golf von Korinth (vgl. *Le Pichon et al., 1995*).

Iraniden – Kopet-Dagh. Östlich des Kaukasus verursacht die nordwärts orientierte Komponente der Bewegung der Arabischen Platte kompressive Belastungen, die im Zagros-Gebirge durch Faltung und Überschiebung, im Makran durch eine flach einfallende Subduktion aufgenommen werden.

Der zwischen dem Kaspischen Meer und dem Golf von Oman liegende Lut-Block bildet eine positive Festigkeitsanomalie in diesem Abschnitt des mediterran-transasiatischen Gürtels (Abb. 1.37). Seine Flanken wie auch die südliche Umrandung des Kapischen Meers (Elburs-Gebirge) übernehmen einen weiteren Anteil der Arabien-Eurasien-Kollision. Das Kaspische Meer wird, etwa im Streichen des Kaukasus, von einem Wulst durchquert, der sich östlich davon im Kopet-Dagh fortsetzt, wo dieser Gebirgszug die Grenze zwischen der turkmenischen Ebene und den zentralasiatischen Gebirgszügen bildet. Nach Osten schließt sich an den Lut-Block der Herat-Block (Afghanistan) an, der durch die etwa Nord-Süd verlaufende Chaman-Horizontalverschiebungszone die Grenze zum Himalaja – Tibet – Tienschan – System bildet (*Chandra, 1984; Byrne & Sykes, 1992*).

Himalaja – Tienschan. Der Südrand des Himalaja wurde während der letzten 120 Jahre zu einem großen Teil durch flache Unterschiebungen seismisch markiert (*Ni & Barazangi, 1984*). Hier finden die größten Beben des mediterran-transasiatischen Erdbebengürtels statt (Abb. 1.24; 1.39). Ursache ist die Kollision zwischen dem Indischen Subkontinent und Eurasien. Indien bewegt sich mit einer Geschwindigkeit von etwa 50 mm/a nach Norden (vgl. *Avouac & Taponnier, 1993*). Entlang der Himalaja-Front schiebt sich der Indische Subkontinent unter die Ketten des Himalajas, wo es ähnlich wie bei dem Abtauchen einer ozeanischen Lithosphärenplatte innerhalb

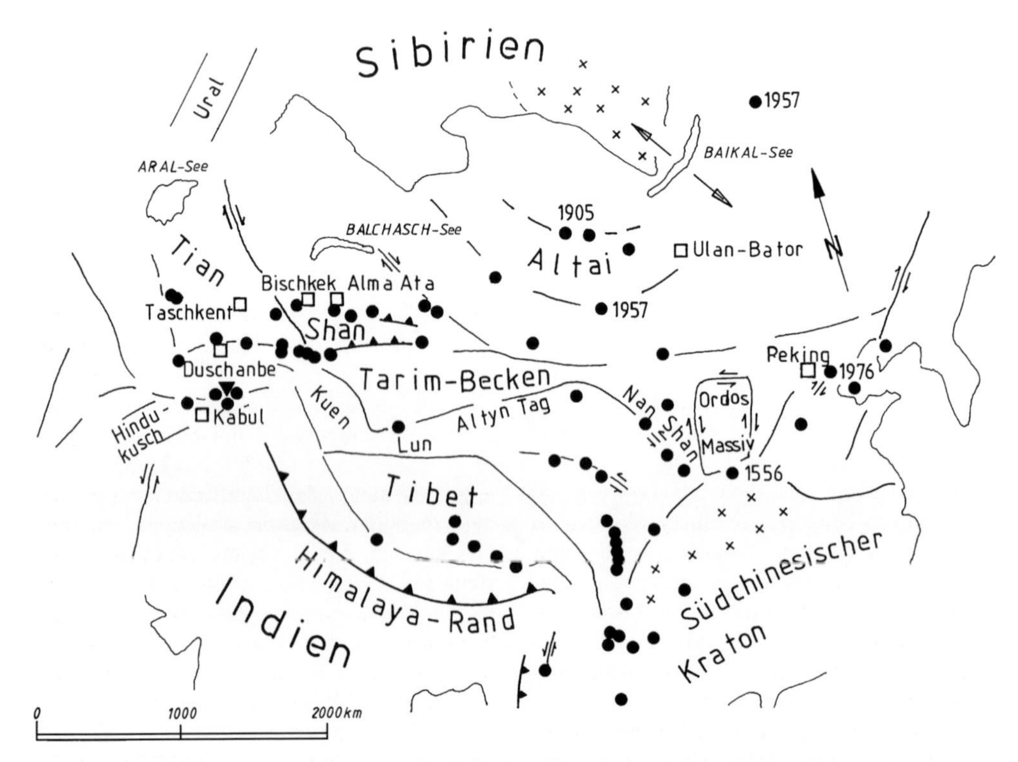

Abb. 1.39 Erdbeben in China und Zentralasien im 20. Jahrhundert mit Magnituden Ms ≈ Mw ≥ 7,0 (Punkt). Tiefherdbebenzentrum Hindukusch – Pamir (Afghanistan/Tadschikistan): Dreieck; die Herdtiefen liegen bei etwa 200 ± 20 km; im 20. Jahrhundert fanden hier 18 Ereignisse mit einer Magnitude Mx ≥ 7,0 statt *(Gu., 1989; Kondorskaya & Shebalin, 1977; Molnar & Gipson,; Wesnousky et al., 1984, Yanshin, 1966).*

einer Subduktionszone zu Hemmung, Aufspannung und schließlich zu einem seismischen Nachholprozess kommt. Die Unterschiebung bewirkt die Anhebung der Himalaja-Kette. Hinter der Front zwischen dem indischen Subkontinent und dem Südrand Eurasiens stapeln sich die beiden Erdkrusten übereinander: Das Hochland von Tibet entsteht. Durch die Verkürzung des Systems Indien-Himalaja werden aus der Indiendrift etwa 18 mm/a übernommen (*Freymiller et al., 1996*). Die Hebung der Himalaja-Tibet-Region erreicht etwa 4 – 5 mm/a (*Shen & Rybach, 1994*). Über die „Verkürzung" Tibets hinaus wird die Indiendrift einmal nach Norden weitergegeben, wo es entlang des Tienschans (chines.: tian-shan = Himmelsgebirge) zu einer Verkürzung von etwa 20 mm/a kommt (*Knapp, 1996*). Zum großen Teil vollzieht sich dieser Vorgang ebenfalls – wie auch an der Himalaja-Front – durch flache Überschiebungen entlang des Süd- wie auch des Nordrandes des Gebirgszugs bzw. entlang der Ränder des Fergana-Beckens, einer Innensenke im westlichen Teil des Gebirges (*Nelson, et al., 1987*).

Zwischen Tibet und dem Tienschan-Südrand sind zwei weitere Strukturen eingeschaltet. Das sind die Faltengürtel des Kuenlun und des Nanschan sowie ihrer östlichen Fortsetzungen. Diesen Ketten schließt sich nach Norden das Tarim-Becken (Wüste Takla-Makan) an, ein Terrane hoher Festigkeit, der die Bewegungen des Indien-Himalaja-Tibet-Systems als „Schubmasse" an den Tienschan weitergibt. Das Tarim-Becken selbst ist eine seismisch ruhige Insel innerhalb des seismisch agilen Zentralasiens.

Östlich des Tarim-Beckens liegen weitere alte Massen, wie das Ordos-Massiv, wohin ebenfalls ein Teil der Kompression, die vom Indischen Subkontinent ausgeht, durch Querdehnung oder Querquetschung übertragen wird. Von diesen Bewegungen wird die Seismizität Chinas mit ihren außerordentlich negativen Folgen bestimmt.

Nördlich des Tienschans bildet ein Gürtel den Übergang zum seismisch ruhigen Sibirien. In diesem Übergangsbereich dominieren im westlichen Teil rechtshändige Horizontalverschiebungen, während im Nordosten das Baikal-Rift eine Sonderrolle spielt. In der Mongolei, die den zentralen Teil dieser Zone einnimmt, dient die linksdrehende Bogdo-Scherzone als Ausgleichsfuge zum Abbau tektonischer Spannungen.

Die von *Taponnier & Molnar (1976)* als *„indenter"* (Eindringen) charakterisierte Kollision zwischen Indien und Eurasien zeigt noch zwei weitere für einen Plattentransport wesentliche kinematische Elemente. Das sind die westliche und die östliche Schubbahn, entlang deren sich der Indische Subkontinent gegen die Eurasiatische Platte vorschiebt. Im Westen ist das eine sinistrale Horizontalverschiebung, zu der als zentraler Bruch die Chaman-Störung gehört. Die seismische Aktivität Pakistans ist umfassend, die Afghanistans partiell an dieses System gebunden (*Haq & Davis, 1997*). Die nordwestliche Ecke der Indischen Platte schafft im Kontaktbereich stärkere Platzprobleme, die sich in der Hebung des Pamirs und der sich unter Pamir und Hindukusch abspielenden Tiefherdbebentätigkeit äußern.

Auf der östlichen Seite Indiens erfolgt diese Bewegung symmetrisch zum Chaman-System entlang der rechtsdrehenden Sagaing-Horizontalverschiebung. Nach Süden bildet dieses System einen Übergang zum indonesischen Inselbogen. Diese Scherzone wird nach Westen noch durch Ketten der indo-burmesischen Gebirgszüge bzw. die vorgelagerten Inselgruppen der Andamanen und Nikobaren ergänzt.

In der Nordostecke des indischen Subkontinents liegt zwischen der indo-burmesischen Kette und dem östlichen Ende der Himalaja-Front das Shillong-Massiv (Assam) eingebettet (Abb. 1.24).

Hier haben sich 1897 das Shillong-Erdbeben und 1950 das Assam-Beben ereignet, die größten Ereignisse am Himalaja-Rand während der Neuzeit. Bemerkenswert sind in diesem Zusammenhang vor allem die nach dem Beben von 1897 am Shillong-Massiv vorgenommenen Vermessungsarbeiten, die koseismische Hebungen von etwa 11 m nachweisen konnten (*Richter, 1958*). Verfolgt man das Himalaja-Gebirge im Streichen, so erkennt man eine deutliche Quergliederung durch Horizontalverschiebungen, die wie bei einer mittelozeanischen Schwelle oder einer

Subduktionszone der Aufgliederung der Erdkruste und des beteiligten Mantels in transportierbare Einheiten dienen. Wie schon erwähnt, wird hinter der Himalaja-Front das Gebirge von querschlägigen Gräben durchzogen.

China. Die Seismotektonik im westlichen Teil des Landes wird vom System Himalaja -Tibet -Tienschan kontrolliert. Der Osten des Landes steht ebenfalls unter dem Einfluss dieser Bewegungen. Hier wirkt aber das seitliche Ausweichen der Massen unter dem Eindruck des „Indenters" als wesentliches Agens. Die Geschwindigkeit dieser Bewegungen liegt nach *Molnar & Gipson (1996)* bei 8 mm/a, d. h. sie übernimmt nur einen relativ kleinen Anteil der Indien-Eurasien-Kollision. Die aus dieser Bewegung resultierende Beanspruchung wird im Osten Chinas von einem System alter Kerne übernommen, die von Scherzonen eingerahmt sind. Im Mittelpunkt steht hier das Ordos-Massiv, das an seinen Flanken von Gräben begleitet wird (Abb. 1.39). Im Süden ist das der Weihe-Graben, in dem auch die alte chinesische Hauptstadt Shian liegt, im Osten der Shaanxi-Graben, im Westen der Yinchuan-Graben, im Norden das Hetao-Yinchuan-Grabensystem (vgl. *Ye et al., 1987*). Diese Gräben öffnen sich in einer komplexen Überlagerung von Dehnung und rechtshändiger Horizontalverschiebung (*Zhang et al., 1987*). Die erste bekannte Erdbebenperiode fällt in das Jahr 800 v.Chr., wie durch paläoseismologische Untersuchungen in Shian nachgewiesen werden konnte. Der Abstand solcher Aktivitätsepochen liegt bei 700 Jahren (*Wang, 1985*).

Die für das Ordos-Gebiet charakteristischen, etwa Nord-Süd orientierten rechtshändigen Horizontalverschiebungen setzen sich nach Osten bis in den Bohai-Golf fort. Im Gebiet zwischen Ordos und Bohai-Golf fand im Jahre 1976 das Tangshan-Beben, eines der folgenreichsten seismischen Ereignisse der geschichtlichen Zeit statt (Tab. 1.I; *Huan et al., 1979*).

Andere Kontinente

Als **Intraplatten-Seismizität** kann man jede seismische Aktivität bezeichnen, die sich in mehr oder weniger großer Distanz zu Subduktions- und Riftzonen, also den distensiven und kompressiven Plattenrändern abspielt. In vielen Fällen ist ein Zusammenhang mit randlichen oder internen Störungssystemen nicht zu erkennen (Abb. 1.40).

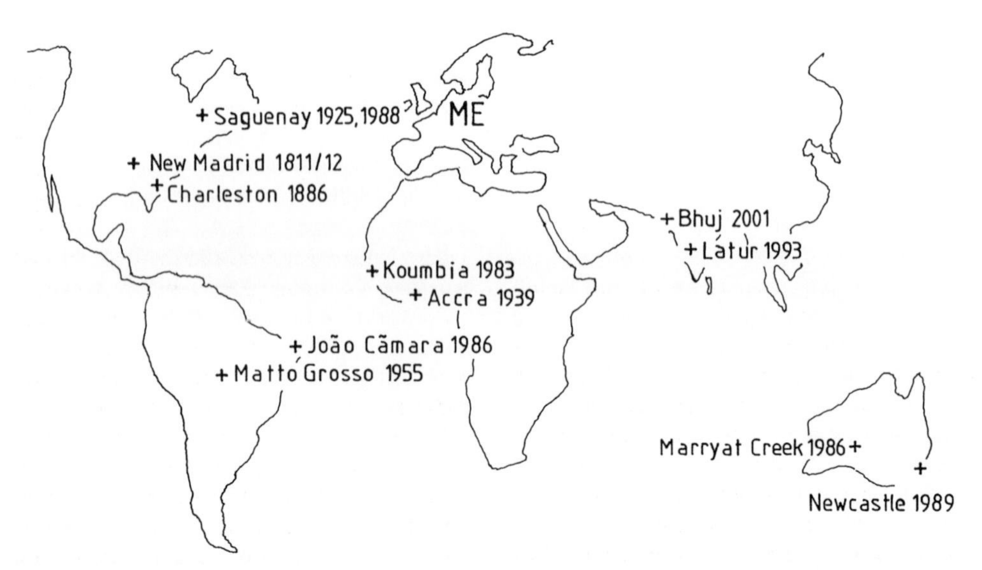

Abb. 1.40 Intrakontinentale Seismizität: Wichtige Ereignisse der letzten Jahrhunderte (ME = Mitteleuropa, vgl. Abb. 1.42).

Entlang von passiven Kontinentalrändern und deren Hinterland sind die Beben des westlichen Afrikas und des östlichen Brasiliens angeordnet. Im westlichen Afrika (z.B. in Guinea oder Ghana) ist mit einer seismischen Aktivität zu rechnen, die sich auf intrakontinentalen Fortsetzungen der großen zur mittelatlantischen Schwelle gehörenden Querstörungen wie der Romanche-Störungszone abspielt. Unter diesen Ereignissen ragt das Accra-Beben des Jahres 1939 heraus (Ms = 6,2; n_T = 22 ; *Ambraseys & Adams, 1986*). Für ein Beben des Jahres 1983 bei Koumbia in Guinea (Mb = 6,4) lässt sich der Charakter einer dextralen Horizontalverschiebung nachweisen (*Dorbath et al., 1984; Langer et al., 1987*).

In Brasilien als Schauplatz einer typischen Intraplatten-Seismizität werden Schwächezonen der Kruste wie passive Kontinentalränder und mesozoisch angelegte Grabenstrukturen als bevorzugter Schauplatz für eine intrakontinentale Aktivität angesehen (*Sykes, 1978; Ferreira et al., 1987*).

Während der Verschiebung tektonischer Platten kommt es in deren inneren Bezirken zu Verbiegungen, die sich an geeigneten, ererbten Strukturen in Form eines seismischen Ausgleichsprozesses entladen. Man betrachtet solche „Schwächezonen" als bevorzugten Platz für rezente bruchtektonische Bewegungen, die häufig dem Typus einer intrakrustalen Überschiebung (T-Regime; vgl. Abb. 1.6 und 1.16) zuzuordnen sind. Einer Idee von *Illies (1982)* zufolge werden vor allem Kreuzungen von Störungssystemen als bevorzugter Schauplatz für Intraplattenseimizität angenommen (*Talwani, 1988; Hinze et al., 1988*).

Betrachtet man das Hauptgebiet der USA (ohne Alaska und Hawaii), so sieht man, dass die Erdbebengefährdung für den Osten der USA, vor allem was deren flächenmäßige Ausdehnung angeht, als wesentlich höher eingeschätzt wird als für die Staaten Kalifornien und Nevada. Man hat im Osten der USA zwei Schwerpunkte intrakontinentaler Seismizität ermittelt. Einmal ist das das Epizentralgebiet des Charleston-Erdbebens von 1886 (South Carolina; MM-Intensität = 10; Mb = 6,6 – 6,9). Es wird auf der Grundlage von Luftbildauswertungen einem etwa NNE streichenden Störungssystem zugeordnet (*Marple & Talwani, 1992*). Zum anderen fanden im Grenzgebiet zwischen den Staaten Missouri, Arkansas im Westen und Kentucky bzw. Tennessee im Osten während des Winters 1811/12 wenigstens 6 (möglicherweise auch 9) Ereignisse mit einer Magnitude Mw $\geq$ 7 statt: Sie bilden die New-Madrid-Erdbebenserie. Zwei von diesen Ereignissen haben wahrscheinlich die Magnitude Mw $\approx$ 8 erreicht (*Johnston & Schweig, 1996*). Als erschwerend für die Rekonstruktion der makroseismischen Wirkungen dieser Erdbebenabfolge muss die noch spärliche Besiedlung des betroffenen Gebiets angesehen werden. Die Zuordnung dieser Aktivität zu einer im Innern Nordamerikas verlaufenden, den Kontinent als Scharnier trennenden Scherzone ist nach den bis heute gesammelten Unterlagen ebenso wenig möglich wie eine Erklärung als postglaziale Differentialbewegung zwischen östlichem und westlichem Nordamerika (*Dixon & Mao, 1996*). Die Größenordnung der zu erwartenden Herdverschiebungen von q_o = 8 bis 10 m, eine Wiederkehrperiode von Tr = 400 bis 1100 a und der Charakter einer rechtshändigen Horizontalverschiebung mit einer deutlichen Überschiebungskomponente beschreiben den Ausgangsprozess für eine mögliche seismische Belastung im Mittelwesten der USA (*Johnston & Schweig, 1996; Shu-Chioung et al., 1997*).

Die Zuordnung zwischen den kartierten tektonischen Störungen auf der einen und der rezenten Erdbebentätigkeit auf der anderen Seite stößt in vielen intrakontinentalen Regionen auf große Schwierigkeiten. Im Herdgebiet der New-Madrid-Beben wird die Tektonik von der Kreuzung zweier Graben-Systeme beherrscht, dem Reelfoot-Rift und dem Rough-Creek-Graben. Die aktuellen Erdbeben kleiner Magnitude zeichnen zwar keine Kreuzung von Störungen nach, aber eine mehr oder weniger deutliche Konzentration von Hypozentren innerhalb des Reelfoot-Rifts (Abb.1.41a). Durch paläoseismologische Untersuchungen, die sich auf die Erfassung von Sand- und Schlammeruptionen stützen, konnte nachgewiesen werden, dass Ereignisse, wie innerhalb der Erdbebenserie von 1811/12, bereits um 900 bzw. 1350 aufgetreten sind (*Li et al., 1998*).

Im östlichen Kanada sorgen flache Überschiebungensbeben (z.B. Saguenay/Québec, 1988; Abb. 1.41b) für außerordentlich hohe Bodenbeschleunigungen (vgl. Kap. 3 und 4), die wegen der geringen Absorption innerhalb der Gesteine des Kanadischen Schildes auch einen großen Wirkungsradius haben (vgl. Abschnitt 2.2). Die geringe Besiedlungsdichte im Gebiet der nördlichen Zuflüsse des St. Lorenz-Stromes bewirkt, dass die Folgen solcher Ereignisse bisher gering waren (*Somerville et al., 1990*).

Die Situation Australiens ist in mancher Hinsicht mit der des östlichen Kanadas vergleichbar. Einmal werden die vom Herdcharakter her gesehen ausgesprochen gefährlichen flachen Überschiebungen beobachtet, so z.B. beim Marryat-Creek-Erdbeben im Jahre 1986 (*Machette & Crone, 1993; Fredrich et al., 1988*; Abb. 1.41c), auf der anderen Seite verhindert die geringe Besiedlungsdichte größere Schäden. Deshalb ist es auch bisher nur ein einziges Mal in der Geschichte Australiens seit Beginn der Kolonisation zu einem Ereignis mit Personenschäden gekommen: beim Erdbeben von Newcastle im Jahre 1989 (etwa 150 km N von Sydney; Mb = 5,6; n_T = 13). Verantwortlich war dafür ein dynamisch instabiles Gebäude, das die Opfer unter sich begraben hat *(Rynn, 1993)*.

Zum gleichen Typus von Erdbeben ist auch das innerhalb des Indischen Subkontinents aufgetretene Latur-Erdbeben zu rechnen (Mw = Ms = 6,2; h_o = 5 km: über 10.000 Tote, in einem Umkreis um das Epizentralgebiet von 6 km wurden alle Dörfer zerstört; vgl. *Singh et al., 1995*). Das bisher folgenreichste Beben in Indien spielte sich im Grenzgebiet zu

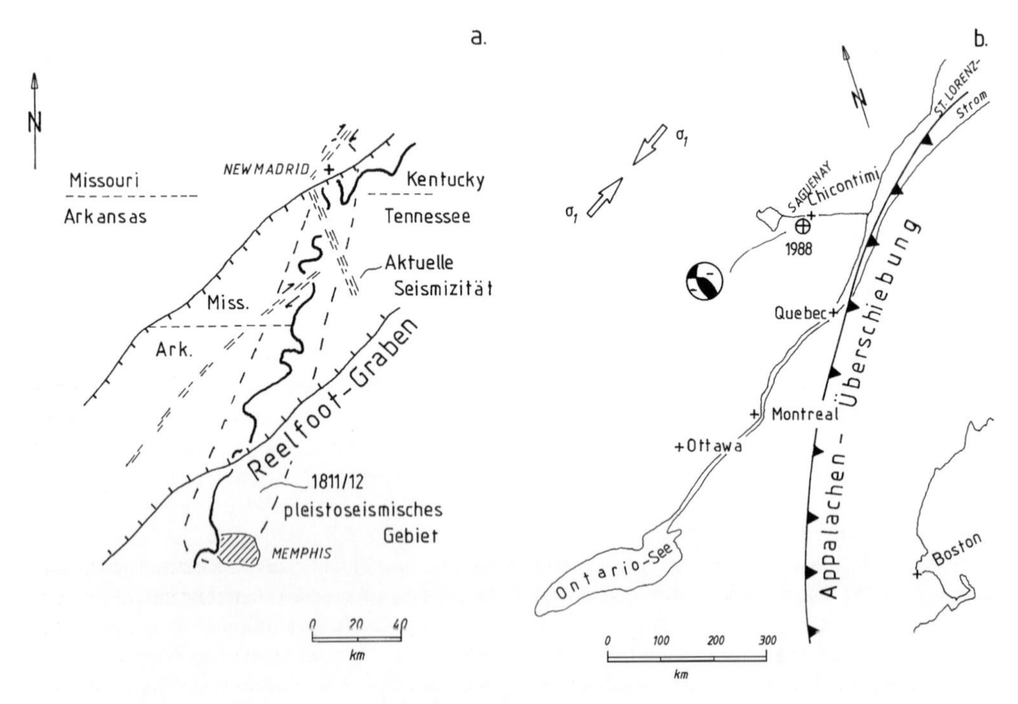

Abb. 1.41 Beispiele für intrakontinentale Erdbeben:

a. Herdgebiet der New-Madrid-Erdbebenserie in den Jahren 1811/12 im Grenzgebiet von Arkansas, Tennessee, Kentucky und Missouri. Als intrakontinentale Ereignisse ohne deutlichen Bezug zu einer transkontinentalen Scherzone bilden diese Erdbeben hinsichtlich ihrer seismotektonischen Einordnung und der Bewertung im Rahmen von Gefährdungsabschätzungen ein großes Problem *(Frost et al., 1986; Hildenbrand & Kolata, 1997; Thenhaus, 1990; Van Arsdale et al., 1998)*.
b. Das Saguenay-Beben des Jahres 1988 am gleichnamigen Zufluss zum St. Lorenz-Strom im Bundesstaat Québec (Kanada). Herdparameter nach *Somerville et al. (1990)*; Spannungsrichtung nach *Zoback & Zoback (1980)*.

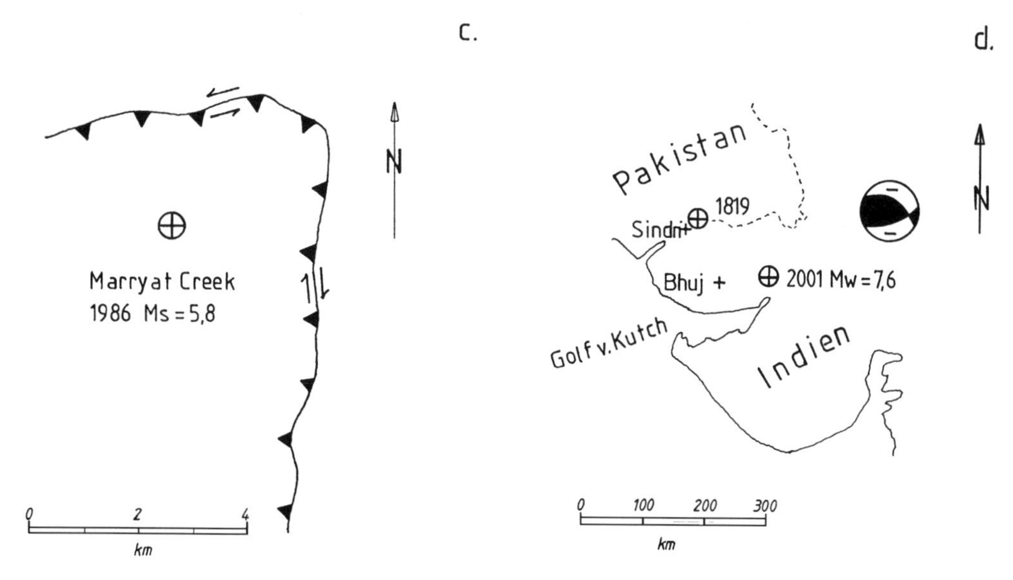

Abb. 1.41 Beispiele für intrakontinentale Erdbeben:
c. Beben in Australien: Die kontinentale Platte reagiert auf Einengungen während ihres Transports durch flache Überschiebungen, die mit Horizontalbewegungen kombiniert sind. Als Beispiel wird das Marryat-Creek-Erdbeben des Jahres 1986 gezeigt (*Machette & Crone, 1993*).
d. Das Gujarat-Kutch-Erdbeben von 2001: Es ist das folgenreichste Erdbeben in der Geschichte Indiens (n_T ≈ 20.000). Sein Herd lag etwa 150 km südlich des Epizentrums des bekannten Allah-Bund-Erdbebens von 1819. Es ist dem gefährlichen Herdtyp einer flachen Überschiebung zuzurechnen (*Bendick et al., 2001; Hough et al., 2002; Rajedran & Rajendran, 2002*).

Pakistan zu Beginn des Jahres 2001 bei Buyh ab (vgl. Abb. 1.41d).

Gerade die intrakontinentalen Beben zeigen, dass ein tektonisches System als Ganzes erfasst werden muss. Das gilt sowohl für die Scherzonen und ihre Ergänzungen durch begleitende, sekundäre Strukturen, als auch für die Einbettung der Scherzonen in eine Umgebung von rezenten Krustenbewegungen, die sich als Hebung oder Senkung von Blöcken, Biegungen mit großer Wellenlänge oder eng begrenzte Knautschzonen äußern. So ist auch die Kombination zwischen einer Biegungsstruktur und Scheitelbrüchen eine reale Situation, die aber nur partiell seismisch reagiert. Die bekannte Arbeit von *Cloos* „Hebung, Spaltung, Vulkanismus", in der der Autor *1939* auf den Zusammenhang zwischen großräumiger Krustenverbiegung und Grabenentstehung hinweist, bildet eine wichtige Grundlage für die Betrachtung einer intrakontinentalen Situation.

Mitteleuropa.

Die rezente tektonische Belastung Mitteleuropas geht von der Nordatlantischen Schwelle aus, auf der die Azoren und Island von seismischen Bewegungen betroffen sind (Abb. 1.42). Die Richtung größter horizontaler Spannung verläuft überwiegend in NW-SE-Richtung (*Ahorner, 1970; Grünthal & Stromeyer, 1992; Müller et al., 1992*).

Die meisten Herdgebiete des mittleren Europas sind auf einer Achse angeordnet, die etwa den Rheinischen Gräben (Oberrheingraben, Mittelrheingebiet, Niederrheinische Bucht) folgt. Mit *Ahorner (1970)* lässt sich die Erdbebentätigkeit dieser Region als ein rezentes Auseinanderdriften Europas deuten. Die Dehnungsfuge wird durch Abschiebungen des Nieder- und Mittelrheinbereichs gekennzeichnet, die sich bis in den nördlichen Oberrheingraben und den Freudenstädter Graben verfolgen lässt. Die Brabanter Erdbebenzone übernimmt als rechtshändige Horizontalver-

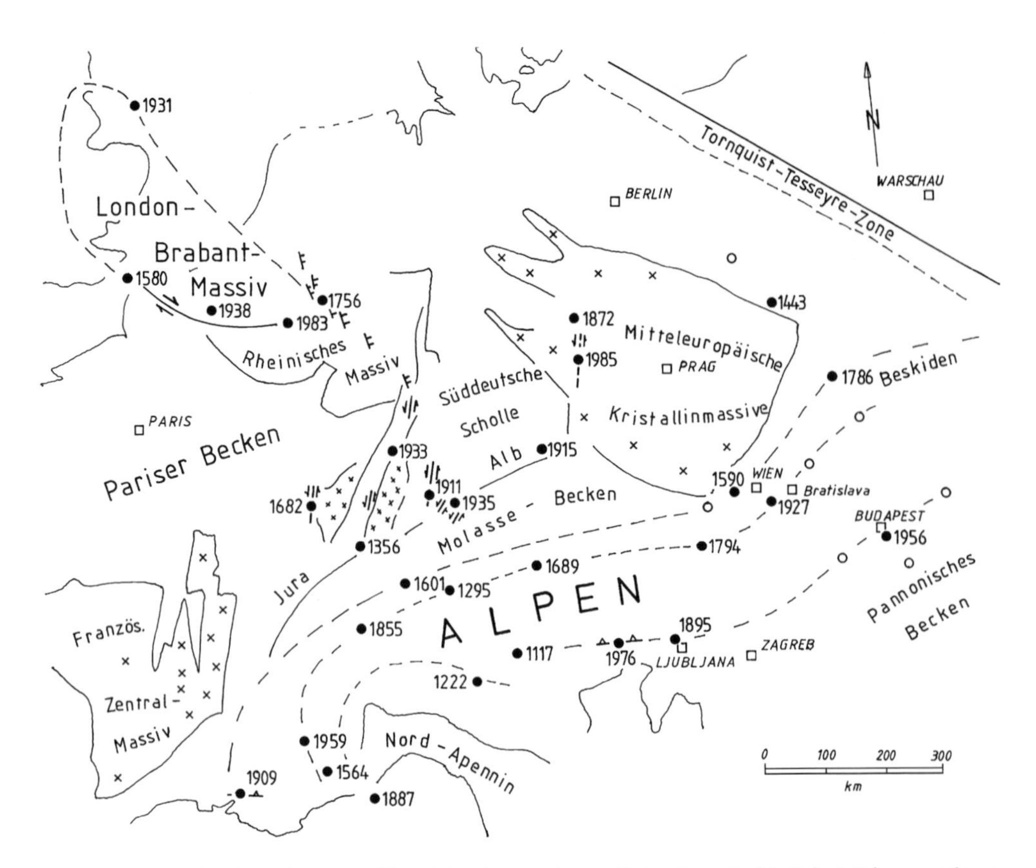

Abb. 1.42 Seismizität Mitteleuropas. Die mit Punkt versehenen Epizentren sind in Tab. 1.II kurz umrissen. Die mit Kreis gekennzeichneten Herde sollen den Verlauf seismisch aktiver Zonen kennzeichnen. Jedes Herdgebiet wird durch ein herausragendes Ereignis, was Magnitude, seismotektonische Information bzw. Schadenswirkung angeht, charakterisiert.

schiebung in Belgien die Rolle der nördlichen Gleitfuge, während weiter im Süden eine Reihe von linkshändigen Horizontalverschiebungen das System durch eine südliche Bewegungszone ergänzt. So verlaufen hier drei etwa parallel streichende Horizontalverschiebungszonen in den westlichen Vogesen (Gebiet von Remiremont/Vosges; vgl. *Hoang-Trong et al., 1985*), auf der Ostseite des Oberrheingrabens (Kaiserstuhl, Rastatt, Heidelberg, Lorsch, vgl. *Bonjer et al., 1984*) und östlich des Schwarzwaldes. Letztere Zone erstreckt sich zwischen dem Kanton Glarus und dem Stuttgarter Gebiet, etwa dem Meridian 9° E folgend; sie hat seit 1911 ihren Schwerpunkt auf der westlichen Schwäbischen Alb (Abb. 1.43).

Im Süden liegt ein Erdbebengürtel im Grenzbereich zwischen dem Nördlichen Alpenvorland (Molassebecken) und den Jura-Gebirgen (Französisch-schweizerischer Jura, Schwäbische – und Fränkische Alb), der mit seinen charakteristischen Herdflächenlösungen einem Buchstapel-Verhalten (engl.: *book-shelf tectonics*) zuzuordnen ist (*Hiller, 1936*). Die Herdkinematik, die Anordnung der Herde innerhalb des Herdgebiets sprechen hier für einen Prozess, der sich in den Alpen als Verkürzung durch Hebung abspielt.

Die gleiche neotektonische Bewegungsform kann man auch bei den Erdbeben finden, die den Extern-Massiven (Aar und Gotthard, Aiguilles Rouges und Mont Blanc, Belledonne und Pelvoux) auf deren Süd- bzw. Ost-

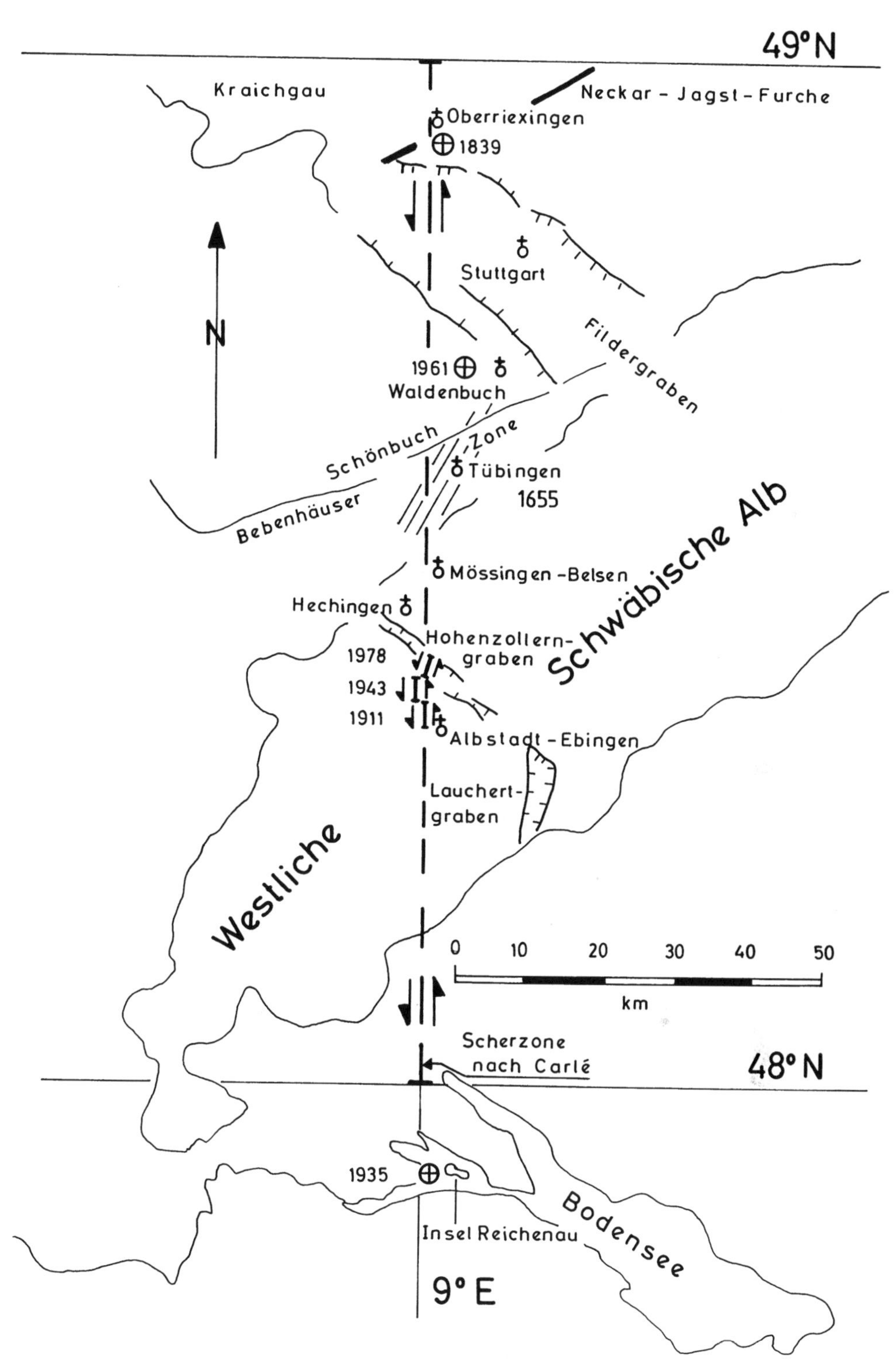

Abb. 1.43 Albstadt-Scherzone.

seite folgen. So dominiert diese Bewegungsform auch im Wallis und im Schweizer Mittelland (*Pavoni, 1980, 1987; Deichmann et al., 2000*).

Im Gebiet von Basel verzahnen sich die Nord-Süd orientierten Horizontalbewegungen mit den im Buchstapel-Stil angeordneten Verschiebungen. Die Buchstapel-Tektonik ist hier eine Ersatzlösung für flache Überschiebungen, für die kritische Werte der größten Horizontalspannung in der obersten Erdkruste auf regionaler Ebene nicht mehr erreicht werden (etwa 300 MPa, vgl. *Turcotte & Schubert, 1982*). Es lassen sich auch im südlichen Mitteleuropa Abschiebungen nachweisen, die etwa in Richtung größter horizontaler Spannung orientiert sind. Sie konkurrieren vor allem im Zentralteil des Oberrheingrabens mit Abschiebungen, die sich als Scheitelbrüche innerhalb einer Aufwölbung interpretieren lassen (z.B. Forchheim, 1948; Soultz-sous-Forêts, 1952). Entsprechend dem Anderson-Schema (vgl. Abb. 1.16) müssten die Abschiebungsbeben in größerer Tiefe, unterhalb einer Schicht mit dominierenden Horizontalverschiebungen auftreten. *Plenefisch & Bonjer (1997)* konnten für den südlichen Oberrheingraben eine solche Kinematik-Diskontinuität in 15 km Tiefe nachweisen. In der Niederrheinischen Bucht sind sowohl flache wie auch tiefe Krustenbeben dem Abschiebungstyp zuzuordnen, was auf eine Lage des gesamten seismogenetischen Stockwerks innerhalb einer Zugzone hinweist, wenn man die Biegung der Erdkruste mit der eines Balkens vergleicht (vgl. *Ahorner et al., 1983*).

Innerhalb der hier betrachteten Region liegt der Schwerpunkt der Erdbebentätigkeit in einer Tiefe zwischen 5 und 15 km. Herdgebiete mit einer maximalen Momentmagnitude von Mw = 5,0 bis 5,9 sind:
die Niederrheinische Bucht;
die westliche Schwäbische Alb;
Oberschwaben;
das Gebiet von Basel;
das Wallis;
die Umgebung des Vierwaldstätter Sees;
Nordtirol;
Niederösterreich.

Verlässt man in Mitteleuropas den Bereich, der rheinischen Gräben und des Übergangs zu den Alpen, so trifft man auf einige Besonderheiten (Abb. 1.44; Tab. 1.II).

Im Grenzgebiet zwischen Westböhmen und Sachsen liegt der Schwerpunkt der Seismizität Mitteleuropas, wenn man die Anzahl der seismischen Ereignisse als entscheidendes Merkmal betrachtet. Es ist das Gebiet der westböhmisch-vogtländischen Erdbebenschwärme. Ein solcher Schwarm kann sich aus 100 bis 10.000 Kleinbeben aufbauen, wobei sich nur selten ein größeres Ereignis, wie z.B. das vom 28. Dezember 1985, aus der Menge herausschält. Diese Aktivität gehört zu einer Nord-Süd orientierten Scherzone, die sich – regional betrachtet – von Leipzig bis über das Eger-Becken hinaus verfolgen lässt. Neben einem Aktivitätsbereich in der Leipziger Gegend gehört auch das wichtige Herdgebiet von Gera-Posterstein zu dieser seismisch aktiven Struktur. Geht man zu einem noch größeren Rahmen über, so spricht man von der Pritzwalk-Naab-Zone, die sich durch das Bayerische Molassebecken hindurch mit der Iudikarien-Linie östlich des Garda-Sees verbinden lässt.

Die Erdbebenzone zwischen Leipzig und Westböhmen zeigt neben den schon genannten Besonderheiten andererseits Merkmale, die auf eine große Ähnlichkeit mit den mehr westlich gelegenen Erdbebenzonen hinweisen:

- Dominanz der Nord-Süd streichenden sinistralen Horizontalverschiebungen;
- Konzentration der Erdbebentätigkeit auf die obere Erdkruste, vorzugsweise auf das Tiefenintervall zwischen 5 und 10 km;
- Versatz der seismisch aktiven Segmente in Ost-West-Richtung.

Die Aktivität der letzten Jahrzehnte war vor allem auf den Abschnitt Klingenthal-Eger konzentriert, wo sie den Ostrand des Eger-Beckens markiert, dessen Nordrand sehr deutlich durch junge sinistrale Horizontalverschiebungen gegliedert ist (*Zoubek, 1966*). Der Schwarmcharakter ist in einer Wechselwirkung zwischen tektonischer Verformung und Aufstieg von Fluiden aus dem Mantel in die Kruste bedingt (*Kämpf et al., 1993*). Dieser Transport, vor allem von Kohlendioxid, macht sich in den bekannten Mofetten, z.B. denen von Soos, deutlich bemerkbar.

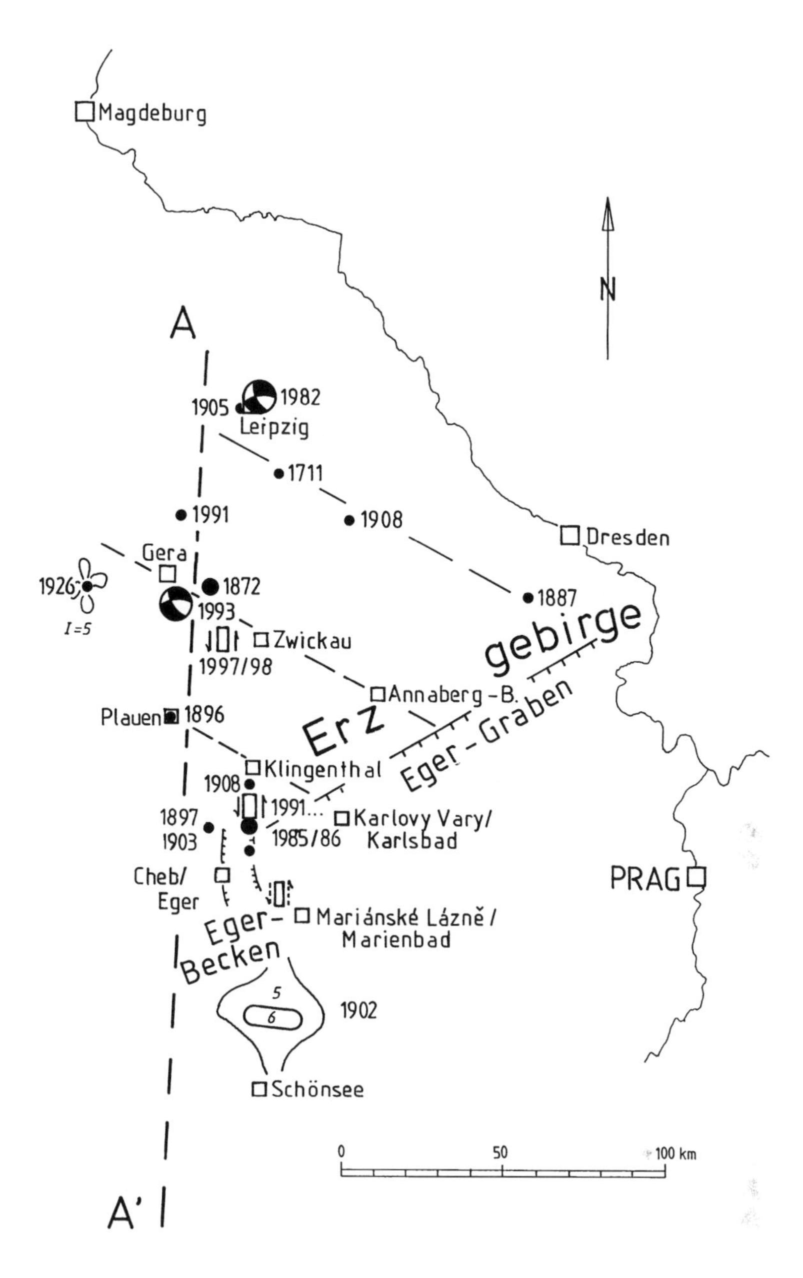

Abb. 1.44 Erdbebentätigkeit im Gebiet West-Sachsen – Ost-Thüringen – West-Böhmen:
A – A': Pritzwalk – Naab-Lineament (*Behr et al., 1994*), eine sich vor allem gravimetrisch äußernde Schwächezone. Die Karte enthält Epizentren (ausgefüllte Kreise) von Beben vor allem aus dem 19. und 20. Jahrhundert. Rechtecke markieren wichtige Schwarmbebengebiete. Für zwei Beben (bei Leipzig bzw. Gera) werden Herdflächenlösungen angezeigt. Die Beben von 1902 (bei Tachov) und 1926 (bei Stadtroda) sind durch ihre makroseismischen Beobachtungen interessant (vgl. *Antonini, 1988; Dvořák, 1956; Grässl et al., 1984; Hemmann et al., 2000; Klinge & Plenefisch, 2001; Nehybka & Skácelová, 1977; Neunhöfer et al., 1996; Schmedes & Antonini, 1991; Sieberg & Krumbach, 1927*). Während sich eine größere Zahl von Einzel- und Schwarmbeben als sinistrale Horizontalverschiebung auf steil einfallender, etwa Nord-Süd streichender Scherfläche abspielt, ist auch die komplementäre Richtung größter Scherspannung (etwa Nordwest-Südost verlaufend) mit Herden besetzt (vgl. *Bankwitz et al., 1995; Kracke et al., 2000*).

Tab. 1.II. Wichtige Erdbeben in Mitteleuropa

Es werden regionale Maximalereignisse, die in Mitteleuropa seit dem Jahre 1000 „registriert" worden sind, aufgelistet. Die Beben werden durch ihre Magnituden (Mw = Momentmagnitude, Ms = Oberflächenwellenmagnitude, Ml = Nahbebenmagnitude, Mm = makroseismische Magnitude, vgl. Abschnitt 2.2) bzw. durch makroseismische Parameter wie die Epizentralintensität I_0 und den Schütterradius r (in km; vgl. Abschnitt 3.3) beschrieben. Die Abkürzungen T, H und N verweisen auf den herdkinematischen Charakter des Ereignisses, d.h. auf eine Überschiebung, eine Horizontalverschiebung bzw. eine Abschiebung.

Mitteleuropa wird im Nordosten eingerahmt von der Tornquist-Tesseyre-Zone (vgl. Abb. 1.42), einer heute aseismischen tektonischen Bewegungsnaht, die die osteuropäische Plattform vom mittleren Europa trennt, im Süden von den Alpen, der Kontaktzone zur Adria-Platte, weiter im Osten von den nördlichen Karpaten und dem Pannonischen Becken; im Westen bildet das ebenfalls aseismisch reagierende Pariser Becken und weiter nördlich das London-Brabanter Massiv eine Randzone des hier beschriebenen Gebiets.

Die Herdtiefe der größten Ereignisse liegt innerhalb der Oberkruste, d.h. oberhalb von z = 20 km, bei einem Maximum des Momentenumsatzes zwischen 5 und 10 km Tiefe.

Hinweise auf **Kataloge** zu den Erdbebengebieten Mitteleuropas finden sich am Ende der Tabelle.

I. Mitteleuropäisches Schollengebiet

a. *Jura* (Grenzbereich zwischen Molassebecken im Süden und dem Mitteleuropäischen Schollengebiet im Norden).

1356 **Basel**

Der Herd, dessen Epizentrum im Basler Jura angenommen wird, hat wahrscheinlich zu den folgenreichsten seismischen Bodenbewegungen in Mitteleuropa geführt: Epizentralintensität I_0 = etwa 9; Schäden werden vor allem an öffentlichen Gebäuden wie z.B. Kirchen beschrieben. Es ist das wichtigste Ereignis einer größeren Bebenserie im selben Gebiet *(Levret et al., 1996; Rüttener, 1995; Mayer-Rosa & Cadiot, 1979; Wechsler, 1987).*

1935 **Saulgau**/Oberschwaben Baden-Württemberg — Ms = 5,4; H

Beben der Epizentralintensität I_0 = 7 – 8, bei r = 500 km, dessen Herd sich in eine Buchstapel-Tektonik einordnen lässt; bemerkenswert sind die Primär- und Sekundärschäden an Kirchen, wie z.B. der Kirche in Buchau-Kappel (Abb. 3.26; vgl. *Hiller, 1936a; Kunze 1986*).

1915 **Eichstätt** / Altmühljura Bayern — Ml = 3,9

Größtes Beben einer Serie mit I_0 = 7 und r = 200 km im Altmühljura *(Lutz, 1921; Kunze, 1986*).

b. *Süddeutsche Großscholle*

1911 **Albstadt**/Westliche Schwäbische Alb Baden-Württemberg — Ms = 5,6; Ml = 6,1; H

Erdbeben mit I_0 = 8 und r = 500 km; neben dem Beben im Jahre 1956 südlich von Budapest ist es das größte Beben Mitteleuropas im 20. Jahrhundert. In den Jahren 1943 und 1978 folgen weitere Beben der Magnitude Ms $\geq$ 5,0 im selben Herdgebiet, wobei eine systematische Nordwärtsverlagerung der Erdbebentätigkeit zu beobachten ist *(Gutenberg, 1915; Kunze, 1986; Schneider, 1979, 1993; Sieberg & Lais, 1925; Turnovsky & Schneider, 1982).*

c. *Oberrheingraben*

1933 **Rastatt**/Mittlerer Oberrheingraben Baden-Württemberg — Ms = 4,1; Ml = 5,3; H

Erdbeben mit I_0 = 7 und r = 160 km, das durch seine Herdflächenlösung (Horizontal-verschiebung innerhalb der Grabenscholle) einen ersten wichtigen Hinweis auf den Charakter der rezenten Tektonik in Mitteleuropa liefert. Darüber hinaus zeigt der starke Unterschied zwischen den beiden Magnitudenwerten, dass es sich um ein „bruchbetontes" Ereignis handelt (vgl. *Hiller, 1934; Kunze, 1986*).

Tab. 1.II. Wichtige Erdbeben in Mitteleuropa (Fortsetzung)

d. *Vogesen*

1682 **Remiremont**/Westabfall der Vogesen Vosges Mm = 5,1

Erdbeben mit I_0 = 8 – 9; 1984 ereignet sich im gleichen Gebiet eine Bebenserie (Hauptbeben: Ml = 4,8), die in Herdkinematik, Epizentrums- und Tiefenverteilung eine starke Ähnlichkeit mit den Verhältnissen auf der westlichen Schwäbischen Alb zeigt *(Haessler & Hoang-Trong, 1985; Vogt, 1979).*

e. *Sachsen-Thüringen-Böhmen-Schlesien*

1872 **Posterstein**/E von Gera Thüringen Mm = 5,2

Größtes Ereignis der letzten beiden Jahrhunderte in Ostdeutschland mit I_0 = 7 – 8 und r = etwa 300 km. Im gleichen Herdgebiet, d. h. der Umgebung von Gera wird von vergleichbaren Beben in den Jahren 1346 und 1366 berichtet (*Grünthal, 1988, 1992*).

1985 **Cheb**/Egerbecken Westböhmen Ml = 5,0; H

Stärkstes Ereignis (21.12.1985: I_0 = 7) einer Bebenserie, die sich wiederum in eine Kette von Erdbebenschwärmen des Gebiets Vogtland-Westböhmen einordnen lässt. Für die Serie 1985/86 konnte eine Bebenzahl von über 10.000 nachgewiesen werden. Weitere wichtige Bebenschwärme fallen in die Jahre 1897/1908, 1824, 1770, 1711, 1626 und 1552. Die Erdbebentätigkeit der jüngsten Zeit ist vorzugsweise an etwa Nord-Süd streichende Störungen gebunden (*Antonini, 1987; Grünthal, 1989; Mittag, 2000; Nehybka & Skácelová, 1997; Procházková, 1988).*

1443 **Brzeg/Brieg** Schlesien Mm = 5,1

Beben mit I_0 = 8 und r = 300 km im nördlichen Vorland der Sudeten *(Pagaczewski, 1872; Sieberg, 1940*).

II. Alpen – Karpaten

Westliche bzw. Nördliche Randzone

a. *Provence*

1909 **Lambesc**/Mittlere Durance Bouches – du – Rhône Ms = 5,7

Mit I_0 = etwa 9 und r = 300 km größtes Beben Frankreichs im 20. Jahrhundert; das makroseismische Feld spricht für eine flache Überschiebung. Etwas weiter flussaufwärts haben bei Manosque (Alpes de Haute Provence) in den Jahren 1509 und 1708 Beben ähnlicher Qualität (I_0 = etwa 8) stattgefunden *(Levret et al., 1988; Rothé, 1941; Vogt, 1979).*

b. *Nordalpen.*

Vierwaldstätter See Zentralschweiz

Dieses Ereignis mit I_0 = etwa 8 – 9 gehört zu einer Reihe von Beben, die sich zwischen dem 13. und 18. Jahrhundert in der Zentral- und der Ostschweiz mit I_0 = etwa 8 abgespielt haben: Chur (1295), Unterwalden (1616); Alpenrhein-Bregenz (1720); Altdorf (1774); Alpenrhein (1796); (*Rüttener, 1995; Sägesser & Mayer-Rosa, 1978).*

1590 **Neulengbach** Niederösterreich

Beben mit I_0 = 9 und r = 400 km, das noch in Wien zu Schäden an Kirchen führte, so an den Türmen der Michaeler-Kirche und der Schottenkirche, die teilweise einstürzten und dadurch Sekundärschäden in ihrer unmittelbaren Umgebung verursachten (*Gutdeutsch et al., 1987).*

Tab. 1.II. Wichtige Erdbeben in Mitteleuropa (Fortsetzung)

c. *Beskiden*

1786 **Mährische Pforte**

Eine Serie von Beben, davon 2 Ereignisse mit I_o = 7 – 8 und r = etwa 250 km im Grenzgebiet zwischen Mähren und Polen *(Kárník et al., 1957; Pagaczewski, 1972; Procházková & Dudek, 1980).*

Zentrale Zone

a. *Briançonnais-Bogen*

1564 **La Bollène**/Hinterland von Nizza
Alpes maritimes

Ein Beben mit $I_o \geq 8$; eine Karte der Schäden zwischen den Flusstälern von Tinée und Vesubie (Zuflüssen des Var), die ein Genueser Kaufmann erstellt hat, wurde von *Cadiot (1979)* entdeckt. Das gleiche Gebiet wurde 1494, 1564, 1618 und 1644 mit I = etwa 8 erschüttert (*Levret et al., 1988; Grellet et al., 1993; Vogt, 1979).*

1959 **St. Paul d'Ubaye** Ms = 5,1; H
Hautes Alpes

Beben mit I_o = 8 und r = 100 km *(Kunze, 1982; Rothé & Dechevoy, 1967).*

b. *Zentralalpen*

1855 **Brig-Visp**
Wallis

Ein Erdbeben mit I_o = 9 und r = 320 km. Das Wallis gehört zu den wichtigsten Herdgebieten im Innern der Alpen. Die Herde liegen im südwestlichen Teil des Aar-Massivs; außerdem haben in den Jahren 1755 (Visp-Brig), 1905 (Chamonix, Ober-Savoyen, Frankreich), 1946 (Sion-Sierre) Bebenserien mit Maximalereignissen der Intensität I_o = 7 – 8 oder 8 stattgefunden *(Kunze, 1982; Pavoni, 1980; Rüttener, 1995; Sägesser & Mayer-Rosa, 1978).*

1295 **Chur**
Graubünden

Zwei Stöße mit I_o = 8 und r = 300 km in der Umgebung von Chur (*Sägesser & Mayer-Rosa, 1978).*

1689 **Innsbruck**
Tirol

Das Erdbeben mit I_o = 8 und r = 150 km gehört zur Aktivität des Epizentralgebiets Innsbruck-Hall, wo bereits im Jahre 1670 ein Beben mit vergleichbarer Wirkung stattgefunden hatte. Daneben konzentriert sich die Erdbebentätigkeit Tirols auf das Gebiet Nassereith-Namlos (Lechtaler Alpen): Nassereith, 1886: I_o = 7 – 8 ; Namlos 1930: I_o = 7 – 8 (vgl. *Drimmel, 1980; Hammerl & Lenhardt, 1997*).

c. *Thermenlinie*

1794 **Leoben** Mm = 5,3
Steiermark

Beben mit I_o = 7 – 8 (*Drimmel, 1980; Hammerl & Lenhardt, 1997).*

1927 **Schwadorf** Mm = 5,0 Niederösterreich

Erdbeben mit I_o = 8 und r = 230 km. Zwischen beiden Herden liegen weitere Epizentren ähnlich großer Beben (*Drimmel, 1980; Hammerl & Lenhardt, 1997*). Ihre Fortsetzung findet diese Zone in den Kleinen Karpaten (z. B. Dobrá Voda, 1906) und den slowakischen Nordkarpaten (z. B. Žilina, 1858). Beiden Beben wird eine Epizentralintensität von I_o = etwa 8 ± 1/2, bei r = 100 bis 150 km und Mm = 4,5 ± 0,5 zugeordnet (*Kárník et al., 1957; Procházková & Dudek, 1980*).

Südliche Zone

a. *Riviera*

1887 **Oneglia** Ligurien

Erdbeben mit I_o = 9 und r = 300 – 400 km, bei starken Schäden in den herdnahen Küstenorten (*Boschi et al., 2000; Rothé, 1941*).

Tab. 1.II. Wichtige Erdbeben in Mitteleuropa (Fortsetzung)

b. *Südalpen*

1117	**Verona**/Garda-See Veneto	Mm = 6,5

Dieses Beben wurde in weiten Teilen Europas verspürt (vgl. Abb. 1.36; *Alexandre, 1990; Boschi et al., 2000).*

1976	**Gemona**/Tagliamento-Tal Friaul	Ms = 6,5; T

Bebenserie, bei der das größte Beben am 6. Mai zu Wirkungen von I_o = 10 führte (etwa 1000 Tote). In den Jahren 1348 (häufig auch als „Villacher" Beben bezeichnet) und 1511 kam es im gleichen Gebiet zu Beben mit I_o = etwa 9 und Mm = 6,5 ± 0,5 (vgl. *Ambraseys, 1976; Boschi et al., 2000; Cagnetti & Pasquale, 1979; Cipar, 1980; de Natale et al., 1987).*

c. *Slowenien*

1895	**Ljubljana**	Mm = 5,2

Erdbeben mit I_o = 8 – 9 und r = 350 km (*Ribaric, 1982*).

d. *Ungarn*

1956	**Dunaharaszti**/S' von Budapest	Ms = 5,6; H

Beben mit I_o = 8 und r = etwa 200 km. Die Herdflächenlösung verweist auf einen regionalen Spannungszustand, der im Zusammenhang mit der Schwenkbewegung der Adria-Platte gegen die Dinariden gesehen werden muss: Die größte Hauptspannung ist senkrecht zum Verlauf der Adriaküste orientiert. Das Beben von 1956 lässt sich in eine Erdbebenzone einordnen, die durch Beben am nördlichen Plattensee SW davon (Mór, 1810: I_o = 9, r = 90 km; Bernida-Premarton 1985: Mb = 4,8; Ml = 5,9) und bei Eger/Erlau NE davon (1903: I_o = 8, r = 70 km) markiert wird (vgl. Abb. 1.42). Die geringen Reichweiten sind bei relativ hohen Epizentralintensitäten ein Hinweis auf geringe Herdtiefen, d. h. Hypozentren in der obersten Erdkruste.
Die Beben der Pannonischen Platte sind auf Grenzzonen zwischen variszisch geprägten Leistenschollen angeordnet *(Bistricsany & Szeidowitz, 1984; Horvath, 1993; Kunze, 1982; Procházkowá & Dudek, 1980; Schmidt, 1956; Stegena & Szeidowitz, 1991*).

III. Nordwestliches Randgebiet (London-Brabanter Massiv)

a. *Kanal*

1580	**„London"** Ärmelkanal (Dover-Calais)	

Zusammen mit einem Beben aus dem Jahre 1382 im selben Gebiet gehören die Ereignisse im Ärmelkanal (I_o = 8 ± 1; r = 400 km) zu den wichtigsten Herden in Mitteleuropa *(Neilson et al., 1984).*

b. *Nordsee*

1931	**Doggerbank**	Ms = 4,7

Dieses Beben markiert die Randzone des London-Brabanter Massivs *(Kunze 1986; Wood, 1983; Leynaud et al., 2000*).

c. *Niederrheinische Bucht*

1756	**Düren** Nordrhein-Westfalen	Ml(m) = 6,1 *)

*) Ml(m) ist eine auf makroseismischer Grundlage abgeleitete Lokalmagnitude Ml.

Ein „charakteristisches" Ereignis der Niederrheinischen Bucht. Die Epizentralintensität dieser Beben liegt bei I_o = 7 – 8 bzw. 8. Solche Beben wurden 1640 (Düren), 1877 (Herzogenrath), 1878 (Tollhausen), 1932 (Uden; NL) und 1951 (Euskirchen) beobachtet. Das Beben von Roermond (NL) im Dreiländereck Belgien – Niederlande – Deutschland erreichte wegen seiner größeren Herdtiefe (h_o = etwa 15 km) nur eine Epizentralintensität von I_o = 7, während seine Magnituden (Ml = 5,9; Mw = 5,4 ± 0,1) durchaus denen mitteleuropäischer Maximalerdbeben entspricht. Der dominierende Herdprozess sind hier Abschiebungen

Tab. 1.II. Wichtige Erdbeben in Mitteleuropa (Fortsetzung)

(N), die sich auf die westliche Randscholle der Niederrheinischen Bucht konzentrieren *(Ahorner 1967, 1975, 1985, 1994; Ahorner et al., 1970; von Eck & Davenport 1994/95; Meidow, 1995)*.

d. *Belgien*

1938	**Oudenaarde** Ost-Vlaanderen	Ms = 4,4; Mm = 4,6

Erdbeben mit I_0 = 7 und r = 160/340 km mit unsymmetrischem Schüttergebiet (*Charlier,1951*).

1983	**Liège**	Ms = 4,4; Ml = 5,1 Mw = 4,7; H

Erdbeben mit I_0 = 7 und r = 250 km; der Herd gehört wie der des Bebens von 1938 zur Nord-Artois-Brabant-Scherzone (*Ahorner & Pelzing, 1985; Kunze, 1982; Leynaud et al., 2000).*

Kataloge und Übersichten zu Erdbebengebieten in Mitteleuropa:

Europa: *Alexandre (1990); Kárník (1969, 1971).*

Mitteleuropa: *Procházková & Dudek (1980).*

Österreich: *Drimmel (1980); Hammerl & Lenhardt (1997).*

Schweiz: *Pavoni & Mayer-Rosa (1978); Rüttener (1995); Weidmann (2002).*

Deutschland: *Sieberg (1940); Sponheuer (1952); Leydecker (1986); Grünthal (1988); Leydecker & Wittekindt (1988); Leydecker & Grünthal (1993).*

Benelux: *Charlier (1951).*

Frankreich: *Vogt (1979); Grellet et al. (1993); Lambert et al. (1996); Levret et al. (1996).*

Italien: *Commissione CNEN... (1976); Boschi et al. (2000).*

Slowenien: *Ribaric (1982).*

Ungarn: *Zsíros et al. (1988).*

Tschechische und Slowakische Republik: *Kárník et al. (1957).*

Polen: *Pagaczewski (1972).*

b. Ozeane

Inselbögen

Während sich der Ostpazifik durch lang gestreckte Subduktionszonen auszeichnet, deren Einheitlichkeit nur im Karibik-Bereich unterbrochen ist, ergeben sich im Westpazifik mit seinen charakteristischen Inselbögen teilweise recht verwickelte Situationen. Das trifft so für das Gebiet der japanischen Hauptinsel Hondo zu, wo sich zwischen die „Hauptplatten" des Pazifiks und Eurasiens noch die Philippinen-See-Platte und ein Ausläufer der Nordamerikanischen Platte einschalten (Abb. 1.45). Die Nahtstelle zwischen Letzteren verläuft quer durch Hondo. Sie wird in der älteren Literatur unter dem Namen „fossa magna" (latein.: großer Graben) geführt. Im Bereich der Sagami-Bucht, der sich die Tokio-Bucht als Anhängsel anschließt, fand am 1. September 1923 das folgenreiche Kanto-Erdbeben statt (Tab. 1.I). Eine seismotektonische Neubearbeitung durch *Lallement et al. (1996)* und *Pollitz et al. (1996)* kommt zu dem Ergebnis, dass es sich bei diesem Beben um eine Horizontalverschiebung handelt, die sich aus einem inneren Ausgleichsprozess der zentraljapanischen *„triple junction"* (engl.: Treffpunkt von drei Plattengrenzen) entwickelt hat.

Am 16. Januar 1995 wird die Stadt Kobe in der Osaka-Bucht zwischen Shikoku und Hondo durch ein Erdbeben schwer in Mitleidenschaft gezogen (Abb. 1.46). Es handelt sich bei diesem Ereignis um eine Horizontalverschiebung mit Epizentrum auf der Insel Awaji,

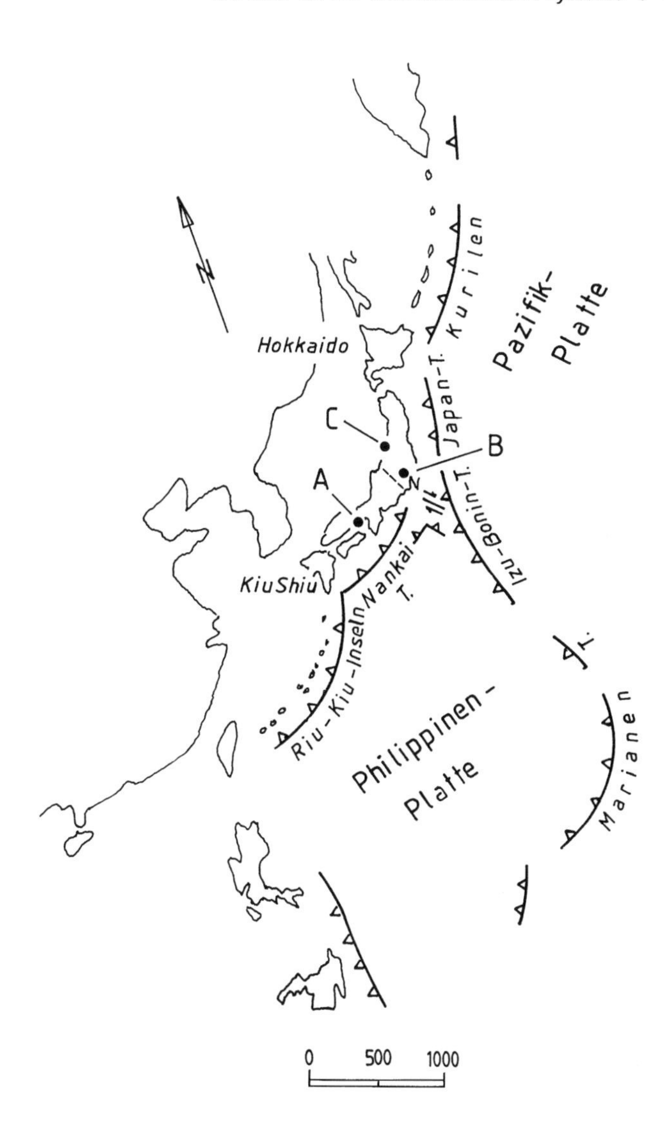

Abb. 1.45 Tektonische Situation der japanischen Inseln zwischen Eurasien und Pazifik (A: Kobe-Beben 1995; B: Kanto-Beben 1923; C: Niigata-Beben 1964).

wo oberflächennahe Verschiebungen von q_o = 1 bis 2 m festgestellt wurden. Der Herd des Kobe (= Hyogo-ken Nanbu)-Erdbebens mit einer Momentmagnitude von Mw = 6,9 verläuft von der Insel Awaji kommend direkt in das Stadtgebiet von Kobe. Es handelt sich um ein Krusten- oder Intraplattenbeben mit flachem Herd. Seit 1890 haben sich in diesem Gebiet, allerdings mehr dem Japanischen Meer zu, vier große Beben (Mx > 7; vgl. Kasten 2.D) ereignet: Nobi (1891), Tango (1927), Tottori (1943) und Fukui (1948), während die eigentliche Umgebung von Kobe nur 868 (Mx $\approx$ 7) und 1916 (Mx $\approx$ 6) von größeren Erdbeben betroffen war (*Kanamori, 1995*). Alle vorher genannten Ereignisse des 20. Jahrhunderts waren flache Horizontalverschiebungen. Die innerjapanischen Beben sind Ausdruck einer kompressiven Belastung, deren größte Hauptspannung etwa Ost-West orientiert ist und die aus der Subduktion pazifischer Platten unter den eurasiatischen Kontinent resultiert.

Subduktion und Hinterland. Hinterland-Tektonik steht hier für eine rezente Verformung, die als Fernwirkung einer Subduktion erklärt wird. *Miyazaki et al., 2001* verwenden satelliten-geodätische Aufnahmen, um zu zei-

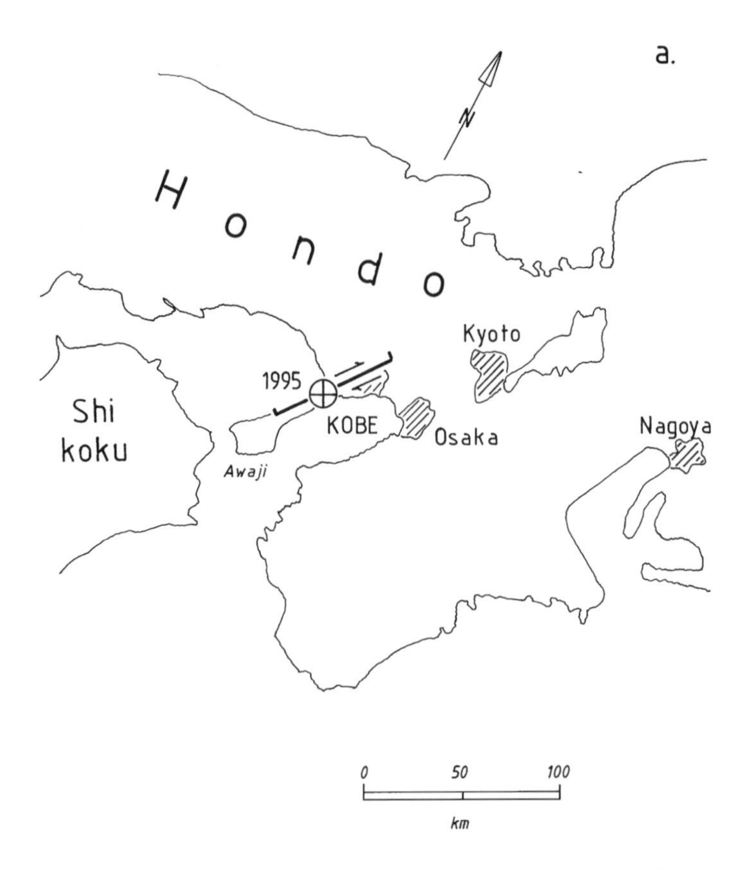

Abb. 1.46 Das Kobe-Erdbeben des Jahres 1995: a. Seismotektonische Situation; b. Brände in der Stadt Kobe nach dem Beben von 1995 (Aufnahme: Picture-Alliance/dpa).

gen, dass die Bewegung der Amur-Platte (Asiatisches Hinterland des Gelben Meers, der japanischen Inseln und Sachalins) in Kontakt mit der Eurasien-Platte zu Differenzbewegungen führt: Das zeigt sich in der EW gerichteten Zerrung des Baikal-Rifts (Entfernung etwa 3000 km von der Pazifikküste) und in einer sinistralen Horizontalverschiebung entlang der Stanowoi-Kette.

Ozeanische Intraplatten-Seismizität. Die seismische Aktivität der ozeanischen Gebiete außerhalb der mittelozeanischen Rücken und anderer bekannter Bewegungszonen wie der Azoren-Gibraltar-Bruchzone tritt räumlich sporadisch auf. Die maximalen Magnituden erreichen Werte von Mx = etwa 6,5 (vgl. *Rothé, 1969*).

c. Erdbeben in Raum und Zeit

Erdbeben sind ein **Zeitraffer-Ereignis,** bei dem sich tektonische Bewegungen auf Zeiträume konzentrieren, die deutlich kleiner als eine Stunde sind. Zu den gleichen Verschiebungen benötigt die Erde sonst, d. h. bei aseismischen Bewegungen, Jahrhunderte bis Jahrtausende.

In Meteorologie, Hydrologie oder Ozeanologie käme heute niemand auf die Idee, Klimaveränderungen auf der Basis von Beobachtungen abzuleiten, die ein oder wenige Jahre umfassen. In der Seismologie wird ausgehend von historischen Aufzeichnungen mit den ihnen anhaftenden Mängeln versucht, den durch instrumentelle Unterlagen abgedeckten Zeitraum (etwa seit 1900) und das „makroseismische" Beobachtungsintervall (etwa seit 1800) zu erweitern. Die Methoden der Paläoseismologie bieten, wie das Beispiel des Ft.-Tejon-Herdgebiets in Kalifornien (Abschnitt 1.1) zeigt, eine Möglichkeit, die Erdbebengeschichte einer seismisch aktiven Scherzone weiter zurückzuverfolgen.

Um das Verhalten einer Scherzone besser zu verstehen, müssen ihre Beziehungen zur geologischen Geschichte, ihre Einbettung in das regionale Deformationsgeschehen sowie die Beziehung des Letzteren zur globalen Tektonik möglichst gut bekannt sein.

Kehren wir wieder zum San-Andreas-System zurück. Es entwickelte sich vor 20 bis 30 Millionen Jahren durch Annäherung des Ostpazifischen Rückens an die Ostküste Nordamerikas *(Eisbacher, 1988)*. Aus einer Subduktionsnaht geht die San-Andreas-Horizontalverschiebung hervor. Als „Geburtsstunde" der San-Andreas-Störung werden Werte von 23,1 bis 23,5 Millionen Jahre vor heute genannt (vgl. *Reveneaugh & Reasner, 1997*). Der seitdem angesammmelte Betrag an Horizontalverschiebung wird auf 315 km geschätzt. Wichtiges Beweismittel ist die Zerscherung einer vulkanischen Struktur, die auf der Westseite im Pinnacles National Monument und auf der Ostseite in Form der Neenach Volcanic Formation aufgeschlossen ist (*Harden, 1997*). Als mittlere Verschiebungsgeschwindigkeit erhält man 1,34 cm/a. Dieser Wert liegt deutlich unter der gemessenen Geschwindigkeit von 4,8 cm/a, die geodätisch für die Bewegung zwischen Pazifik und Nordamerika festgestellt wurde. Der höhere Wert bezieht sich auf einen „Rahmenprozess": Seine Verarbeitung im Innern Kaliforniens erfolgt wohl zu einem großen Teil entlang des San-Andreas-Systems, da es den geringsten Widerstand gegen einen tektonischen Ausgleichsprozess bietet. Es stellt sich aber gleichzeitig die Frage, wie sich die seismischen und aseismischen Bewegungen auf das Netzwerk des tektonischen Gesamtsystems in Kalifornien und seiner Umgebung verteilen. Wie stationär sind die Bewegungen in Zeit und Raum, wie steht es mit dem Anteil an bruchloser Verformung wie Biegung und Faltung, Beulen und Becken? Diese Fragestellungen kann man für die Dimension der Versetzung im Kristallgitter eines Minerals bis zu der der Ausdehnung einer Platte im globaltektonischen Maßstab, d. h. über eine Skalenbreite von 10^{-10} bis 10^{3} km stellen. Auch dabei ist man in vielen Bereichen gezwungen, in die erdgeschichtliche Vergangenheit zurückzugehen, um z. B. aus einer Probe, die innerhalb einer Scherzone gewonnen wurde, die seismische Aktivität für geologische Zeiträume nachzuweisen. Die Verfahren der Mikrotektonik liefern z. B. durch Pseudotachylite (durch hohe Verschiebungsgeschwindigkeit verursachte Aufschmelzungen) Hinweise auf die

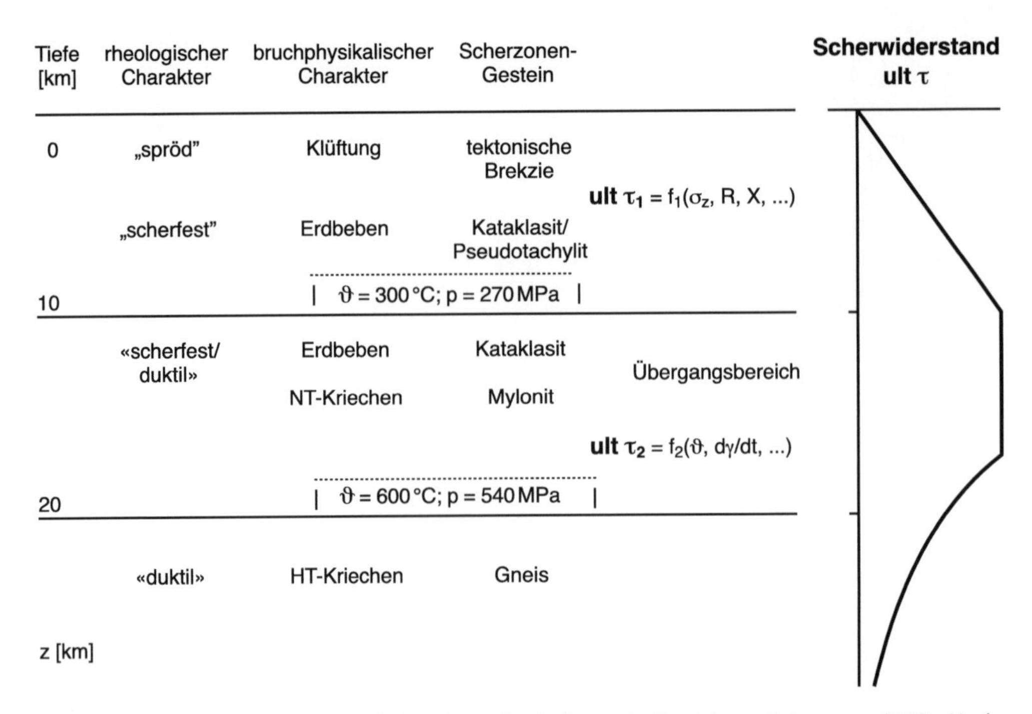

Abb. 1.47 Rheologische Schichtung der kontinentalen Erdkruste im Bereich von Scherzonen (HAT = Hochtemperatur, NT = Niedertempratur; nach *Meissner & Strehlau, 1982; Scholz, 1988, 1989*).

Geschwindigkeit innerhalb von Scherzonen (*Passchier & Trouw, 1998*). Durch solche Indikationen kann man die zunächst nur auf Beschreibung basierende Darstellung der rheologischen Schichtung von Kruste und Oberem Mantel in ein parametrisierbares Modell verwandeln, in dem stoffspezifische Angaben der beteiligten Gesteine verwendet werden können, wie z. B. die Dorn-Parameter (vgl. Kasten 1.D). Die Scherzone kann somit in eine tektonophysikalische Umgebung eingebettet werden. In horizontaler Ebene betrachtet, sind das Platten und Blöcke, die einem Material mit unterschiedlicher Rheologie, im Allgemeinen mit niedrigerer Viskosität auflagern (Abb. 1.47; Kasten 1.E).

Während auf der einen Seite die geophysikalischen Modelle eine zunehmende Anpassung an die geologische Realität erreichen, wird der Bewegungshaushalt innerhalb einer Scherzone immer weiter aufgelöst, was wiederum vor allem und fast nur für das San-Andreas-System gilt. Man weiß heute, dass sich die Verschiebung bei dem Beben von 1906 nur zu 70 % auf der Hauptstörung vollzogen hat, während sich der Restbetrag auf eine Flanke zwischen 20 und 600 m Breite verteilt (*Thatcher & Lisowski, 1987*). Deformationen lassen sich beiderseits der San-Andreas-Störung bis in eine Entfernung von etwa 75 km nachweisen (*Gilbert et al., 1993*). Auf die große Breite und die Komplexität der Strukturen einer Scherzone war bereits auf der Grundlage von Geländebeobachtungen im Gebiet der Scherzonen des mittleren Ostens von *Tchalenko & Ambraseys (1970)* hingewiesen worden (vgl. Iraniden – Kopet-Dagh in Abschnitt 1.4a).

Am Schluss dieses Kapitels soll wiederum ein „kalifornischer" Beitrag stehen, der die Seismotektonik seit seinem Erscheinen deutlich geprägt hat. Es ist die Arbeit von *Brune (1968),* die es ermöglicht, die Erdbebentätigkeit einer seismisch aktiven Scherzone über eine äquivalente Verschiebungsgeschwindigkeit (engl.: *slip rate*) mit der geodätisch oder geologisch gemessenen bzw. abgeschätzten Verschiebungsrate in Beziehung zu setzen

Kasten 1.E : Schichtung

Die rheologische Schichtung des Oberen Erdmantels wurde durch geophysikalische Untersuchungen in folgenden Schritten erkundet und modelliert:

a. Im Oberen Mantel kann aus Laufzeit- und Amplitudenbeobachtungen ein Tiefenbereich erniedrigter Geschwindigkeit und erhöhter Absorptivität nachgewiesen werden. Als Schichtmodell für den Oberen Erdmantel geht man von einer elastisch dominierten Lithosphäre über einer sich durch niedrigere Viskosität auszeichnende Asthenosphäre aus (*Gutenberg 1926, 1948, 1959*).
b. Die Beobachtung der postpleistozänen Hebung in Skandinavien und Nordamerika führt ebenfalls zu einem rheologischen Zweischichten-Modell (*Lisitzin, 1974; Moerner, 1980*).
c. Erdbebenserien, die sich innerhalb des selben Herdgebiets aus einem oder mehreren Hauptbeben und einer größeren Anzahl von Nachbeben zusammensetzen, erlauben die Bestimmung der Relaxationszeit für ein rheologisches Modell (rel t, vgl. Kasten 1.C, *Benioff, 1951*).
d. Ein Modell für dynamische Prozesse wurde von *Elsasser (1969)* für die Bewegung von Lithosphären-Platten auf einer Asthenosphäre mit niedrigerer Viskosität entwickelt.

Kommt es innerhalb eines solchen Systems zu einer Be- oder Entlastung, so breiten sich tektonische Signale (Spannung, Deformation oder Verschiebung) mit einer Geschwindigkeit aus, die deutlich unter der seismischen Wellengeschwindigkeit liegt (z. B. in der Größenordnung von km/a). Man spricht von **Spannungsdiffusion** (vgl. *Rice, 1980; Turcotte & Schubert 2002)*, da eine Diffusionsgleichung den Ausbreitungsvorgang der Größe u (ursprünglich Temperatur oder Konzentration, hier Spannung, Deformation oder Verschiebung) beschreibt:

$$\partial u/\partial t = a\,(\partial^2 u/\partial x^2) \qquad (1.15)$$

a = Diffusivität = $h_1\, h_2\, G/\eta$ in m^2/s; hier bedeuten:
h_1 = Mächtigkeit der elastischen Oberschicht in m;
h_2 = Mächtigkeit der viskosen Unterschicht in m;
G = Schermodul in Pa;
η = dynamische Viskosität in Pa s.

Die „Reichweite" X eines tektonischen Signals, z. B. eines Rechteckverlaufs der tektonischen Verschiebung, kann durch folgende Beziehung abgeschätzt werden:

$$X \approx \sqrt{4\,a\,t} \qquad (1.16)$$

Dieser Wert entspricht der mittleren Entfernung, bis zu der sich innerhalb der Zeit t die Störung ausbreitet (*Elsasser, 1969*).

Relaxation auf einer Scherzone:
Die Scherung entlang einer Scherzone baut sich mit $d\gamma/dt$ auf und mit der Relaxation ($e^{-t/\mathrm{rel}\,t}$) ab:

$$\gamma(t) = [\gamma_o + \Delta t\,(d\gamma/dt)]\; e^{-t/\mathrm{rel}\,t} \qquad (1.17).$$

Die Relaxationszeit rel t erhält man als Verhältnis von dynamischer Viskosität innerhalb einer Scherzone η_{Fz} (Fz steht für engl.: *fault zone*; z. B. $\eta_{Fz} = 3\cdot 10^{21}$ Pas nach *Meissner, 1980*) zum Schermodul G (z. B. dem Schermodul für die Obere Erdkruste $G = 3\cdot 10^{10}$ Pa).

(Kasten 1.F). Scherzonen lassen sich so in ihrer seismischen Effektivität beschreiben. Erdbebenregionen bzw. Scherzonen hoher seismischer Effektivität sind z. B. die Südchilenische Subduktionszone oder die Nordanatolische Horizontalverschiebung. Hier werden die notwendigen Verschiebungen fast vollständig durch seismische Bewegungen abgearbeitet. Kriechsegmente, wie das in Mittelkalifornien oder entlang der Inselgruppe der Marianen im Westpazifik, zeigen einen nur geringen seismischen Bewegungsanteil (Abb. 1.48).

Woraus resultieren die regional oder vielleicht auch zeitlich unterschiedlichen Verhaltensweisen von Scherzonen? Betrachtet man eine Scherzone in ihrer Ausdehnung bis zur Unterkante des seismogenetischen Stockwerks (vgl. Abb. 1.49) als Grundeinheit der seismotektonischen Skalierung, so lassen sich neben dem integralen Herdvorgang, wie er durch den Betrag des seismischen Herdmoments beschrieben wird, noch Bereiche des Herdprozesses mit deutlich kleinerer Skala erkennen. Dazu zählt der „Initial-Vorgang" im

Kasten 1.F : Seismischer Momentenhaushalt

Brune (1968) löst die Gleichung 1.2 (Kasten 1.B) nach der Verschiebung q_o auf:

$$q_o = M_o/G\ A_o \text{ in m} \quad (1.18)$$

Er betrachtet die Summe der Verschiebungen q_{oi}, die bei allen Beben entlang einer Scherfläche A_F innerhalb eines Zeitraums Δt aufgetreten sind:

$$\Sigma q_{oi} = \Sigma M_o / G\ A_F \quad (1.19)$$

A_F bestimmt sich als Produkt aus der Länge der Scherzone l_F und deren Tiefenerstreckung w_F; letztere wird durch die rheologische Schichtung, insbesondere durch die Temperatur-Tiefenkurve kontrolliert.

Als äquivalente seismische Verschiebungsgeschwindigkeit erhält man:

$$V_{oFs} = \Sigma(q_{oi} / \Delta t) \text{ in m/s bzw. mm/a} \quad (1.20)$$

Als **seismische Effektivität** definiert man das Verhältnis zwischen der seismischen Momentensumme und dem entsprechenden für die gleiche Struktur bestimmten Momentenwert aus geodätischen bzw. geologischen Beobachtungen:

$$\chi = \Sigma\ M_{ois} / M_{og} \text{ dimensionslos} \quad (1.21)$$

Beide Werte beziehen sich auf den gleichen Zeitraum.

Die Belegung mit seismisch aktiven Flächen ist regional wie auch in kleinerem Maßstabe recht unterschiedlich. So zeigen *Lay & Kanamori (1981)*, dass entlang der chilenischen Pazifikküste der gesamte tektonische Bewegungsbedarf durch seismische Bewegungen gedeckt wird, während sich die Verschiebungen auf dem Marianen-Bogen im Westpazifik vorwiegend aseismisch abspielen (Abb. 1.48). Sie erklären die Unterschiede in der seismischen Effektivität durch Differenzen im Normaldruck auf den Subduktionszonen.

Neben dem Spannungsmilieu, in das eine Scherzone eingebettet ist, steuert vor allem der Fluid-Haushalt die Quantität seismogenetischer Flächenelemente auf einer Scherzone (vgl.Kasten 1.C, Gleichung 1.8). Die Perkolation , d. h. das langsame Durchsickern von Fluiden verändert nicht nur den globalen Scherwiderstand, sondern auch das Wachstum potenzieller seismischer Herdflächen.

Bereich des Hypozentrums, wo sich vor dem Erdbeben eine Spannungsspitze aufbaut. Man bezeichnet eine solche Anomalie in der Scherspannung als Spitzeneffekt (engl.: *asperity*). Der mit der Bruchfront einhergehende Spannungsabfall auf der Herdfläche bedeutet für

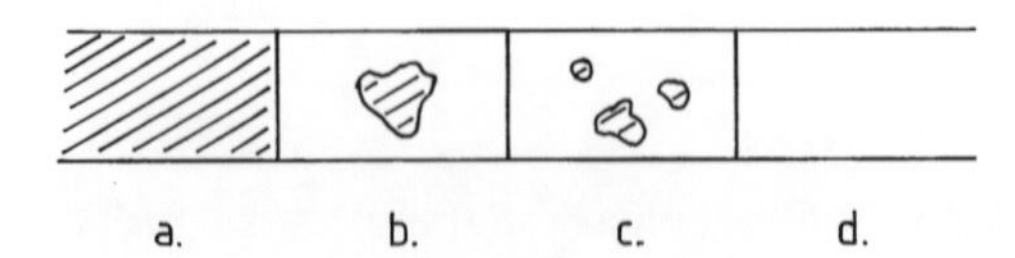

Abb. 1.48 Segmentierung von Scherzonen: Die seismogenetische Effektivität einer Scherzone kann von 100 % (a) über Zwischenzustände (b und c) mit einem verminderten Anteil an seismisch aktiven Teilbereichen bis zur aseismischen „Kriechbewegung" (d) reichen. Die beiden randlichen Extremfälle sind in der Natur nie vollständig verwirklicht. So ist auch das bekannte Kriech-Segment der San-Andreas-Störung zwischen San Juan Bautista und Parkfield mit Erdbebenherden besetzt, deren Magnitude aber weit unterhalb der für diese Störungszone charakteristischen Maximalwerte bleibt.

die unmittelbare Nachbarschaft eine Spannungserhöhung, die nach dem Reißverschlussprinzip zur Ausbreitung des Bruchvorgangs führt, wenn das Spannungsniveau in der Umgebung des primären Herdbereichs ausreichend hoch ist.

Aufschlüsse von Scherflächen zeigen, dass diese mit größeren Heterogenitäten und geometrischen Unebenheiten besetzt sind (Abb. 1.50). Es ist durchaus möglich, dass der primäre Herdvorgang im Hypozentralbereich wieder abstirbt. Dann hat ein Mikroerdbeben mit einer Magnitude $Mx \leq 4$ (vgl. Kasten 2.D) stattgefunden.

Erreichen die Spannungen auf einer aktiven Scherfläche innerhalb eines größeren Gebiets etwa gleichzeitig einen kritischen Wert, so wird sich eine „Lawine" entwickeln, bei der ein Herdflächensegment – wie beim Dominoeffekt – die benachbarten bruchbereiten Elemente anstößt, bis durch ein Spannungstief oder ein Festigkeitshoch der Vorgang wieder zum Stehen kommt.

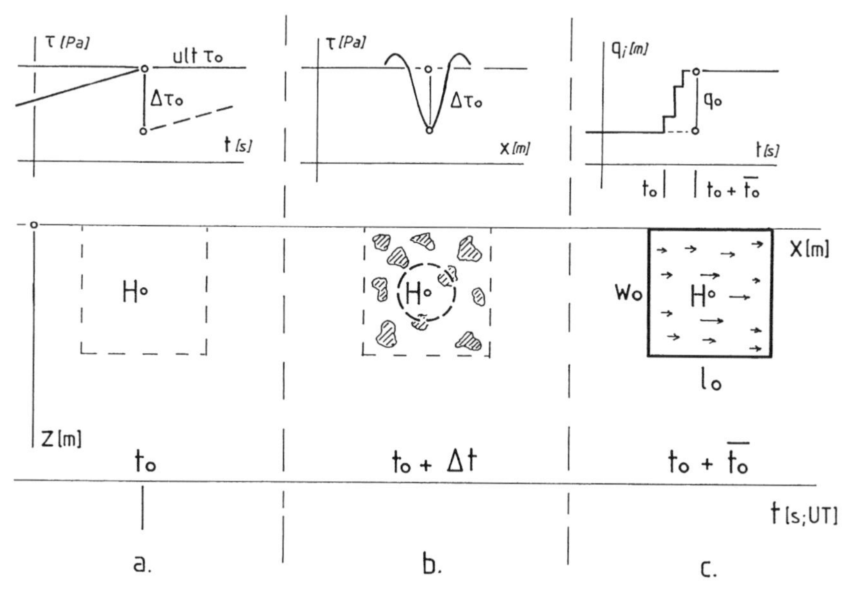

Abb. 1.49 Drei Phasen eines seismischen Herdvorgangs.

a. Ausbruchsphase: Im Hypozentrum (H) wird zum Zeitpunkt t_o (Herdzeit) der kritische Wert des Scherwiderstands (ult τ_o) erreicht: Die Scherspannung auf der Herdfläche fällt um den Spannungsabfall $\Delta\tau_o$ ab.

b. Ansteckungsphase: Es breitet sich vom Hypozentrum ausgehend breitet sich eine Bruchfront aus. Hier wird eine kreisförmige Ausbreitungsform angenommen. Mit dem Spannungsabfall ist eine Erhöhung der Spannung an der Peripherie des Gebiets der Ausbruchsphase verbunden. Trifft die Bruchfront auf bruchbereite Partien der Scherfläche („*asperities*"), so kann sich eine Lawine von Bruchprozessen entwickeln.

c. Verschiebungsphase: Nachdem die Bruchfront die Trennung der beiden Blöcke entlang der Scherfläche bewirkt hat, kommt es zum Abbau der aufgestauten Verschiebung. Mit Ende des Herdvorgangs (Herdzeit t_o + Herddauer t_o) wird die bleibende Verschiebung q_o erreicht.

Abb. 1.50 Topographie einer Störungsfläche im Malsburg-Granit (Süd-Schwarzwald, Baden-Württemberg; *Gerweck et al., 1985*).

Während am Beginn des Prozesses das Verhältnis zwischen Scherspannungsangebot und Scherwiderstand von vorrangiger Bedeutung ist, steuert im weiteren Ablauf des Herdvorgangs die Verschiebung das Geschehen.

Für seismische Herdprozesse sind Bruchgeschwindigkeiten, die in die Nähe der Scherwellengeschwindigkeit kommen zwar charakteristisch; es existieren aber auch deutliche Abweichungen von diesem Durchschnittswert (vgl. Kasten 2.D: Gleichung 2.16). So spricht man von einem „blauen Beben“, wenn die Herdbruchgeschwindigkeit oberhalb des genannten Mittelwerts liegt, während bei langsameren Brüchen ein „rotes Erdbeben“ entsteht. Ersteres zeichnet sich durch ein Energiemaximum bei höheren Frequenzen, Letzteres bei niedrigeren Frequenzen aus. Den Übergang zu einem Kriechprozess bilden die so genannten „stillen“ Erdbeben (engl.: *silent earthquakes*), die praktisch keine oder nur geringfügige Erschütterungswirkungen zur Folge haben.

2. Beschreibung von Erdbeben

Die Entwicklung quantitativer Methoden der Erdbebenbeschreibung folgt dem allgemeinen Trend der Geschichte der Naturwissenschaften. Bis in die zweite Hälfte des 19. Jahrhunderts werden die Naturwissenschaften noch sehr stark von beschreibenden Verfahren beherrscht. Erdbeben werden in ihren Wirkungen erfasst und katalogisiert. Die ersten Instrumente zur Erfassung von Erdbeben werden als Seismoskope bezeichnet. Sie zeigen an, ob ein Ereignis bestimmter Größe stattgefunden hat. Als erstes Gerät dieser Art wird das Seismoskop nach Chang Heng betrachtet (China: 132 n. Chr., vgl. *Cerutti, 1987; Lienert, 1980*).

Gegen Ende des 19. Jahrhunderts gab es bereits eine Vielzahl verschiedener Seismoskope *(Ehlert, 1898),* während gleichzeitig schon Pendelsysteme mit Registriervorrichtung, die ersten Seismographen, in verschiedenen Ländern entwickelt wurden. Etwa parallel zur Einführung seismischer Instrumente verläuft im 19. Jahrhundert der Aufbau der mechanischen Grundlagen der seismischen Wellenausbreitung. Sie dokumentiert sich in drei klassischen Darstellungen: **Lamb** (1904): *On the propagation of tremors over the surface of an elastic solid* (Zur Ausbreitung von Erschütterungen an der Oberfläche eines elastischen Festkörpers), **Love** (1892): *Treatise on the mathematical theory of elasticity* (Darstellung der mathematischen Theorie der Elastizität) und **Rayleigh** (1885): *On waves propagated along the plane surface of an elastic solid* (Über Wellen, die sich entlang der ebenen Oberfläche eines elastischen Festkörpers ausbreiten).

Das Lehrbuch der Seismometrie von *Galitzin (1912;* deutsch von *Hecker 1914)* zeigt den Stand der Forschung in der Seismologie vor Ausbruch des I. Weltkriegs. Die erste Hälfte des 20. Jahrhunderts steht – von wichtigen Ausnahmen abgesehen – im Lichte der seismischen Wellenausbreitung: Die seismischen Wellen liefern die wesentlichen Informationen über den physikalischen Aufbau des Erdkörpers. In der 2. Jahrhunderthälfte rückt die Erforschung des seismischen Herdprozesses immer mehr in den Vordergrund: Durch die Bestimmung von Herdparametern wird der seismische Herdvorgang als tektonisches Phänomen dargestellt. Heute wird er zunehmend in das Gesamtbild der rezenten Krustendeformation eingebunden.und übernimmt die Rolle einer unstetigen Bewegung in einem vorherrschenden Feld stetiger Verformungen (vgl. *Ben-Menahem, 1995*).

2.1 Seismische Signale

a. Messung

Bei einer seismischen Bewegung des Untergrunds, auf dem wir leben, fehlt ein ruhendes Bezugssystem, gegen das man einen solchen Vorgang messen könnte. Für die Messung der Bodenbewegung wird deshalb ein Hilfsmittel eingesetzt, das die Feststellung einer relativen Bewegung erlaubt: das physikalische Pendel. Seine Masse bleibt im „Idealfall" in Ruhe, während sein Gestell, das mit dem Untergrund verbunden ist, der Bodenbewegung folgen muss. Erfüllt ist diese Annahme nur dann, wenn die Frequenz der Signale höher als die Eigenfrequenz des Pendels ist.

Ein **Seismometer** besteht zunächst aus einem Pendel, das zur Unterdrückung von Eigenschwingungen gedämpft ist (Abb. 2.1). Bei den ersten Seismographen wurde die Bewegung des Indikators, einer stabförmigen Verlängerung der Pendelachse, unmittelbar auf berußtem Papier registriert. Die ersten seismographischen Aufzeichnungen erfolgten mit Horizontalpendeln (Abb. 2.1a), mit denen man die Neigung von Schollen der Erdkruste erfassen wollte (*v. Rebeur-Paschwitz, 1889*). Man hatte damals die Vorstellung, dass meteorologische Kaltfronten durch ihren Drucksprung eine messbare Kippung von Schollen

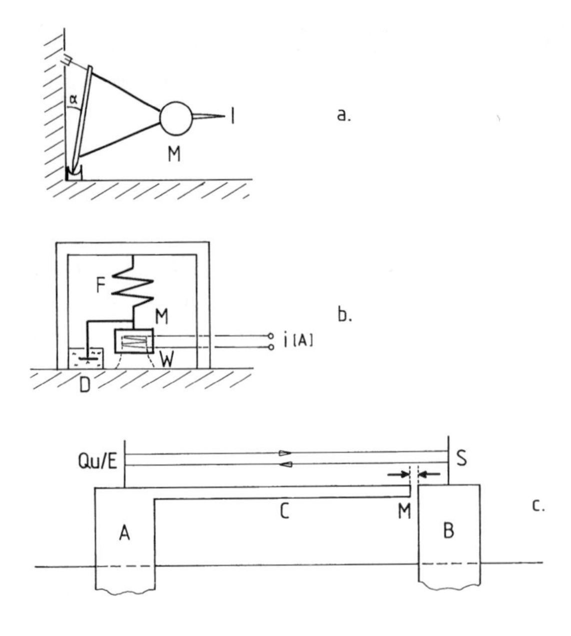

Abb. 2.1 Seismometer.
a. Horizontalpendel (M = Masse, I = Indikator, α = Neigungswinkel der Achse des Horizontalpendels).
b. Vertikalpendel (F = Feder, D = Dämpfung, W = Wandler); die Masse (M) besteht aus einem Permanentmagneten mit Ringspalt, in den die an der Bodenplatte befestigte Spule eintaucht. Der bei einer Relativbewegung zwischen Boden und Gestell in der Spule des Wandlers induzierte Strom i (in Ampere) wird einem Spiegelgalvanometer zugeführt (vgl. Abb. 2.2).
c. Strain-Seismograph: A und B sind die Pfeiler, C ist die Verbindungsstange, die später durch einen Laser-Strahl ersetzt wird; (Qu/E = Quelle/Empfänger, S = Spiegel); M = Messort, zwischen dem Ende der Verbindungsstange und dem Pfeiler B; dort war in der Version von *Benioff (1935)* der mechanisch-elektrische Wandler angebracht.

der Erdkruste bewirken könnten. Statt des erwarteten Effekts wurde an mehreren Orten in Europa ein japanisches Erdbeben registriert: Horizontalpendel reagieren auf Neigungen und auf seismische Wellen. Bei der Realisierung einer Vertikalkomponente ergaben sich zunächst technische Probleme. Die erheblichen Pendelmassen, die man zur Überwindung der Reibung zwischen Papier und Schreibstift einsetzen musste, stellten an das Federmaterial zur Aufhängung der Pendelmasse schwer erfüllbare Forderungen hinsichtlich seiner Langzeitstabilität. Die Anbringung eines elektromagnetischen Wandlers in Form einer Kupferdrahtspule, die in das Feld eines mit dem Gestell verbundenen Permanentmagneten eintaucht, ergab die Möglichkeit, Seismometer mit wesentlich geringeren Massen auszustatten (Abb. 2.1b). Es konnten jetzt Vertikal – und Horizontalpendel mit gleichen Pendelparametern (d. h. Eigenperiode und Dämpfungsmaß, vgl. Kasten 2.A) entwickelt werden (*Galitzin, 1903*). Das elektrische Signal solcher Seismometer wird einem Spiegelgalvanometer zugeführt. Ein vom Spiegel des Galvanometers reflektierter Lichtstrahl fällt auf eine mit Fotopapier bespannte Trommel. Das Problem der Reibung, wie es beim rein mechanisch arbeitenden Seismographen auftritt, entfällt beim elektrodynamischen System.

Ein anderes Prinzip zur Messung der Bodenbewegung beruht auf der Beobachtung der Verschiebung zweier benachbarter Punkte: Strain-Seismograph (*Benioff, 1935, 1959*).

Die Übertragung der Bewegung erfolgt bei dem ersten Entwurf über ein Metallrohr (Abb. 2.1 c). Später wurde diese „Überbrückung" durch ein Quarzrohr, durch Invar-Draht und schließlich durch einen Laser-Strahl ersetzt; bisher wurden Längen zwischen Zentimeter und Kilometer verwirklicht (*Bilham et al., 1974*). Es werden vor allem langperiodische Signalkomponenten erfasst. In der klassischen Version befindet sich zwischen Stangenende und Pfeiler auch beim Strain-Seismographen ein Wandler, der ein weg- oder geschwindigkeitsproportionales Signal abgibt.

Bei beiden Seismographentypen war die Registrierung auf Fotopapier bis in die 80er Jahre des 20. Jahrhunderts dominierend (Abb. 2.3). So bestand das in den 60er Jahren von den USA (*US Coast and Geodetic Survey* = Küsten- und Vermessungsdienst der USA = USCGS) weltweit aufgestellte standardisierte Seismographen-Netz (engl.: *Worldwide Standardized Seismograph Network* = WWSSN) aus je drei Komponenten kurzperiodischer bzw. langperiodischer elektrodynamisch arbeitender Seismographen-Komponenten.

Bei einem derartigen Seismographensystem bestimmen die Eigenperioden von Seismometer und Galvanometer die Bandbreite der Aufzeichnung (vgl. Abb. 2.4).

Bei den langperiodischen LP-Seismographen wurde eine größere Bandbreite zunächst durch den Einsatz von Galvanometern langer Eigenperiode verwirklicht. Die LP-Seismometer des WWSSN-Systems (Eigenperiode : 15 oder 30 s, vgl. Kasten 2.A) waren mit Galvanometern einer Eigenperiode von 100 s gekoppelt. Die beiden Eigenperioden bestimmen das Perioden- bzw. Frequenzfenster, durch das der Seismograph das seismische Signal „sieht". Heute wird die Breitbandigkeit bei Seismographen durch eine elektronische Gegenkopplung erzeugt, die als weiteren Vorteil mit sich bringt, dass große Ausschläge des Pendelarms vermieden werden (vgl. *Wielandt 2002*).

Beobachtungen bei ausreichend großen Flachherdbeben belegen, dass ein hörbares, akustisch tieffrequentes Signal an der Erdoberfläche im Epizentralgebiet wahrgenommen werden kann.

Die Bandbreite, die für eine frequenzmäßig vollständige Erfassung anzustreben ist, liegt bei einem Periodenabstand von etwa 0,005 bis 3600 s, wenn man als größten Wert die Periode der längsten Eigenschwingungen des Erdkörpers mit etwa einer Stunde ansetzt (vgl. *Müller & Zürn, 1984*). Die existierenden Seismographensysteme reproduzieren ein mehr oder weniger breites Frequenz- bzw. Periodenintervall der Bodenbewegung.

Abb. 2.4 zeigt die Übertragungsfunktionen verschiedener Seismographensysteme. Bei Registrierungen mit einem Breitband-System kann man heute durch Filterung jede bisherige Seismographencharakteristik nachbilden und so ein entsprechendes Seismogramm herstellen, das sich dann unmittelbar mit Registrierungen älteren Datums vergleichen lässt.

Eine weitere wesentliche Problematik ergibt sich bei der Registrierung seismischer Bodenbewegungen, wenn man diese in unmittelbarer Nähe zum Herd aufzeichnen will. Solche Registrierungen sind aus zwei Gründen wichtig: Einmal möchte man das von einem Erdbebenherd abgegebene Signal möglichst herdnah erfassen, da in größeren Entfernungen die Ausbreitungseinflüsse stark zunehmen, so dass man Herdgrößen, wie z. B. die abgegebene Wellenenergie, nur noch unvollständig erfassen kann. Der zweite Grund besteht im Interesse von Ingenieurseismologie und Baudynamik, die für technische Auswirkungen wichtigen Eigenschaften der seismischen Signale, wie sie im Epizentralgebiet auftreten, vollständig aufzuzeichnen. Breitbandinstrumente sind „hoch-empfindlich"; das gilt auch für ihre „Nahbebenfestigkeit". So werden vor allem in Herdnähe durch hochfrequente Signale mechanische Bauteile, wie Platten, Federn und Verstrebungen zu unerwünschten Eigenschwingungen erregt, die das registrierte Signal verfälschen. Folglich sind neben dem anstrebenswerten Ziel eines möglichst großen Frequenzbereichs noch weitere Forderungen bei der Messung von seismischen Bewegungen zu erfüllen.

Die Amplitude der Bodenverschiebung steigert sich bei einem Sprung in der Magnitude von $\Delta Mx = 1$ um den Faktor 10 (vgl. Abschnitt 2.2). Will man mit dem gleichen Aufzeichnungssystem sowohl sehr kleine Magnituden (z. B. $Mw = 1$) als auch regionale Maximalerdbeben (z. B. $Mw = 7$) aufzeichenen, so ist – bei einem Grundwert der aufzuzeichnenden Amplitude von $u^* = 1$ mm für das kleinste Beben – der Ausschlag bei der Magnitude $Mw = 7$ um den Faktor $10^6 = 1$ Million mal größer, d. h. die aufzuzeichnende Amplitude würde den Wert von $u^* = 1$ km erreichen. Das hat dazu geführt, dass man bei älteren Seismographen entweder die Vergrößerung sehr niedrig gewählt hatte, wodurch die kleinen Ereignisse verloren gingen. Bei einer sehr empfindlichen Einstellung wurde bei größeren Erdbeben dagegen nur der erste Ausschlag registriert: Als Information blieb so die Einsatzzeit der P-Wellen und deren erste Ausschlagrichtung.

Seit etwa 1930 wurden in den USA von der mit der Erdbebenbeobachtung beauftragten Behörde (USCGS, vgl. S. 82) spezielle Starkbeben-Seismographen zur vollständigen Erfassung der Bodenbeschleunigung in Herdnähe entwickelt. Diese ganz auf die Erfordernisse der Ingenieurseismologie und der Bau-

Kasten 2.A : Messung

Seismometer erzeugen oder regeln einen elektrischen Strom. Im ersten Falle wird nach dem Generator-Prinzip ein der Bodengeschwindigkeit proportionaler elektrischer Strom in einem System Spule-Permanentmagnet erzeugt. Bei der zweiten Version verändern sich durch die Relativbewegung zwischen Pendelmasse und Gestell-Boden Eigenschaften von elektronischen Bauteilen (Kapazität, Induktivität). Dadurch wird ein elektrisches Signal z. B. proportional zur Bodenverschiebung beeinflusst.

Das Pendel des Seismometers kann als gedämpfter Schwinger betrachtet werden. Eigenperiode und Dämpfung des Pendels werden auf einem Schütteltisch ermittelt, der durch einen Frequenzgenerator mit nachgeschaltetem Kraftverstärker angeregt wird. Es werden harmonische Signale verwendet. Ein frequenzabhängiger Vergleich zwischen der Amplitude der Schütteltisch-Bewegung und dem Ausgangssignal des Seismometers liefert die Amplituden-Übertragungsfunktion („Vergrößerungskurve") des Seismometers.

Die bei einem gedämpften Schwinger gemessene Eigenperiode T*′ ist größer als die Periode T* des gleichen Systems ohne Dämpfung (vgl. Abb. 2.2a).

Aus dem Verhältnis aufeinander folgender Maxima bzw. Minima einer Dämpfungsfigur wird das Dämpfungsverhältnis v* bestimmt:

$$v^* = u_n'/\,u_{n+1}' \qquad (2.1a)$$

Der natürliche Logarithmus des Dämpfungsverhältnisses wird als logarithmisches Dekrement bezeichnet:

$$\Lambda^* = \ln v^*.$$

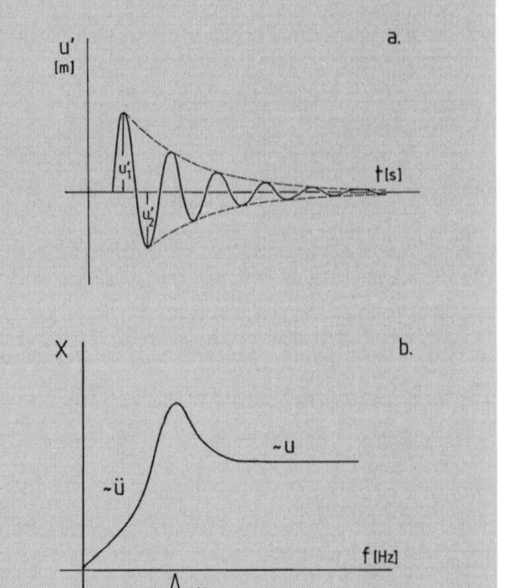

Abb. 2.2 Eigenschaften eines Seismometers:
a. Eigenperiode und Dämpfung drücken sich in der Einschwingfigur aus: u′ = Ausschlag eines gedämpften Schwingers; t = Zeit. Aus der Amplitudenabnahme (z. B. von u_1′zu u_2′) kann auf die Größe der Dämpfung geschlossen werden.
b. Amplitudenübertragungsfunktion eines Pendels mit Wegaufnehmer: f = Frequenz; das abgegebene elektrische Signal X ist links von der Eigenfrequenz f* proportional zur Beschleunigung (ü) und rechts von f* zur Verschiebung (u).

dynamik ausgerichtete Entwicklung brauchte auf die Kleinbeben-Seismizität keine Rücksicht zu nehmen.

Die Frage der Amplituden-Dynamik, d. h. des erfassbaren Amplitudenumfangs, wurde erst mit der Einführung der digitalen Registrierung lösbar, durch die Amplitudenunterschiede von $1:10^6$ (entsprechend 120 db) mühelos zu beherrschen sind.

Neben den Problemen des Frequenzumfangs und des registrierbaren Amplitudenintervalls wurde in den letzten Jahrzehnten auch die Frage des Zeitmaßstabs gelöst. Während der ersten 100 Jahre seismographischer Aufzeichnung hat man die Zeitmarkierung auf den Seismogrammen zunächst durch Pendeluhren, später durch Quarzuhren gesteuert, deren Gang über Radiosignale kontrolliert wurde. Heute liefern Dauer-Zeitzeichen-Sender die notwendigen Zeitsignale, so dass die zeitlichen Fehler auf Seismogrammen stets kleiner als 0,01 s sind.

Durch die aktuelle internationale Vernetzung entsprechen die Austauschmöglichkei-

Mit Hilfe des logarithmischen Dekrements lässt sich das Dämpfungsmaß D* nach folgender Beziehung berechnen:

$$D^* = \Lambda^* / \sqrt{4\pi^2 + \Lambda^{*2}} \qquad (2.1b)$$

Nach der Größe des Dämpfungsmaßes lassen sich vier Fälle im Verhalten eines Schwingers unterscheiden:
+) $D^* = 0$: Ein Pendel führt ungedämpfte Schwingungen aus;
+) $0 \leq D^* \leq 1$: Es treten gedämpfte Eigenschwingungen auf;
+) $D^* = 1$: Im Grenzfall der Aperiodizität verschwindet bereits das zweite Maximum/Minimum; es gibt kein Überschwingen mehr;
+) $D^* > 1$: Das Pendel ist überdämpft; es kehrt erst nach einer gewissen Zeit in seine Ruhelage zurück.

Bei einem Seismometer wird man stets eine hohe Dämpfung wählen (z. B. $v^* = 10$; $D^* = 0{,}34$), um Eigenschwingungen des Pendels zu unterdrücken.

Bauwerke zeigen, als gedämpfte Schwinger betrachtet, eine nur sehr geringfügige Dämpfung (z. B. $D^* = 5\,\% = 0{,}05$). Man muss also für gesonderte Dämpfungseinrichtungen sorgen, um durch seismische Bodenbewegungen erregte Eigenschwingungen zu unterdrücken (vgl. Abschnitte 3.3 und 4.2).

Nach *Wielandt (2002)* betrachtet man die Differenz zwischen der absoluten Verschiebung der Pendelmasse y(t) und der Bodenbewegung u(t) als „Seismometer-Bewegung":

$$z(t) = y(t) - u(t)$$

Der Bewegung des Pendels in Form einer gedämpften Schwingung stehen die äußeren Kräfte als Erregung gegenüber:

$$m \cdot \ddot{z} + d \cdot \dot{z} + c \cdot z = f - m \cdot \ddot{u} \qquad (2.2a)$$

In Gleichung (2.2a) bedeuten:
m = Masse des Pendels in kg;
d = Dämpfungsgröße in N/(m/s);
c = Steifigkeit der Feder in N/m;
$\ddot{z}$, $\dot{z}$, z beschreiben Beschleunigung (in m/s^2), Geschwindigkeit (in m/s) bzw. Verschiebung (in m) des Pendels.

Während $(-m \cdot \ddot{u})$ die mit der seismischen Bodenbewegung verbundene Kraft darstellt, ist f eine Kraft, die direkt an der Pendelmasse angreift, ohne dass eine Bodenbeschleunigung auftritt. Man kann also im Innern des Systems auf mechanischem Wege oder über eine Eichspule eine Kraft f auf die Pendelmasse wirken lassen und so eine Bodenbewegung simulieren. Über einen Regelkreis wird das Pendel in Ruhe gehalten, wenn die Kraft dem dort fließenden Strom i proportional ist. Die linke Seite der Gleichung verliert dann ihre Bedeutung.

Die zeitabhängigen Größen der Bodenbewegung u(t), der Seismometerbewegung z(t) und der äußeren Kraft f(t) werden als Fourier-Transformierte dargestellt:

$$u(t) = U \cdot e^{j\omega t}$$
$$z(t) = Z \cdot e^{j\omega t}$$
$$f(t) = F \cdot e^{j\omega t}.$$

Die Gleichung (2.2a) nimmt jetzt die folgende Form einer Übertragungsfunktion an:

$$(-\omega^2 \cdot m + j \cdot \omega \cdot d + c) \cdot Z = F + \omega^2 \cdot m \cdot U$$
$$Z = (F/m + \omega^2 \cdot U) / (-\omega^2 + j \cdot \omega \cdot d/m + c/m) \qquad (2.2b).$$

Ein mechanisches Pendel hat die Eigenfrequenz f*:

$$f^* = (1/2\pi)\sqrt{c/m}.$$

Das gleiche Pendel können wir unterhalb der Eigenfrequenz als Beschleunigungsaufnehmer, oberhalb als Verschiebungsmesser verwenden (vgl. Abb. 2.2b; *Köhler, 1956*).

ten seismographischer Daten denen des weltweiten meteorologischen Beobachtungsnetzes.

Vergleicht man Erdbebenaufzeichnungen, die in verschiedenen Entfernungen zum Herd registriert worden sind, so lassen sich gewisse **generelle Eigenschaften seismischer Signale** feststellen (Abb. 2.5):

Der Beginn der Erdbebenaufzeichnung besteht aus mehr oder weniger deutlich getrennten „Einsätzen" (auch „Impulse", besser Transienten, von latein.: *transire* = vorübergehen), die von kurzer Dauer sind. Diesem Signal-Typ folgt ein dispergierter Wellenzug: Er beginnt mit längeren Perioden, die gegen Ende des Wellenzugs immer kürzer werden, ohne dass ein Beginn oder ein Ende des Wellenzugs feststellbar ist. Die Ausbreitungsgeschwindigkeit innerhalb dieses Signals ist offensichtlich frequenz- bzw. periodenabhängig, d. h. sie steigt mit wachsender Periode: **Dispersion.**

Selbst wenn kein Erdbeben oder ein anderes Ereignis kürzerer Dauer (wie z. B. eine Sprengung) auf dem Seismogramm festgestellt wer-

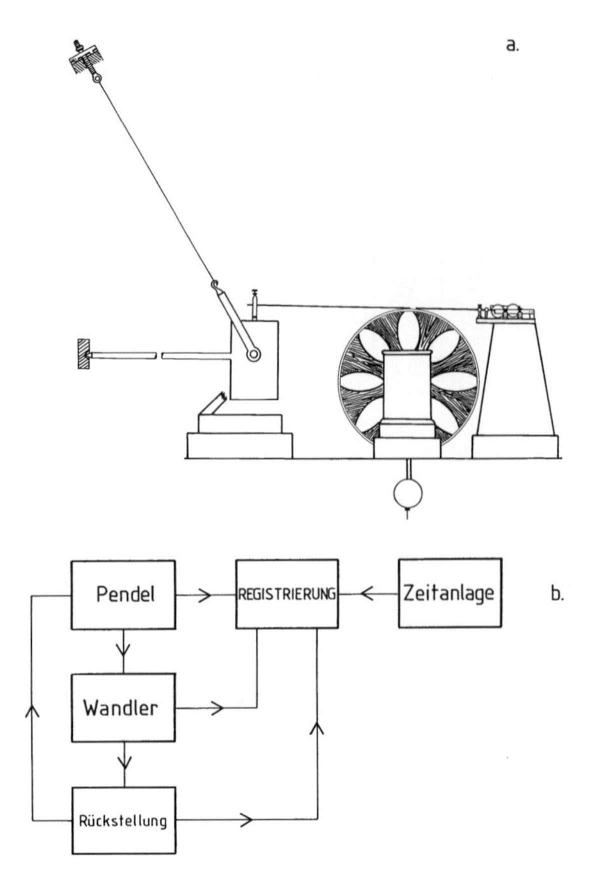

Abb. 2.3 Seismograph.
a. Mechanischer Seismograph: Horizontalpendel (links). Der Indikator überträgt das Signal auf eine mit berußtem Papier bespannte Trommel (Mitte). Das Relais des Zeitmarkengebers (rechts) wird durch eine Pendeluhr gesteuert.
b. Schema der Entwicklung des Seismographen. Durch *Galitzin (1903)* wird das Pendel mit einem mechanisch-elektrischen Wandler versehen (Permanentmagnet am Gestell, Induktionsspule am Pendelarm). Das Seismometer (Pendel + Wandler) gibt jetzt ein elektrisches Signal ab. Über einen zweiten Wandler wird das Pendel immer in der Nulllage gehalten. Der für die Rückstellung notwendige Strom wird der Registrierung zugeführt (*Wielandt, 2002*). Von der mechanischen Registrierung führt der Weg über die fotooptische Aufzeichnung (Einschaltung eines Spiegelgalvanometers zur Anzeige des Seismometer-Ausgangs) zur digitalen Datenerfassung.

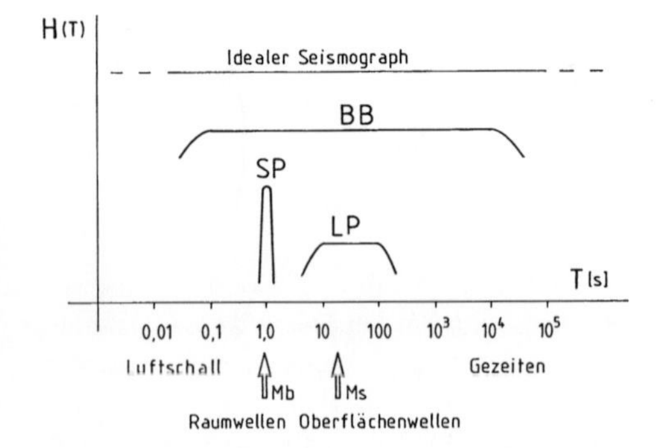

Abb. 2.4 Amplituden-Übertragungsfunktion verschiedener Seismographensysteme:
SP = kurzperiodischer Seismograph mit starker Vergrößerung bei der Periode T = 1 s; der als schmalbandiges Filter wirkende Seismograph liefert Amplituden zur Feststellung der Raumwellenmagnitude Mb (vgl. Abschnitt 2.2); **LP** = langperiodischer Seismograph: Es werden die langperiodischen Anteile von Raumwellen und ein Ausschnitt aus dem Spektrum der Oberflächenwellen aufgezeichnet; bei T = 20 s wird die Oberflächenwellenmagnitude Ms bestimmt. Das Verhältnis zwischen Mb und Ms wurde in den sechziger Jahren als wichtigstes Unterscheidungsmerkmal zwischen Erdbeben und unterirdischen Kernexplosionen angesehen. Kernexplosionen erzeugen wegen ihrer geringen Quellausdehnung vorwiegend Signale im SP-Bereich. Die Abstimmung der Seismographen des WWSSN-Netzwerkes (vgl. S. 82) wurde deshalb, wie in der Abbildung dargestellt, gewählt. **Breitbandseismographen** überdecken die Charakteristiken der älteren Seismographen durch eine einheitliche Übertragungsfunktion.

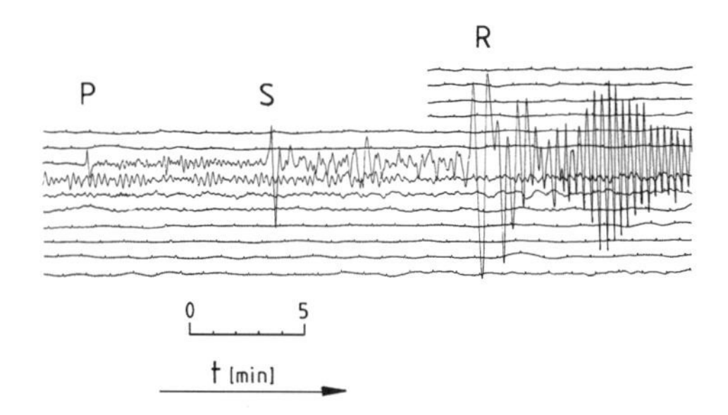

Abb. 2.5 Seismogramm eines Bebens auf der Mittelatlantischen Schwelle (etwa zwischen Trinidad und den Kapverdischen Inseln (1962 MAR 17: Ms = 7,0). Registrierung an der WWSSN-Station Stuttgart (STU; Epizentralentfernung: 6400 km; Vertikalkomponente eines LP-Seismographen; vgl. Abb. 2.4). Man sieht die Zeitmarkierung durch Minutenmarken (P = P-Welle; S = S-Welle; R = Rayleigh-Welle).

den kann, sind trotzdem auf einer Registrierung stets Bodenbewegungen zu sehen: Man spricht bei diesem seismischen Hintergrundsignal von seismischer Bodenunruhe, die ihre Ursache in der Aktivität des Menschen hat (Verkehr und Maschinen als Schwingungserreger: vorwiegend bei höheren Frequenzen von 10 bis 100 Hz) oder in meteorologisch-ozeanologischen Prozessen (vor allem Meereswellentätigkeit und Winddruck auf Gebäude und Bäume: bei Perioden zwischen 1 und 30 s). Dieser „Störpegel" begrenzt die Detektionsfähigkeit für kleine Ereignisse. Signale der Bodenunruhe werden in der Nähe der Erdoberfläche geführt. Man wählt für die Aufstellung empfindlich eingestellter Seismographensysteme daher einen möglichst einsamen und vor allem tief unter der Erdoberfläche liegenden Aufstellungsort. Hierfür kommen nicht mehr genutzte Stollen des Bergbaus oder des Verkehrswesens in Frage (z. B. das Schwarzwald-Observatorium der Universitäten Karlsruhe und Stuttgart, das im Stollensystem eines ehemaligen Silberbergwerks bei Schiltach untergebracht ist); bei einigen Beobachtungsnetzen wurden die Aufnehmer in speziell abgeteuften Bohrlöchern untergebracht.

Wenn man einen Ort mit niedrigem seismischen Störpegel gefunden hat, so muss man bei steigender Vergrößerung der Aufzeichnung feststellen, dass innerhalb des Erdkörpers praktisch ständig seismische Signale unterwegs sind. Diese Wellen lösen sich von einem „Stammsignal" über Streuprozesse an Inhomogenitäten des Erdinnern. Man spricht auch innerhalb einer einzelnen seismischen Zeitfunktion von „signalerzeugtem Rauschen" (engl.: *signal generated noise*), das die Zwischenräume in der Abfolge der direkt gelaufenen und reflektierten Wellen ausfüllt. „Rauschen" ist ein Begriff aus der Nachrichtentechnik, der ursprünglich für Störgeräusche im Telefon- und Radio-Betrieb geprägt wurde. Es handelt sich aber um eine generelle Art von „Hintergrund-Signalen", die bei jeder Signal-Art auftritt.

b. Wellenausbreitung

Der seismische Herdprozess verursacht – ähnlich wie man das bei einem Steinwurf ins Wasser beobachten kann – die Ausbreitung einer Deformation in Form von Wellen. Es sind beim Erdbeben mechanische Wellen, die in vieler Hinsicht den Schallwellen vergleichbar sind. Beim Durchgang von Schall reagieren Fluide, wie Luft oder Wasser mit longitudinaler Teilchenbewegung, die parallel zur Fortpflanzungsrichtung erfolgt. Eine solche Partikelbewegung charakterisiert den ersten „Einsatz" eines Seismogramms, die **P-Welle** (latein.: *prima unda* = erste Welle). Es folgt auf dem Seismogramm wie beim „Körperschall", der sich in einem elastischen Festkörper ausbreitet, eine **S-Welle** (latein.: *secunda unda* = zweite Welle). Die Teilchenbewegung beschreibt beim Durchgang der S-Welle eine Transversalbewegung, d. h. die Bewegung erfolgt senkrecht zur Ausbreitungsrichtung der P-Welle. Während sich in der P-Welle der Widerstand des Materials gegen Volumenveränderung zeigt, ist die S-Welle eine Reaktion auf den Widerstand gegen Formveränderung, wie er für ein festes Material charakteristisch ist. Diese Unterschiede erscheinen erst in deutlicher Entfernung zur Quelle.

Als Wellenphänomen kann man seismische Signale mit den gleichen Parametern und Begriffen beschreiben, wie das von anderen Wel-

Kasten 2.B: Wellen

Erdbebenwellen breiten sich durch ein Zusammenwirken von Elastizität und Masse im Erdinnern aus. Am Anfang des Prozesses steht eine Störung, bei der eine Verbiegung und – wenn auch in geringerem Maße – eine Kompression bzw. Dilatation von Gesteinsmassen beiderseits einer tektonischen Störung ganz oder teilweise zurückgebildet wird.

Als Standard-Signal, aus dem man komplizierte Wellenformen aufbauen kann, wird eine harmonische Welle betrachtet. Durch eine Fourier-Transformation lässt sich ein beobachtetes Seismogramm in solche Komponenten zerlegen (Abb. 2.6).

Eine harmonische Welle wird durch Wellen-Elemente beschrieben. Die Periode T misst man als Abstand zweier benachbarter identischer Phasen (Maxima, Minima, Nulldurchgänge).

Die Frequenz f des harmonischen Signals ergibt sich als Kehrwert der Periode:

$$f = 1/T \text{ in Hz} \qquad (2.3a)$$

Zur Beschreibung von Schwingungen und Wellen wird häufig statt der Frequenz oder der Periode die Kreisfrequenz ω verwendet:

$$\omega = 2\,\pi\, f \text{ in } s^{-1} \qquad (2.3b)$$

Als Phasenwinkel ϕ wird der folgende Ausdruck definiert:

$$\phi = \omega\, t + \phi_o \text{ in rad} \qquad (2.3c)$$

Der Phasenwinkel beschreibt die jeweilige Lage eines Schwingers bzw. eines beim Wellendurchgang zu Schwingungen erregten Teilchens; ϕ_o ist der Nullphasenwinkel, durch den die Ausgangslage des Vorgangs bestimmt ist.

Während die Schwingung an einen festen Ort gebunden ist, breitet sich eine Welle räumlich aus. Bei Meereswellen kann die räumliche Fortpflanzung des Signals durch eine fotografische Aufnahme erfasst werden. So wird für eine harmonisch Welle die Periode T durch die Wellenlänge λ ergänzt, welche die Periodizität im Raume beschreibt.

Verfolgt man eine bestimmte Phase des Wellensignals, z. B. einen Wellenberg, so kann man den Laufweg dieser Phase (Δs) und die dazu benötigte Zeit (Δt) messen. Man erhält so die Phasengeschwindigkeit c_{Ph}:

$$c_{Ph} = \Delta s/\Delta t \text{ in m/s} \qquad (2.4)$$

Zwischen Periode und Wellenlänge besteht die folgende wichtige Beziehung:

$$\lambda = c_{Ph}\, T \qquad (2.5)$$

Die Geschwindigkeit von Raumwellen, d. h. der P- und der S-Wellen hängt von den elastischen Eigenschaften und der Dichte des Ausbreitungsmediums ab (vgl. Abb. 2.5):

$$c_P = \sqrt{[K + (4/3)G]/\rho} = \sqrt{(L + 2G)/\rho} \text{ in m/s} \qquad (2.6a)$$

$$c_s = \sqrt{G/\rho} \text{ in m/s} \qquad (2.6b)$$

Es bedeuten in den Beziehungen (2.6):

K = Kompressionsmodul, d. h. der Widerstand eines Körpers gegen Volumenveränderung, in Pa; G = Schermodul, d. h. der Widerstand eines Körpers gegen Formveränderung, in Pa;L = Lamé'sche Zahl; sie beschreibt – wie der Kompressionsmodul – den Widerstand gegen Volumenveränderung, in Pa; ρ = Dichte in kg/m^3.

Nimmt man an, dass in Beziehung (2.8) gilt: L = G, so erhält man für das Verhältnis zwischen P- und S-Wellengeschwindigkeit: $c_p / c_s = \sqrt{3}$. Dieser Wert lässt sich bei Ausbreitung in festen Gesteinen sehr häufig nachweisen.

Eine harmonische Welle wird durch den folgenden Ausdruck beschrieben:

$$u = u_o\, [\sin 2\pi\, (t/T - x/\lambda)] + \phi_o \qquad (2.7a)$$

---

lenarten (Schall oder elektromagnetischen Wellen) bekannt ist (vgl. Kasten 2.B).

Wie alle Wellen reagieren auch Erdbebensignale auf die Strukturen ihres Ausbreitungsmediums, des Erdkörpers. So treten auf dem Weg vom Herd zum Beobachtungsort an der Erdoberfläche folgende Phänomene auf:

* Reflexion und Brechung;
* Geometrische Amplitudenabnahme und Absorption;
* Streuung und Beugung.

Wie auf dem Seismogramm in Abb. 2.5 zu sehen, folgen den ersten Einsätzen der P- und S-Wellen weitere Einsätze, die durch Refle-

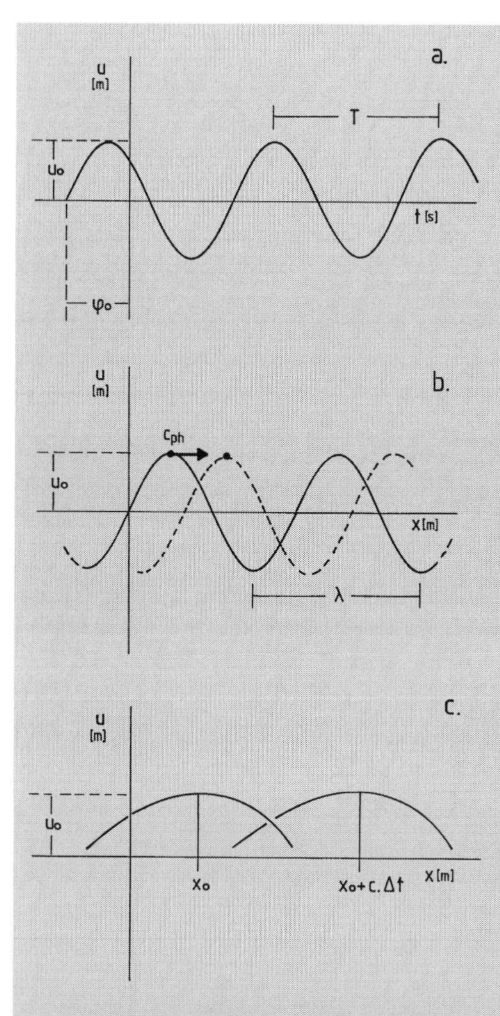

Abb. 2.6 Harmonische Welle.
a. Beobachtung an einem festen Ort: t = Zeit; u = Auslenkung in m; u_o = Amplitude in m; T = Periode in s; ϕ_o = Nullphasenwinkel in rad.
b. Momentaufnahme (fester Zeitpunkt): x = Entfernung; λ = Wellenlänge in m; c_{Ph} = Phasengeschwindigkeit in m/s.
c. Ausbreitung eines Wellensignals der Amplitude u_o mit der Geschwindigkeit c in Richtung der positiven x-Achse vom Punkt x_o zum Punkt $x_o + c\ \Delta t$ während der Zeit Δt.

u_o ist die Amplitude der harmonischen Welle, bei einer Verschiebung in m angegeben. Das Argument $2\pi(t/T - x/\lambda)$ ist eine Funktion der Raumkoordinate x (bei eindimensionaler Betrachtung) und der Zeit t, es beschreibt die Periodizität der Welle in Raum und Zeit; Φ_o ist der Nullphasenwinkel.

Mit der Entfernung von der Quelle erfahren Wellen in allen Frequenzen eine **geometrische Amplitudenabnahme**. Sie ist vom Verhältnis zwischen Quellausdehnung und Entfernung abhängig. Betrachtet man einen kreisförmigen Herd mit Herdradius r_o, so ergibt sich für eine harmonische Welle in der Hypozentralentfernung s:

$$u = u_o\ (r_o/s)\ [\sin 2\pi\ (t/T - x/\lambda\ )] + \phi_o \qquad (2.7b)$$

Neben der geometrischen Amplitudenabnahme ist es vor allem die Absorption, die für eine nun allerdings frequenzabhängige Amplitudenverminderung sorgt. Sie ist sehr stark materialabhängig und wird über die zuerst bei elektromagnetischen und akustischen Signalen eingeführte **Ausbreitungsqualität Q** (dimensionslos) beschrieben. Die Ausbreitungsqualität, die für P- und S-Wellen unterschiedliche Werte annimmt (Q_P bzw. Q_S), kontrolliert die frequenzabhängige Amplitudenabnahme über den **Absorptionskoeffizienten** α:

$$\alpha = (\pi\ f)\ /\ (c\ Q)\ \text{in}\ m^{-1} \qquad (2.8)$$

Die Entfernunsgsabhängigkeit der Absorption wird über eine Exponentialfunktion eingeführt:

$$u = u_o\ (r_o/s)\ e^{-\alpha s}\ [\ \sin 2\ (t/T) - x/\lambda)] + \phi_o \qquad (2.7c)$$

Die Absorption bedingt eine bevorzugte Abnahme der Spektralkomponenten höherer Frequenz: Tiefpasswirkung des Ausbreitungsmediums.

xionen der Wellen an der Grenzfläche Erdkörper-Atmosphäre entstehen (Abb. 2.7 u. 2.8). Man spricht bei den Wellensignalen mit transientem Charakter in der Seismologie von Raumwellen (engl.: *body waves*), deren Ausbreitung man sich durch Wellenfronten und Strahlen veranschaulichen kann.

Der den Raumwellen folgende dispergierte Wellenzug verdankt seine Entstehung der Geschwindigkeitsverteilung innerhalb des Erdkörpers. Im Erdmantel nehmen die Geschwindigkeiten der seismischen Wellen mit der Tiefe zu. Diese Geschwindigkeitszunahme erfolgt in den tieferen Partien des Erdmantels

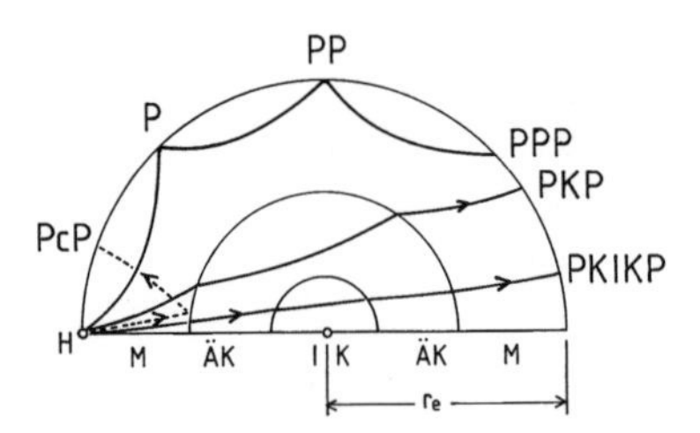

Abb. 2.7 Ausbreitung von P-Wellen im Erdkörper: PP und PPP sind Reflexionen an der Erdoberfläche („Luftreflexionen"), PcP ist eine Reflexion an der Mantel-Kern Grenze (in 2900 km Tiefe). PKP und PKIKP sind Strahlverläufe durch den Äußeren bzw. den Äußeren und Inneren Erdkern; r_e = Erdradius (= 6371 km), ÄK = Äußerer Erdkern, IK = Innerer Erdkern, M = Erdmantel.

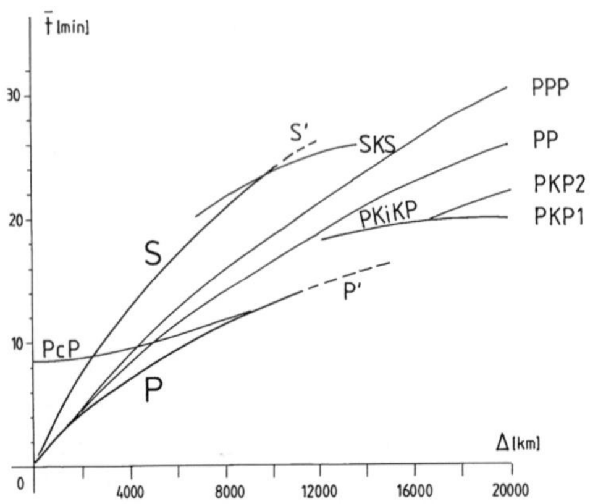

(ab etwa 1000 km Tiefe) in allmählicher Form als Geschwindigkeitsgradient. Die darüber liegenden Bereiche zeigen eine Schichtenstruktur, wenn man mechanische Eigenschaften wie den Kompressionsmodul, den Schermodul oder die Dichte betrachtet. Während innerhalb der Schichten kaum Änderungen in den genannten Größen auftreten, kommt es an den Grenzflächen zu mehr oder weniger abrupten Änderungen, weshalb man von Diskontinuitäten oder Grenzflächen spricht (Abb. 2.9).Trifft eine Raumwelle auf eine Diskontinuität, so wird ein Teil der einfallenden Energie reflektiert, ein andrer durchquert die Grenzfläche als gebrochener Strahl. Fällt ein Wellenstrahl unter dem Winkel der Totalreflexion oder einem größeren Winkel auf die

Abb. 2.8 Laufzeitkurven für Fernbeben (Auswahl). Neben den Kurven für die direkt gelaufenen Wellen P und S zeigt das Diagramm die Luftreflexionen PP und PPP (vgl. Abb. 2.7); daneben enthält es die Laufzeitkurven von Signalen, die durch den Erdkern beeinflusst werden: Die Kernphasen PKP (PKP1 ist ein Strahl wie PKIKP, der etwa durch den Erdmittelpunkt läuft und deshalb eine geringere Brechung durch die Linsenwirkung des Erdkerns erfährt als der mehr lateral verlaufende Strahl von PKP2); P' und S' sind an der Erdkern-Mantel-Grenze gebeugte Wellen mit langer Periode; SKS durchläuft den Erdkern als P-Welle (K-Anteil), während die Laufzeitkurve der direkten S-Welle bei etwa 10.000 km abbricht. Zusammen mit dem Versatz der P-Wellen, d.h. zwischen den Ästen P und PKP, war das Verschwinden der S-Welle ein wichtiger Hinweis auf die Existenz eines flüssigen Erdkerns. PcP ist eine Reflexion von der Kern-Mantel-Grenze (vgl. *Astiz et al., 1996; Herrin, 1968; Jeffreys & Bullen, 1967; Kennett, 1991*).

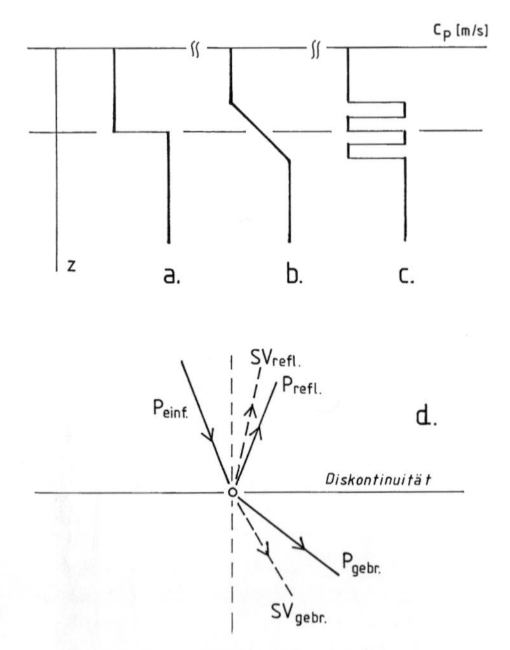

Abb. 2.9 Diskontinuitäten im Erdinnern.

a. Diskontinuität 1.Ordnung (Geschwindigkeitssprung);
b. Diskontinuität 2. Ordnung (Geschwindigkeitsgradient);
c. Diskontinuität 3. Ordnung (Geschwindigkeitslamellen);
d. Entstehung von Wechselwellen an einer Diskontinuität 1. Ordnung; (c_P = P-Wellengeschwindigkeit; P = P-Welle; SV = vertikal polarisierte S-Welle).

Grenzfläche, so geht die gesamte einfallende Energie in die reflektierte Welle. Für Wellen zwischen zwei Grenzflächen entsteht so eine verlustarme Führung des Signals in einem „Kanal". Im Erdkörper nehmen die seismischen Wellengeschwindigkeiten generell mit der Tiefe zu. Eine parallel zur Erdoberfläche geführte Welle taucht um so tiefer in den Erdkörper ein, je größer ihre Wellenlänge, d.h. auch ihre Periode ist (vgl. Gleichung 2.5 in Kasten 2.B). Der Signalanteil längerer Periode wird in einem durchschnittlich schnelleren Medium geführt als der kürzerer Periode. Mit zunehmender Entfernung vom Herd zieht sich der Wellenzug wie eine Spiralfeder immer weiter auseinander. Man spricht hier von geometrischer Dispersion.

Die Bildung geführter Wellen, die wegen ihrer Ausbreitung parallel zur Erdoberfläche auch als „Oberflächenwellen" (engl.: *surface waves*) bezeichnet werden, erfolgt durch Überlagerung aus drei „Grundelementen", aus P-, SV- und SH-Wellen (SV = vertikal polarisierte S-Wellen; SH = horizontal polarisierte S-Wellen). Die konstruktive Interferenz zwischen P- und SV-Wellen führt zu **Rayleigh-Wellen (R),** deren Partikelbewegung man als retrograd-elliptisch beschreibt (Abb. 2.10). Aus der Überlagerung von SH-Wellen entstehen **Love-Wellen (L)**, deren Partikelbewegung wie bei den Ausgangssignalen horizontal erfolgt.

Bei jeder Reflexion und Brechung an einer Grenzfläche verteilt sich die einfallende Energie auf die reflektierten und gebrochenen Signalanteile. Dieser Vorgang wird bei den seismischen Wellen noch komplizierter, da bei einfallenden P- oder SV-Signalen noch so genannte Wechselwellen in Form einer zusätzlichen reflektierten und einer gebrochenen SV- bzw- P-Welle hinzutreten. Auf diese Weise entsteht aus zwei einfachen Ausgangssignalen der P- und der S-Welle schließlich eine Vielzahl an Signalen unterschiedlicher Amplitude (Abb. 2.9).

Die Abnahme der Schallamplitude mit der Entfernung zur Quelle ist eine alltägliche Erfahrung. Dieser Vorgang ist auch bei seismischen Raum- und Oberflächenwellen zu beobachten (vgl. Kasten 2.B). Dabei sind zwei Effekte zu unterscheiden. Einmal vermindert sich die Energiedichte des Wellensignals durch die Vergrößerung der Wellenfront, so bei einer Kugelwelle mit dem Radius der räumlichen Wellenfläche, wenn man eine punktförmige Quelle im Zentrum ansetzt. Das ist die **geometrische Amplitudenabnahme**. Sie ist frequenzunabhängig. Bei einem geführten Signal fällt sie geringer aus als bei einer sich in einem unbegrenzten Medium frei ausbreitenden Welle.

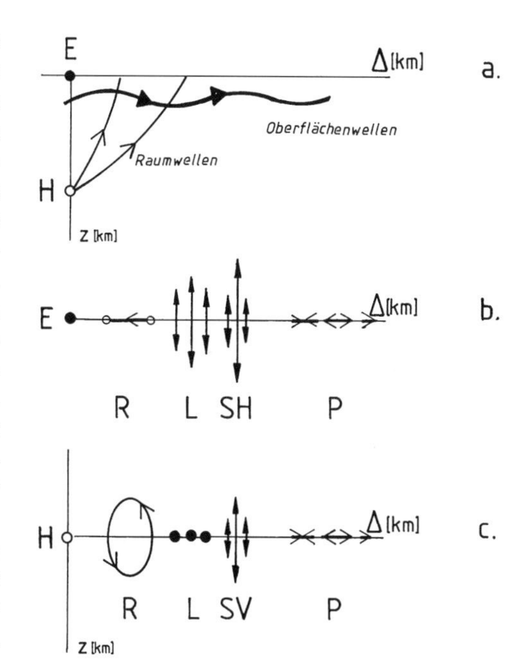

Abb. 2.10 Wellentypen bei seismischen Signalen.
a. Raum- und Oberflächenwellen;
b. Partikelbewegung in Draufsicht auf die Erdoberfläche;
c. Partikelbewegung im Vertikalschnitt senkrecht zur Erdoberfläche.

Tiefe Töne, langperiodische ozeanische Wellen und niederfrequente Radiowellen haben bessere Chancen, sich ohne größere Amplitudenverluste über eine längere Strecke auszubreiten als hochfrequente Signale. Die mit der Frequenz ansteigende Amplitudenverminderung wird als **Absorption** bezeichnet (Kasten 2.B, Gleichungen 2.7c und 2.8). Man spricht von der Tiefpass-Wirkung eines natürlichen Ausbreitungsmediums, da die tiefen d.h. langperiodischen Töne bevorzugt „durchgelassen" werden.

Unregelmäßigkeiten innerhalb der physikalischen Struktur des Erdkörpers sorgen für Streueffekte: Heterogene Bereiche werden zu sekundären Quellen für gestreute Wellen. Die sich auf unterschiedlichen Wegen im Erdinnern ausbreitenden sekundären Signale füllen sowohl den Raum zwischen den transienten Raumwelleneinsätzen, wie sie auch bei Oberflächenwellen den Wellenzug als coda-Wellen (latein.: Schwanz) verlängern. Beugungseffekte spielen eine Rolle, wenn man die Ausbreitung der seismischen Wellen über Entfernungen von 10.000 km hinaus verfolgt. Dann beobachtet man langperiodische P-Wellen (P'-Wellen), die um die Oberfläche des Erdkerns gebeugt worden sind. Dieser Effekt lässt sich mit dem „roten Sonnenuntergang", d.h. der Beugung elektromagnetischer Wellen an der Grenze zwischen Erdkörper und Atmosphäre vergleichen.

c. Herdvorgang

Während in Kap.1 der seismische Herdvorgang als Stauauflösung in einem Verschiebungsprozess auf eingefahrenen Scherzonen beschrieben worden ist, soll hier der gleiche Vorgang unter einem anderen Blickwinkel betrachtet werden. Ein wichtiger Aspekt der Erdbebenentstehung ist die Frage der Spannungsansammlung innerhalb der tektonischen Stauzone. Die Scherspannung wird dort solange anwachsen, bis ein kritischer Wert, nämlich der der Scherfestigkeit erreicht ist. In diesem Augenblick – der Herdzeit eines Primärereignisses – kommt es zu einem Spannungsabfall, der neben den bereits eingeführten Größen der Herdlänge, der Herdverschiebung und des Herdmoments zu den wichtigsten Parametern einer physikalischen Beschreibung des Herdvorgangs gehört. Damit ordnet sich das Erdbeben in eine Reihe anderer physikalischer Grenzwertprobleme ein, zu denen die besonders nahe stehenden Bruchprozesse, der Wechsel des Aggregatzustandes von Stoffen oder der Modifikationswechsel von Mineralen bei bestimmten Drücken und Temperaturen rechnen (Abb. 2.11). Der Spannungsabfall ist nicht unmittelbar zu messen, sondern muss aus anderen Herdparametern auf der Grundlage von Modellen abgeleitet werden, die in der Festkörperphysik entwickelt worden sind (vgl. Kasten 2.C).

Für viele Fragestellungen in der Seismologie war es ausreichend und bequem, den Erdbebenherd als Punktquelle seismischer Wellen zu betrachten. Die flächenhafte Ausdehnung des seismischen Herdes war durch Analogiebetrachtungen, die von Beobachtungen bei tektonischen Bruchbewegungen ausgegangen waren, schon vor 1900 gefordert worden (vgl. Abschnitt 1.1). Die dem Reid'schen Modell zugrunde liegenden Geländeaufnahmen gehen von Ausdehnungen eines Herdes aus, die nichts mehr mit einer Punktquelle zu tun haben. Dass eine Abstraktion – wie die des Punktherds – bereits wichtige Erkenntnisse er-

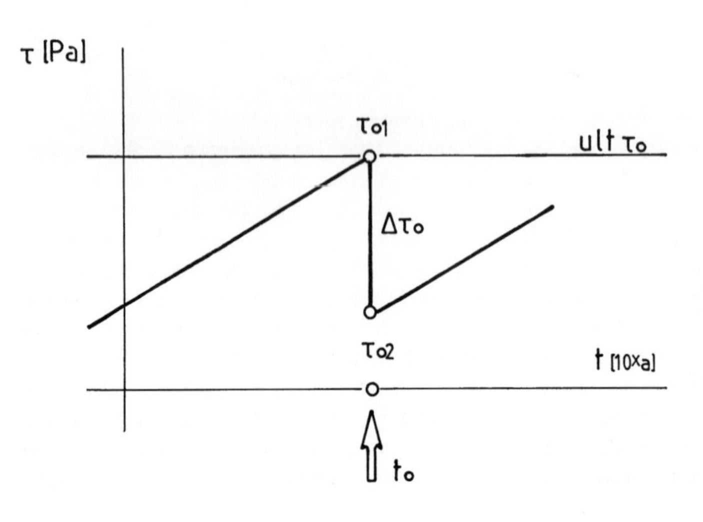

Abb. 2.11 Spannungsverlauf im Erdbebenherd. Zum Zeitpunkt t_o (Herdzeit) wird das kritische Spannungsniveau (ult τ_o) erreicht. Die Spannung fällt um den Betrag des Spannungsabfalls ($\Delta\tau_o$) vom Wert der kritischen Scherspannung τ_{01} auf den Wert τ_{02} nach dem Beben.

Kasten 2.C: Herdvorgang

Spannung und Deformation

Der **Spannungsabfall** $\Delta\tau_o$ während des Erdbebens im Herd wird in Anlehnung an das Hooke'sche Gesetz formuliert:

$$\tau = G\gamma$$

τ = Scherspannung in Pa; G = Schermodul in Pa; γ = Scherung (dimensionslos):

$$\Delta\tau_o = C\,G\,\gamma \qquad (2.9)$$

C = Faktor, der geometrische bzw. kinematische Verhältnisse im Herd berücksichtigt (z. B. $C = 2/\pi$ für eine Horizontalverschiebung).

Für die Scherung gilt in grober Näherung:

$$\gamma \approx q_o/w_o \qquad (2.10)$$

q_o ist die mittlere Herdverschiebung in m; w_o die Herdbreite oder Herdtiefenerstreckung in m.

Die Verwendung der globalen Herdparameter q_o und w_o zeigt, dass es sich auch bei der oben angegebenen Form des Spannungsabfalls um eine globale Größe des Herdvorgangs handelt. Lokale Spannungsabfälle sind wesentlich größer, da sich jetzt der gleiche Mittelwert der Herdverschiebung q_o auf die wesentlich kleinere Abmessung des Subherds bezieht.

Scherzonen und Fluide.

Das Verhältnis zwischen Porenwasserdruck und lithostatischem Druck (Auflast, vgl. Abb. 2.12) wird durch den Koeffizienten λ^* beschrieben:

$$p_p = \lambda^* \rho\, g\, z \qquad (2.11)$$

Es gilt: $\lambda^* \leq 1{,}0$.

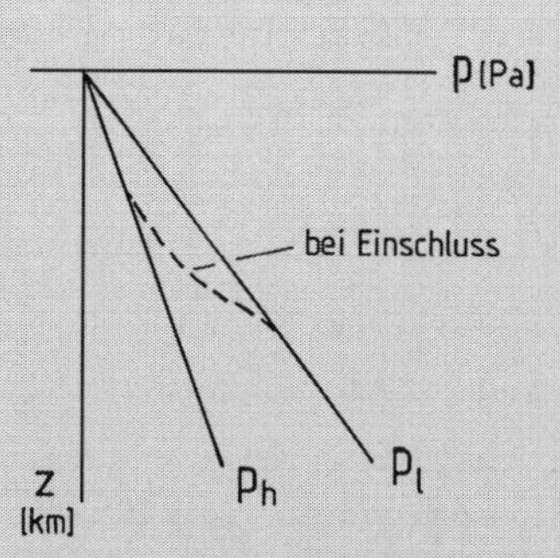

Abb. 2.12 Druck im Erdinnern (p): Lithostatischer Druck (p_l) und hydrostatischer Druck (p_h) als Funktion der Tiefe (z).

Im „trockenen" Fall bestimmt sich der Reibungswiderstand auf einer Fläche in folgender Form:

$$\text{ult}\ \tau_R = R\,\sigma_n \qquad (2.12)$$

Es bedeuten: R = Reibungskoeffizient, σ_n = Normalspannung auf einer Berührungsfläche.

Im Erdinnern beträgt die Normalspannung durch Auflast:

$$\sigma_n = \rho\, g\, z \qquad (2.13)$$

Sind im Porenraum des Gesteins Fluide vorhanden, so wirkt der Porenfluiddruck der Normalspannung entgegen. Die Differenz der beiden Größen wird als effektive Normalspannung bezeichnet:

$$\sigma_{n\,eff} = \sigma_n - \lambda^*\sigma_n \qquad (2.14)$$

Aus dem Scherwiderstand wird jetzt der effektive Scherwiderstand:

$$\text{ult}\ \tau_{Reff} = R\,\rho\, g\, z\,(1 - \lambda^*) \qquad (2.15)$$

bringen kann, zeigt die Ableitung der Abstrahlcharakteristik für seismische Wellen nach *Nakano (1923)*. Die Amplituden- und Vorzeichenverteilung der ersten Ausschlagrichtung von P-Wellen, wie sie zuerst in Japan systematisch durch Registrierungen belegt wurden, können jetzt erklärt werden (Abb. 2.13a). Ausdehnung und Dynamik des Herdvorgangs verformen aber die kleeblattförmigen Abstrahlmuster ganz wesentlich; nur für Wellenlängen, die größer als die Herdausdehnung sind, lässt sich der Herd in seiner Abstrahlcharakteristik noch als Punktquelle darstellen.

Berücksichtigt man geometrische Herddimensionen und die gesamte Dynamik des Herdprozesses, so erhält man das Bild des **integralen Herdvorgangs**. Bei geophysikalischen Prozessen sind Vorgänge unterschiedlicher Raum- und Zeitdimension („Skalen") ineinander verschachtelt. Beim seismischen Herdvorgang wird der Gesamtprozess durch globale Parameter wie Herdlänge, Herdbreite, mittlere Herdverschiebung, Herdenergie,

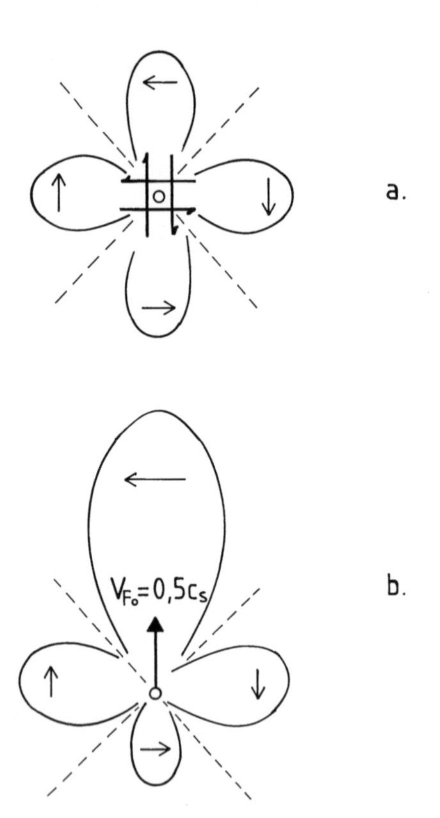

Abb. 2.13 Abstrahlcharakteristik eines Erdbebenherdes für SH-Wellen.
a. Punktherd: Der Kräfteplan (oben) besteht in einem gekreuzten Kräftepaar ohne Moment. An den Knotenlinien (gestrichelt) verschwindet die Bodenbewegung.
b. Ein Herd endlicher Ausdehnung (z.B. der Herdlänge l_0) bei gleichem Kräfteplan. Ein Herd der Länge l_0 wird durch eine Bruchgeschwindigkeit $V_{Fo} = 0{,}5\ c_s$ aktiviert, was sich für Wellenlängen, die in die Größenordnung der Herdlänge kommen oder kürzer sind, in einer deutlichen Verformung der Abstrahlcharakteristik äußert. Der Ablauf des Herdvorgangs bedingt die stärksten Bodenbewegungen in der Richtung des seismisch aktiven Scherbruchs (nach *Hirasawa & Stauder, 1965*).

Magnituden charakterisiert. Die Herdfläche des integralen Herdvorgangs ist selbst Teil einer tektonischen Scherzone. In sich ist sie durch Subherde gegliedert, die als Einheiten geringerer raum-zeitlicher Ausdehnung für eine Rauhigkeit im Ablauf der seismischen Scherbewegung sorgen. Diese kleinskaligen Einheiten werden durch lokale Parameter, z.B. einen Spannungsabfall, der deutlich über dem des globalen Herdes liegt, beschrieben. Die Betrachtung des Erdbebenherdes als einheitliche, punktförmige Welllenquelle reicht dann nicht mehr aus, wenn man Wellenlängen betrachtet, die deutlich kleiner als die Herddimensionen sind. Bei einer Frequenz von etwa 10 Hz und einer S-Wellengeschwindigkeit von 3300 m/s, einem für die Oberkruste typischen Wert, liegt die Wellenlänge des Signals bei 330 m. Ein Herd der Momentmagnitude Mw = 4 hat eine Ausdehnung von etwa 1 Kilometer. Das Abstrahlmuster des Punktherdes wird bei dieser Frequenz durch den Einfluss der Bruchgeschwindigkeit deutlich verformt (Abb. 2.13b).Wenn während des Herdprozesses keine Schwankungen im Ablauf des Bruchvorgangs und der Herdverschiebung auftreten, erhält man ein Signal in der Bodenverschiebung, das den integralen Herdvorgang widerspiegelt (Abb. 2.14). Tektonische Scherzonen, auf denen sich Erdbeben abspielen, werden über auch im geologischen Sinne lange Zeiträume hinweg als Bewegungsflächen in Anspruch genommen. Es kommt daher im Kontaktbereich der benachbarten Gesteinsblöcke zu starken Abnutzungserscheinungen. Diese Zerstörungsprozesse und die in den seismischen Ruhepausen sich vollziehenden Verheilungen zwischen den Blöcken sorgen für eine hochgradige innere Heterogenität der Scherzonen. Solche Unregelmäßigkeiten sind aber einer deutlich kleineren Skala als der integrale Herdvorgang zuzuordnen. Bei einer seismisch ablaufenden Verschiebung sorgen sowohl Spannungsspitzen (engl.: *asperities*; vgl. *Aki,1984*) wie auch erhöhte Bewegungswiderstände (engl.: *barriers*) für eine schwache Modulation in der Verschiebungsfunktion des Herdes, die sich auch innerhalb einer Aufzeichnung der Bodenverschiebung sehr zurückhaltend abbildet. Ihren deutlichsten Ausdruck finden Unregelmäßigkeiten der genannten Art in der Zeitfunktion der seismischen Bodenbeschleunigung. Die Zeitdauer größter Amplituden wird für alle drei kinematische Größen – d.h. Verschiebung, Geschwindigkeit und Beschleunigung – durch die Dauer des integralen Herdvorgangs bestimmt, wenn man in der Nähe des Herdes beobachtet.

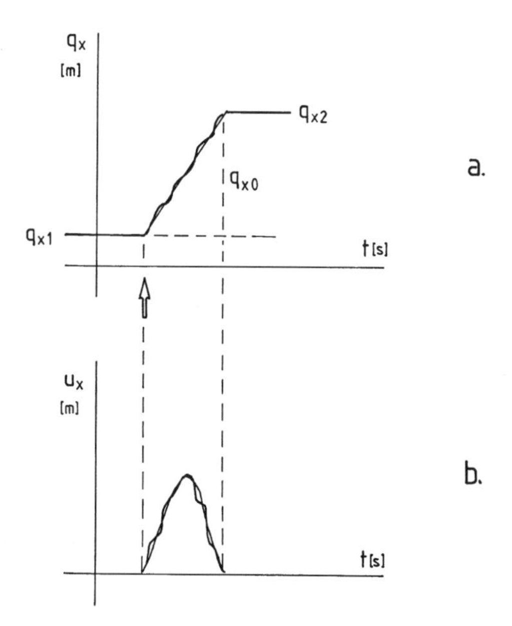

Abb. 2.14 Herdverschiebung (a) und elastische Verschiebung als P-Welle (b).

Ein anderes Beispiel sind aktive Scherzonen, die als Leitsysteme für Fluide wirken. Die Lagerstättenbildung innerhalb solcher Bruchzonen liefert hierfür wichtige Hinweise. Das Auftreten von Erdbebenserien unter größeren Wasseransammlungen, wie z. B. Staudämmen, wurde zunächst als ein zufälliges Zusammentreffen betrachtet. Einen Nachweis zwischen den Füllphasen eines Stausees und der damit verbundenen Erdbebentätigkeit erbringt *Carder (1945)* für den Hoover-Damm im Colorado-River. Nachdem solche Phänomene in den 60er und 70er Jahren des 20. Jahrhunderts zu häufen begannen, sprach man von Staudamm-Seismizität (engl.: *man-made earthquakes*; vgl. *Müller, 1970; Rothé, 1970*). Als Erklärung wurde zunächst die Zusatzbelastung durch die aufgebrachten Wassermassen auf die liegende Scholle von Abschiebungen angesehen. Da aber z. B. im Falle des Monteynard-Bebens (1963; Staudamm in den französischen Westalpen) die Herdflächenlösung eine Horizontalverschiebung ergab, war diese Erklärung hinfällig (vgl. *Kunze, 1982*). In einem Regime von Horizontalverschiebungen würde eine zusätzliche Auflast stabilisierend wirken. Hier kam eine weitere Beobachtung zu Hilfe. Das Einpumpen von Abwasser in einen zerklüfteten Fels präkambrischen Alters hatte in der Nähe von Denver/Colorado ebenfalls eine Erdbebenserie ausgelöst. In diesem Falle konnte von einer größeren Zusatzbelastung durch Wassermassen kaum die Rede sein. Vielmehr hatte das eingepumpte Abwasser offensichtlich die Reibungsverhältnisse auf den Scherflächen im Fels so verändert, dass dort vorhandene Scherspannungen sich über seismische Bewegungen abbauen konnten *(Hollister & Weimer, 1968; Healy et al., 1970)*. Die Bedeutung des effektiven Normaldrucks, d. h. der durch einen Porenwasserdruck abgeminderten Normalspannung auf einer Scherfläche, war damit deutlich geworden (Abb. 2.15; Kasten 2.C). Die von Menschen induzierte Seismizität hat ganz allgemein die Bedeutung von Fluiden für tektonische Prozesse verdeutlicht. Insbesondere Tiefherdbeben, die unter hohem Umgebungsdruck stattfinden, lassen sich besser in die Vorstellungen über den seismischen Herdvorgang integrieren, wenn man davon ausgeht, dass in einem subduzierten Lithosphärenbruchstück Fluide aus dem ozeanischen Entstehungsbereich enthalten sind.

2.2 Skalierung von Erdbeben

a. Herdspektrum und Magnituden

Vergleicht man die Erdbebenwellen mit anderen Wellenerscheinungen, wie Schall oder elektromagnetischen Wellen, so ist von diesen Vorgängen eine starke Abhängigkeit der Sende-, Übertragungs- und Empfangsbedingungen von der Frequenz bekannt. Hier wurde zunächst einmal die Bedeutung der Frequenz für die Absorption von seismischen Wellen eingeführt, also bei einer typischen Erscheinung des Ausbreitungsvorgangs. Will man entsprechende Zusammenhänge für den Herdprozess beschreiben, so bietet sich ein Vergleich mit Musikinstrumenten an: Dort ist die Größe einer Orgelpfeife oder die Länge einer Saite als bestimmende geometrische Größe für die Grundfrequenz des abgegebenen Tons geläufig. Im Einführungskapitel wurde bereits auf

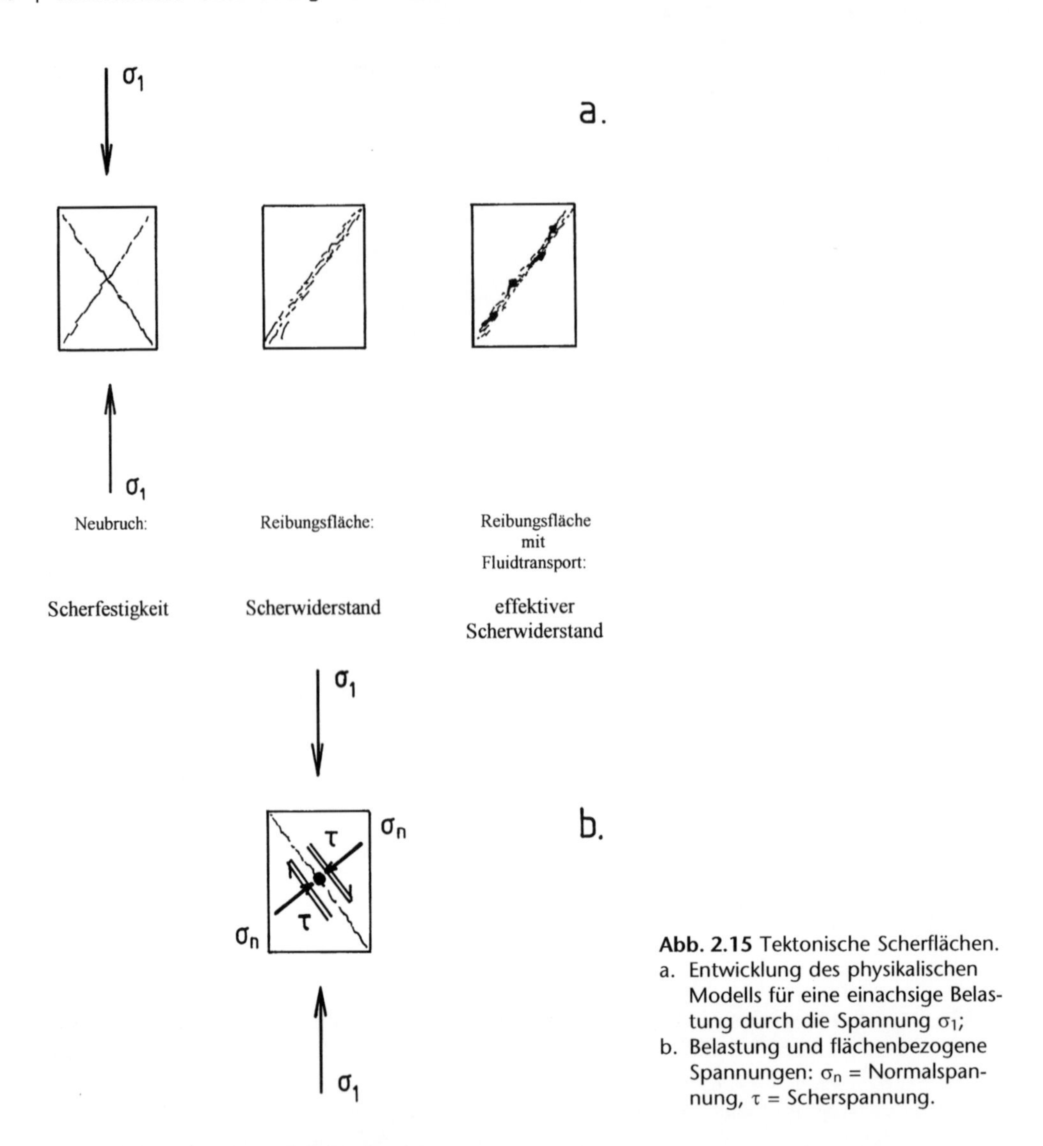

Abb. 2.15 Tektonische Scherflächen.
a. Entwicklung des physikalischen Modells für eine einachsige Belastung durch die Spannung σ_1;
b. Belastung und flächenbezogene Spannungen: σ_n = Normalspannung, τ = Scherspannung.

die Skalierung der Erdbebenherde durch ihre Längenausdehnung hingewiesen. Die „Grundfrequenz" eines Erdbebenherdes findet sich im Spektrum der seismischen Wellen als **Eckfrequenz** wieder. Bei dieser Frequenz liefert der Erdbebenherd die meiste Energie in Form seismischer Wellen. Da die Eckfrequenz mit der Herdlänge abnimmt, gibt ein kleiner Herd vor allem bei hohen Frequenzen, ein großer Herd bei niedrigen Frequenzen, d.h. langen Perioden Energie ab. Die Eckfrequenz bezeichnet aber nicht nur die Lage eines Maximums im Energiespektrum, sie verbindet quasi auch zwei Bereiche des seismischen Herdspektrums (Abb. 2.16). Als seismischen Herdspektrum bezeichnet man eine Darstellung der herdnahen seismischen Zeitfunktion, d.h. des Seismogramms im Frequenz- bzw. Periodenbereich. Hier wird eine seismische Bewegungsgröße oder die dynamische Energie eines Erdbebensignals in Abhängigkeit von Frequenz bzw. Periode gezeigt. Auch für diesen Fall bietet sich ein Vergleich mit dem Schall an. Der spektrale Hörbarkeitsbereich des Menschen liegt zwischen etwa 16 Hz und 16 kHz. Wir wissen, dass viele kleine Tie-

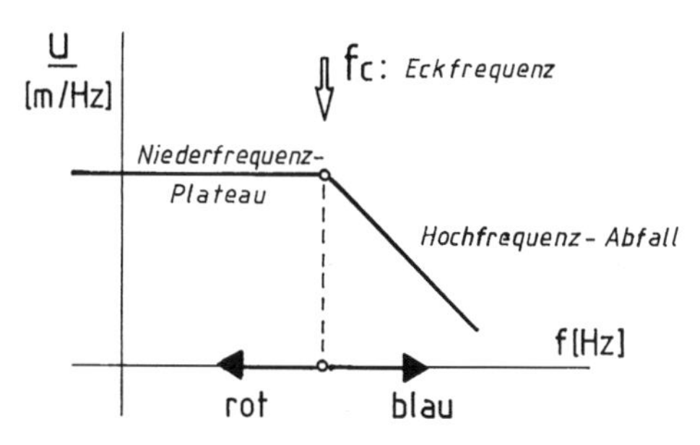

Abb. 2.16 Herdspektrum: f = Frequenz; u = spektrale Amplitudendichte in der Bodenverschiebung.

re höhere Frequenzen als 16 kHz aussenden und wahrnehmen. Wir sprechen dann von Ultraschall, wie er beispielsweise von den Fledermäusen bekannt ist. Größere Tiere, wie Wale und Elephanten, benützen zum Nachrichtenaustausch Frequenzen, die unterhalb unserer akustischen Wahrnehmbarkeit liegen (Infraschall). Ein quadratischer Erdbebenherd mit einer Ausdehnung von etwa einem Kilometer hat eine Eckfrequenz von etwa 1 Hz. Betrachtet man jetzt ein Spektrum der seismischen Bodenverschiebung, so ist die Eckfrequenz der Punkt im Spektrum, der den niederfrequenten Ast bleibender Verschiebung mit dem dynamischen Bereich, d. h. dem der Erdbebenwellen verbindet (Abb. 2.16). Während das niederfrequente Plateau des seismischen Herdspektrums durch das Herdmoment festgelegt wird, hängt die Eckfrequenz von der Langsamkeit der Bruchausbreitung, d. h. dem Kehrwert der Herdbruchgeschwindigkeit ab. Für einen bestimmten Wert der Herdlänge verschiebt sich die Eckfrequenz mit größer werdender **Bruchgeschwindigkeit** zu höheren Freqenzen: Man spricht dann von einem „blauen" Beben, in Anlehnung an das Spektrum des sichtbaren Lichts, wo an der Grenze zwischen blauen und ultravioletten Spektralabschnitten die obere Frequenzgrenze der Wahrnehmbarkeit optischer Signale liegt. Bei kleineren Bruchgeschwindigkeiten beobachtet man ein „rotes" Beben, d. h. im Signal dominieren jetzt die niedrigen Frequenzen, d. h. die langen Perioden. Die Bruchgeschwindigkeit kann schließlich so weit absinken, dass keine spürbaren Erschütterungen mehr auftreten: Man spricht dann von einem „stillen" Erdbeben (engl.: *silant earthquake*), das nur noch von langperiodisch bzw. breitbandig ausgelegten Seismographen erfasst wird. Solche langperiodisch orientierten Herdprozesse sind für die Tsunamigenese von Bedeutung (vgl. Abschnitt 3.1).

Bei Herden, die sich in Form oberflächennaher Verschiebungen so abbilden, dass man Herdlänge und Herdverschiebung direkt im Gelände vermessen kann, lässt sich das Herdmoment – nach einer Abschätzung der Herdbreite – aus diesen Daten bestimmen (vgl. Tab. 1.I). Da viele Herde durch ihre Lage unter dem Meeresboden oder allein durch ihre Tiefe einer direkten Vermessung nicht zugänglich sind, muss man nach einer Abbildung des seismischen Herdmoments im Seismogramm suchen. Abb. 2.17 zeigt, wie sich mit größer werdender Herdfläche, d. h. mit wachsendem Herdmoment auch die Fläche einer P-Welle, als Bodenverschiebung registriert, vergrößert; umgekehrt kann man auch aus der Fläche seismischer Signale auf die Größe des Erdbebenherdes schließen.

Die erste Skalierung von Erdbeben auf instrumenteller Basis wurde am Seismologischen Institut in Pasadena (*Seismological Laboratory, California Institute of Technology*) erarbeitet (*Richter, 1935*). Die unterschiedliche Besiedlungsdichte und die Erkenntnis, dass die meisten Erdbebenherde an die Küstenbereiche des Pazifiks gebunden sind, führte die Wissenschaftlergruppe um B. Gutenberg zu einem solchen Schritt. Die Definition der Nahbebenmagnitude (Ml) war noch an die Aufzeichnungen des Seismographen nach Wood-Anderson gebunden, der im selben Institut für die Nahbebenbeobachtung in Kalifornien entwickelt worden war. Es wurden empirische Eichkurven der Amplitudenabnahme der seismischen Bodenverschiebung (u_{NS} und u_{EW}) mit der Epizentralentfernung (Δ) aufgestellt, um den entfernungsabhängigen Amplitudenverlust ($-u_\Delta$) festlegen zu können (Abb. 2.18).

Die Arbeiten an dem internationalen Katalog „Seismizität der Erde" (engl.: *Seismicity of the Earth*) zeigte Gutenberg und Richter, dass eine solche Klassifizierung für alle Ereignisse auf der Erde anwendbar sein müsste. So wurde zunächst die Oberflächenwellenmagni-

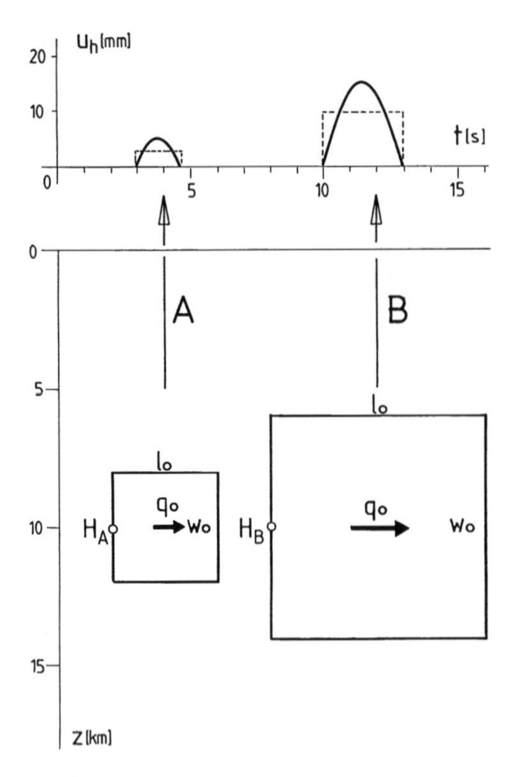

Abb. 2.17 Herdmoment und Fläche des seismischen Signals: u_h = Horizontalamplitude der seismischen Bodenverschiebung, t = Zeit.
Das Herdmoment drückt sicht in der Fläche eines Erdbebensignals aus. Für die beiden unterschiedlich großen Ereignisse A und B gilt:
Herdtiefe h_o = 10 km;
Schermodul $G = 3 \cdot 10^{10}$ Pa;
Scherwellengeschwindigkeit c_s = 3400 m/s;
Dichte $\rho = 2{,}7 \cdot 10^3\ kg/m^3$;
Herdverschiebung $q_o = 2{,}5 \cdot 10^{-5}\ l_o$;
Herdlänge l_o = Herdbreite w_o.

Die Parameter des Ereignisses A sind:
Herdverschiebung q_o = 0,1 m;
Herdlänge l_o = 4 km;
Herdmoment $M_o = 4{,}8 \cdot 10^{16}$ Nm;
Momentmagnitude Mw = 5,1;
Herddauer Δt_o = 1,5 s;
Vergleichsereignis: 1978 SEP 03, Westliche Schwäbische Alb.

Die Parameter des Ereignisses B sind:
Herdverschiebung q_o = 0,2 m;
Herdlänge l_o = 8 km;
Herdmoment $M_o = 3{,}84 \cdot 10^{17}$ Nm;
Momentmagnitude Mw = 5,7;
Herddauer Δt_o = 3 s;
Vergleichsereignis: 1911 NOV 16; Westliche Schwäbische Alb.

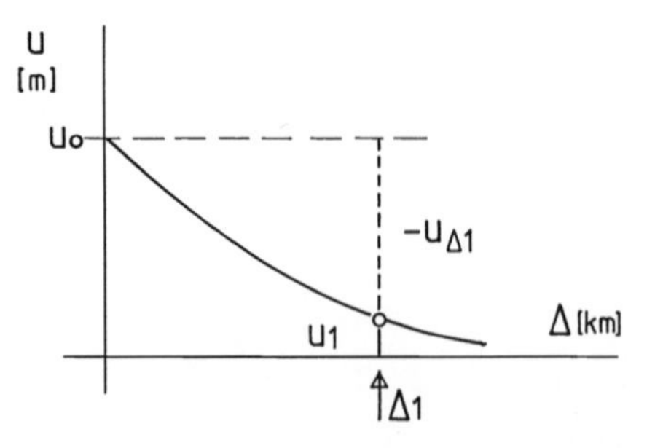

Abb. 2.18 Magnitude eines Erdbebens. Da die Magnitude den Herdvorgang beschreiben soll, muss der entfernungsabhängige Amplitudenverlust ($-u_{\Delta 1}$) zur Amplitude der Bodenbewegung u_1 in der Entfernung Δ_1 addiert werden. Die Amplitude der Bodenbewegung ergibt sich aus der registrierten Amplitude, indem man die instrumentelle Vergrößerung berücksichtigt. Die Magnitude ist gleich dem 10er Logarithmus der auf Effekte der Ausbreitung und des Instruments korrigierten Messwerte.

tude (Ms) eingeführt, die von Amplituden seismischer Rayleigh- und Love-Wellen bei einer Periode von T = 20 s ausgeht (*Gutenberg, 1945 a*); ihre Anwendung ist aber auf Flachherdbeben beschränkt, da bei Tiefherdbeben keine für eine Klassifizierung geeigneten Oberflächenwellen entstehen. Für Erdbeben mit unterschiedlicher Tiefe werden deshalb in einer weiteren Magnitudenskala Raumwellenamplituden verwendet (Raumwellenmagnitude Mb; *Gutenberg, 1945b, c*). Die verschiedenen Magnitudendefinitionen beziehen sich auf unterschiedliche Ausschnitte des seismischen Herdspektrums (Abb. 2.19).

Ein Vergleich zwischen Magnitudenwerten und herdnah gemessenen Bodenbeschleunigungen, die man in Bodengeschwindigkeiten und schließlich in Wellenenergie umgerechnet hat, führt *Gutenberg & Richter (1956)* zur ersten physikalischen Skalierung des Erdbebenherdes (Kasten 2.D). Die seismische Wellenenergie und ihre Beziehung zum Herdprozess bzw. der Energieumsatz während des Herdvorgangs sind auch heute noch Gegenstand von Diskussionen (*Ide & Beroza, 2001*).

Die Einführung des seismischen Herdmoments führt schließlich zu einer Vereinheitlichung der Magnitudenbestimmung durch die

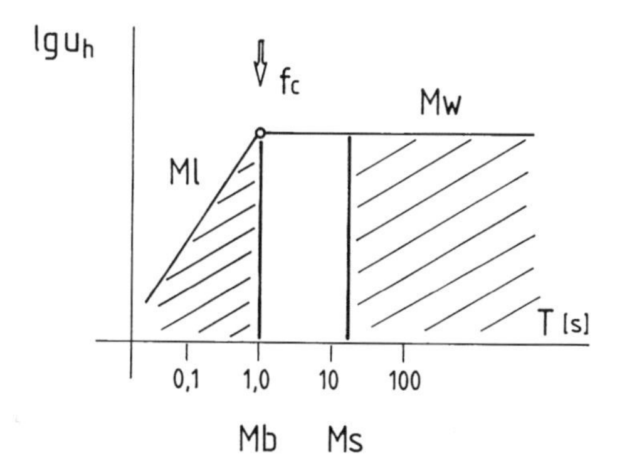

Abb. 2.19 Seismisches Herdspektrum und Magnituden.
Die verschiedenen Magnitudendefinitionen lassen sich Stützpunkten eines Spektrums, d. h. bestimmten Perioden T bzw. Frequenzen f in der Bodenverschiebung (logarithmisch aufgetragen: lg u_h) zuordnen: Ml = Nahbeben-Magnitude; Mb = Raumwellenmagnitude; Ms = Oberflächenwellenmagnitude; Mw = Momentmagnitude; f_c = Eckfrequenz des Erdbebenherdes.

Einführung der Momentmagnitude (Mw, *Hanks & Kanamori, 1979*; vgl. Abb. 2.20; Abschnitt 1.1; Kasten 1.B).

Gleichzeitig wird eine Skalierung ermöglicht, die den Herd nicht mehr als Punktquelle betrachtet, sondern als tektonischen Prozess, wie von Reid zuerst nach dem Nordkalifornischen Erdbeben von 1906 beschrieben. Es werden jetzt empirische Beziehungen zwischen der Momentmagnitude und anderen Herdparametern wie Herdlänge, Herdfläche und Herdverschiebung hergestellt (vgl. Tab. 2.I).

Auf die Frage der „Richter-Skala" wird am Schluss von Kasten 2.D eingegangen.

b. Übertragungseigenschaften

Dem seismischen Herdspektrum steht ein „Spektrum" von strukturellen Dimensionen gegenüber, das die frequenzabhängige Reaktion des Herdsignals auf das Ausbreitungsme-

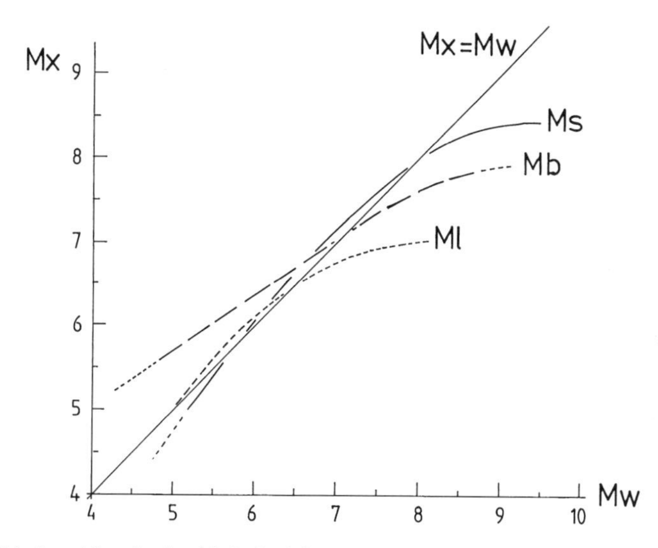

Abb. 2.20 Verschiedene Magnituden Mx in Beziehung zur Momentmagnitude Mw nach *Kanamori (1983)*. Als Mb wird hier die Raumwellenmagnitude in der Definition nach *Gutenberg (1945 b, c)* bezeichnet. Heute wird häufig eine Raumwellenmagnitude auf der Basis kurzperiodischer Registrierungen des WWSSN-Standards unter diesem Symbol geführt. Sie wurde als Merkmal zur Unterscheidung zwischen tektonischen Erdbeben und unterirdischen Nuklearexplosionen eingeführt. Künstliche Erschütterungen erzeugen nur geringe Signalamplituden im Periodenbereich der Oberflächenwellen; d. h. die Magnitude Ms ist im Vergleich zu Mb relativ klein.
Die Nahbebenmagnitude Ml zeigt eine Sättigung für einen Wert, der unterhalb von Mx = 7 liegt.

Kasten 2.D : Herdspektrum und Magnituden

Bruchgeschwindigkeit und Eckfrequenzen

Die mittlere Bruchgeschwindigkeit liegt bei integraler Betrachtung des Herdvorgangs unterhalb der Scherwellengeschwindigkeit:

$$V_{Fo} = 0{,}5 \text{ bis } 0{,}9\ c_s \text{ in m/s} \qquad (2.16)$$

Zusammen mit den geometrischen Parametern wie Herdradius r_o, Herdlänge l_o und Herdbreite w_o bestimmt sie die Lage der Eckfrequenzen im Herdspektrum. Für einen kreisförmigen Herd gilt nach *Brune (1970; 1971)*:

$$f_{c1} = (2{,}34\ c_s)/(2\ \pi\ r_o) \qquad (2.17)$$

Für einen rechteckigen Herd erhält man nach *Savage (1972)* eine der Herdlänge l_o zugeordnete Eckfrequenz (bei Beobachtung in Bruchrichtung):

$$f_{c2} = (2c_s/l_o)\ [c_s^2/V_{fo}^2 + 1]^{1/2} / [2\pi\ (c_s^2/V_{fo}^2 - 1)] \qquad (2.18)$$

Zusammen mit der Maximalfrequenz f_{max} spannen die Eckfrequenzen das Plateau eines Herdspektrums in der Bodenbeschleunigung auf (Abb. 2.24). Zur Bildung der Maximalfrequenz tragen wahrscheinlich sowohl Herd- wie auch Ausbreitungseffekte bei. Der Zerstörungsgrad von Gesteinen im innersten Bereich einer Scherzone führt ebenso zu Tiefpasseffekten wie auch die Absorption bei der Wellenausbreitung. Zur Abschätzung von f_{max} für S-Wellen lässt sich nur für den Anteil, der durch Absorption bedingt ist, eine einfache quantitative Beziehung angeben:

$$f_{max} = Q_s\ c_s/\pi\ s \qquad (2.19)$$

Nach Beobachtungen liegt f_{max} in der Größenordnung von 10 bis 30 Hz, wobei tendenziell eine Abnahme mit wachsender Magnitude festzustellen ist *(Papageorgiu & Aki, 1983; Boore, 1983; Atkinson, 1996).*

Geht man von einem konstanten Wert der Maximalfrequenz aus, so wachsen mit der Ausdehnung des Herdes, d. h. mit der Momentmagnitude folgende Größen (Abb. 2.24):

- die Bandbreite der Bodenbeschleunigung;
- die Dauer der Erschütterung;
- das Amplitudenniveau in Zeitfunktion und Spektrum.

Magnituden.

Wie Abb. 2.19 zeigt, beziehen sich die einzelnen Magnituden auf verschiedene Periodenbereiche des seismischen Herdspektrums. Hinzu kommen noch einschränkende Bedingungen hinsichtlich Wellentyp (Raumwellen oder Oberflächenwellen), Herdentfernung (Nahbeben oder Fernbeben) und Herdtiefe (Flachherdbeben oder Tiefherdbeben) bei der Anwendung der Magnituden.

Nahbebenmagnitude (Ml): Die Epizentralentfernungen sollten unter 1000 km, die Bandbreite mit maximaler Übertragungsfunktion des Seismographen zwischen 0,1 und 1,0 s Periode liegen.

Von *Ahorner (1983)* wurde eine Beziehung aufgestellt, die für Nahbebenaufzeichnungen in Mitteleuropa geeignet ist:

$$Ml = \lg u_h + 1{,}90 \lg s - 0{,}35 \qquad (2.20)$$

Es bedeuten: u_h = Horizontalamplitude der seismischen Bodenverschiebung ($u_h = \sqrt{u_{NS^2} + u_{EW^2}}$) in µm; s = Hypozentralentfernung in km.

Oberflächenwellenmagnitude (Ms): Die Epizentralentfernungen müssen größer als 20° bzw. 2200 km (1 Grad = 1° = 111,111... km) betragen. Bei sehr großen Beben (Mw ≥ 8,0) versagt diese Definition, da bei einer Periode von T = 20 s, bei der diese Magnitude bestimmt wird, die Amplituden bereits im abfal-

dium erklärt. Langwellige, d. h. langperiodische Signalkomponenten reagieren nur auf entsprechend räumlich ausgedehnte Einheiten des Erdkörpers. So wird bei großen Erdbeben ein breites Spektrum von Eigenschwingungen im Erdkörper angeregt. Die Periode der einzelnen Spektrallinien wird durch den physikalischen Aufbau des Erdkörpers bestimmt. Als Parameter sind dabei maßgebend:

* geometrische Dimensionen;
* elastische Eigenschaften, wie Kompressionsmodul und Schermodul;
* Dichte;
* Absorptivität (Dämpfung).

Die Aufzeichnung und Interpretation von Raumwellen hat bereits zu Beginn des 20. Jahrhunderts ein Bild vom physikalischen Aufbau des Erdkörpers geliefert (vgl. Ablenden Ast des Herdspektrums liegen (vgl. Abb. 2.20).

Entsprechend einer internationalen Festlegung wird die Oberflächenwellenmagnitude nach folgender Beziehung berechnet:

$$Ms = \lg (u_h/T)max + 1{,}66 \lg \Delta + 3{,}3 \quad (2.21)$$

u_h = Maximalwert der Amplitude innerhalb eines dispergierten Wellenzugs (Love- oder Rayleigh-Wellen). Sie werden für eine Periode von $T = 20 \pm 1$ s festgelegt und in µm eingesetzt. Die Epizentralentfernung Δ geht in Grad ein.

Raumwellenmagnitude Mb: Es werden Aufzeichnungen von Raumwellen in der Nähe der Periode von T = 1 s verwendet (kurzperiodischer Seismograph, wie SP in der WWSSN-Abstimmung). Vertikal- und Horizontalamplitude werden getrennt interpretiert, ebenso verschiedene Wellenarten bzw. Laufwege, wie P,S, PP.

Die Definitionsgleichung kann deshalb nur in generalisierter Form angegeben werden:

$$Mb = \lg(u/T)max + \sigma(\Delta,h_o) + \Sigma\partial Mb \quad (2.22)$$

Die Korrekturwerte σ sind in der Arbeit von *Gutenberg & Richter (1956)* zu finden.

Einen Überblick über die Beziehungen zwischen der Momentmagnitude Mw und den Magnituden Ml, Mb und Ms soll Abb. 2.20 vermitteln.

Leider wird immer wieder in der Literatur die Angabe vergessen, wie die Magnitude eines Bebens bestimmt worden ist. Für solche Fälle und bei generellen statistischen Betrachtungen, wie in Kasten 2.H wird das Symbol „Mx" verwendet.

Skalierung nach Magnitude und Herdparametern

Die älteste Form eines Zusammenhangs zwischen einer Magnitude und einem physikalischen Herdparameter wurde von *Gutenberg (1956)* auf der Basis einer empirischen Beziehung zwischen der vom Herd abgestrahlten Wellenenergie und der Magnitude Ms hergestellt:

$$\lg E_{so} = 4{,}8 + 1{,}5\, Ms \quad (2.23)$$

E_{so} in J; der Index „so" verweist mit „s" auf die in einer seismischen Welle transportierte Energie, mit „o" auf den Zustand des Signals im Herdbereich, also die vom Herd abgegebene Energie, die noch keine Abschwächungseffekte mit der Entfernung erfahren hat.

Weitere Beziehungen dieser Art wurden u. a. von *Geller (1976)* veröffentlicht, so zwischen Oberflächenwellenmagnitude Ms und dem Betrag des Herdmoments M_o oder der Herdfläche A_o (vgl. auch Tab. 2.I):

$$\lg M_o = Ms + 11{,}89 \text{ für } Ms < 6{,}76 \quad M_o \text{ in Nm} \quad (2.24a)$$

$$\lg A_o = (2/3)Ms - 2{,}28;\ A_o \text{ in km}^2 \quad (2.24b)$$

Wird in den Medien über Erdbeben berichtet, so wird häufig der Ausdruck „Richter-Skala" zur Beschreibung der „Stärke" eines Erdbebens gebraucht. Wie Abb. 2.20 veranschaulicht, ist die Nahbebenmagnitude Ml (nach Richter) nicht dazu geeignet, Erdbeben beliebiger Größe zu beschreiben: Sie zeigt bei dem Wert Mw = 7 eine deutliche Sättigung. Für den Frequenzbereich zwischen 1 und 10 Hz, für den die **Nahbebenmagnitude** ursprünglich definiert ist, wirkt die Absorption so stark, dass die räumliche Ausdehnung der Herdfläche keinen Einfluss mehr auf die Amplituden diesen Spektralausschnitts besitzt, wenn man sich in einer gewissen Entfernung vom Herd befindet. Das meist noch beigefügte Adjektiv „oben offen" ist wegen der gezeigten Sättigung nicht angebracht. Nur die **Momentmagnitude** bietet die Möglichkeit, Erdbeben beliebiger Größe in einer einheitlichen Skala darzustellen.

schnitt 1.3c; Abb. 1.32). Als wichtigste Tiefenzonen ergeben sich dabei, von der Erdoberfläche aus in Richtung Erdmittelpunkt gesehen:

* Erdkruste;
* Erdmantel;
* Erdkern.

Die Untersuchung der Erdkruste mit den Verfahren der Nahbeben-, Refraktions- und Reflexionsseismik hat ergeben, dass vor allem in den Strukturen der kontinentalen Erdkruste ein komplexer Entwicklungsvorgang dokumentiert ist. Ordnet man der äußersten Kugelschale des Erdkörpers durchschnittliche Eigenschaften zu, so lässt sich eine Gliederung, wie in Tab. 2.II dargestellt, durchführen. Der mit der Tiefe zunehmende Druck führt zu einer Vergrößerung der elastischen Parameter

Tab. 2.I: Magnitude und Herdparameter (in schematisierter Form)

Momentmagnitude	Herdlänge	Herdverschiebung (Mittelwert)	Herdmoment (Betrag)	Mw
Mw	l_o in km	q_o	M_o in Nm	
2,0	0,15	3,75 mm	$1{,}27 \cdot 10^{12}$	2,1
3,0	0,5	1,25 cm	$4{,}7 \cdot 10^{13}$	3,1
4,0	1,5	3,75 cm	$1{,}27 \cdot 10^{15}$	4,1
5,0	5	12,5 cm	$4{,}7 \cdot 10^{16}$	5,1
6,0	15	37,5 cm	$1{,}27 \cdot 10^{17}$	6,1
7,0	50	1,25 m	$4{,}7 \cdot 10^{19}$	7,1
8,0	150	3,75 m	$1{,}27 \cdot 10^{20}$	8,1
9,0	500	12,5 m	$4{,}7 \cdot 10^{22}$	9,1

Es wurden für die Tabelle folgende Beziehungen zwischen den Herdparametern verwendet:
$q_o = 2{,}5 \cdot 10^{-5} \cdot l_o$ (Ähnlichkeitsbeziehung zwischen Herdverschiebung q_o und Herdlänge l_o; in diesem Verhältnis drückt sich die globale Scherfestigkeit der Erdkruste bzw. des Erdmantels aus; innerhalb von Scherzonen liegt es zwischen 10^{-4} und 10^{-5}).
$w_o = 0{,}5\ l_o$: Die Herdbreite wo ist halb so groß wie die Herdlänge, rechteckige Herdfläche; wie große Krustenbeben zeigen, ist das Verhältnis bei solchen Ereignissen viel kleiner, da die Herdbreite nach unten durch einen Übergang in die mehr duktil reagierende Unterkruste begrenzt wird. Dieser Wert liegt bei etwa 20 km.
Der Betrag des Herdmoments M_o wurde entsprechend der Definitionsgleichung dieser Größe:

$M_o = G\ q_o\ l_o\ w_o$ in Nm

bestimmt. Als Schermodul wurde der für die kontinentale Oberkruste repräsentative Wert von $G = 3 \cdot 10^{10}$ Pa eingesetzt.

Der in der letzten Spalte angegebene Wert der Momentmagnitude Mw entspricht der folgenden Beziehung zwischen Herdmoment und Momentmagnitude:

$Mw = (2/3)\ \lg M_o - 6{,}0$

Beziehungen zwischen Magnitude und Herdparameter werden in den Arbeiten von *Bernard (1991)* und *Somerville et al. (1999)* dargestellt. Ein aktueller Vergleich, der auch regionale Unterschiede zwischen Intraplatten- und Plattenrandbeben berücksichtigt, ist bei *Romanovicz & Ruff (2002)* zu finden.

und der Dichte, wobei Erstere stärker anwachsen. Diskontinuitäten trennen die Schichten des Erdkörpers mit relativ einheitlichen physikalischen Eigenschaften. An diesen Grenzflächen wechselt entweder die petrographische Zusammensetzung, oder es kommt unter dem Einfluss von erhöhtem Druck bzw. Temperatur zu einem Wechsel der Modifikation von Mineralen.

Die Außenhaut des Erdkörpers, d. h. die Grenzfläche zur Atmosphäre oder Hydrosphäre, wird in vielen Gebieten von einer mehr oder weniger mächtigen Schicht aus Lockersedimenten gebildet. Neben den Eigenschaften der festen Bestandteile ist für das physikalische Verhalten der obersten Zone des Erdkörpers vor allem der Gehalt an Wasser von entscheidender Bedeutung. Die Werte für die seismischen Wellengeschwindigkeiten und die Dichte sind hier noch relativ niedrig, während ihre Schwankungsbreite sehr groß ist.

In Herdnähe werden Signalanteile im Inneren einer solchen Struktur geführt, wenn die Schichtdicke ein Viertel der Wellenlänge beträgt. Die Amplitude wird im Verhältnis der Impedanzen zwischen der schallhärteren Unterlage und der oberflächennahen Schicht erhöht („Bodenverstärkung", vgl. Tab. 2.III; Abb. 2.21; Kasten 2.E).

Unter den Lockersedimenten folgt in vielen Fällen eine Schicht aus mehr oder weniger festen Sedimenten. Die Variabilität in der Mächtigkeit wie auch in den physikalischen Para-

Tab. 2.II: Strukturen des Ausbreitungsmediums

Der Aufbau des Erdkörpers wird, von der Erdoberfläche ausgehend, in Richtung auf den Erdmittelpunkt hin betrachtet.

1. **Sedimenthülle:**
   a. Nichtverfestigte Sedimente: Sie stehen in einer engen Beziehung zur Atmosphäre und Hydrosphäre, die sich vor allem im Porenwasserhaushalt und der Grundwasserzirkulation ausdrücken;
   b. Verfestigte Sedimente, wie Sandsteine, Kalke.
2. **Erdkruste:** Hier ist sehr deutlich zwischen ozeanischer und kontinentaler Kruste zu unterscheiden.
   a. Ozeanische Erdkruste: Sie bestehen bei einer Mächtigkeit von etwa 12 km an ihrer Basis aus MORB-Gesteinen (MORB = engl.: *Midoceanic Ridge Basalts* = Mittelozeanische-Rücken-Basalte), über denen eine dünne Sedimentdecke liegt.
   b. Kontinentale Erdkruste: Sie zeigt mit einer Mächtigkeit von 20 bis 70 km eine mehr oder weniger deutliche Unterteilung in eine Oberkruste, die in Mitteleuropa eine Dicke von etwa 20 km erreicht und durch die Conrad-Diskontinuität von der Unterkruste getrennt wird.

Die Basis der ozeanischen wie der kontinentalen Erdkruste wird durch die Mohorovičić-Diskontinuität gebildet. In dieser Tiefe findet der Übergang zum Oberen Erdmantel statt (vgl. Unterabschnitt 1.1c).

3. **Erdmantel:** Diese Kugelschale des Erdkörpers nimmt den Tiefenbereich zwischen der Erdkruste und dem Erdkern ein. Der Erdkern beginnt in einer Tiefe von 2900 km. Der Erdmantel wird wie die Erdkruste in zwei Tiefenzonen gegliedert:
   a. Oberer Erdmantel: Er reicht bis zu einer Tiefe von etwa 1000 km. Durch Modifikationsänderungen der Minerale bilden sich in 400 und 700 km Tiefe Diskontinuitäten 2. Ordnung (vgl. Abb. 2.9b). Bei 400 km Tiefe findet ein Übergang von Olivin zu Spinell statt. Er besteht vorwiegend aus Ultrabasiten. Die tiefsten Erdbebenherde liegen bei 700 km.
   b. Unterer Erdmantel: Er wird auch mit dem Ausdruck „ Primitiver Mantel" beschrieben. Man sieht hier das Ausgangsmaterial für den globalen Differentiationsprozess: Eisen nach unten, Quarz nach oben. Als „Urmaterial" wird ein „Perowskit", ein Magnesium-Eisen-Silikat angenommen. Die Diskontinuität bei 700 km Tiefe wird als Übergang von Spinell zu Perowskit interpretiert.

Die Grenze zwischen Erdmantel und Erdkern bildet die Kern-Mantel-Grenze, der Schauplatz von thermischen und chemischen Austauschprozessen. Der feste Erdmantel stößt hier auf den darunter liegenden flüssigen Äußeren Erdkern. Die Tiefe dieser Grenzfläche wurde von *Gutenberg (1914)* durch seismologische Laufzeit- und Amplitudenuntersuchungen festgelegt.

4. **Erdkern:** Auch der zentrale Bereich des Erdkörpers zerfällt in zwei Tiefenzonen:
   a. Äußerer Erdkern: Er besteht vorwiegend aus flüssigem Eisen mit einer Beimischung aus anderen Elementen, wie Nickel. Hier findet Konvektion in Konvektionszellen statt. Diese Strömung erzeugt das erdmagnetische Innenfeld.
   b. Innerer Erdkern: Er erstreckt sich zwischen 5000 und 6371 km Tiefe und besteht aus einer festen Eisenlegierung (vgl. Kap.1).

metern ist hier ebenfalls noch hoch. Vor allem ist mit größeren Unterschieden in horizontaler Richtung zu rechnen, wenn man von einer geologischen Einheit in eine andere überwechselt.

Denkt man an die Verhältnisse in Mitteleuropa, so stehen hier kristallinen Massiven, die teilweise mit paläozoischen und mesozoischen Sedimenten bedeckt sind, tiefgründige Gräben und Becken gegenüber, wo teils weichere teils festere tertiäre Sedimente und darüber pleistozäne und holozäne Ablagerungen die älteren Schichten überlagern. Die rheinischen Gräben und das voralpine Molasbecken seien als Beispiele für tiefgründige Ablagerungsräume genannt. Eine Zwischenstellung nehmen Plateaus ein, die von permomesozoischen Sedimenten und allenfalls einer dünnen tertiären bzw. quartären Sedimentdecke überzogen sind: Süddeutsches Dreieck und Thüringer Becken. Die Mächtigkeiten liegen dort bei etwa einem Kilometer oder weniger, während sie innerhalb der Beckenstrukturen mehrere Kilometer erreichen können. Innerhalb der Ozeane besteht ebenfalls ein starker physikalischer Kontrast zwischen den jungen Lockersedimentauflagen und deren Unterlage aus basischen Ergussgesteinen. Auf

Tab. 2.III: Eigenschaften von Gesteinen als Ausbreitungsmedium von Erdbebenwellen

Als Referenzgestein wird hier ein „**Granit**" betrachtet. Es handelt sich in Realität um Gesteine, welche die obere Erdkruste aufbauen. Die dort vorherrschenden sauren, d.h. quarzreichen Gesteine können durch folgende Parameter in ihren Eigenschaften als Ausbreitungsmedium für elastische Wellen beschrieben werden:

P-Wellengeschwindigkeit	$c_p = 5{,}8 \pm 0{,}2$ km/s
S-Wellengeschwindigkeit	$c_s = 3{,}4 \pm 0{,}1$ km/s
Dichte	$\rho = 2{,}7 \pm 0{,}2$ g/cm^3
Ausbreitungsqualität für S-Wellen	$Q_s = 200 \pm 50$
Poisson-Zahl	$\nu = 0{,}25 \pm 0{,}01$
Verhältnis P/S-Wellen-Geschwindigkeit	$c_p/c_s = \sqrt{3}$

Solche Werte lassen sich in den kristallinen Kernen der Mittelgebirge feststellen, z.B. im südlichen Teil der Vogesen oder des Schwarzwaldes. Bei Gesteinen mit mehr basischen Charakter wie Gabbros oder Dioriten liegen die Werte von Geschwindigkeiten und Dichte etwas höher.

Feste Sedimentgesteine („Sandstein")

Hier soll ein Gestein als Standard betrachtet werden, das sich in Richtung höherer Werte deutlich von dem „Granit" unterscheidet, aber auch in Richtung niedrigere Geschwindigkeiten deutlich von den Lockergesteinen abhebt. Es wird hier der in Mitteleuropa verbreitete Buntsandstein (Unter-Trias) als der Sandstein betrachtet:

P-Wellengeschwindigkeit	$c_p = 3{,}5 \pm 1{,}0$ km/s
S-Wellengeschwindigkeit	$c_s = 2{,}2 \pm 1{,}0$ km/s
Dichte	$\rho = 2{,}4 \pm 0{,}5$ g/cm^3
Ausbreitungsqualität für S-Wellen	$Q_s = 50 \pm 25$
Poisson-Zahl	$\nu = 0{,}25 \pm 0{,}2$

Neben dem größeren Schwankungsbereich ist hier noch anzumerken, dass z.B. Kalke der Oberjura-Sedimente („Weißjura"-Kalke) in Mitteleuropa in ihren Merkmalen dem Standard-Gestein „Granit" wesentlich näher stehen als dem hier für feste Sedimentgesteine vorgestellten „Sandstein".

Lockersedimente

Die elastischen Eigenschaften von Lockersedimenten liegen deutlich unter denen der vorher genannten Gesteinsgruppen. Wesentlich ist hier auch bei elastischen Prozessen der Einfluss des Porenwassers auf die Gesteinseigenschaften:

P-Wellengeschwindigkeit	$c_p = 0{,}2$ bis $3{,}0$ km/s
S-Wellengeschwindigkeit	$c_s = 0{,}05$ bis $1{,}7$ km/s
Dichte	$\rho = 1{,}3$ bis $2{,}4$ g/cm^3
Ausbreitungsqualität für S-Wellen	$Q_s \leq 20$

In wassererfüllten küstennahen Ablagerungen und innerhalb künstlicher Aufschüttungen können die genannten Werte noch unterschritten werden. Die Abweichungen von den beiden Gruppen fester Gesteine sind vor allem im Geschwindigkeitsverhältnis zwischen P- und S-Wellen sehr markant, da hier unter dem Einfluss von Porenwasser Verhältnisse zwischen 2 und 10 beobachtet werden.

Hinzu kommt bei Sedimenten noch die deutliche Veränderung der elastischen Eigenschaften mit der Überlagerungstiefe *(Schön, 1983)*.

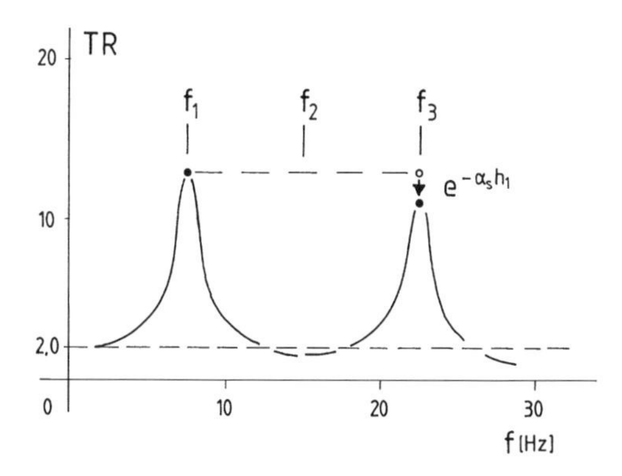

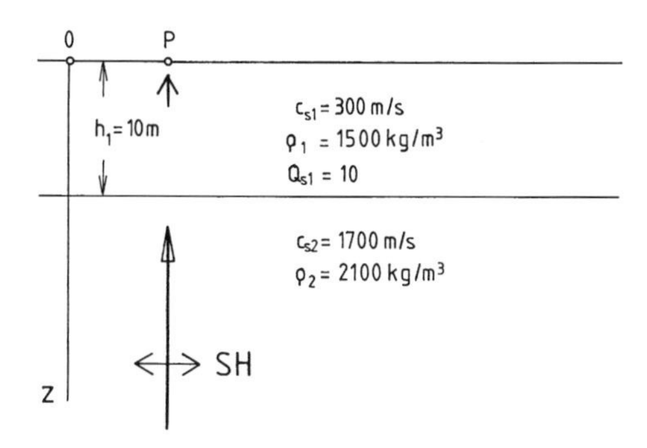

Abb. 2.21 Übertragungsungsfunktion für eine oberflächennahe Schicht niedriger Impedanz: Impedanz = Wellengeschwindigkeit x Dichte; c_s = Scherwellengeschwindigkeit; ρ = Dichte; Q_s = Ausbreitungsqualität für S-Wellen. Eine SH-Welle fällt senkrecht auf die Schichtgrenze ein. Die Übertragungsfunktion nach Gleichung 2.25 (Kasten 2.E) zeigt ein erstes Maximum bei der Frequenz f_1 = 7,5 Hz. Als geologischer Untergrund wird eine Talaue beschrieben, deren unverfestigte Sedimente über Gesteinen des Keupers oder des Unteren/Mittleren Juras lagern.
Die Schadenskonzentrationen in Talgründen sind allgemein bekannt. Neben einer geringen Entfernung zur Herdfläche trägt auch die hier häufig alte und sehr heterogene Bausubstanz zu den beobachteten Erdbebenwirkungen bei. Die Absorption ($e^{-\alpha_s h_1}$) wird hier erst bei höheren Frequenzen wirksam, da der Wellenweg durch eine solche Schicht sehr kurz ist.

gewaltige Sedimentanhäufungen trifft man besonders vor den Mündungen großer Ströme, während sich die Mächtigkeit dieser Ablagerungen mit der Entfernung von der Küste stark ausdünnt.

Im kontinentalen Bereich lagert ein Stockwerk aus meso- und paläozoischen Sedimenten über einer Schicht aus sauren Tiefengesteinen oder Metamorphiten. Sie bilden in Mitteleuropa die etwa 20 km mächtige Oberkruste, die der Hauptschauplatz kontinentaler Erdbebentätigkeit ist. Die Oberkruste wird nach unten durch die Conrad-Diskontinuität abgeschlossen; dort steigt die P-Wellengeschwindigkeit von 5,8 bis 6,0 km/s auf Werte um 6,6 bis 7,2 km/s an.

Die Einflüsse der Schichtung und anderer oberflächennaher Strukturen auf das seismische Wellenfeld werden im Frequenzbereich durch ihre Übertragungsfunktionen beschrieben (vgl. Kasten 2.E).

c. Seismische Bodenbewegung

Die im Herd auftretende Verschiebung überträgt sich als elastische Bodenverschiebung, Bodengeschwindigkeit bzw. Bodenbeschleunigung auf die Umgebung des Erdinnern. In

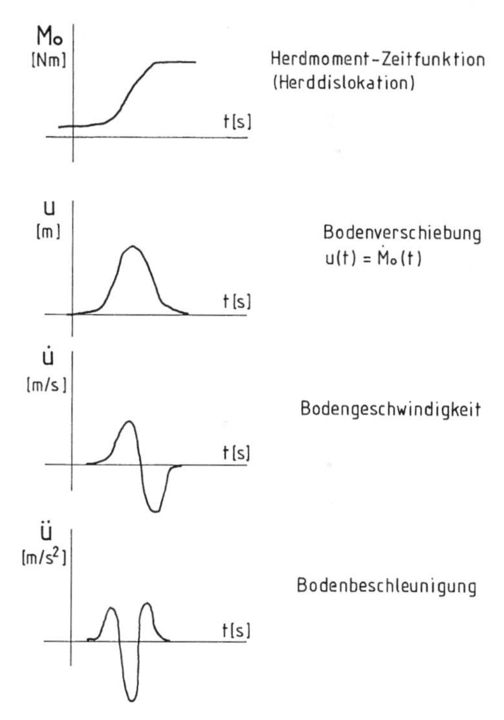

Abb. 2.22 Ausdruck der Herdverschiebung in drei kinematischen Bewegungsgrößen: Verschiebung, Geschwindigkeit und Beschleunigung der Bodenbewegung.

Kasten 2.E : Übertragungseigenschaften

Nach *Takahashi & Hirano (1941)* lässt sich die Übertragungsfunktion einer oberflächennahen Schicht aus Lockergestein, die einem Halbraum aus Festgestein auflagert, aus folgender Beziehung berechnen:

$$TR(\omega) = 2\,[\cos^2(\omega h_1/c_{s1}) + (\rho_2 c_{s2}/\rho_1 c_{s1})^2 \sin^2(\omega h_1/c_{s1})]^{-1/2} \quad (2.25)$$

Wenn die Wellenlänge eines Signals wesentlich größer als die Schichtdicke h_1 ist, geht das Argument $(\omega h_1/c_{s1})$ in Gleichung (2.25) gegen Null und damit die Übertragungsfunktion gegen 2,0 : Die Welle „spürt" nichts mehr von der dünnen Auflage. Als Wellentyp werden hier von unten senkrecht einfallende SH-Wellen betrachtet. Ihre Übertragungsfunktion zeigt dann Maxima bei den folgenden Perioden (Abb. 2.21):

$$T_n = 4\,h_1/(c_{s1} n)\ ;\ n = 1,3,5... \quad (2.26)$$

Diese Werte leiten sich aus der Bedingung ab:

$$h_1 = \lambda/4 \quad (2.27)$$

Bei diesen Werten der Periode werden die Amplituden im Impedanzverhältnis

$$\rho_2 c_{s2}/\rho_1 c_{s1} \quad (2.28)$$

angehoben. Man spricht hier von „Bodenverstärkung" (engl.: *soil amplification*).

Für eine harmonische Wellenkomponente ergibt sich in der Hypozentralentfernung s die folgende Amplitude:

$$u = u_o\,(r_o/s)\,e^{-\alpha s}\,[\sin(t/T) - (x/\lambda)]\,TR(\omega) + \phi_o \quad (2.29)$$

Gleichung (2.29) ist die Fortführung von Gleichung (2.7c) in Kasten 2.B.

Die vom Herd abgestrahlte Herdverschiebung u_o wird durch folgende Einflüsse verändert:

- **geometrische Amplitudenabnahme** (r_o/s); r_o ist der Herdradius eines kreisförmigen Herdes; sie ist frequenzunabhängig. Ein großer Herd greift mit allen Frequenzen deutlicher in größere Entfernungen durch als ein kleiner.
- **Absorption** $(e^{-\alpha s})$, die eine starke Tiefpasswirkung auf ein Signal ausübt; da der Absorptionskoeffizient α proportional zur Frequenz ist.
- **Übertragungsfunktion** oberflächennaher Schichten $TR(\omega)$.

welcher kinematischen Größe man ein seismisches Wellensignal aufzeichnet, hängt von den Parametern des Seismographen, d. h von den mechanischen Eigenschaften des verwendeten Pendelsystems bzw. dem Charakter des mechanisch-elektrischen Wandlers ab (Abb. 2.22).

Neben den abgestrahlten Erdbebenwellen äußert sich ein seismischer Herdprozess.(vgl. Kap.1) in einer Verschiebung, die sich über die Herdfläche verteilt und an deren Rändern verschwindet. Eine mittlere Stellung zwischen bleibenden diskontinuierlichen Herdverschiebungen und den elastischen Wellensignalen nimmt die Deformation ein, welche die Umgebung des Herdes erfasst. Sie äußert sich in Verformungen, die man durch wiederholte geodätische Messungen nachweisen kann. Betrachtet man nur das seismische Wellenfeld, so lassen sich, je nach Seismographentyp, zwei Standpunkte einnehmen:

Man zeichnet die **Bodenverschiebung** – möglichst breitbandig – auf; dann bildet sich der integrale Herdvorgang in der Fläche des seismischen Signals ab. Bei spektraler Betrachtungsweise erhält man eine Abbildung der Herdausdehnung bzw. der Größe des Herdmoments im Plateau des Herdspektrums (Abb. 2.16; 2.17).

Aki (1967; 1972) hat auf der Grundlage einer Arbeit von *Berckhemer (1962)* eine Skalierung des Herdvorgangs durchgeführt. Die verschiedenen Definitionen von Magnituden ordnen sich jetzt als Stützstellen in das Herdspektrum ein.

Registriert man die **Bodenbeschleunigung**, so bildet sich die Rauhigkeit des Herdvorgangs im Signal dominierend ab (Abb. 2.23), während man die Heterogenität des gleichen Prozesses in einer langperiodischen Aufzeichnung nur als leichte Welligkeit des Signals erkennt. In den langperiodischen Si-

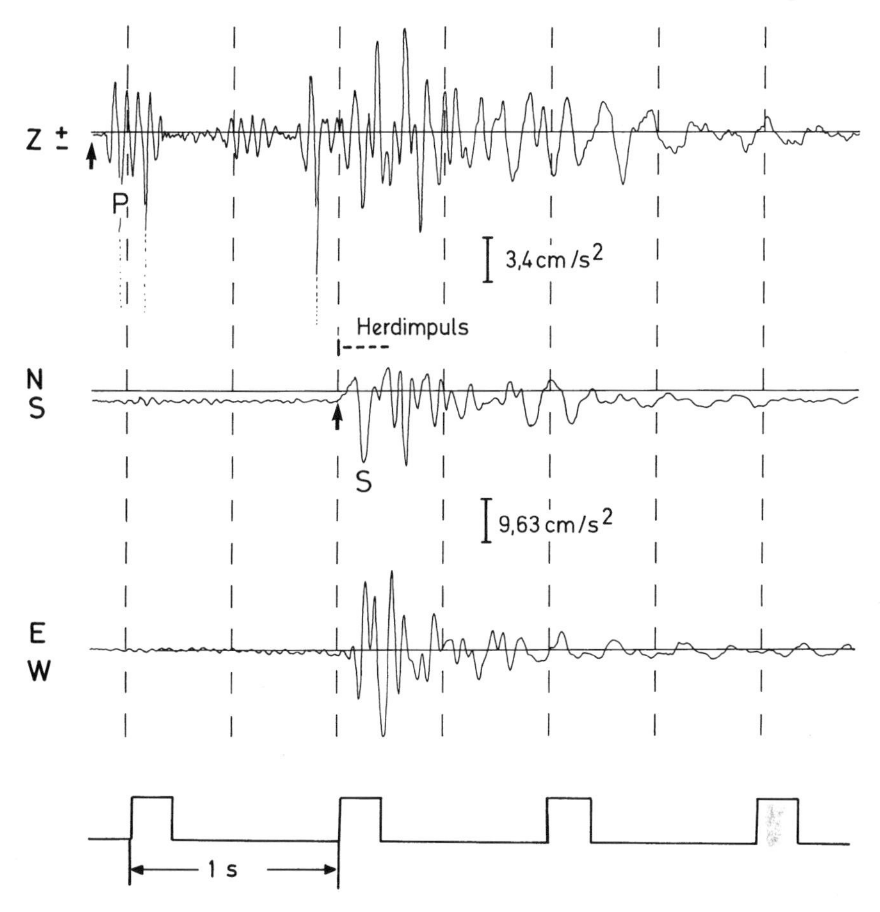

Abb. 2.23 Registrierung der Bodenbeschleunigung im Epizentralgebiet der westlichen Schwäbischen Alb (Station Jungingen, Zollernalbkreis/Baden-Württemberg; 1978 SEP 25, 08:24 UT; 48°17,0′ N, 9° 01,8′E, h_o = 6 km, Ml = 3,2).

gnalanteilen zeichnen sich nur integrale Eigenschaften des Herd- wie des Ausbreitungsvorgangs ab, die hochfrequenten Anteile der Erdbebenwellen, welche die größte Beschleunigung transportieren, werden vor allem von kleinskaligen Einheiten in Quelle und Medium beeinflusst. Jeder neue Datensatz, der heute vorwiegend bei größeren Erdbeben gewonnen wird, zeigt, dass die Amplituden-Abnahme sowohl von groß- wie auch von kleinskaligen Eigenschaften des Herdvorgangs abhängt. Im Einzelnen sind das:

* geometrische **Herdausdehnung**: Herdlänge und Herdbreite spannen die Herdfläche auf; betrachtet man die Ausdehnung des Herdes auf beiden Seiten der Herdfläche, so beschreibt man das Herdvolumen. Es ist der Bereich, in dem vor einem Erdbeben elastische Deformationsenergie gespeichert wird, die bei einem seismischen Herdvorgang vollständig oder teilweise abgebaut und in Form seismischer Wellen an die Umgebung in den Erdkörper abgestrahlt wird (Abb. 1.5).

* **Herdorientierung**: Lage der Herdfläche im Erdinnern und Richtung der Herdverschiebung auf dieser Fläche. Wie in der Tektonik kann man auch bei seismischen Bewegungen Ab- und Überschiebungen, Horizontalverschiebungen auf senkrecht einfallender oder auf waagerechter Bewegungsfläche finden (Abb. 1.6).

* **Herddynamik**: Bruch- und Verschiebungsgeschwindigkeit (Mittelwert bzw. Verteilung der beiden Größen über die Herdfläche).

Unter den Einflüssen des Ausbreitungsmediums sollen hier hervorgehoben werden:

Grobstruktur des Mediums: Verteilung von Geschwindigkeiten, Dichte und Absorptivität in Kruste und Mantel;

Aufbau der oberflächennahen **geologischen Strukturen**;

Feinstruktur des **Untergrunds** am Ort der Registrierung.

Zur reinen Entfernungsabhängigkeit der Amplituden treten noch ausgeprägte azimutale Veränderungen, die vor allem aus der Abstrahlcharakteristik des Erdbebenherdes resultieren; sie drücken sich in Signalform und Spektralverlauf aus. Der unregelmäßige Charakter der Zeitfunktion in der seismischen Bodenbeschleunigung zwingt zu einer Darstellung, welche trotz dieser Eigenschaft eine quantitative Beschreibung der Bodenbewegung erlaubt. Der wichtigste Weg zur Erreichung dieses Ziels ist die Zerlegung der registrierten Zeitfunktion in sinus/cosinus-Signale. Eine solche Transformation verwandelt das Seismogramm in ein Amplituden- und Phasenspektrum. Der Übergang vom Zeit- in den Frequenzbereich ermöglicht aber nicht nur den quantitativen Vergleich der Spektralgehalte zwischen zwei Seismogrammen, wie sie bei unterschiedlichen Herdvorgängen bzw. Wellenwegen aufgezeichnet werden. Er bietet auch die Möglichkeit einer Auftrennung der Einflüsse von Herdvorgang und Ausbreitungsprozess auf Zeitfunktion und Spektrum. Man kann so Herdspektren berechnen, die nur geringe Einflüsse einer Ausbreitung in der Umgebung des Herdes enthalten. Multipliziert man solche Spektren mit der Übertragungsfunktion für einen bestimmten Standort, die aus Beobachtung oder geophysikalischer Sondierung gewonnen worden ist, so erhält man ein synthetisches Spektrum. Ein solches Spektrum lässt sich durch eine Rücktransformation wieder in eine Zeitfunktion, d. h. in ein synthetisches Seismogramm verwandeln (Kasten 2.F).

Der Herdvorgang ist nicht nur für eine ausgeprägte azimutale Abhängigkeit der Amplituden verantwortlich, er kontrolliert auch über geometrische Herdausdehnung und Bruchgeschwindigkeit die Frequenz, bei der ein Maximum an seismischer Wellenenergie vom Herd abgestrahlt wird. Diese **Eckfrequenz** bestimmt zusammen mit der von Herd- und Ausbreitungsparametern abhängigen **Maximalfrequenz** (f_{max}) die Bandbreite des seismischen Signals (Abb. 2.24). Die relative Lage des Beobachtungsortes zur Bruchrichtung im Herd macht sich im Doppler-Effekt, d. h. der Wirkung des Herdes als bewegter Wellenquelle bemerkbar. Besonders markante Unterschiede zeigen sich zwischen Beobachtungspunkten, die auf der Vorder- bzw. der Rückseite des Bruchvektors im Herd liegen. Bei einem Vergleich zwischen Spektren, die aus Seismogrammen in diesen beiden Positionen gewonnen wurden, spricht man in der Seismologie vom Effekt der **Direktivität**.

Betrachtet man die Erdbebenwirkung, so geht diese in der Nähe des Erdbebenherdes sowohl von der Durchpausung des Herdvorgangs (engl.: *faulting;* vgl. Abschnitt 3.1) wie auch und vor allem von den zur Erdoberfläche abgestrahlten seismischen Wellen aus.

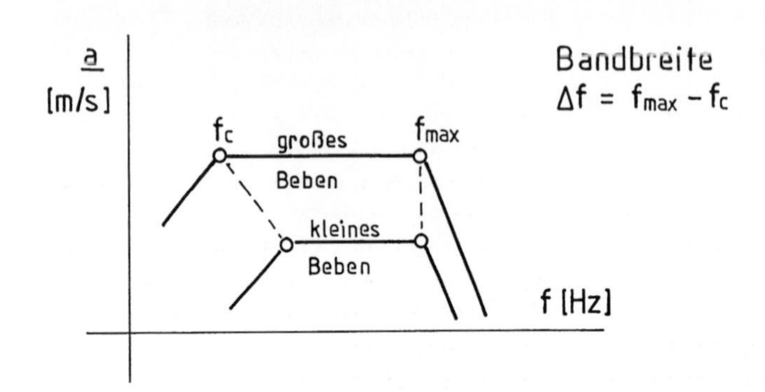

Abb. 2.24 Bandbreite unterschiedlich großer Erdbeben. Bei den größeren Beben liegen die folgenden Parameter höher als bei kleineren Ereignissen: Amplitude, Dauer und Bandbreite des Signals (a = Amplitudendichte der seismischen Bodenbeschleunigung; f_c = Eckfrequenz; f_{max} = Maximalfrequenz, vgl. Kasten 2.D: Gleichung 2.19).

Kasten 2.F : Seismische Bodenbewegung

Spektrum seismischer Bodenbewegungen
Für Analysen und Synthesen seismischer Bodenbewegungen empfiehlt sich eine Zerlegung des Signals in Standard-Funktionen, wie in harmonische Teilsignale (vgl. Kästen 2.A bis E) . Nach einer Fourier-Transformation des Seismogramms in den Frequenzbereich lässt sich ein Amplitudenspektrum in Faktoren zerlegen:

$$u(f) = H_o(f)\ M(f)\ E(f) \quad (2.30)$$

= spektrale Amplitudendichte der Bodenverschiebung in m/Hz = m·s
$H_o(f)$ = Herdspektrum in m·s;
$M(f)$ = Übertragungsfunktion des Ausbreitungsmediums (dimensionslos);
$E(f)$ = Übertragungsfunktion des Empfängers (d.h. des Gebäudes oder des Seismographen; dimensionslos).

Das Herdspektrum $H_o(f)$ baut sich wiederum aus geometrischen und dynamischen Faktoren auf:

$$H_o = M_o\ R_o\ si(t_o^{lo})\ si(t_o^{wo}) \quad (2.31)$$

M_o ist der Betrag des Herdmoments in Nm; R_o = Abstrahlcharakteristik des Herdes. Die Spaltfunktionen si(x) = sinx/x beschreiben die dynamischen Aspekte des Herdvorgangs, welche durch die Bruchausbreitung in Richtung der Herdlänge l_o und der Herdbreite w_o wirksam werden. Unregelmäßigkeiten im Bruchablauf können über eine statistische Modulation berücksichtigt werden *(Koyama, 1997)*.

Ist das Ausbreitungsmedium in seinem physikalischen Aufbau bekannt, dann kann die Übertragungsfunktion M(f) berechnet werden; das Gleiche gilt auch für die Übertragungsfunktion des Seismographen. Das Herdspektrum lässt sich aus dem Fourier-Amplitudenspektrum gewinnen:

$$H_o(f) = u(f)\ /\ M(f)\ E(f) \quad (2.32)$$

Ein solches Herdspektrum kann dann mit den Übertragungsfunktionen für verschiedene Ausbreitungsbedingungen multipliziert werden; auf diese Weise erhält man einen Satz halbsynthetischer Zeitfunktionen bzw. Spektren.

Kinematische Größen.
Zur Beschreibung der seismischen Bodenbewegung dienen folgende Größen:

Die Bodenverschiebung u in m.

In der Seismologie ist die folgende Komponenten-Aufgliederung des Vektors der Bodenverschiebung üblich:

Vertikalkomponente:	Nord-Süd-Horizontalkomponente	Ost-West-Horizontalkomponente
u_Z	u_{NS}	u_{EW}
Oben ↑	Nord ↑	Ost ↑
Unten ↓	Süd ↓	West ↓

Der Betrag der Bodenverschiebung ergibt sich aus den Komponenten:

$$u = \sqrt{u_{Z^2} + u_{NS^2} + u_{EW^2}} \quad (2.33)$$

Daneben werden in der Erdbeben- und der Ingenieurseismologie noch die Bodengeschwindigkeit v in m/s und die Bodenbeschleunigung a in m/s^2 verwendet.

In der allgemeinen Seismologie erfolgt die Komponentenaufteilung bei der Bodengeschwindigkeit und der Bodenbeschleunigung ebenso, wie vorher für die Bodenverschiebung beschrieben. In der Nahfeld- und Ingenieurseismologie werden die Aufnehmer (Seismometer) häufig nach Gebäudeachsen oder auch als Radial- bzw. Transversalkomponente bezüglich der Quelle seismischer Wellen orientiert.

Bleibt das seismische Signal frei von Einflüssen durch Bauwerke, wenn man die Instrumente beispielsweise in einem Bohrloch unterbringt, so spricht man von einem **Freifeld-Signal**.

Die seismische Bodenverschiebung wird durch den Verlauf der Verschiebung im Erdbebenherd gesteuert. Hat man für einen Standort oder eine Region den Wert der zu erwartenden Magnitude abgeschätzt, so lässt sich durch folgende Schritte die Zeitfunktion der seismischen Bodenverschiebung darstellen:
* Magnitude Mw;
* Betrag des Herdmoments;

* Herddauer;
* Mittlere Bodenverschiebung.

Beim Herdvorgang sind deutlich zwei Skalen zu unterscheiden. Die größere wird durch das Herdmoment beschrieben, das sich in einer bestimmten Entfernung vom Herd als Zeitfunktion in der Bodenverschiebung ausdrückt: Integraler Herdvorgang. Die kleinere Skala geht auf Unregelmäßigkeiten im Ablauf des Herdprozesses zurück. Heterogenitäten in Spannung und Festigkeit auf der Herdfläche führen zum wiederholten Anfahren und Abbremsen des Herdbruchs. Im Seismogramm der Bodenverschiebung zeigen sich diese Variationen meist nur als schwache Modulation. Nur wenn zwischen den Teilbeben deutliche räumliche bzw. Zeitliche Abstände bestehen, bildet sich die Komplexität des Herdvorgangs auch in der Verschiebung ab. Zeichnet man dagegen die seismische Bodenbewegung als Beschleunigung auf, so sind im Akzelerogramm die einzelnen Subherde als getrennte Transienten der Bodenbeschleunigung zu erkennen, während der integrale Herdvorgang als langperiodisches Signal geringer Beschleunigung kaum in Erscheinung tritt. Der integrale Herdprozess bestimmt aber die zeitliche Ausdehnung der Transienten-Abfolge der Bodenbeschleunigung, wenn man die Einflüsse des Ausbreitungsmediums, insbesondere die oberflächennaher Schichten niedriger Impedanz vernachlässigt. So wird durch Dauer und Amplitude bei der Beschleunigung die Verschachtelung zwischen integralem Herdvorgang und kleinskaligen Elementen dieses Prozesses deutlich.

2.3 Erdbebenstatistik

a. Kataloge und Regionalisierung

Für das Verständnis des Herdprozesses genauso wie für die Abschätzung der seismischen Gefährdung bilden Erdbebendaten die Grundlage. Da die instrumentelle Aufzeichnung von seismischen Ereignissen erst allmählich um die Wende vom 19. zum 20. Jahrhundert begonnen hat, muss man zur Beschreibung weiter zurückliegender Beben auf makroseismische Erhebungen der Erdbebenwirkungen, d.h. auf physiologische Wahrnehmungen, Schäden und geologische Effekte zurückgreifen. Da die erste systematische Sammlung von Erdbebenwirkungen mit dem „Lissabon"-Beben von 1755 eingesetzt hat, überstreichen solche Daten nicht einmal 300 Jahre. Bei Beben, deren Schüttergebiet ausreichend groß war, und deren Effekte schon damals als aufzeichnenswert erschienen waren, kann man über das Studium von Urkunden und Chroniken etwa für das letzte Jahrtausend Berichte zu Naturphänomenen wie Erdbeben zurückverfolgen. Es ist dabei zu berücksichtigen, dass mit zunehmendem Alter solcher Aufzeichnungen die Zuverlässigkeit wie auch die Vollständigkeit der Berichterstattung immer geringer wird. Hinzu kommt, dass die geographische Verteilung historischer Unterlagen sehr ungleichförmig ist. Die Beschreibung natürlicher Ereignisse entspricht dem Wissensstand der Berichterstatter; im Mittelalter handelt es sich sehr häufig um Aufzeichnungen durch Mönche, später auch durch Geistliche in Kirchenbüchern. Hohlraumeinbrüche, Hangbewegungen, mitunter auch meteorologische Ereignisse, wie Stürme, werden unter dem Begriff „Erdbeben" genannt. Die historisch nachgewiesene Erdbebentätigkeit ist folglich mehr eine Abbildung der kulturellen Aktivität als der neotektonischen Aktivität. Es verwundert deshalb auch kaum, dass der chinesische Erdbebenkatalog historisch am weitesten zurückgreift (vgl. *Gu, 1989*: 1831 v. Chr. Taishen, Provinz Shandong; 36,3 N, 117,1 E; ältestes historisch belegtes Erdbeben; es werden keine Schäden genannt). Im intrakontinentalen Bereich sind solche Berichte aber besonders wichtig, da hier die rezenten Bewegungsraten auf Scherzonen niedrig und die Wiederkehrperiode von Ereignissen entsprechend lang sind. In Japan basieren vergleichbare historische Kataloge vor allem auf der Beobachtung seismisch induzierter Flutwellen, die für eine Inselnation, deren traditionelle Bauweise (vgl. Kap. 4) sich den Erschütterungswirkungen von Erdbeben bereits ideal angepasst hatte, von herausragender Bedeutung ist, da solche Vorgänge das für die Versorgung der Bevölkerung absolut notwendige Fischereiwesen bedrohen.

Tab. 2.IV: Erdbebendomänen – Erdbebenregionen

(vgl. Abb. 2.25).
Nach dem plattentektonischen Charakter lassen sich vier Domänen unterscheiden:
Subduktionszonen
Kollisionszonen
Riftzonen
Intraplattengebiete

a. Subduktionszonen: Nach *Gutenberg & Richter (1954)* wird die Einteilung des zirkumpazifischen Gürtels im Uhrzeigersinn, beginnend bei dem Alëuten-Inselbogen vorgenommen:

1. Alëuten
2. Östliches Alaska – Brit.- Columbia
3. Kalifornien
4. Golf von Kalifornien
5. Mexiko
6. Mittelamerika – Karibik
7. Nördliches Südamerika (bis 37°S)
8. Südliches Chile
9. Südantillen
10. Neuseeland
11. Kermadec- und Tonga-Inseln
12. Fidschi-Inseln
13. Neue Hebriden
14. Salomonen bis Neu-Britannien
15. Neu-Guinea
16. Karolinen
17. Marianen, Bonin-Inseln
18. Kurilen – Kamtschatka
19. Hondo – Hokkaido (Japan)
20. Riu-Kiu-Inseln – Taiwan
21. Philippinen
22. Indonesien.

b. Kollisionszonen: Der Beginn des mediterran-transasiatischen Erdbebengürtels wird in die Azoren verlegt, wo die Azoren - Gibraltar-Zone ihren Ausgang nimmt:

23. Azoren – Gibraltar - Westliches Mittelmeer
24. Arabien - Östliches Mittelmeer – Kaukasus
25. Iran - Afghanistan - Turkmenistan
26. Himalaja - Tibet
27. Zentralasien - China

c. Riftzonen: Die Riftzonen liegen großteils innerhalb der großen Ozeane; der Osten Afrikas wird ebenfalls von einem Rift durchzogen; es besteht eine Verbindung zu den Riftzonen des Roten Meeres und des Indiks:

27. Mittelatlantische Schwelle mit einer Verbindung im Norden über Ostsibirien nach Sachalin, im Süden existieren Zusammenhänge mit dem Rückensystem des Indiks und dem Ostpazifik-Rücken
28. Indik-Schwellen mit Verbindungen zum Roten Meer und zur Antarktisschwelle
29. Pazifik-Schwellen
30. Ostafrikanisches Grabensystem.

d. Intraplattengebiete. Intraplattenseismizität ist im Innern aller Kontinente wie auch der Ozeanbecken zu beobachten.

32. Nordamerika
33. Südamerika (ohne pazifische Subduktionszone)
34. Atlantik
35. Europa
36. Sibirien
37. Afrika
38. Indien
39. Australien
40. Indik
41. Pazifik
42. Antarktis

Für Europa sind die Aufzeichnungen von Erdbeben und anderen Naturphänomenen durch Griechen und Römer eine Grundlage bei Ereignissen, die in die Zeit vor Christi Geburt zurückreichen.

Den Stand der Kenntnisse, die auf der Basis nicht-instrumenteller Unterlagen bis zur Jahrhundertwende 1900 gesammelt worden waren, vermitteln die zusammenfassenden Darstellungen von *Montessus de Ballore (1906, 1924)*. In diesen Werken werden bereits erdbebengeographische Regionalisierungen vorgenommen. Die ersten weltweiten Darstellungen der seismischen Aktivität auf der Basis instrumenteller Daten veröffentlichen *Gutenberg & Richter (1941)*. Später wird von den gleichen Autoren eine Regionalisierung durchgeführt, deren Rahmen auch heute noch Verwendung findet *(Gutenberg & Richter, 1954)*. Die jüngeren Ergänzungen sind

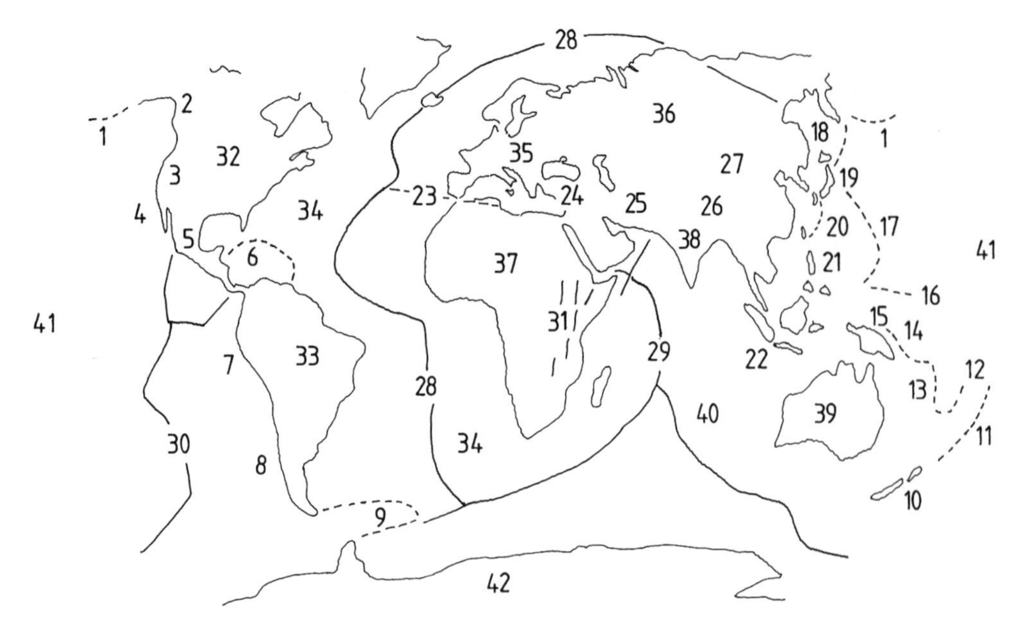

Abb. 2.25 Erdbebenregionen (vgl. Tab. 2.IV).

entsprechend detaillierter, sowohl im weltweiten wie auch im regionalen Maßstab (vgl. Tab. 2.IV; Abb. 2.25).

Die Kataloge von Gutenberg & Richter enthalten folgende Angaben zu den Erdbebenherden:

* Datum; Herdzeit;
* Geographische Koordinaten, Herdtiefe;
* Magnitude.

Sie enthalten weiterhin für Beben, die zu technischen Wirkungen geführt haben, Hinweise und Beschreibungen der makroseismischen Effekte sowie Literaturangaben.

Die von den einzelnen seismologischen Stationen durchgeführten Auswertungen werden seit 1923 vom Internationalen Seismologischen Zentrum in Großbritannien (engl.: *International Seismological Centre* = ISC) erfasst und nach einheitlichen Richtlinien veröffentlicht. Durch die Entwicklung der Seismographentechnik und der Auswertungsverfahren unterscheiden sich die heute erscheinenden internationalen Berichte sehr deutlich von den entsprechenden Veröffentlichungen weiter zurückliegender Jahre unterscheiden (Abb. 2.26). So enthalten die aktuellen Berichte neben den Einsatzzeiten der verschiedenen Stationen auch Angaben über Amplitude, Periode und Richtung der ersten Bodenbewegung. Es werden nicht nur die Auswertungen des Internationalen Seismologischen Zentrums, sondern auch die anderer Zentren in verschiedenen Erdteilen sowie regionaler und nationaler Institutionen veröffentlicht. Neben den genannten Daten findet man für größere Ereignisse die Koordinaten des Momententensors bzw. auch verschiedene Herdflächenlösungen sowie Angaben über makroseismische Effekte (Kasten 2.G).

Die Regionalisierung wird unter sehr unterschiedlichen Gesichtspunkten durchgeführt (vgl. Tab.2. IV). Dabei spielen nicht nur die Merkmale der Seismizität und Seismotektonik eine Rolle, sondern es werden häufig Kataloge für politische Einheiten erstellt, die dann wiederum die Grundlage für Richtlinien auf nationaler oder regionaler Basis bilden. So werden jährlich oder auch für größere Zeitabschnitte Kataloge zu Erdbebenbeobachtungen durch verschiedene Institutionen publiziert.

Bereits die Verteilung von Punktkoordinaten und Magnituden erlaubt eine erste datenorientierte Regionalisierung. Es sei hier an die Tiefenverteilung der Erdbebentätigkeit und die daraus abgeleitete Existenz von Subduktionszonen erinnert.

b. Magnituden-Statistik

Verwendet man eine irgendeine Magnitude Mx als statistisches Merkmal des Herdprozesses, so zeigt schon eine erste Betrachtung von Daten, die innerhalb eines Zeitabschnitts für ein begrenztes Gebiet gesammelt worden sind, dass die Klassen kleiner Magnituden (z. B. Mx = 2,0 bis 2,9) wesentlich stärker vertreten sind als die größerer Werte. *Kolmogoroff* hatte bereits *1941* für Bruch- und andere Zerkleinerungsprozesse gezeigt, dass die Verteilung der Bruchstückgröße dem Gesetz einer logarithmischen Normalverteilung folgt. Die von *Richter (1935)* und *Gutenberg (1945a, b, c)* eingeführten Magnituden-Skalen gehen vom Logarithmus der Bodenverschiebung aus, sind also logarithmierte Merkmale. Setzt man voraus, dass die vom Herd abgegebene Bodenverschiebung in einer physikalischen Beziehung zur Größe der Herdfläche steht, so lässt sich der Herdprozess sowohl mit einem Zerkleinerungsprozess wie auch mit einem Wachstumsvorgang vergleichen. Einmal zeigt der seismische Herdvorgang Eigenschaften eines Scherbruchs, worauf bereits *Reid (1910)* hingewiesen hatte; die Ausbreitung einer Bruchfront, die sich heute mit einer besseren Instrumentierung durch Seismogramme nachweisen lässt, spricht für diese Charakterisierung. Auf der anderen Seite resultieren größere Herde aus der „Ansteckung" zwischen kleineren Herden. Es kommt unter bestimmten Umständen zu einer lawinenartigen Vergrößerung der Herdfläche, also zu einem Wachstumsprozess. Beide Arten von Vorgängen lassen sich durch logarithmische Normalverteilungen annähern, wie man das auch an der Verteilung von Unternehmensgrößen in der Volkswirtschaft oder der Größe von Seen demonstrieren kann.

Auf den Effekt der Ansteckung, die sich in Erdbebenserien und deren innerem Aufbau äußert, hatte *Wanner* bereits *1937* hingewiesen. Er stellt dar, dass sich die Erhaltungstendenz seismischer Aktivität mit der Epidemiebildung in der Medizin-Statistik vergleichen und durch eine Polya-Verteilung interpretieren lässt. *Ishimoto & Ida (1939)* und *Gutenberg & Richter (1944)* zeigen, dass die Magnituden-Verteilung kalifornischer Erdbeben durch einen linearen Zusammenhang – zwischen zwei logarithmischen Größen – dargestellt werden kann. Als Beispiel für die Magnitudenstatistik werden in Abb. 2.27 Beispiele aus Baden-Württemberg gezeigt. *Lomnitz (1974)* macht klar, dass die Darstellung von Gutenberg & Richter einer Exponentialverteilung entspricht. Nähert man sich der Magnitudenverteilung von der Seite der Statistik her, so könnte man folgende Möglichkeiten von Verteilungsgesetzen ansteuern (Abb. 2.28):

Gleichverteilung (symmetrisch);

Gauß-Verteilung (symmetrisch; bei sehr geringen Abweichungen vom Mittelwert nähert man sich einer Einpunkt-Verteilung);

Unsymmetrische Verteilung, wie die logarithmische Normalverteilung oder die Exponentialverteilung.

Bei den Bewegungen entlang von Scherzonen ringen offenbar Prozesse der Vereinnahmung – große Herde wachsen auf Kosten kleinerer – mit der Zerkleinerung des Materials im Bereich der Kontaktfläche zwischen den benachbarten Blöcken: eine Brekzierung, die bis zur Mylonitisierung geht.

Abb. 2.29 zeigt den Vergleich zwischen zwei Erdbebenserien, die auf der Schwäbischen Alb bzw. im Gebiet Westböhmen-Vogtland beobachtet wurden. Die unterschiedliche Steigung „b" der beiden Magnitudenverteilungen ist der Ausdruck für unterschiedliche Zahlenverhältnisse zwischen kleinen und großen Magnituden (vgl. Kasten 2.H). Für das Gebiet Westböhmen-Vogtland wird ein stärkerer Zerbrechungsgrad der Gesteine in der seismogenetischen Tiefenzone der Oberkruste zusammen mit einem hohen Fluid-Angebot (Wasser und Kohlendioxid) als Ursache für die Aufspaltung der seismischen Verschiebung in zahlreiche kleine Beben angesehen. Man spricht hier von Schwarm-Beben, bei denen sich selten größere Ereignisse aus der Menge der Mikrobeben herausschälen. Seit der Veröffentlichung der Arbeit von *Gutenberg & Richter* im Jahre *1944* ist eine große Zahl von Arbeiten erschienen, die sich mit der Variation von „b" beschäftigen. Dabei werden folgende Einflüsse betrachtet:

- Erdbebenregion;
- Herdgebiet;
- Scherzonensegment;

1919. May 1d. 5h. 5m. 33s. Epicentre **10°·0**S. **36°·0**E.

A = +·797, B = +·579, C = −·174 ; D = +·588, E = −·809 ;
G = −·140, H = −·102, K = −·985.

	Δ	Az.	P.	O−C.	S.	O−C.	L.	M.
	°	°	m. s.	s.	m. s.	s.	m.	m.
Mauritius E.	23·4	118	18 39	?	—	—	—	22·0
Capetown	28·8	211	8 39	?	11 27	+14	—	17·0
Accra	39·2	292	18 27	?L	—	—	(18·4)	27·4
Kodaikanal	45·9	66	15 27	?S	(15 27)	0	23·6	27·8
Bombay	46·4	51	8 47	+ 4	—	—	—	28·7
Colombo	46·8	70	15 27	?S	(15 27)	−11	24·6	28·4
Rocca di Papa	56·0	340	9 43	− 3	e 17 17	−17	e 30·3	41·2
Algiers	56·1	330	e 8 54	−53	e 17 42	+ 7	30·0	35·3
Florence	58·3	341	—	—	—	—	27·4	35·4
Pola	58·4	344	e 8 49	−72	e 18 17	+13	e 31·5	39·6
Granada	60·0	325	i 10 14	+ 2	18 19	− 4	—	—
Barcelona	60·2	333	e 9 46	−27	—	—	e 15·8	37·9
Moncalieri	60·6	339	e 9 16	−60	—	—	23·2	37·8
Calcutta	60·7	57	17 9	?S	(17 9)	−83	—	—
Vienna N.	60·8	349	e 10 19	+ 1	e 18 50	+17	e 33·6	40·4
San Fernando	61·1	323	—	—	—	—	34·4	37·4
Rio Tinto	62·2	324	11 27	+61	—	—	—	39·4
Besançon	63·2	338	10 52	+19	—	—	34·4	—
Strasbourg	63·7	340	10 34	− 2	19 7	− 2	33·1	—
Coimbra E.	64·9	325	e 10 40	− 4	19 21	− 3	33·7	40·9
N.	64·9	325	e 10 36	− 8	—	—	32·6	40·4
Paris	65·8	338	e 10 51	+ 1	e 19 46	+11	32·4	42·4
Uccle	66·8	341	10 59	+ 2	e 19 45	− 3	e 36·4	42·4
Hamburg	67·4	346	e 10 59	− 1	e 19 54	− 1	e 32·4	49·2
De Bilt	67·5	343	11 1	0	19 58	+ 2	e 34·4	43·4
Shide	68·8	338	11 6	− 4	20 9	− 3	32·9	45·1
Kew	69·0	339	—	—	—	—	—	45·4
Oxford	69·7	339	10 49	−26	20 21	− 1	36·6	43·4
Batavia	70·1	92	e 11 46	−28	—	—	36·8	21·2
Bidston	71·6	339	8 27	?	19 9	−96	—	39·0
Eskdalemuir	73·1	340	11 34	− 3	21 15	+12	47·4	—
Edinburgh	73·5	340	20 57	?S	(20 57)	−11	—	40·4
Manila	87·7	75	e 13 57	+54	—	—	—	—
Taihoku	90·3	66	38 21	?L	—	—	(38·4)	—
Adelaide	94·4	128	—	—	—	—	—	55·4
Cipolletti	94·5	230	—	—	—	—	59·2	60·6
Andalgala E.	96·0	240	—	—	—	—	56·2	62·6
Melbourne	98·5	132	—	—	—	—	53·2	55·4
La Paz	100·5	251	e 14 17	+ 4	25 4	−57	49·0	57·4
Mizusawa	108·0	52	33 30	?SR$_1$	—	—	—	—
Ottawa	112·3	315	—	—	—	—	e 53·4	—
Ithaca E.	113·4	311	—	—	e 54 42	?	e 60·9	—
Georgetown E.	114·3	309	—	—	—	—	60·6	—
Washington	114·3	309	—	—	54 7	?L	63·0	—
Toronto	115·2	313	—	—	—	—	e 63·4	70·4
Chicago	121·5	312	—	—	54 7	?	63·4	—
Victoria	137·8	339	—	—	—	—	80·3	84·8
Apia	143·6	130	—	—	(30 27)	?	30·4	—
Berkeley	146·0	328	—	—	—	—	e 71·0	—
Honolulu	162·4	48	—	—	(40 27)	?SR$_1$	40·4	105·6

For Notes see next page.

BULLETIN
OF THE INTERNATIONAL
SEISMOLOGICAL
CENTRE

BULLETIN
DU CENTRE
SÉISMOLOGIQUE
INTERNATIONAL

БЮЛЛЕТЕНЬ
МЕЖДУНАРОДНОГО
СЕЙСМОЛОГИЧЕСКОГО
ЦЕНТРА

VOLUME TOME TOM 8
NUMBER NUMÉRO HOMEP 1

1971
JANUARY
JANVIER
ЯНВАРЬ

ISSN 1343−4969

地震・火山月報（カタログ編）

平成14年４月

The Seismological and Volcanological Bulletin
of Japan for April 2002

気 象 庁

Published by The Japan Meteorological Agency
Tokyo
2002

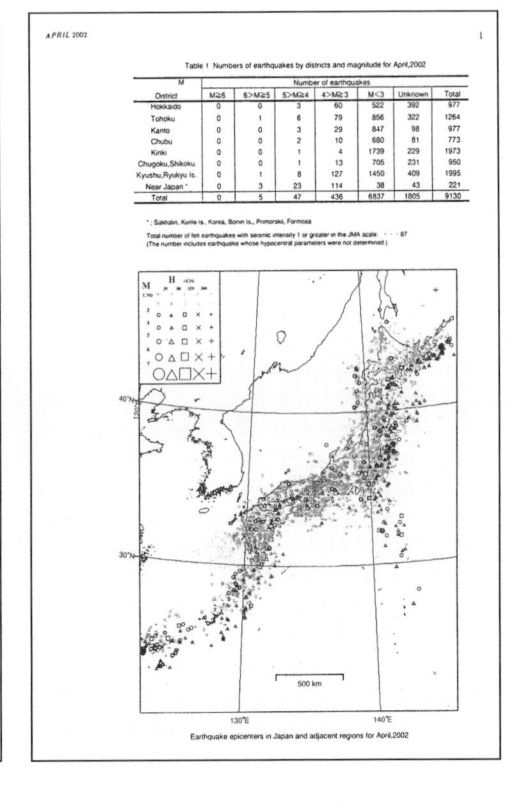

APRIL 2002 1

Table 1 Numbers of earthquakes by districts and magnitude for April,2002

M / District	Number of earthquakes						
	M≧6	6>M≧5	5>M≧4	4>M≧3	M<3	Unknown	Total
Hokkaido	0	0	3	60	522	392	977
Tohoku	0	1	6	79	856	322	1264
Kanto	0	0	3	29	847	98	977
Chubu	0	0	2	10	680	81	773
Kinki	0	0	1	4	1739	229	1973
Chugoku,Shikoku	0	0	1	13	705	231	950
Kyushu,Ryukyu Is.	0	1	8	127	1450	409	1995
Near Japan *	0	3	23	114	38	43	221
Total	0	5	47	436	6837	1805	9130

* ; Sakhalin, Kurile Is., Korea, Bonin Is., Primorskii, Formosa

Total number of felt earthquakes with seismic intensity 1 or greater in the JMA scale: · · · 87
(The number includes earthquake whose hypocentral parameters were not determined.)

Earthquake epicenters in Japan and adjacent regions for April,2002

◀ **Abb. 2.26** Seismologische Berichte. Die Zusammenfassung der weltweit gesammelten instrumentellen Auswertungen von Erdbebenaufzeichnungen erscheint unter dem Titel „International Seismological Summary" (ISS) in den Jahren 1918 bis 1963 in Großbritannien, wo bereits vorher eine nationale Veröffentlichungsreihe seismographischer Daten publiziert worden war (Bulletin of the British Association Seismology Committee).
Eine Seite aus dem ISS ist oben links als Beispiel dargestellt. Neben den Einsatzzeiten für P- und S-Wellen enthält jede einer Erdbebenstation gewidmete Zeile noch die Differenzen zwischen beobachteter und berechneter Ankunftszeit der beiden Wellenarten (o = observed = beobachtet; c = calculated = berechnet). Das Ereignis selbst wird durch sein Datum und die Koordinaten des Epizentrums beschrieben.
Seit 1964 erscheinen die Berichte in einem „neuen" Stil unter dem Titel „Bulletin of the International Seismological Centre", ebenfalls in Großbritannien. Die Titelseite zeigt sich seit 1971 in der oben rechts stehenden Form.
Als Beispiel für eine nationale Berichtsreihe wird links unten die Umschlagseite des Berichts über vulkanologische und seismologische Daten des Japanischen Wetterdienstes vorgestellt. Was in solchen Berichten heute zu finden ist, wird in Kasten 2.G umrissen.

- Tiefenbereich;
- Einordnung in den Ablauf eines seismischen Zyklus, z. B. die Änderung von „b" kurz vor einem regionalen Maximalereignis.

Als Voraussetzung für die lawinenartige Bildung eines größeren Herdes können folgende Bedingungen genannt werden:

Ein synchrones Erreichen der kritischen Scherspannung für einen größeren Abschnitt der seismogenetischen Scherzone. Nur dann funktioniert der Domino-Effekt, bei dem die umgelagerte Spannung am Rande eines primären Subherdes ausreicht, um in der Nachbarschaft weitere Bezirke zum Bruchvorgang anzuregen (vgl. Abb. 1.49). Dabei steuert das Zusammenspiel zwischen Anregung und Widerstand, zwischen Drang und Zwang die Verteilung der seismischen Bewegungen auf große und kleine Herde (vgl. Kasten 2.G). Man kann diesen Vorgang als Perkolation, als langsames Durchsickern interpretieren. Die Verteilung der Elemente einer potenziellen Herdfläche, die zur Weitergabe von Scherspannung nach Auslösung des „zündenden" Herdes fähig sind, bestimmt die Größe der maximalen Herdfläche. Die Ansteckung auf elastischem Wege erfolgt mit seismischer Scherwellengeschwindigkeit, also innerhalb von Sekunden. Die einem Flachherdbeben meist folgende Nachbebentätigkeit erbringt bereits den wichtigen Hinweis, dass die Weitergabe des tektonischen Signals (Scherspannung, Verschiebung, Deformation) mit Verzögerungen gegenüber einem primären Ereignis erfolgt, die nicht mehr mit elastischer Signalausbreitung erklärt werden können. Während sich die Nachbeben innerhalb von Tagen bis Jahren in unmittelbarer Umgebung der primären Herdfläche verbreiten, überträgt sich die tektonische Veränderung durch den integralen Herdprozess in einem rheologischen Relaxationsvorgang auf eine Umgebung regionalen Ausmaßes. Die Ausbreitung dieser tektonischen Information erfolgt mit einer Geschwindigkeit von etwa 2 km/Jahr. Dadurch erhalten Scherflächen in der weiteren Umgebung des primären Herdvorgangs ein Zusatzsignal, das bei einer fast kritischen Spannungssituation zur Auslösung eines neuen Erdbebens führt. Ist der Abstand zwischen der Scherspannung auf der potentiellen Herdfläche und dem Scherwiderstand noch sehr groß, wird nur die Wiederkehrperiode verkürzt. Als Beispiel wird hier die Auslösung einer regionalen Erdbebenserie innerhalb der Süddeutschen Großscholle und ihrer Umgebung durch das regionale Maximalereignis vom 16. November 1911 auf der westlichen Schwäbischen Alb (Albstadt-Erdbeben) gezeigt (*Gutenberg 1915; Sieberg & Lais, 1925; Hiller, 1957; Schneider, 1979*; Abb. 2.30). Diese regionale Ansteckung führt zu einer zeitlichen Konzentration der seismischen Aktivität in Erdbebenserien, die dann durch Zeiträume weitgehender seismischer Ruhe unterbrochen sind.

Je größer der seismische Primärvorgang ist, desto ausladender – in Raum und Zeit – wird die Beeinflussung der Umgebung durch tektonische Signale sein. *Rydalek & Pollitz (1994)* zeigen, dass sich in der Umgebung der be-

Kasten 2.G: Seismische Berichte

Seismische Berichte (Bulletins) werden von einzelnen Erdbebenstationen, regionalen Stationsnetzen, nationalen, kontinentalen und weltweiten Einrichtungen herausgegeben. Solche Veröffentlichungen bestehen einmal aus Daten, die durch die Auswertung von Seismogrammen gewonnen werden, zum anderen aus Angaben über die einzelnen Erdbeben, die aus der Herdbestimmung resultieren.

Seismogramm-Interpretation
Sie beginnt mit einer Drei- oder Vierbuchstabenabkürzung für die Station, an der das Ereignis registriert worden ist:

z. B. STU für Stuttgart;
dieser Abkürzung werden die Stationskoordinaten zugeordnet:

ϕ = 48° 46′ 15″ N (geographische Breite);
λ = 9° 11′ 36″ E (geographische Länge);
h = 375 m (Höhe über NN).

Großen Raum innerhalb der seismischen Berichte nehmen die Einsatzzeiten für Raumwellensignale ein. Die Zeitangabe erfolgt international in UT = TU (engl.: *universal time*; franz.: *temps universel*; deutsch: Weltzeit; entspricht der früheren *Greenwich mean time*; die Uhr in UT geht im Winter um eine Stunde gegenüber der Mitteleuropäischen Zeit nach, im Sommer um zwei Stunden).

Die Einsatzzeit für eine P-Welle sieht wie folgt aus:

2003	MAR	04	STU	→	e	P	07 : 14 : 17.4	c
Jahr	Monat	Tag	Station		1.)	2.)	h min s	3.)

Als Monat erscheinen die ersten drei Buchstaben des englischen Monatsnamens.

1. e (latein.: *emersio*; lateinische Ausdrücke wurden verwendet, um Sprachstreitigkeiten zu vermeiden): ein langsames „Auftauchen" des Signals aus der Nulllinie bzw. dem seismischen Rauschen; i (latein.: *impetus*): „scharfer" Einsatz.
2. Mit P bzw. S wird der direkte Wellenweg zwischen Herd und Station bezeichnet; daneben findet man vor allem noch folgende Einsatzbezeichnungen:
   Im Nahbereich ($\Delta \leq$ 1000 km):
   Pn, Sn Raumwellen, die entlang der Mohorovičić-Diskontinuität geführt werden;
   Pg, Sg Signale, die sich innerhalb der Oberen Erdkruste ausbreiten ($\Delta \leq$ 100 km).
   Bei Fernbeben ($\Delta \geq$ 1000 km): sind das neben P und S-Einsätzen noch:
   pP, sP: herdnahe Reflexionen; vor allem bei Tiefherdbeben heben sie sich deutlich vom Ersteinsatz ab;
   PKP, PKIKP: Durch den Erdkern gelaufene Wellen (K: deutsch: Kern), wobei PKIKP-Wellen den Inneren Erdkern durchquert haben (vgl. Abb. 2.7).
3. Bewertung der Richtung des ersten Ausschlags:
   c = Kompression; eine Bewegung des Bodens erfolgt in einem P-Signal von unten nach oben, d. h. vom Herd zur Station gerichtet; sie wirkt wie ein Druck, mitunter auch mit „+" bezeichnet;

rühmten Erdbebenserie der Jahre 1811/13 im Gebiet von New Madrid (Mississippi-Embayment, USA) heute noch sekundäre Verformungen nachweisen lassen.

Man muss also davon ausgehen, dass es innerhalb der rheologischen Schichtungsstrukturen von Erdkruste und Erdmantel über Relaxationsvorgänge zu einem ständigen Austausch von tektonischen Signalen kommt (vgl. *Rice,1983*). Diese über die Ausdehnung einer seismisch aktiven Scherzone hinausgehende Skala der neotektonischen Verformungen steht in Kontrast zu irreversiblen Veränderungen kleinskaligen Charakters, die sich bei jeder Verschiebung auf einer Scherfläche ausbilden, seien das seismische oder auch aseismische Bewegungen.

Betrachtet man dieselbe Scherzone, so lässt sich eine „Wanderung" der Aktivität durch Spannungsumlagerung in der Umgebung eines primären Herdes erklären (Abb. 2.30).

Die zeitliche Verzögerung im Ablauf der Erdbebentätigkeit wird entsprechend den Vorstellungen von *Benioff (1951)* durch rheologische Modelle (Kelvin- und Maxwell-Körper) beschrieben.

d = Dilatation, eine Bewegung von oben nach unten, d.h. von der Station zum Herd hin; sie wirkt wie ein Zug und wird mitunter auch mit „-" bezeichnet.

Es wird zwischen Bewegungsrichtungen unterschieden, die auf kurz- bzw. langperiodischen Aufzeichnungen festgestellt worden sind, da bei größeren Herden einzelne, vor allem am Anfang des Herdprozesses auftretende Subherde einer sich vom Gesamtherd unterscheidenden Herdkinematik angehören können.

Häufig werden die Epizentralentfernung (Δ in Grad oder in km; 1 Grad entspricht 111,111... km) und das Azimut Herd-Station angegeben (in welcher Richtung bezüglich Nord liegt - vom Hypo- oder Epizentrum aus gesehen - die Station, an der das Beben registriert worden ist).

Die Einsatzzeiten werden mit den rechnerischen Einsatzzeiten eines „Erdmodells" (z.B. des PREM-Modells; engl.: *preliminary earth model* = vorläufiges Erdmodell) verglichen, die Differenz zwischen den zwei Werten wird als *„residuum"* (latein.: Rest) angegeben.

Geophysikalische Erdmodelle beruhen auf der Beobachtung von Laufzeiten, Perioden und Amplituden von Raum- und Oberflächenwellen. Figur und Schwerefeld der Erde führen zu einem Dichtemodell, das mit den aus der Wellenausbreitung abgeleiteten Vorstellungen in Einklang gebracht werden muss (*Dziewonski & Anderson, 1984*).

Herdbeschreibung

Koordinaten des Hypozentrums:

Man beginnt mit dem Datum. Die Zeitangabe beschreibt als Herdzeit t_0 (engl.: *origin time*) den Augenblick, in dem im Hypozentrum der Herdprozess beginnt.

Es folgen die räumlichen Koordinaten des Hypozentrums:

Geographische Breite, z.B. $\phi_0 = 48°\ 20{,}0'$ N;
geographische Länge, z.B. $\lambda_0 = 9°\ 01{,}2'$ E;
Herdtiefe, z.B. $h_0 = 13$ km.

Bewertung des Herdvorgangs:
Angaben der Magnituden: Ml, Mw, Mb, Ms (vgl. Kasten 2.D).

Darüber hinaus werden die Komponenten des Momententensors (vgl. Kasten 1.A), der Betrag des Herdmoments M_0 in Nm bei ausreichend großen Ereignissen vor allem in den Berichten des Internationalen Seismologischen Zentrums (ISC = *International Seismological Centre*) aufgenommen. Das dieser Bestimmung zugrunde liegende Verfahren betrachtet nicht den ersten Einsatz und seine Umgebung, sondern vielmehr die gesamte Signalform, und bewertet damit den Gesamtprozess eines Erdbebens. An die Stelle des Hypozentrums tritt jetzt der „Schwerpunkt" des Vorgangs (*Dziewonski et al., 1981*).

Man findet in den Herdbeschreibungen des ISC auch die Resultate anderer internationaler oder nationaler Einrichtungen. Darüber hinaus werden makroseismische Bobachtungen aller Art vor allem bei Schadenbeben erfasst (vgl. Abschnitt 3.3.).

Zu den Herdbeschreibungen gehört auch eine Zuordnung des Herdgebiets zu einer Region, die einem bestimmten Regionalisierungsschema entspricht. Es handelt sich um Weiterentwicklungen der Einteilung nach Gutenberg und Richter mit dem Ziel einer Verfeinerung des Einteilungsschemas.

Da die „Ansteckung" der seismischen Aktivität auch im regionalen Maßstab stattfindet, hat es nicht an Versuchen gemangelt, Zusammenhänge zwischen Herdgebieten zu suchen, die nicht der gleichen Scherzone zuzuordnen sind. Dabei geht es vor allem um den geophysikalischen Charakter des Signals, das die Verbindung zwischen seismisch aktiven Strukturen herstellt. *Budiansky & Amazigo (1976)* sprechen in diesem Zusammenhang von einem „*slip-creep-slip*"-Mechanismus (engl.: Verschiebung – Kriechen – Verschiebung). Der Transport des tektonischen Signals erfolgt durch Spannungsdiffusion (vgl. *Rice, 1980*; Kasten 1.E). Es handelt sich dabei um einen Vorgang, der analog zur Ausbreitung thermischer Signale durch Wärmeleitung stattfindet. Der Transport geht sehr langsam vor sich, während das Signal mit zunehmendem Zeit-Raum-Abstand vom Primärereignis immer flacher wird (Abb. 2.31).

Als Medium der Ausbreitung solcher Signale wird die elastische Oberkruste über einer mehr duktilen Unterkruste ebenso wie die Lithosphäre über der Mantel-Asthenosphäre diskutiert. Eine aktuelle Arbeit disku-

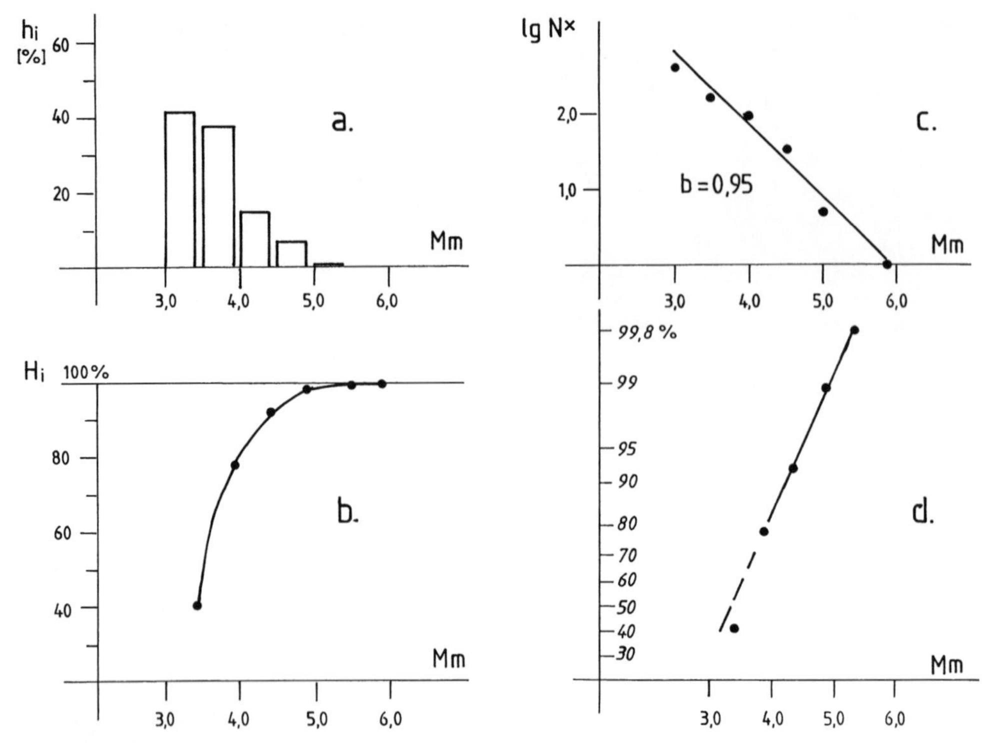

Abb. 2.27 Magnituden-Statistik. Als Beispiel werden die Erdbeben aus dem Gebiet Baden-Württembergs und des Oberrheingrabens für den Zeitraum 1800 bis 1999 gezeigt. Es werden Magnituden (Mm = makroseismische Magnitude nach Kárník) mit Werten Mm $\geq$ 3,0 berücksichtigt, aufgetragen über der Obergrenze der statistischen Klasse:

a. Relative Häufigkeit;
b. Summenhäufigkeit;
c. Verteilung nach *Gutenberg & Richter* (vgl. Kasten 2.H);
d. Summenhäufigkeit mit einer normal-verteilten Ordinate; die Verteilung des transformierten Merkmals (Magnitude Mm; Messgröße: logarithmierte Amplitude der Bodenbewegung) weicht nur an den Rändern von einer logarithmischen Normalverteilung ab (vgl. Abb. 2.28).

Daten:

Mm_i	n_i	Σn_i	$\Sigma(\%)_i$	h_i	1 – F	lg N*
3,0 bis 3,4	178	178	40,9	40,9	435	2,64
3,5 bis 3,9	162	340	78,2	37,3	257	2,41
4,0 bis 4,4	63	403	92,6	14,4	95	1,98
4,5 bis 4,9	27	430	98,9	6,3	32	1,51
5,0 bis 5,4	4	434	99,8	0,9	5	0,70
5,5 bis 5,9	1	435	100,0	0,2	1	0,00
				Σ = 100%		

Es bedeuten: Mm_i = Magnitudenklasse; n_i = Klassenhäufigkeit; h_i = relative Häufigkeit; 1 – F = N* = Zahl der Ereignisse gleich und größer als die betrachtete Magnitudenklasse.
Daten: Landeserdbebendienst Baden-Württemberg.

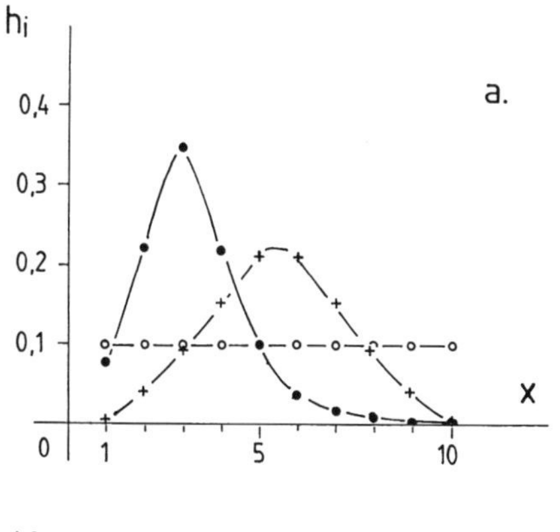

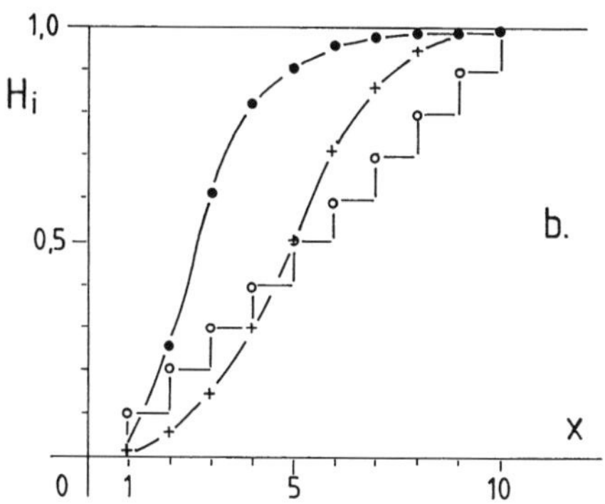

Abb. 2.28 Statistische Verteilungen.

a. $h_i(x)$: Häufigkeitsdichte/Wahrscheinlichkeitsdichte; o = Gleichverteilung; + = Normalverteilung; • = schiefe Verteilung.

b. $H_i(x)$: Summenhäufigkeit bei statistischen Verteilungen bzw. Verteilungsfunktion bei Wahrscheinlichkeitsverteilungen.

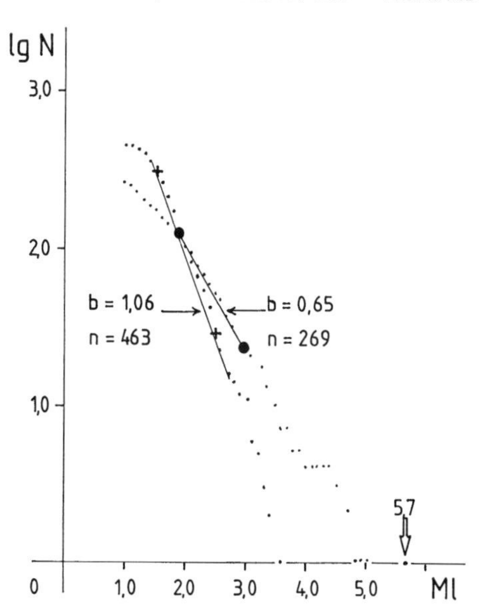

Abb. 2.29 Magnitudenhäufigkeit nach Gutenberg und Richter für zwei Erdbebenserien (b ist die Steigung der Gutenberg-Richter-Kurve, n = Zahl der verwendeten Ereignisse).

tiert auch die Auslösung einer Erdbebentätigkeit in benachbarten Herdgebieten durch Fluid-Transport (*Audin et al., 2002*).

Ein direkter Nachweis durch Messung fehlt für die „tektonischen Signale", da die Anforderung an die Stabilität von Messplattform und Instrumenten durch die räumliche und zeitliche Ausdehnung der Signale geringer Amplitude die heutigen Möglichkeiten übersteigen.

Wenn man nochmals den einzelnen Herdprozess eines Krustenbebens betrachtet, so findet hier ebenfalls ein Zusammenspiel zwischen zwei Skalen statt. Einmal ist das die kleinskalige Auslösung eines Primärereignisses geringer räumlicher Ausdehnung, das durch den Anstieg der Scherspannung bis auf das Niveau der Scherfestigkeit eintritt. Entwickelt sich dieses Ereignis durch Weitergabe der Spannung entlang seiner Umrandung zu einem immer größer werdenden Vorgang, so regelt bald die Verschiebung der beiden durch die Scherfläche getrennten Blöcke den Herdvorgang. Durch die Beteiligung der randlichen Massen ist die Trägheit des dynamischen Systems so groß, dass jetzt Spannung- und Festigkeitsanomalien entlang der Verschiebungsfläche überfahren werden. Diese Heterogenitäten führen nur noch zu einer schwachen Modulation des Verschiebungsprozesses (Abb. 2.14).

c. Erdbebenzyklus

Als Beispiel betrachtet man die Bewegungen auf einer kontinentalen Scherzone, die wie die San-Andreas-Störung dem Typ der Horizontalverschiebungen zuzurechnen ist. Der Anteil seismischer Verschiebungen am Gesamtpro-

Kasten 2.H: Erdbebenstatistik

Magnituden-Statistik nach *Gutenberg & Richter (1944)*
Die statistische Variable ist die Zahl N von Erdbeben mit einer Magnitude größer als Mx (vgl. Abb. 2.27c):

$$\lg N(Mx) = a - b\, Mx \qquad (2.34)$$

Diese Geradengleichung hat eine Steigung b und einen Achsenabschnitt a (für Mx = 0 auf der „y-Achse"; a = lg N(Mx = 0) = lg N(0) gibt die Zahl aller Erdbeben mit einer Magnitude $Mx \geq 0$ wieder. Bei einem statistischen Vergleich verschiedener Gebiete und Beobachtungszeiträume kann „a" als Maß für die Erdbebenaktivität betrachtet werden. Wenn man mit *Lomnitz (1974)* die Gleichung (2.34) durch a teilt, so erhält man:

$$\lg[1 - F(Mx)] = \lg\,[N(Mx)/N(0)] = -b\, Mx \qquad (2.35)$$

$$1 - F(Mx) = e^{-\beta Mx}\ (Mx \geq 0).$$

Darin bedeuten:

F(Mx) = Verteilungsfunktion der Wahrscheinlichkeit für das Auftreten eines Erdbebens der Magnitude Mx; es ist die aufsummierte Wahrscheinlichkeit, dass bei einem Erdbeben $Mx \leq Mx_i$ bleibt.

$\beta = b/\lg e$; e = Basis des natürlichen Logarithmus = 2,7182...

Die Wahrscheinlichkeitsdichte f(Mx) erhält man aus der ersten Ableitung der Verteilungsfunktion F(Mx):

$$f(Mx) = \beta\, e^{-\beta Mx}\ (Mx \geq 0) \qquad (2.36)$$

Es handelt sich bei der Beziehung nach Gutenberg & Richter folglich um eine Exponentialverteilung der Magnituden, wobei gilt:

$$\beta = 1/\overline{Mx}$$

$\overline{Mx}$ = Mittelwert der Verteilung.

Die Steigung b der Gutenberg-Richter-Geraden zeigt, wie die Menge der Magnituden zwischen der unteren Beobachtungsschranke und dem gemessenen Maximalwert verteilt ist.

Man kann Magnituden, wie Ms, als Maß für die Ausdehnung seismischer Herdflächen betrachten. Eine solche Beziehung ist die von *Geller (1976* ; Kasten 2.D).

Bruchvorgänge, zu denen man im weitesten Sinne auch den seismischen Herdvorgang zählen kann, sind Zerkleinerungsprozesse. Wenn man auf der anderen Seite die Entstehung größerer Herdflächen betrachtet, so gehen diese aus einem Wachstumsvorgang hervor. Beide Arten von Vorgängen werden nach *Taubenheim (1969)* durch log-normale Verteilungen beschrieben. Die Exponentialverteilung beschreibt nur die Flanke der log-normalen Ver-

zess der tektonischen Verschiebungen erlaubt eine vertikale Gliederung des Gesamtprozesses (vgl. Abb. 1.15). Im tiefsten Stockwerk sind wegen Materialzusammensetzung, Druck und Temperatur aseismische Verschiebungen möglich. Durch Scherwiderstände, wie Reibung, Oberflächentopographie innerhalb der Scherzone, Heterogenität in Spannung und Scherwiderstand lösen sich im seismogenetischen Stockwerk die aseismischen Verschiebungen in ruckartige, seismische Bewegungen auf, die durch unterschiedlich lange Ruhepausen getrennt sind. Dieses Stockwerk fällt für viele intrakontinentale Erdbebengebiete mit der Oberkruste zusammen. Der oberflächennahe Bereich der Erdkruste ist von zahlreichen Klüften durchzogen, so dass sich hier die vom tieferen Untergrund her aufgeprägte Bewegung auf viele Scherflächen verteilen kann. Die schwache Auflast verhindert darüber hinaus eine für die Ansammlung von Spannung notwendige Zusammenpressung der Bruchufer, so dass sich in den flachsten Krustenbereichen allenfalls kleine seismische Ereignisse entwickeln können. Zwischen die seismogenetische Oberkruste und die Fließzone im Oberen Erdmantel schaltet sich vermittelnd ein Stockwerk ein, das durch ein Vorherrschen von Kriechprozessen gekennzeichnet ist, die von einer relativ schwachen Seismizität durchsetzt werden (*Ranalli, 1987, 1997*). Die Verschiebungsgeschwindigkeit auf einer Scherzone kontrolliert die „Rahmenhandlung" für seismische und aseismische Verformungen entlang einer solchen Struktur. Paläoseismologische Untersuchungen, wie die von *Sieh (1984)* in Südkalifornien, stützen die Vorstellung, dass zu einer

teilung auf der Seite der größeren Werte, da man bei den kleinsten Magnituden unterhalb der Schranke zuverlässiger Beobachtung bleibt. Die log-normale Verteilung selbst ist eine Normal- oder Gauß-Verteilung, bei der das statistische Merkmal logarithmiert worden ist.

Rumpfverteilung zur Gutenberg-Richter-Beziehung.
Geht man von der Annahme aus, dass die beobachteten Magnitudenwerte durch eine untere und eine obere Schranke M_1 bzw. M_2 begrenzt sind, so lässt sich die folgende Form für die Zahl der Magnituden, die größer als M_1 sind, angeben:

$$N(Mx) = N(M_1)\Phi[e^{-\beta(Mx - M1)} - e^{-\beta(M2 - M1)}]$$
$$\Phi = [1 - e^{-\beta(M2 - M1)}]^{-1}$$
$$\beta = b \cdot \ln 10 = b \cdot 2{,}3 \qquad (2.37)$$

Betrachtet man die seismische Aktivität auf einer Scherzone oder innerhalb eines Krusten- bzw. Mantelvolumens, so wird der tektonische Zerbrechungsgrad bei einer solchen Struktur bestimmenden Einfluss auf die Verteilung der Herdflächen innerhalb eines seismogenetischen Stockwerks zeigen.

Geht man davon aus, dass eine bestimmte Gesetzmäßigkeit zwischen den Größenklassen der Zerteilungs- bzw. Wachstumsprodukte besteht, so lässt sich nach *Mandelbrot (1983)* eine fraktale Dimension definieren:

$$D = \lg N^*/\lg (1/r) \qquad (2.38)$$

Dabei gibt der Häufigkeitsmultiplikator N^* an, um welchen Faktor die Häufigkeit von Bruchstücken bzw. Herdflächen anwächst, wenn die Herdfläche um den Faktor r (Längenmultiplikator) verkleinert wird. Für zwei Erdbebenserien, die in verschiedenen Gebieten einer seismotektonischen Einheit aufgezeichnet worden sind, lassen sich sowohl die Steigung „b" der Gutenberg-Richter-Beziehung wie auch die fraktale Dimension bestimmen. So zeigen Erdbebenserien der Albstadt-Herdzone generell einen niedrigeren b-Faktor und auch eine kleinere fraktale Dimension als Erdbebenserien im Gebiet Westböhmen-Vogtland. Beide Parameter stehen in folgendem genäherten Zusammenhang (vgl. *Turcotte, 1989):*

$$D \approx 2b \qquad (2.39)$$

Erdbebenzyklus
Die **Wiederkehrperiode** innerhalb eines Herdgebiets wird nach *Acharya (1979)* wie folgt abgeschätzt:

$$Tr = (dq_o/dt)/q_o \qquad (2.40)$$

q_o ist die für eine regionales Maximalereignis typische mittlere Herdverschiebung in m; dq_o/dt ist die entlang der gleichen Zone festgestellte Verschiebungsgeschwindigkeit.

größeren Verschiebungsgeschwindigkeit größere Nachholbeträge in der seismischen Herdverschiebung und kürzere Abstände zwischen den Ereignissen gehören (Abb. 2.32). Allerdings sind solche Regelmäßigkeiten vielmehr die Ausnahme als die Regel *(Houston, 1992)*. Man muss eher davon ausgehen, dass sich die schöne Regelhaftigkeit in chaotische Verhältnisse auflöst, selbst wenn man dasselbe Störungssystem in verschiedenen Bereichen über längere Zeiträume hinweg betrachtet *(Scholz, 1990b)*.

Die Auflösung einer Scherzone in Segmente wird den natürlichen Verhältnissen wesentlich besser gerecht. Diese verschiedenen Abschnitte der Struktur führen je nach Bruchzustand, petrologischer Zusammensetzung und Fluidhaushalt ein Eigenleben. Sie treten aber mit wachsender Nähe in eine stärker werdende Wechselbeziehung („Ansteckung"). Hinsichtlich der seismischen Effektivität, d. h. des Anteils von seismischen Bewegungen am gesamten Verschiebungshaushalt einer Scherzone, kann man den Segmenten recht unterschiedliche Eigenschaften zubilligen, wie *Lay & Kanamori (1981)* gezeigt haben (Abb. 1.48). Japanische Beobachtungen, die sich vor allem auf Tsunami-Effekte stützen, weisen nach, wie sich innerhalb einer Subduktionszone (Nankaido, Shikoku, Japan) die Verteilung seismischer Ereignisse auf vier Segmente im Laufe von 1262 Jahren verändert hat (*Scholz, 1990a*). Sicherlich stimmt über einen längeren Zeitraum hinweg die Bilanz der Verschiebungen mit den Beträgen der Plattendrift überein. Das Verhältnis zwischen geodätisch nachweisbaren aseismischen Bewegungen und dem seismischen Verschie-

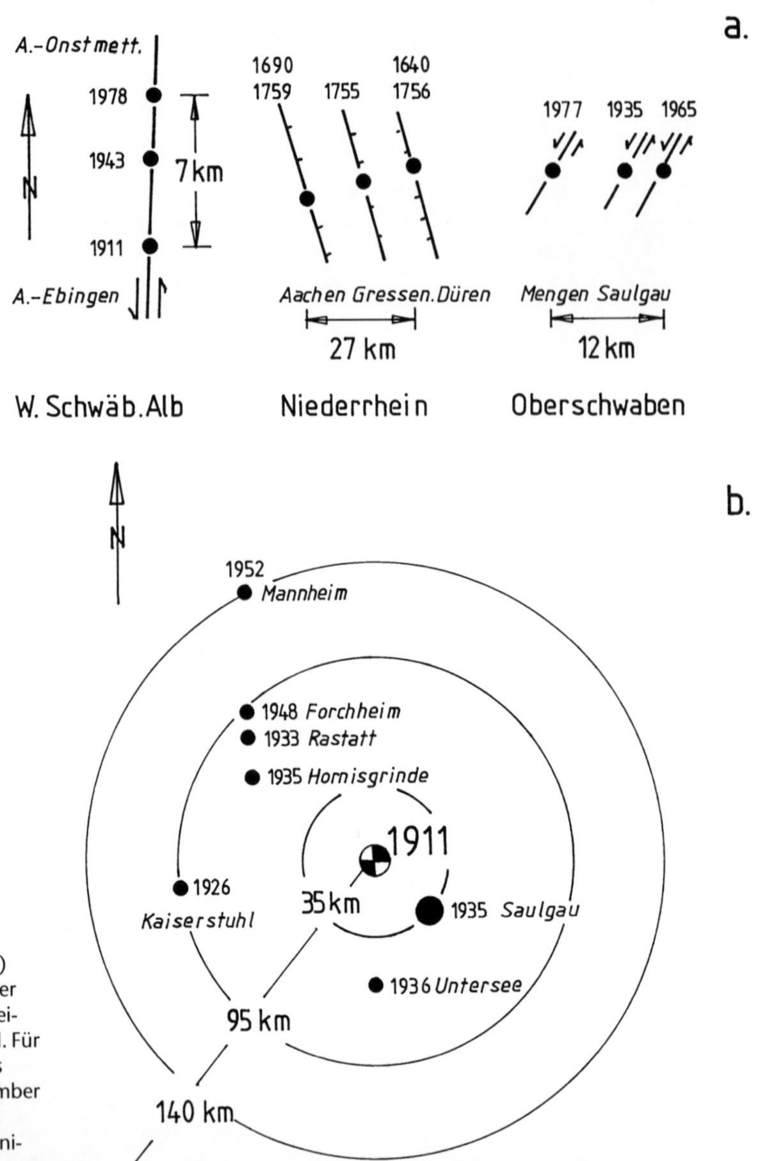

Abb. 2.30 Migration (a) und Verkopplung (b) der Erdbebentätigkeit an Beispielen aus Deutschland. Für die Verkopplung ist das Erdbeben am 16. November 1911 in Albstadt (Ms = Oberflächenwellenmagnitude) Primärereignis.

bungsszenario ist bis jetzt nur für wenige Gebiete der Erde untersucht. Dieses noch relativ übersichtliche Bild führt aber durch die kataklastische Struktur des seismogenetischen Stockwerks zu einem wesentlich komplexeren Verhaltensmuster innerhalb von Scherzonen. Im kataklasitischen Regime konkurrieren langzeitelastische Elemente mit fließfähigen Partien. Erreicht ein Element der Scherzone die kritische Scherspannung, so fällt die Scherspannung auf dieser Teilfläche ab, während sie an den Rändern anwächst (Abb. 1.49). Liegen in der Nähe dieses Scherspannungswulstes Bereiche, die den Grenzwert der Scherspannung schon fast erreicht haben, so wird ein weiterer Bereich der Scherzone zum seismischen Abbau der Spannung angeregt. Durch ein lawinenhaftes Zunehmen der

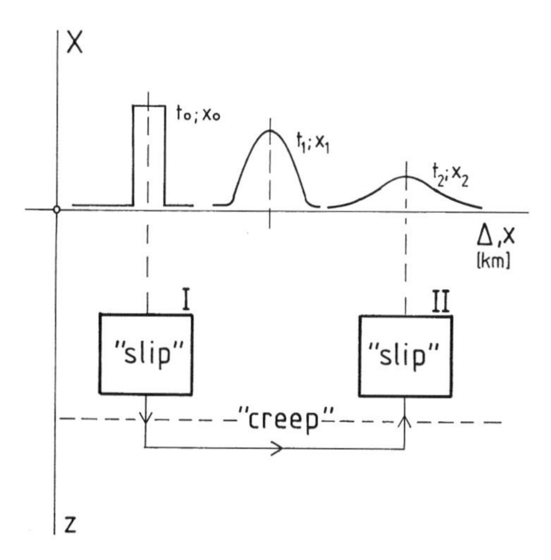

Abb. 2.31 Ansteckung eines benachbarten Herdgebiets durch einen *„slip-creep-slip"*-Mechanismus, der auf Spannungsdiffusion beruht. Vom primären Herd geht ein tektonisches Signal (Verschiebung, Spannung) aus, das sich als Relaxationsvorgang (*„creep"*) ausbreitet, um in der Nachbarschaft (x_2) bei entsprechender Verzögerung einen weiteren seismischen Vorgang auszulösen (vgl. Kasten 1. E: Schichtung; Gleichung 1.15).

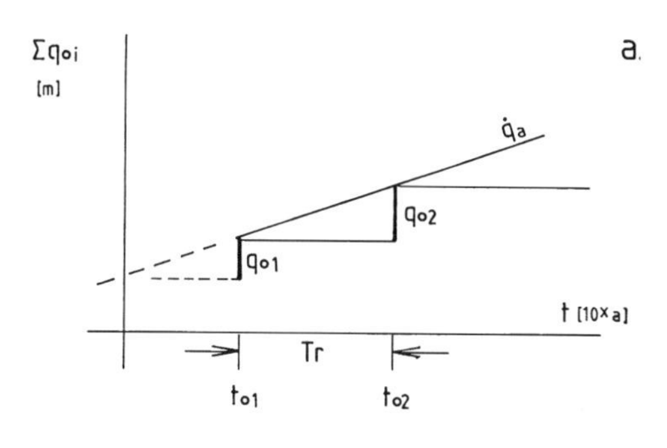

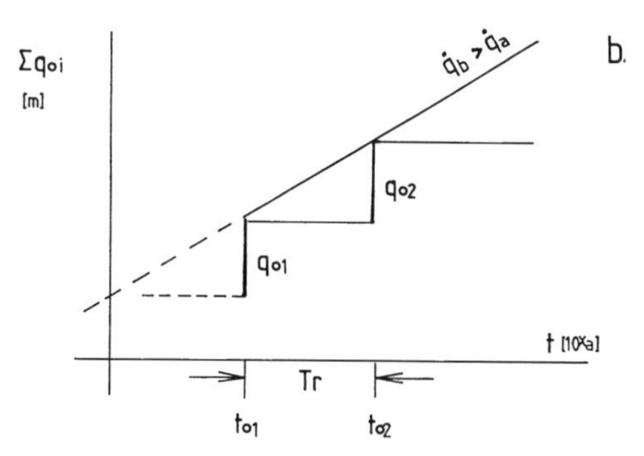

Abb. 2.32 Verschiebungsgeschwindigkeit und seismische Aktivität.
Wiederkehrperiode (Tr) und seismischer Verschiebungsbetrag (q_o) werden von der Verschiebungsgeschwindigkeit (dq/dt; engl.: *slip rate*) kontrolliert, wobei durch die innere Heterogenität einer Scherzone Schwankungen in beiden Größen bedingt sind.

beteiligten Teilherde entsteht ein größeres Erdbeben. Ausgedehnte Ereignisse wachsen folglich auf Kosten kleinerer Beben. Die Magnituden-Häufigkeitsbeziehung erfährt dadurch im Bereich größerer Magnituden eine deutliche Abweichung von ihrem Verlauf bei kleineren Magnituden (Abb. 2.33). Diese Anomalie steht jeder einfachen Extrapolation statistischer Verteilungen zu höheren Magnitudenwerten entgegen.

Nach *Main (1996)* wird diese Unregelmäßigkeit im Verlauf der Magnituden-Häufigkeitsbeziehung bei höheren Magnituden vor allem durch ein Wechselspiel zwischen Verschiebungsgeschwindigkeit und Heterogenität der Scherzone gesteuert. Geht man davon aus, dass die Verschiebungsgeschwindigkeit eine regional typische Eigenschaft der rezenten tektonischen Deformation ist, so sorgt allein die anzunehmende Heterogenität in der Zone zwischen den sich bewegenden Blöcken und Platten für eine entsprechende Breite der Reaktionen, die sowohl räumlich wie auch zeitlich entlang einer Scherzone wechseln.

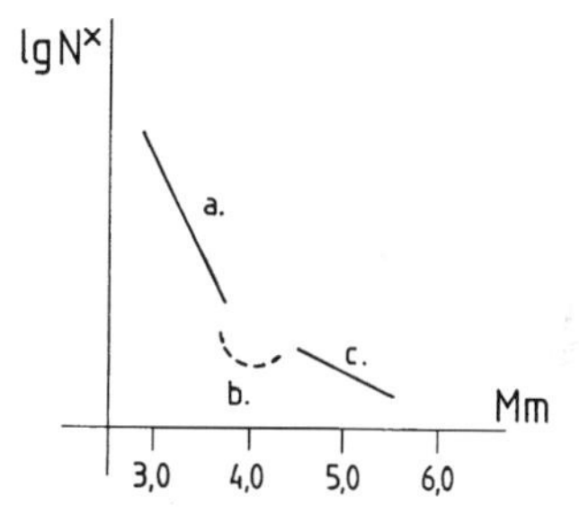

Abb. 2.33 Seismischer Wachstumsprozess und Magnituden-Statistik. Wenn größere Beben aus der Vereinigung mittlerer Beben entstehen, muss die statistische Verteilung für Ereignisse einer bestimmten seismisch aktiven Scherzone „gebrochen"sein. Gezeigt wird hier – in schematisierter Form – die Verteilung der Erdbeben auf der Albstadt-Scherzone (Schwäbische Alb, Baden-Württemberg): Sie lässt einen Mangel an Ereignissen der Magnitude 4 zugunsten von Beben der Magnitude 5 erkennen.

3. Erdbebenwirkungen

Erdbebenwirkungen reichen von den Wahrnehmungen, die unsere Sinnesorgane in Form von Schall, von sichtbaren Schwingungen und als Beschleunigung durch Mechanorezeptoren aufnehmen, über Schäden an Bauwerken und Anlagen bis zu starken Veränderungen des Untergrunds, die teilweise auf die mit dem Herdvorgang einhergehenden unstetigen, bruchhaften oder auch stetigen, mehr einer Verbiegung ähnelnden Deformationen zurückzuführen sind. Die meisten Personenschäden sind aber an die Zerstörung von Bauwerken durch seismische Bodenbewegungen gebunden. In einigen Fällen, wie in San Francisco 1906 und in Tokio 1923, entwickelten sich aus den primären Schäden an Gebäuden Flächenbrände, die den größten Teil des Gesamtschadens verursacht haben. Bei Beben, die im oberflächennahen Bereich von Subduktionszonen auftreten, ist mit der Entwicklung einer seismischen Seewoge, eines Tsunami zu rechnen, der für eine küstennah lebende Bevölkerung zur großen Katastrophe werden kann. Mit der räumlichen Ausdehnung des Erdbebenherds wächst auch das von Schäden betroffene Gebiet. Erdbeben können so zu einer nationalen Katastrophe werden, bei der die Infrastruktur ebenso wie alle anderen Bereiche der Volkswirtschaft in Mitleidenschaft gezogen werden (Tab.3.I).

3.1 Durchpausung des Herdvorgangs

a. Herddeformation

Mit dem seismischen Herdvorgang ist einmal die unstetige Verschiebung auf einer Scherfläche, zum anderen aber auch eine deutliche Deformation beiderseits der Herdfläche verbunden. Damit es zu einer auch ohne Vermessungsinstrumente feststellbaren Durchpausung von Herdverschiebungen kommt, sind bestimmte Voraussetzungen notwendig (vgl. *Bonilla, 1970*; *Bonilla et al., 1984*). Das ist einmal die geringe Herdtiefe eines Bebens, wie sie bei Ereignissen innerhalb der kontinentalen Oberkruste oder auch im obersten Bereich

Tab. 3.I: Erdbebenwirkungen

Technisch wirksame Erdbeben:
Magnitude Mw = 4,0...9,5
Herdlänge l_o = 1...1000 km

Herdverschiebung		Erdbebenwellen			
		Bodenveränderung		Schwingungserregung	
Oberflächennahe Verschiebungen (flacher Herd, Mw ≥ 6)	*Tsunami*-Anregung (flacher Herd, untermeerisch, vertikale Verschiebung)	dynamische *Setzung*; *Bodenverflüssigung* (Mw ≥ 6)	Auslösung von *Hangbewegungen*	primäre Wirkungen	sekundäre Wirkungen
Schäden an Gebäuden, Transportwegen, Versorgungsleitungen	Brandung Überschwemmung	Schäden an Gebäuden	Wasseraufstau Überschwemmung	Schäden an Gebäuden	Absturz von Bauteilen

Einwirkung auf den Menschen:
Personenschäden
Psychologische Wirkungen
Soziologische Wirkungen
Volkswirtschaftliche Wirkungen

von Subduktionszonen zu erwarten ist. Hinzu muss noch eine ausreichend große Magnitude treten (Momentmagnitude Mw > 6, in Herdparametern ausgedrückt: eine Herdverschiebung von mehr als 0,5 m und eine Herdlänge von mehr als 10 km). Viele Beben des mediterran-transasiatischen Erdbebengürtels, aber auch Beben in Kalifornien oder im Innern Australiens haben sich durch Bruchdeformationen an der Erdoberfläche bemerkbar gemacht. Empirische Beziehungen zwischen Momentmagnitude und der Größe durchgepauster Herdverschiebung bzw. Herdlänge sind in Kasten 3.A aufgeführt.

Die bisher im Gelände beobachteten Maximalwerte der Herdverschiebung erreichen mehr als 10 m. Zu ausgedehnten Veränderungen der Topographie haben die beiden größten Beben des 20. Jahrhunderts – Südchile (1960) und Alaska (1964) – geführt (vgl. Tab. 1.I). Die positiven und negativen Höhenänderungen erreichen dabei Meterbeträge (vgl. Abb. 3.1).

Die mit dem Herdvorgang verbundenen stetigen Deformationen erstrecken sich über ein größeres Gebiet in der Umgebung der seismisch aktiven Scherfläche. In Abhängigkeit von der Größe der Herdverschiebung, der Herdtiefe und dem kinematischen Charakter des Herdvorgangs entwickelt sich ein typisches Muster in der Verformung der Erdoberfläche wie auch in dem damit verbundenen Spannungsfeld (vgl. *Chinnery, 1961; 1963; Press, 1965*). Heute werden solche Verformungen für den gesamten Zyklus einer seismisch reagierenden Scherzone dargestellt (vgl. *Chen, 1999*; *Cohen, 1999*; Abschnitt 2.3).

Während rezente tektonische Deformationen zunächst durch wiederholte geodätische Vermessungen (Horizontalwinkel in einem Triangulationsnetz oder wiederholte Nivellements für vertikale Bewegungskomponenten entlang von vermarkten Profilen) nachgewiesen worden sind, konnte durch ein in Südkalifornien kontinuierlich arbeitendes GPS-Beobachtungsnetz (GPS = *Global Positioning*

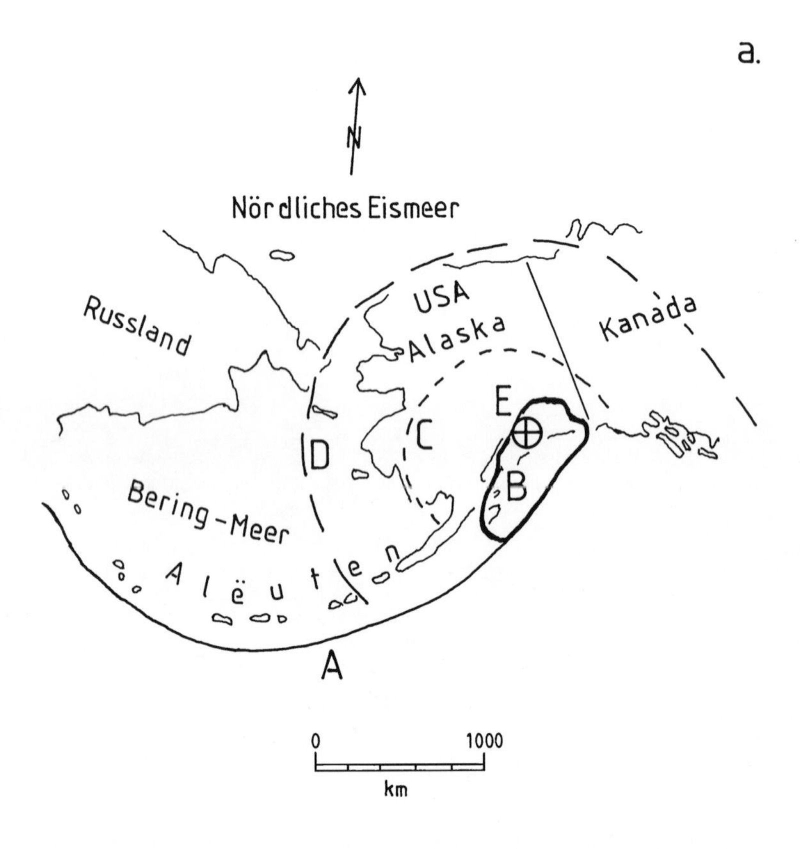

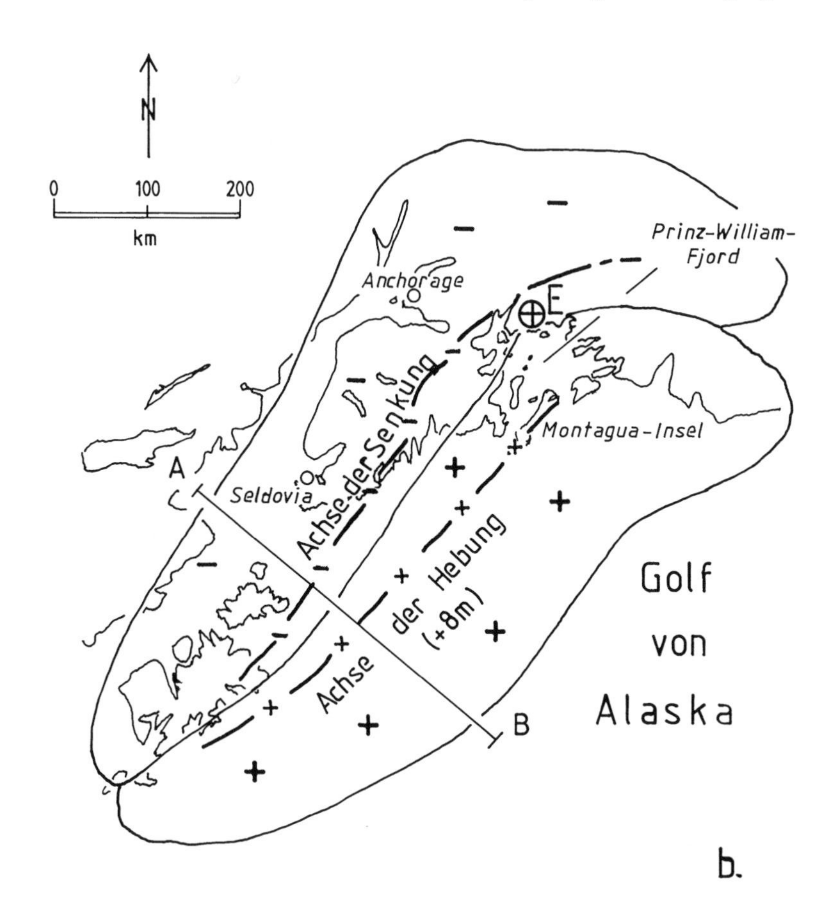

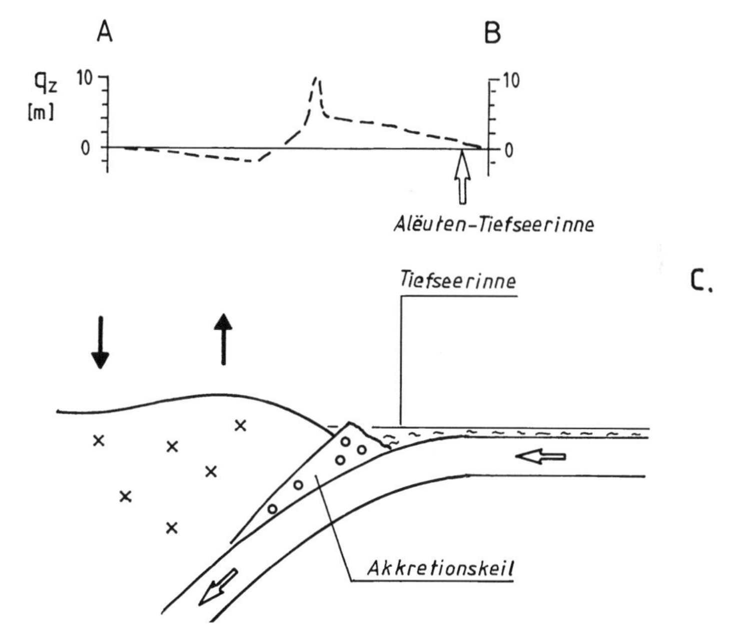

Abb. 3.1 Alaska-Erdbeben 1964 (nach *Committee on the Alaska Earthquake, 1968-1973*).

a. Geographische Übersicht: A = Alëuten-Tiefseerinne, B = Bereich starker tektonischer Deformation, C = Gebiet starker Bodeneffekte (Hangbewegungen, Lawinen, Bodenrisse), D = Grenze des Schüttergebiets, E = Epizentrum.
b. Beobachtungen zur Deformation im Herdgebiet.
c. Entstehung der Hebungszone durch Subduktion von Sedimenten (hypothetisches Schema).

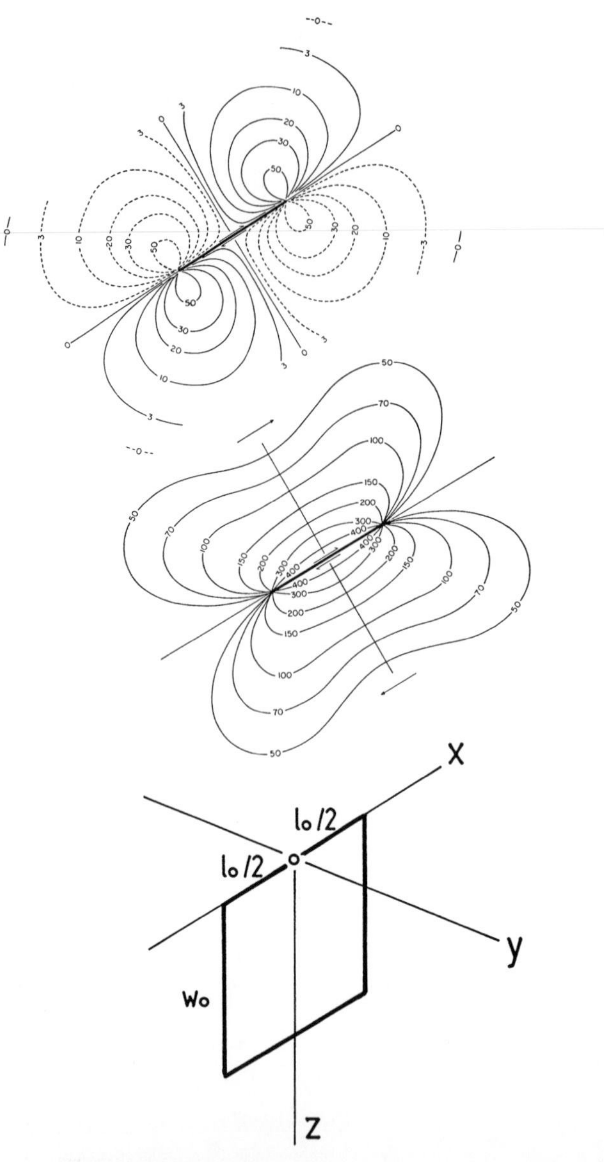

a.

b.

c.

Abb. 3.2 Bleibende Deformation in der Umgebung eines Erdbebenherdes nach *Chinnery (1961)*.

a. Herdkonfiguration: l_o = Herdlänge, w_o = Herdbreite; Horizontalverschiebung mit einem mittleren Verschiebungsbetrag q_o;
b. Verteilung der Horizontalverschiebung beiderseits der Herdlinie in 10^{-3} q_o;
c. Verteilung der Vertikalverschiebung in 10^{-3} q_o.

System, ein ursprünglich ausschließlich für militärische Zwecke entwickeltes satellitengestütztes Ortungssystem) die Verformung in der Umgebung der Landers-Erdbebenserie (1992) flächenhaft erfasst werden. Nach *Bock et al. (1993)* wurden vor dem Erdbeben keine signifikanten Verschiebungen festgestellt. Die koseismischen Verschiebungen entsprechen der für eine Horizontalverschiebung zu erwartenden Verteilung (Abb. 3.2). Bis zu zwei Wochen nach der Erdbebenserie konnten aber noch postseismische Bewegungen an einem Beobachtungsort nachgewiesen werden.

Flache Überschiebungen, wie sie im mediterran-transasiatischen Erdbebengürtel (z. B. El-Asnam, Algerien, 1980), aber auch im flachen Bereich von Subduktionszonen auftreten, sind bevorzugte Schauplätze für starke Ausprägungen oberflächennaher Deformationen (vgl. Abschnitt 4.1).

Das Beben vom 20. September 1999 auf Taiwan (Mw = 7,6) lieferte ein erstes Beispiel dafür, dass sowohl Gebäude wie Schulen, als auch Einrichtungen des Transportwesens durch koseismische Verstellungen starke Schäden erlitten. In einem Staudamm konnte ein innerer Versatz von 9,8 m beobachtet werden (*Teng et al., 2001*). Leitungs- und Transportwege sind auch im Falle aseismischer Bewegungen empfindliche Objekte (vgl. *Day, 2002*).

b. Anregung von Wassermassen

Sind flache untermeerische Herde ausreichend groß (z.B. Mw $\geq$ 6,5), und ist ihre Herdkinematik mit einer deutlichen Vertikalverschiebung des Meeresbodens verbunden, so kann es im Meerwasser zur Auslösung langperiodischer Schwerewellen kommen, die als **Tsunami** (japan.: Hafenwelle) bezeichnet werden (vgl. Kasten 3.A; Abb. 3.3). Aus der geographischen Verteilung der „Tsunami-Herde" kann man schließen, dass diese Bedingungen besonders häufig für den zirkumpazifischen Erdbebengürtel erfüllt sind (Abb. 3.4). Hier werden 82 % aller Tsunamis durch herdnahe Verformung des Meeresbodens erzeugt *(Bryant, 2001)*.

Das von einem Tsunami begleitete Nicaragua-Beben des Jahres 1992 hat auf einen weiteren wichtigen Parameter für die Tsunami-Genese hingewiesen (vgl. *Kanamori & Kikuchi, 1993*): die Eigenart der Bruchdynamik im Herd. Offensichtlich neigen vor allem langsame d.h. „rote" Herdprozesse zur Auslösung von Tsunamis; daneben sind es aber auch stokkend ablaufende Herdvorgänge, wie bei dem Beben vor der SW-Küste von Hokkaido (Japan), wo eine Abfolge von deutlich gegeneinander abgesetzten Subherden zu einer vor allem die Küsten von Okushira zerstörenden Flutwelle geführt haben *(Bryant, 2001)*. Im Nahbereich hat die Heterogenität des Herdprozesses ebenso wie die Tiefe und Topographie des Meeresbodens einen großen Einfluss auf die Wellenhöhe des Tsunamis, wie *Geist (2002)* für Herde der Subduktionszone entlang der mexikanischen Pazifikküste zeigen konnte.

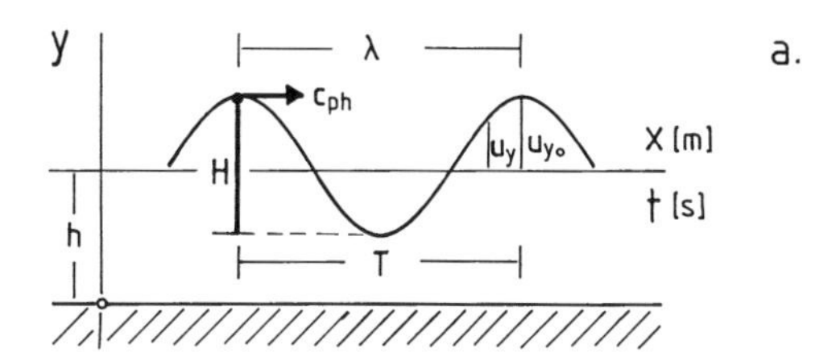

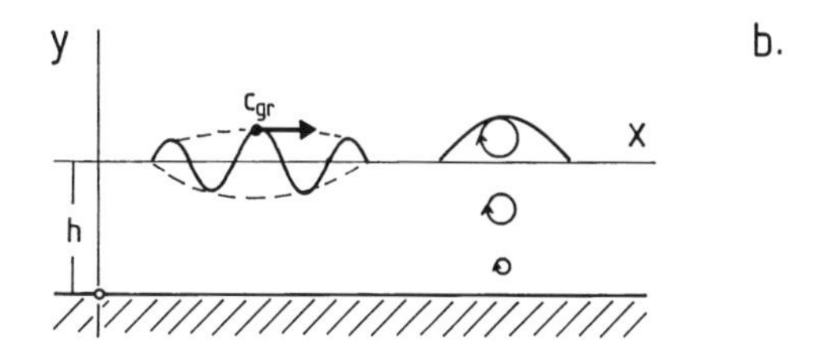

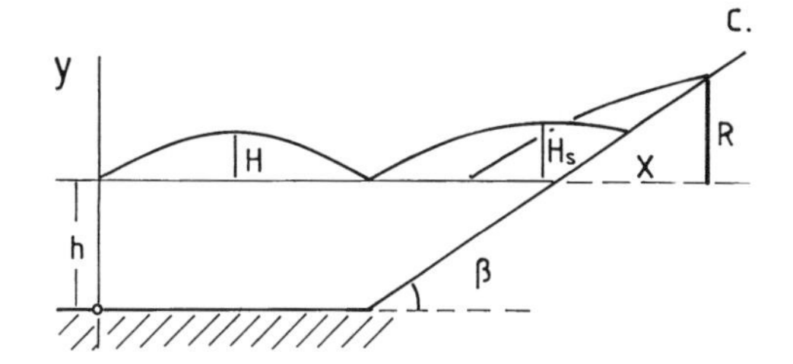

Abb. 3.3 Wellenelemente bei einem Tsunami.
a. Harmonische Welle: λ = Wellenlänge in m; T = Periode in s; H = Wellenhöhe, u_{yo} = Amplitude, u_y = Elongation, alle in m;
b. Wellenpaket (links): Ausbreitung der Amplitudeneinhüllenden mit der Gruppengeschwindigkeit c_{gr} in m/s; solitäre Welle (rechts): Orbitalbewegung der Wasserteilchen beim Durchgang einer Welle mit der Geschwindigkeit v in m/s.
c. Auflaufende Welle mit solitärem Profil: H = Wellenhöhe im freien Ozean; Hs = Wellenhöhe am Strand; R = Auflaufhöhe.

Quellvorgang und Struktur des Anregungsgebiets bedingen die komplexen Wellenprofile seismischer Seewogen. Die registrierte Zeitfunktion des Wasserstands (Mareogramm) besteht aus einer Überlagerung von Gezeitenwellen mit mehr periodischem Charakter und Tsunami-Komponenten unterschiedlicher Genese (Abb. 3.5). Verfahren, die den komplexen Herdvorgang in einzelne Subherde aufteilen und deren Beiträge zu einem Tsunami überlagern erreichen gute Übereinstimmung zwischen beobachteter und synthetischer Zeitfunktion (vgl. Kasten 3.A: Gleichung 3.6; *Satake, 2002*).

Kasten 3.A: Durchpausung des Herdvorgangs

a. Herddeformation
Für die Durchpausung der Herdbewegung bei Krustenbeben haben *Wells & Coppersmith (1994)* die folgenden Beziehungen zwischen der Momentmagnitude Mw und Herdparametern aufgestellt:

$$\lg l_o = -4{,}38 + 0{,}86\, Mw \text{ (für } Mw < 8{,}0) \quad (3.1)$$

l_o = die durchgepauste Herdlänge in km;

$$\lg q_o = -8{,}45 + 1{,}22\, Mw \text{ (für } Mw < 8{,}0) \quad (3.2)$$

q_o = durchschnittliche Herdverschiebung in m.

Neben der unstetigen Herdverschiebung erfahren die Gesteine in der Umgebung des Herdvorgangs eine charakteristische stetige Verformung (vgl. Abb. 3.1). Auf einem Profil (Richtung y), das senkrecht zu einer oberflächennahen Horizontalverschiebung der Herdbreite w_o angelegt wird, beträgt die horizontale Verschiebung parallel zur Herdfläche (*Chinnery, 1961; Cohen, 1999*):

$$q_x = q_o\,[(1/2) - (1/\pi)\arctan(y/w_o)] \quad (3.3).$$

b. Tsunamis
Wellenelemente. Tsunamis sind Schwerewellen des Ozeans, deren Wellenlänge λ wesentlich größer als die Wassertiefe h ist (vgl. Abb. 3.2). Betrachtet man harmonische Wellen, so sind diese periodisch in Raum und Zeit. Neben der Wellenlänge λ ist deshalb für einen ruhenden Beobachter die Periode T messbar, wenn man mit einer Uhr den zeitlichen Abstand von gleichen Phasen, wie z. B. von Wellenmaxima, feststellen kann.

Bei Wellen lassen sich verschiedene Arten der Geschwindigkeit beschreiben. Die Ausbreitung einer bestimmten Phase, wie eines Maximums, wird als Phasengeschwindigkeit c_{ph} bezeichnet. Für Flachwasserwellen gilt:

$$c_{ph} = \sqrt{g\,h} \text{ in m/s} \quad (3.4)$$

g = Betrag der Vertikalkomponente der Schwerebeschleunigung $\approx 10\,m/s^2$; h = Wassertiefe in m. Für eine mittlere Meerestiefe von 4 km erhält man mit dieser Beziehung eine Phasengeschwindigkeit von 200 m/s = 720 km/h.

Abb. 3.2 zeigt die Ausbreitung eines Wellenpakets, das durch die Überlagerung von Teilsignalen benachbarter Perioden entstanden ist. Der Schwerpunkt des Pakets pflanzt sich mit der Gruppengeschwindigkeit c_{gr} fort. Für Flachwasserwellen gilt (vgl. *Rahman, 1995*):

$$c_{gr} = c_{ph}.$$

Beim Durchgang einer Welle führen die einzelnen Partikel des Mediums charakteristische Bewegungen aus, die hier für eine Flachwasserwelle als kreisförmige Orbitalbewegung dargestellt worden ist. Solche Partikelbewegungen erfolgen in einer Orbitalgeschwindigkeit v (in m/s). Für die Entstehung dynamischer Druckwirkungen ist diese Größe entscheidend (vgl. Gleichung 3.9). Zwischen den Parametern Wellenlänge, Phasengeschwindigkeit und Periode besteht die folgende Beziehung:

$$\lambda = c_{ph}T \quad (3.5)$$

Bei Tsunamis wie auch bei anderen außergewöhnlichen Belastungen von Küstengebieten, z. B. Sturmfluten, ist die Wellenhöhe von zentraler Bedeutung. Bei einer harmonischen Signalform lassen sich folgende Tsunami-Parameter angeben:

Tsunamis sind Schwerewellen des Ozeans, die das langperiodische Ende des Spektrums dieser Wellenform besetzen. Ihre Wellenlänge ist wesentlich größer als die Wassertiefe im Ozean, weshalb man auch von Schwerewellen des Flachwassertyps spricht. Sie „spüren" den Ozeanboden sehr deutlich, was zu einigen sehr wesentlichen Konsequenzen vor allem für die technische Wirksamkeit eines solchen Ereignisses führt (vgl. Kasten 3.A).

Da sich die Ausbreitungsgschwindigkeit von Tsunami-Wellen mit abnehmender Wassertiefe vermindert, entsteht in Küstennähe ein Staueffekt, der die im freien Ozean harmlose Wellenhöhe von beispielsweise einem Meter zu katastrophalen Ausmaßen beim Auflaufen des Tsunamis auf den Küstenstreifen anwachsen lässt. In besonders ungünstigen Situationen, z. B. beim Eindringen von Tsunamis in einen Fjord, bilden sich Wellenhöhen von einigen Zehnermetern (Tab. 3.II).

Wellenlänge $\lambda = 10$ bis 750 km
Periode $T = 40$ s bis 80 min
Amplitude auf freier See $u_{1y} = 0{,}5$ bis 1 m
Auflaufamplitude u_{2y} bis 60 m.

Die Anregung von Tsunamis durch einen komplexen Herdvorgang wird durch eine Überlagerung von Signalen, die von Subherden abgestrahlt werden, dargestellt. Nach *Satake (2002)* erhält man einen Zeitverlauf der Tsunami-Bewegung u_z nach folgender Beziehung:

$$u_{zi}(t) = \Sigma A_{ij}(t)\, q_j(t) \quad (3.6)$$

A_{ij} ist die für die Station i berechnete Wellenform, die der Subherd j erzeugt; q_j ist der Verschiebungsbetrag auf der Herdfläche des Subherdes j.

Während sich die Tsunami-Welle weitgehend ungestört mit der Geschwindigkeit $\sqrt{g\,h}$ über den freien Ozean ausbreitet, kommt es im Küstenbereich zu einer starken Veränderung des Signals. Die Geschwindigkeit wird mit abnehmender Wassertiefe geringer. Zusammen mit der zunehmenden Bodenreibung verursacht das einen Stau der Wellenpakete, dadurch wird die Energiedichte im Wasser höher. Es treten Brandungseffekte auf, die sich in einer Vergrößerung der Wellenhöhe H (H_1 ist die Wellenhöhe im freien Ozean, H_2 ist die Wellenhöhe in Küstennähe) und im Auflaufen des Wassers äußern (vgl. Abb. 3.2):

$$H_2/H_1 = \sqrt{c_{gr1}/c_{gr2}} = \sqrt{c_{ph1}/c_{ph2}} = \sqrt[4]{h_1/h_2} \quad (3.7)$$

Für eine Abnahme der Wassertiefe von h_1 = 4 km auf h_2 = 10 m ergibt sich eine Vergrößerung der Wellenhöhe um den Faktor 4,5. Die Differenz zwischen dem Stillwasserniveau und der Höhe der auflaufenden Wellenzunge wird als Auflaufhöhe R bezeichnet. Sie kann – als Näherungswert – nach folgender Beziehung abgeschätzt werden, wenn man eine solitäre Wellenform voraussetzt (vgl. Abb. 3.2; *Bryant, 2001*):

$$R = H_s^{1,25}\; 2{,}38\; \sqrt{\cot an\, \beta} \quad (3.8)$$

H_s = Wellenhöhe am Strand in m; β = Hangwinkel des Strandes (vgl. Abb.3.2).

Bei der technischen Wirkung eines Tsunamis überlagert sich der durch die hohe Wassersäule bedingten statischen Wirkung p_{st} der aus dem Wellencharakter folgende dynamische Druck p_{dyn}:

$$p = p_{st} + p_{dyn} = \rho_W\, g\, y + c_D\, (\rho_W/2)\, v^2 \text{ in Pa} \quad (3.9)$$

Darin bedeuten: ρ_W = Wasserdichte = 1.10^3 kg/m^3; c_D = Widerstandsbeiwert (dimensionslos), der von der Form und den Parametern des belasteten Objekts abhängt. Die Orbitalgeschwindigkeit wird aus der Wellenhöhe H nach folgender Formel abgeschätzt (*Wiegel, 1970*): $v = 2\sqrt{g\,H}$.

c. *Seiches*

Nach *Merian (1828 in Dietrich et al., 1975)* beträgt die Eigenperiode T* eines Sees:

$$T^*_1 = 2\, l_o/\sqrt{g\,h} \text{ in s} \quad (3.10)$$

h = Tiefe des Sees. Für ein halbseitig geöffnetes Becken, wie eine Meeresbucht, ist die Eigenperiode doppelt so groß, da es an der Mündung zur offenen See genügend Wassermasse zur Verschiebung gibt, und sich dort eine Knotenlinie bilden kann. Man kann sich den Vorgang auch analog zu zwei entlang der Knotenlinie aneinander gekoppelten geschlossenen Becken vorstellen.

Die Tsunami-Wellen großer Erdbeben breiten sich bei nur schwacher Dämpfung über ganze Ozeane hinweg aus, um noch an den entferntesten Küsten Auswirkungen zu haben (Abb. 3.6 und 3.7). Inselgruppen, wie Hawaii sind durch ihre zentrale Lage den Tsunamis aller Herdgebiete des zirkumpazifischen Erdbebengürtels ausgesetzt. Dort wurden deshalb auch die ersten Versuche unternommen, Tsunami-Warnungen auszugeben. Später wurde von Hawaii ausgehend ein umfassendes Tsunami-Warnsystem für den gesamten Pazifik aufgebaut (vgl. Kap. 4).

Wie auch bei anderen Überschwemmungen (Abflusskatastrophen im Inland oder Sturmfluten an den Meeresküsten) besteht die Wirkung der Tsunamis vor allem in einer lang andauernden Wasserüberdeckung, die eine primäre Gefahr für alle Lebewesen bildet. Hinzu kommen aber auch noch die horizontalen Kräfte der Wellen, die sich dem hydrostatischen Druck überlagern (Abb. 3.8; Kasten 3.A).

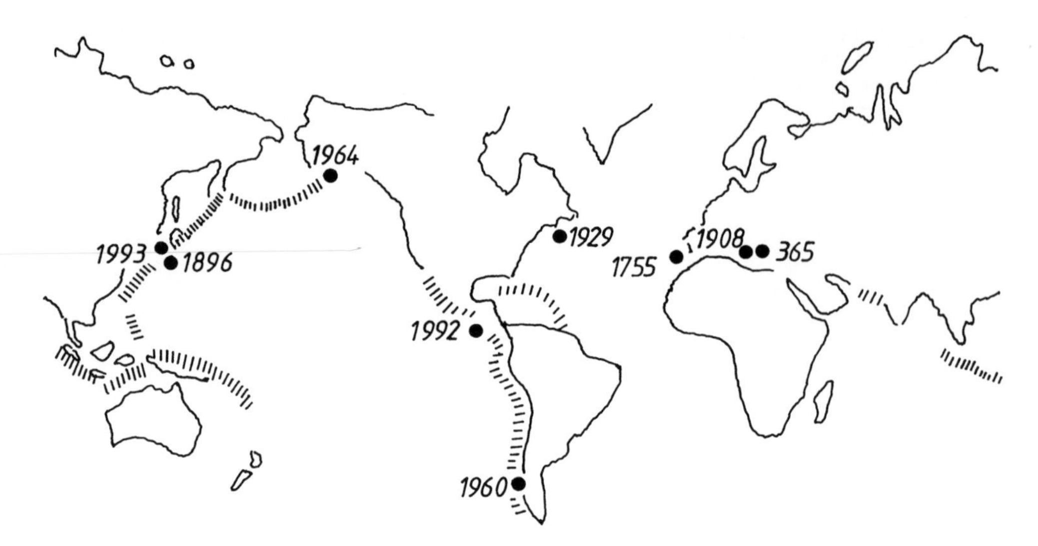

Abb. 3.4 Geographische Lage der Tsunami-Herde entsprechend Tab. 3.II und an Subduktionszonen gebundene Entstehungsgebiete von Tsunamis (schraffiert).

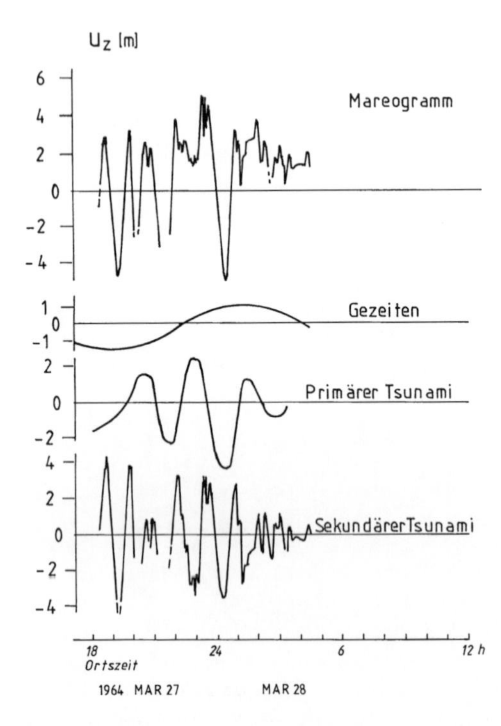

Abb. 3.5 Registrierung eines Tsunamis nach dem Beben von Alaska 1964 am Punkt „Womans Bay" auf der Insel Kodiak (Alaska, USA) und Zerlegung des Mareogramms in drei Hauptbestandteile (nach *Committee on the Alaska Earthquake, 1968-1973*).

Seiches. An Seen, Buchten und Fjorden kann man von Zeit zu Zeit periodische Wasserstandsschwankungen, z. B. mit der Periode etwa von 1 Stunde beobachten, die sich als Eigenschwingungen der Wassermasse erklären lassen. So konnte Forel schon 1892 feststellen, dass der Genfer See in zwei Moden schwingt, einer Längs- und einer Quermode mit Perioden von T = 73 1/2 bzw. 35 1/2 Minuten (*Gutenberg, 1929*; Kasten 3.A). Ursache für derartige Eigenbewegungen sind unterschiedliche Luftdruckbelastungen, wie sie in der Nähe meteorologischer Kaltfronten auftreten; hinzu kommen als weitere Anregungsmöglichkeiten Windstau, Einschüttung von Sedimentmassen durch Hangbewegungen, aber auch Erdbeben. Das Lissabonner Erdbeben vom 1. November 1755 hat sich in ganz Europa durch solche Eigenschwingungen abgeschlossener Wassermassen bemerkbar gemacht. Diese Bewegungen erhielten von Forel den Namen „*seiche* „(Frz.: Tintenfisch). Die Kontraktion und Dilatation des Körpers eines Cephalopoden beim Schwimmen durch Rückstoß haben zu dieser Benennung angeregt. Als maximale Seiche-Amplitude wurden bisher am Genfer See etwa 2 m gemessen (z. B. 20. Oktober 1841: 1,87 m). Beim Hebgen-Lake-Erdbeben in Montana (USA) kam es zu einem

Tab. 3.II: Beispiele für Erdbeben-Tsunamis

Jahr	Region/Wirkungen	Literatur
365	Kreta Tsunami-Wirkungenim östlichen Mittelmeer	*Ambraseys (1962)*
1755	„Lissabon-Erdbeben" (vgl.Tab. 1.I): 15 m hohe Wellen im Tejo-Trichter; 10 bis 30 m hohe Wellen an der Atlantikküste Iberiens; weitere starke Wirkungen an der marokkanischen Küste, auf den Azoren, Madeira und in der Karibik.	*Bryant (2001)*
1896	Sanriku (Hondo, Japan) Auflaufhöhe bis 29 m nach einem Erdbeben mit Mw $\approx$ 8 entlang der Fjord-Küste des Sanriku-Distrikts (NE-Küste von Hondo) führt zu etwa 22.000 Todesopfern. 1933 kommen im gleichen Gebiet etwa 3000 Menschen durch einen Tsunami ums Leben.	*Miyoshi et al. (1983)*
1908	Messina (vgl. Tab. 1.I): bis etwa 10 m hohe Wellen an den Küsten der Straße von Messina; Auslösung von untermeerischen Rutschungen und Suspensionstransport aus der Straße von Messina in Richtung SSE.	*Soloviev (1990); Tinti & Guiliani (1983); Ryan & Heezen (1965)*
1929	Grand Banks (Atlantik vor der Küste Kanadas): Ein Beben der Magnitude Ms = 7,2 löst eine Sedimentmasse von mehr als 50 Kubikkilometern aus; durch den von der untermeerischen Massenbewegung erzeugten Tsunami verlieren 27 Menschen in den Fischerei-Häfen der Burin-Halbinsel (Neufundland) das Leben.	*Hasegawa & Kanamori (1987); Jones (1992)*
1960	Süd-Chile: Das größte Erdbeben des 20. Jahrhunderts (Mw = 9,5, vgl. Tab. 1.I) führt zu einem Tsunami mit Auflaufhöhen von 8,5 bis 25 m in Süd-Chile; 2231 Tote durch Fernwirkungen an den Küsten des Pazifiks; führt zur Gründung des Tsunami-Warndienstes für den Pazifik.	*Bryant (2001)*
1964	Alaska: Sowohl im Prinz-William-Fjord wie auch im Golf von Alaska werden Tsunami-Wellen angeregt. Das bewegte Krustenvolumen erreicht etwa 120 km^3. Von 106 Toten sterben beim zweitgrößten Beben des 20. Jahrhunderts in Alaska 82 durch Tsunami-Wirkungen. Die Auslösung von untermeerischen Rutschungen bedingt hohe Wellen (Höhe bis 52 m). Abstrahlung der Tsunami-Wellen vor allem parallel zur Westküste Nordamerikas: 11 Tote in Crescent City (Nord-Kalifornien).	*Bryant (2001)*
1993	Hokkaido (Japan): Ein Beben der Magnitude Ms = 7,8 N' von Okushiro im Japanischen Meer, dessen Dynamik durch 5 größere Subherde gekennzeichnet ist, führt zu einem Tsunami. Verwüstungen vor allem in Aonae auf Okushiru durch 5 bis 30 m hohe Wellen; dort sind 239 Tote zu beklagen.	*Hokkaido Tsunami Survey Group (1993); Bryant (2001)*

Abb. 3.6 Zerstörungen in Hilo (Hawaii) durch einen Tsunami am 1. April 1946, bei dem 165 Menschen getötet wurden, davon 159 auf Hawaii. Der Herd der Flutwelle lag im Aleuten-Bogen (Aufnahmen: © Bettmann/CORBIS).

lokalen Schaden durch die Seiche-Bewegung in einem See *(Day, 2002)*.

Die Grundeigenfrequenzen von Seen und anderen Wassermassen vergleichbarer Ausdehnung, an denen Seiches beobachtet worden sind, können nicht durch Erdbebenwellen resonanzmäßig angeregt werden, da deren Frequenzen zu hoch sind. Eine Anregung kann nur in den höheren Schwingungsmoden oder über den Umweg einer Resonanz von Teilbecken erfolgen. Kippbewegung des Untergrunds im Herdgebiet und die Auslösung von Suspensionsströmen oder Massenbewegungen unterhalb der Wasseroberfläche werden als Entstehungsmechanismen ebenfalls diskutiert.

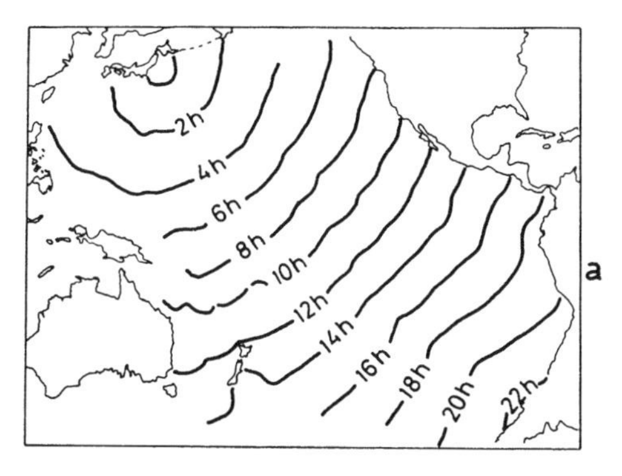

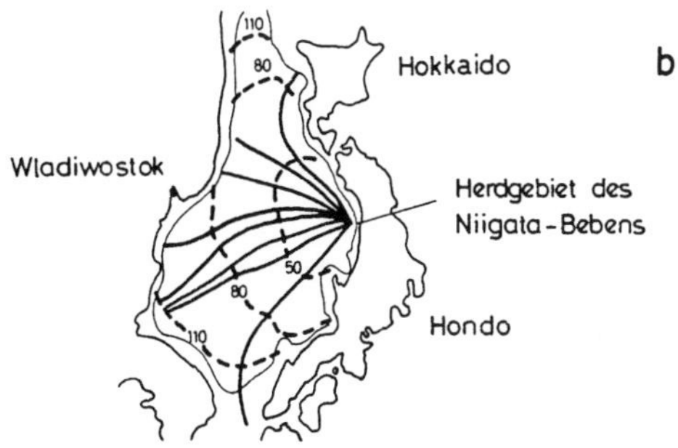

Abb. 3.7 Laufzeiten und Ausbreitungsrichtungen von Tsunamis.

a. Laufzeiten des Sanriku-Oka-Tsunamis vom 3. März 1933 (nach *Wadati in Cox et al., 1963*).

b. Strahlverlauf und Laufzeiten des Niigata-Tsunamis im Jahre 1964 (vgl. Tab. 1.I, nach *Soloviev, 1974*).

3.2 Bodeneffekte

Erdbebensignale sind auch im Epizentralgebiet aus Komponenten zusammengesetzt, deren Wellenlänge meist mehr als 10 bis 100 m beträgt. Kritische Scherdeformationen, wie sie die Bodendynamik in kleinräumigeren Maßstäben betrachtet, sind bei Erdbeben nur unter sehr extremen Bedingungen zu erwarten (vgl. *Studer & Koller, 1997*). Erdbebenwellen treten aber mit oberflächennahen geologischen Strukturen in Wechelwirkung, wenn die Wellenlänge der eingestrahlten Scherwellen der geometrischen Ausdehnung von Strukturen entspricht. Dabei kann der Porenwasserdruck im Gestein so weit ansteigen, dass es zu einem Zusammenbruch der Struktur bei Lokkersedimenten bzw. zur Auslösung einer Bewegung von Hangmassen kommt.

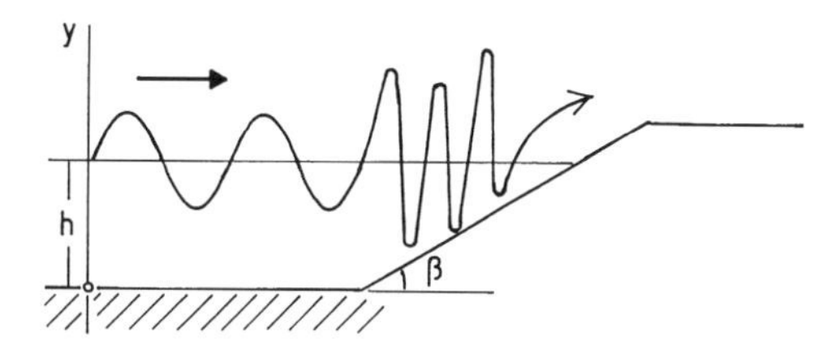

Abb. 3.8 Auflaufen einer Flachwasserwelle. Mit abnehmender Wassertiefe wird die Geschwindigkeit kleiner, die Wellenhöhe größer. Die abnehmende Wassertiefe sorgt sowohl für einen Staueffekt wie auch für ein Anwachsen der je Volumenelement vorhandenen Wellenenergie.

a. Bodenverflüssigung

Bei feinsandigen Ablagerungen, in denen das Grundwasser steht, ist beim Durchgang seismischer Wellen, deren Signalparameter bestimmte Voraussetzungen hinsichtlich Amplitude, Frequenz und Dauer erfüllen, mit einer besonderen Form nichtelastischer Deformation zu rechnen (vgl. Kasten 3.B; Abb. 3.9 u. 3.10). Der Porenwasserdruck steigt in einem solchen Material mit der seismischen Belastung an, wobei die Geschwindigkeit des Durchgangs der seismischen Wellen einen Druckausgleich mit benachbarten Bezirken unmöglich macht. So wird das Verhältnis zwischen Porenwasserdruck und der stabilisierenden Auflastspannung zugunsten des Ersteren verschoben. Es kommt zu einem Verlust der Scherfestigkeit und damit auch der Tragfähigkeit des Untergrunds. Die genannten Strukturbedingungen für einen solchen Prozess machen es verständlich, dass vor allem Küstengebiete und Flussniederungen der bevorzugte Schauplatz der damit verbundenen Phänomene sind. In größerer Ausdehnung wurde Bodenverflüssigung (engl.: *liquefaction*) in der Folge des Alaska- und des Niigata-Erdbebens, beide im Jahre 1964, beobachtet (vgl. Tab. 1.I; *Bardet, 2003; Youd, 2003*).

Der Herd des Niigata-Bebens lag im Japanischen Meer in etwa 100 km Entfernung von der hauptsächlich betroffenen Gemeinde. Auffällig war unter den beobachteten Effekten vor allem die Schiefstellung und das langsame Kippen ganzer Gebäude, wobei deren Integrität weitgehend erhalten blieb. Es ist davon

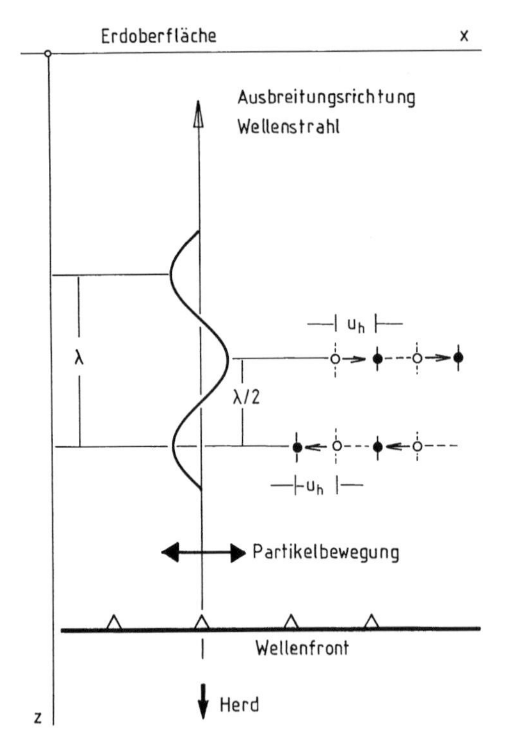

Abb. 3.9 Deformation beim Durchgang einer ebenen Scherwelle (u_h = Bodenverschiebung, λ = Wellenlänge).

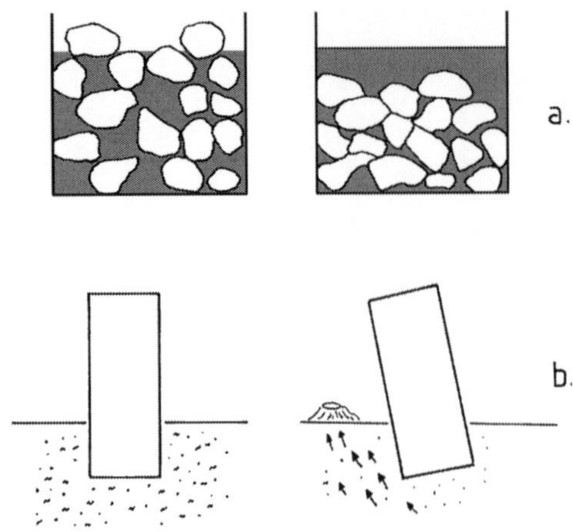

Abb. 3.10 Bodenverflüssigung.

a. Der Durchgang von S-Wellen in einem Lockersediment, das aus durchfeuchtetem Feinsand besteht, führt durch den Anstieg des Porenwasserdrucks zu einer Entmischung von festen und flüssigen Bestandteilen.
b. Die Fundamentbewegung eines Bauwerks bewirkt den gleichen Effekt. Es kommt durch den Massenverlust im Untergrund zur Schiefstellung des Bauwerks.

auszugehen, dass die „Fußbewegung" eines kompakten Bauwerks in einem feinsandigen und durchfeuchteten Untergrund zur Entmischung führt. Das austretende Wasser gelangt über Risse und andere Wegsamkeiten zur Erdoberfläche (Abb. 3.11). Der damit verbundene Massenverlust unter dem Bauwerk verursacht Schiefstellung und damit verbunden den Abriss von Versorgungsleitungen mit entsprechenden sekundären Folgen, wie den Bruch von Wasserleitungen sowie Bränden durch das Bersten von Gasleitungen.

Für Untergrundsituationen, wie sie vorher beschrieben wurden, lassen sich an Hand der LSI-Skala (engl.: *liquefaction severity index*; vgl. Kasten 3.B, Tab. 3.III) die Möglichkeiten für eine Bodenverflüssigung in Abhängigkeit von Magnitude und Herdentfernung abschätzen. *Day (2002)* zitiert als Untergrenze für Bodenverflüssigung einen Beschleunigungswert von 1 m/s^2 und eine Nahbebenmagnitude größer als Ml = 5. Nach *Klein (1996)* ist nicht nur die Feinkörnigkeit des Lockersediments, sondern vor allem auch die Gleichförmigkeit der Verteilung wesentlich für die Entstehung einer Bodenverflüssigung, da bei einer breiteren Verteilung der Korngrößen ausreichend viele kleinere Partikel zur Verfügung stehen, um die Hohlräume zwischen den größeren Komponenten auszufüllen. Eine weniger dichte Lagerung hat deshalb eine entsprechend stärkere Tendenz zur Verflüssigung. Unter den Kornformen bedingt eine stärkere Rundung die Erhöhung des Verflüssigungspotential, vergleicht man das mit einem Aufbau aus mehr eckigem Material (*Day, 2002*).

Als spezielle Situationen sind die Wassereinschlüsse in künstlichen Ablagerungen, in jungen Fluss- und Seesedimenten und die Einbettung von zur Verflüssigung neigendem Material zwischen relativ feste und elastisch reagierende Schichten zu nennen. Letztere Konfiguration hat bei dem Roermond-Beben (1992, Niederlande, Ml = 5,8) bemerkenswerte Verflüssigungen zur Folge gehabt (vgl. *van Eck & Davenport, 1994/95*). Mit

Kasten 3.B: Bodeneffekte

a. Nicht-elastische Bodendeformation
Die mit dem Durchgang einer Scherwelle verbundene Deformation kann durch folgende Beziehung abgeschätzt werden (Abb. 3.9):

$$\gamma \approx 2u_h/\lambda \quad (3.11)$$

u_h = die Bodenverschiebung, λ = Wellenlänge, beide in m.

Nimmt man für die Bodenverschiebung in Herdnähe folgende Größenordung an: $u_h \approx 0{,}1\ q_o$ (q_o = mittlere Herdverschiebung), erhält man – je nach Magnitude – Werte bei technisch wirksamen Beben von u_h = 0,01 bis 1 m. Setzt man für ein Lockersediment eine Scherwellengeschwindigkeit c_s = 300 m/s an, ergeben sich bei einer Frequenz von f = 1 Hz kritische Werte der Bodendeformation von $\gamma = 10^{-4}$ bis 10^{-3} erst bei höheren Magnituden und großen Wellenlängen.

b. Bodenverflüssigung
Kritische Situationen entstehen in Lockersedimenten durch seismische Wellen, wenn der Porenwasserdruck größer als der Auflastdruck wird.

In Abhängigkeit von Magnitude (Mw) und Epizentralentfernung (Δ in km) kommt es zu einer Bodenbewegung (Bodenbeschleunigung, Bodenverschiebung) bestimmter Dauer und Amplitude.

Ein *„liquifaction-severity-index"* (LSI) wurde auf empirischer Basis, d. h. aus Beobachtungen in Japan und den westlichen USA abgeleitet (vgl. *Youd et al., 1989*):

$$\lg LSI = -3{,}49 - 1{,}86 \lg \Delta + 0{,}98\ Mw \quad (3.12)$$

Für Gebiete mit ausgedehnten Flächen, die zur Bodenverflüssigung neigen, ergeben sich Beurteilungen der Möglichkeit einer Bodenverflüssigung auf der Basis von LSI-Werten (vgl. Tab. 3.III).

c. Auslösung von Hangbewegungen
Hangbewegungen entwickeln sich in einem Wechselspiel zwischen Hangabtrieb und Scherwiderstand, der vom Normaldruck auf der Bewegungsfläche abhängt (Abb. 3.10); auch bei einer Hangmasse kann die Vergrößerung des Porenwasserdrucks zur Auslösung der Bewegung führen. Der Scherwiderstand zwischen Untergrund und Hangmasse wird durch den folgenden Ausdruck beschrieben:

$$\text{ult}\ \tau = c_o + (\sigma_n - p_{H_2O})\ R \quad (3.13)$$

c_o = Kohäsion: hoch bei Festgesteinen, niedrig bei Lockergesteinen;
$\sigma_n = \rho\, g\, z \cos\alpha$ = Normalspannung, vermindert um den Porenwasserdruck = effektive Normalspannung;
R = Reibungskoeffizient; der Mittelwert für Gesteine liegt bei 0,7.

Der Hangabtrieb wird durch folgende Beziehung beschrieben:

$$\sigma_x = \rho\, g\, z \sin\alpha \quad (3.14).$$

Im Falle eines Erdbebens wirkt ein Teil der horizontal gerichteten Bodenbeschleunigung a_h hangparallel:

$$\Delta\sigma_x = \rho\, z\, a_h \cos\alpha \quad (3.15)$$

Bei der seismischen Belastung eines potenziellen Hangabganges wird einmal der Widerstand durch die Erhöhung des Porenwasserdrucks herabgesetzt und gleichzeitig erfährt der Hangabtrieb eine Vergrößerung durch die seismische Bodenbewegung:

$$\sigma_{xs} = \rho\, g\, z \sin\alpha + \rho\, z\, a_h \cos\alpha \quad (3.16)$$

größer werdender Tiefe und Auflast wird die Gefahr der Bodenverflüssigung zwar – pauschal gesehen – geringer, sie hängt aber auch dann noch von den petrologischen und hydrologischen Verhältnissen ab, wie das letzte Beispiel zeigt.

b. Auslösung von Hangbewegungen

Seismische Bodenbewegungen lösen Hangbewegungen aus, die vom Absturz gelockerter, instabiler Felsbrocken bis zu Schlammlawinen (Muren) und Bergstürzen reichen. Die Vorbereitung von Hangbewegungen ist ein ei-

Tab. 3.III: LSI – Skala zur Abschätzung nichtlinearer Bodendeformationen

LSI-Wert	Vorkommen und allgemeiner Charakter der Verflüssigungseffekte
5	Sehr selten auftretende kleinere Bodeneffekte, zu denen Sandvulkane mit einem Auswurfdurchmesser bis zu 0,5 m, kleinere Bodenrisse mit einer Weite bis zu 0,1 m und Setzungen bis 25 mm rechnen. Diese Effekte treten in erster Linie bei jungen Ablagerungen und hohem Grundwasserstand auf, so in Flussbetten, Schlammablagerungen, Küstenstreifen und bei ähnlichen Situationen.
10	Selten auftretende Bodeneffekte: Sandvulkane mit einem Auswurfdurchmesser bis zu 1 m, Bodenrisse mit einer Weite bis zu 0,3 m; Setzungen bis zu 10 cm bei Ablagerungen in Gräben oder mit losem Sand gefüllten Kanälen. Bei steilen Abhängen treten Rutschungen um wenige Dezimeter auf. Diese Effekte beziehen sich vorrangig auf junge Ablagerungen mit einem Grundwasserstand in weniger als 3 m Tiefe.
30	Im Allgemeinen seltene, mitunter lokal auch häufige Bodeneffekte: Sandvulkane mit einem Auswurfdurchmesser bis zu 2 m, Bodenrisse mit einer Weite von einigen Dezimetern, einige Zäune und Wege sind deutlich versetzt, sporadisch auftretende Setzungen bis zu 0,3 m und Rutschungen an steilen Böschungen um 0,3 m. Größere Effekte treten vorzugsweise in Gebieten mit jungen Ablagerungen und bei einem Grundwasser stand in weniger als 3 m Tiefe auf.
50	Verbreitete Effekte umfassen Sandvulkane mit einem Auswurfdurchmesser bis zu 3 m, die im allgemeinen streifenartig entlang von Bodenrissen (Weite bis 1,5 m) aufgereiht sind. Die Bodenrisse verlaufen parallel zu Strömen oder auch gekrümmt auf Ströme und Depressionen zu, wobei sie sich verzweigen. Wege und Zäune sind bis zu 1,5 m versetzt, lokal treten Setzungen bis zu 0,3 m auf, an steilen Hängen werden Rutschungsbeträge von 1 m beobachtet.
70	Häufige Effekte schließen große Sandvulkane (einige mit einem Auswurfdurchmesser von über 6 m, meist auf Bodenrissen angeordnet), lange Bodenrisse parallel zu Flüssen oder Strandlinien, meist mehrfach verzweigt, mit Öffnungsweiten von 2 m, viele große Rutschungen entlang von Flussläufen und anderen steilen Abhängen ein, auch bei geringer Geländeneigung werden intakte Gesteinspakete entlang von Bodenrissen um 1 bis 2 m verschoben, Setzungen um mehr als 0,3 m treten häufig auf.
90	Sehr häufiges Vorkommen von Bodeneffekten wie Sandvulkanen mit großem Auswurfdurchmesser, einige Gebiete sind zu 30 % und mehr mit frischem Sand bedeckt, viele lange Bodenrisse mit zahlreichen Verzweigungen und Öffnungsweiten von 2 und mehr Metern treten parallel zu Fluss- und Küstenverläufen auf, intakte Gesteinspakete werden auch bei geringer Geländeneigung um mehr als 2 m entlang von Bodenrissen verschoben, große Rutschungen sind an Flussufern und anderen Steilhängen verbreitet, ebenso Setzungen um mehr als 0,3 m.

genständiger Prozess. Ihm liegen Hebungsbewegungen im Rahmen von Subduktion (z. B.in Südamerika), von tektonoisostatischen Ausgleichsprozessen (z.B. in den Alpen) oder von Plätzen bevorzugter Sedimentansammlung (z.B. in Delta-Gebieten der großen Flüsse oder von mächtigen Löss-Ablagerungen in West-China) zugrunde. Die Schwerkraft liefert den Antrieb für Hangbewegungen. Die Massenbewegung erfolgt dabei auf einer Scherfläche. Der „Quellbereich" ist häufig eine kreisförmig begrenzte Ausbruchnische (vgl. *Hampton et al., 1996*, Abb. 3.12 u. 3.13). Auf der Trennfläche zwischen Hangmasse und der meist festeren Unterlage herrscht ein Wechselspiel zwischen Antriebskraft (Hangabtrieb) und einem bremsenden Bewegungswiderstand, der durch die Normalkomponente der Schwerkraft als Reibungskraft wirkt. Die Hangmasse kann aus Feldbruchstücken unterschiedlicher Größe bestehen, aber es existieren Übergänge bis zum Schlammstrom. So hat sich die Gesteinsmasse, welche die Stadt Yungai in der Folge des Bebens von 1970 in Peru (vgl. Tab. 1.I) überdeckt hat, aus einem Gletscherabbruch

Abb. 3.11 Folgen von Bodenverflüssigung.

a. Der in Abb. 3.10 beschriebene Effekt als Beobachtung nach dem Loma-Prieta-Erdbeben von 1989 bei einem Reihenhaus in San Francisco.
b. Brandschaden an einem Mietshaus im Marina-Viertel von San Francisco bei demselben Beben. Der Untergrund besteht hier aus der Aufschüttung in einer früheren Bucht, die vor der Bebauung nicht verdichtet worden ist. Durch Bodenverflüssigung wurde die Heizgaszuleitung beschädigt.

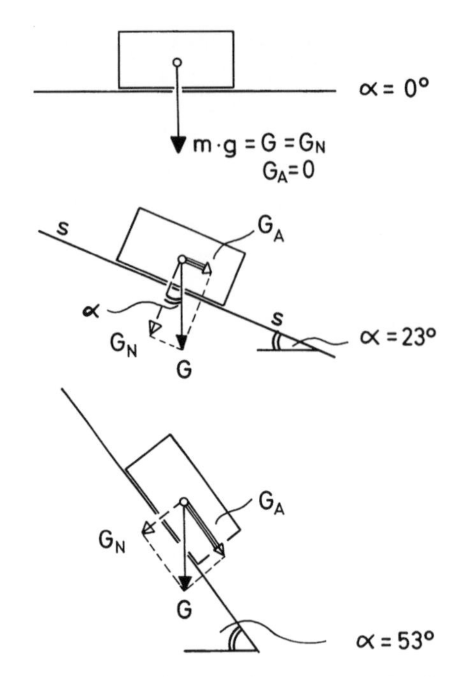

Abb. 3.12 Kräfte bei Hangbewegungen. Das Verhältnis zwischen Normalkomponente G_N und hangparalleler Komponente (Hangabtrieb) G_A der Schwerkraft $G = m \cdot g$ (m = Masse in kg; g = Schwerebeschleunigung $\approx 10\ m/s^2$) in Abhängigkeit vom Hangwinkel α.

in der Gipfelregion des Berges Huascarán entwickelt (Abb. 3.14). Durch die Aufnahme von Wasser und Geröll während der Abwärtsbewegung hat sich zunächst die Hangmasse vergrößert, um schließlich in einem Tal kanalisiert zu werden. Die geologisch vorgezeichnete Bewegungsfläche spielt in vielen Fällen für die Auslösung von Hangbewegungen eine herausragende Rolle. So lagert im Herdgebiet der Westlichen Schwäbischen Alb häufig wasserdurchlässiger Weißjura-Schutt über wasserundurchlässigen Horizonten des mittleren Juras. Während eines Erdbebens kommt es im Rhythmus des Wellendurchgangs zu einer Vergrößerung des Porenwasserdrucks. Das bewirkt eine Erniedrigung der effektiven Normalspannung (vgl. Kasten 3.B) und damit eine Absenkung des Bewegungswiderstands. Der Zutritt von Wasser über vertikale Klüfte der Hangmasse bzw. zu den obersten durch die Bewegung bereits frei gelegten Teilen der Scherfläche reguliert primär den Wasserhaushalt auf dem Kontakt zwischen Rutschmasse und Unterlage. Außergewöhnlich große Niederschläge sind deshalb auch der „normale" Auslöser für Hangbewegungen in gebirgigen Regionen wie den Alpen.

Wasserführende Horizonte, die in mächtige Löss-Ablagerungen eingeschaltet sind, haben während des Gansu-Bebens von 1920 (West-China) durch Hangabgänge zu einer der größten Erdbebenkatastrophen in der Geschichte der Menschheit geführt. Viele Ortschaften wurden von den Löss-Massen verschüttet und gleichzeitig wurde eine große Zahl von Höhlenwohnungen im Löss zerstört (vgl. *Dammann, 1924*; Abb. 3.15).

Hangbewegungen sind für den Fall eines größeren Erdbebens in allen Gebirgsregionen eine Quelle zusätzlicher Gefährdung. Bei einem ausgedehnten Schüttergebiet werden unter Umständen gleichzeitig an mehreren Orten Hangmassen in Bewegung gesetzt. Durch die damit verbundenen Unterbrechungen der Verkehrswege werden Hilfsmaßnahmen ausserordentlich erschwert. Hinzu kommt noch die Bildung von Stauseen hinter den Ablagerungen im Tal, deren Bruch die Kette der Effekte eines Erdbebens erweitert. Hiervon wird auch im Zusammenhang mit dem so genannten Villacher Erdbeben (1348) berichtet, bei dem ein Bergsturz im Dobratsch die Gail bei Arnoldstein (Kärnten) aufgestaut hat (Abb. 3.16; *Neumann, 1988*).

Hangbewegungen sind nicht nur auf dem Festland von Bedeutung, sie bilden im untermeerischen Bereich eine wichtige Form des Sedimenttransports. Erdbeben übernehmen auch hier die Rolle der auslösenden Belastung. Schuttströme, wie der vorher erwähnte in Peru, oder untermeerische Suspensionen zeigen eine Mobilität, die man mit einem Wechselspiel zwischen Hangabtrieb und dem Reibungswiderstand auf der Gleitfläche allein nicht erklären kann (vgl. *Scheidegger, 1975; Iverson, 1997*). In einer Suspension aus Wasser und Sedimentpartikeln entstehen während des Transports lokale Kontraktionen, die räumlich begrenze Erhöhungen des Porenwasserdrucks zur Folge haben. Innerhalb der bewegten Masse treten lokale Aquaplaning-Effekte auf. Die Wechselwirkung der flüssi-

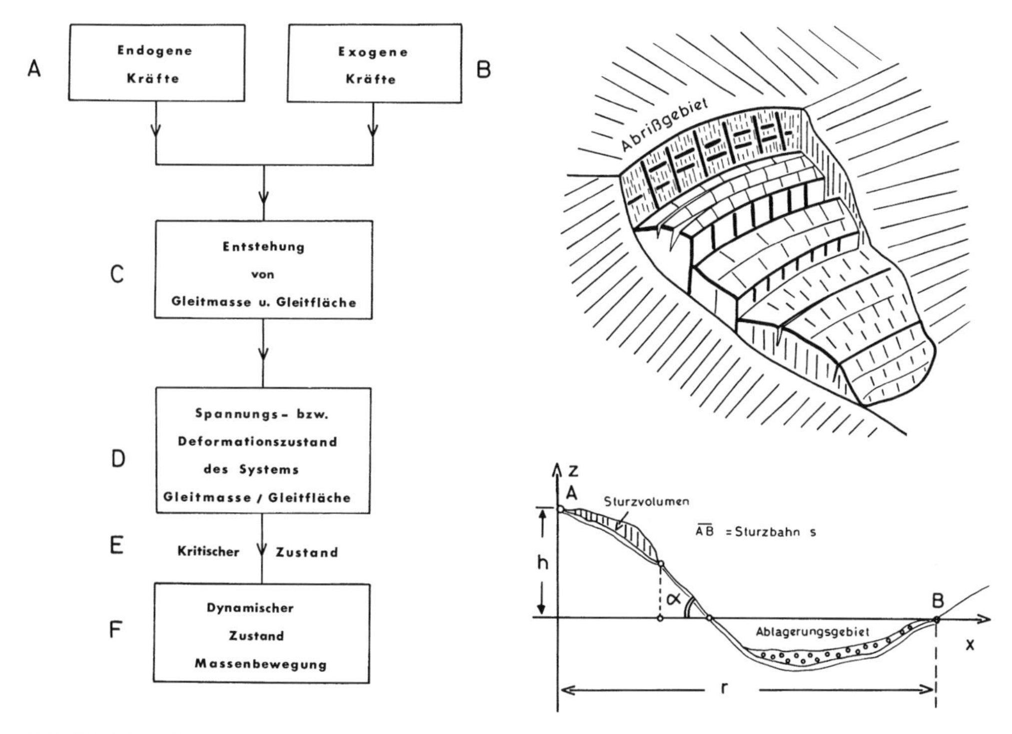

Abb. 3.13 Hangbewegung.
a. System-Übersicht
A. Endogene Kräfte sorgen für Höhendifferenzen als wichtige Voraussetzung für die Entstehung einer Hangbewegung: Hebung von Gebirgen, Einsenkung von Gräben, isostatische Ausgleichsbewegungen. Durch horizontalen Transport, wie er bei der Deckenüberschiebung auftritt, werden Gleitflächen geschaffen. Tektonische Horizontalspannungen sorgen zusammen mit der Schwerkraft für Talzuschübe. Erdbeben stellen häufig die auslösende Kraft für eine Hangbewegung.
B. Exogene Kräfte schaffen bei der Sedimentation Wechsellagerungen von rheologisch unterschiedlich reagierenden Schichten. So entstehen Abfolgen aus harten Gesteinen (Kalken, Sandsteinen, Konglomeraten), die sich mit duktilen, wasserstauenden Horizonten (aus Tonen oder Mergeln) abwechseln. Durch Verwitterung und Abtransport lagert sich z. B. wasserdurchlässiges Gestein, wie Schutt des Oberen Juras, über wasserstauendem Material, wie den Schichten des Mittleren Juras, ab.
Eindringendes Niederschlagswasser und die Grundwasserzirkulation sorgen für die Ausbildung gleitfähiger Horizonte. Durch Flusserosion kann es zur Unterschneidung von Hängen und damit zur Destabilisierung von Hangmassen kommen.
C. Gleitmasse und Gleitfläche werden durch ihre geometrischen Abmessungen, ihre Form und ihre physikalischen Eigenschaften charakterisiert; zu Letzteren zählen Dichte, rheologische Parameter (Elastizität, Viskosität), Kohäsion, Reibung und Scherwiderstand, Klüftung.
D. In dem System Gleitmasse-Gleitfläche baut sich ein Deformations bzw. Spannungszustand auf. Diese Größen wachsen so lange, bis ein kritischer Zustand erreicht wird.
E. Durch eine Massenbewegung werden die angesammelten Deformationen bzw. Spannungen abgebaut. Der Abgang einer Hangmasse wird durch die Gleitgeschwindigkeit beschrieben. Diese Größe wird durch die Restscherfestigkeit auf der Gleitfläche kontrolliert. Geomorphologische Randbedingungen sorgen für die Abbremsung und Ablagerung der Hangmasse.
b. Ausbruchnische.
c. Geometrische Größen zur Beschreibung eines Bergsturzes.

gen mit den festen Bestandteilen erzeugt unstetige Bewegungen, die eine deutliche Abweichung von laminaren Strömungsverhältnissen und damit verbunden auch eine Erhöhung der Transportgeschwindigkeit zur Folge haben.

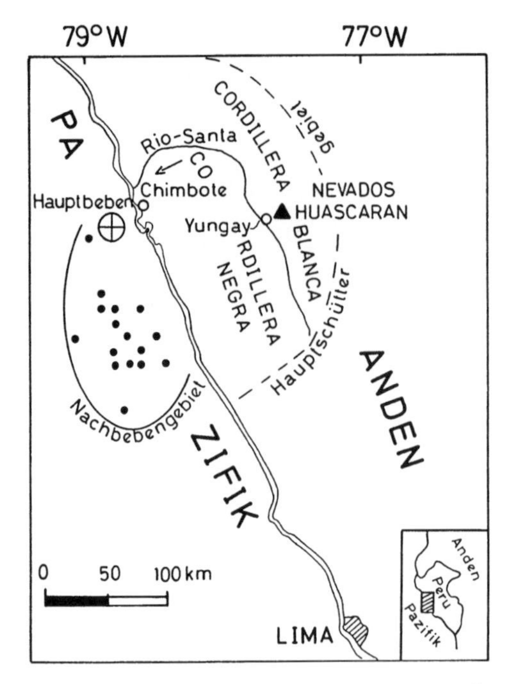

Abb. 3.14 Hangbewegungen am Berge Huascarán und das Peru-Beben vom 31. Mai 1970.

Durch die Bewegung von Schwerewellen im Ozean, so auch durch Tsunamis, kann es zu einer Kette von Ereignissen kommen, bei der ein Erdbeben einen Tsunami, der Tsunami aber wiederum eine Massenbewegung auslöst. So haben bei dem Alaska-Beben von 1964 seismisch induzierte Uferabbrüche zur Entstehung lokaler Tsunamis geführt. Nach *Bryant (2001)* werden etwa 5 % aller Tsunamis durch untermeerische Hangbewegungen ausgelöst. Bevorzugter Schauplatz sind der Schelfrand und die Ablagerungen in den Mündungseingängen großer Flüsse. Hierher gehört auch das vorher angesprochene Ereignis von 1929 südlich von Neufundland (Kanada, Ms = 7,2), bei dem eine Sedimentmasse innerhalb des St. Lorenz-Strom-Canyons ausgelöst wurde, die erst in einer Entfernung von 1700 km von der Quellregion zur Ruhe kam, nachdem sie die Telefonkabel zwischen Nordamerika und Europa an 28 Stellen durchtrennt hatte *(Hasegawa & Kanamori, 1987)*. Es ist das einzige endogene Ereignis, das seit der Besiedlung Kanadas durch Europäer zu Todesopfern geführt hat (Tab. 3.II).

Abb. 3.15 Löss-Hänge in Lan-Zhou (Gansu, China): Schauplatz der Erdbebenwirkungen von 1920 (vgl. Tab. 1.I).

Abb. 3.16 Bergsturz beim Villacher Erdbeben 1348 im Gailtal (Kärnten, Österreich).

Dass untermeerische explosive Vulkantätigkeit ebenfalls zu gewaltigen Tsunamis führen kann, sei hier nur als Ergänzung erwähnt. Wichtige Beispiele sind die Explosion des Krakatau-Vulkans zwischen Java und Sumatra (Indonesien) im Jahre 1883 sowie die minoische Explosion des Santorin 1490 v. Chr. in der Ägäis (vgl. *Friedrich, 1994; Pararas-Carayannis, 1992*).

Abschließend soll hier noch an die Vergleichbarkeit zwischen einem seismisch ablaufenden Verschiebungsprozess und einer Hangbewegung erinnert werden. Es handelt sich in beiden Fällen um einen physikalischen Grenzwertprozess, der einen Akkumulationsvorgang abschließt. Eine Hangbewegung kommt am ehesten einer Abschiebung (N-Kinematik, Kap.1) nahe. Bei der bruchtektonischen Form der Abschiebung, wie man sie an den Rändern von Gräben (z. B. des Oberrheingrabens oder der Niederrheinischen Bucht) sehen kann, dominiert ebenfalls – wie bei der Hangbewegung – die von der Schwerkraft aufgebrachte vertikale Hauptspannung.

3.3 Wirkung auf Bauwerke

a. Baudynamik

Eine seismische Bodenbewegung bewirkt – je nach Steifigkeit des belasteten Objekts – recht unterschiedliche Reaktionen eines Bauwerks. Dabei lassen sich – als Abstraktion – zwei Grundfälle unterscheiden. Ein niedriges, gut ausgesteiftes Gebäude übernimmt die Bodenbeschleunigung (Abb. 3.17). Da die Nutzung eines Bauwerks stets Heterogenitäten in Massen- und Festigkeitsverteilung erzwingt, entstehen während der seismischen Belastung unterschiedliche Reaktionen einzelner Teile des Baukörpers, die bei ausreichend großer Amplitude und Dauer des seismischen Signals zu Schäden führen. Bei einem hohen und schlanken Bauwerk wie einem Hochhaus überlagert sich im Verlauf eines Erdbebens der Bodenbewegung noch die durch die Eigenbewegung verursachte Relativbeschleunigung (Abb. 3.18). Ein solches Bauwerk filtert die seinen Eigenfrequenzen entsprechenden Anteile aus dem Signal der seismischen Bodenbewegung und vergrößert sie mit der

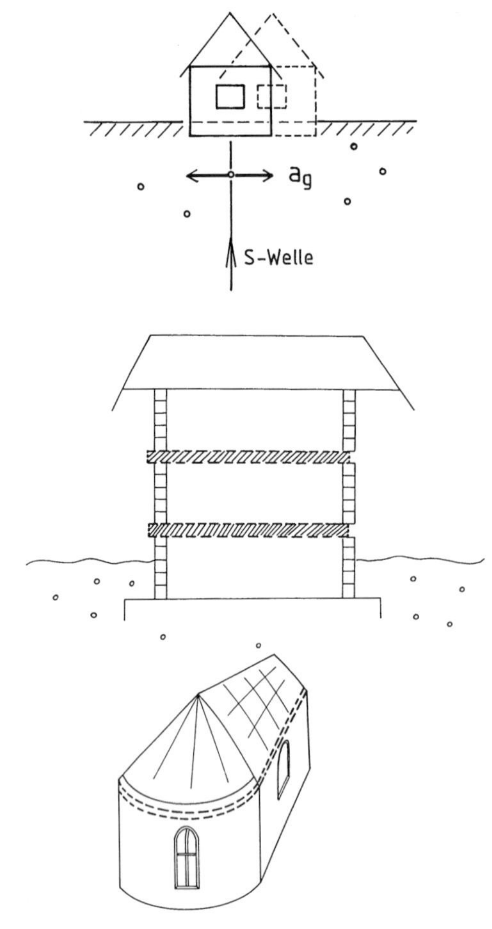

Abb. 3.17 Niedrige, steife Bauwerke werden von der Bodenbewegung mitgenommen: In Abhängigkeit von der Massen – und Festigkeitsverteilung kommt es an Bauteilgrenzen zu Belastungsunterschieden und Relativbewegungen.

Höhe über dem Boden. Eine solche Kategorisierung ist natürlich eine sehr grobe Vereinfachung. So reagieren die Wände in einem Bauwerk sicherlich während der seismischen Belastung durch Verbiegung, während sich die Ortbetondecken mehr wie starre Körper verhalten (vgl. Abb. 3.17). Die Dachkonstruktion weicht in ihrem Verhalten durch ihre geringere Masse und hohe Elastizität deutlich von der des Mauerwerks ab, dem sie auflagert. Trotzdem wird man, um zu einem quantifizierbaren Gebäudemodell zu kommen, starke Vereinfachungen in Kauf nehmen müssen. Ein solches Grundmodell besteht aus einem gedämpften Einmassenschwinger (vgl. Abb. 3.19). Es wird durch zwei Parameter beschrieben: seine Eigenperiode und seine Dämpfung (vgl. Kasten 3.C).

Man berechnet oder schätzt beide Parameter und lässt dann ein Seismogramm auf das Gebäudemodell wirken. Es entsteht ein monochromatischer Wellenzug der vorgegebenen Periode, in dessen Verlauf sich ein Maximalwert der „Antwort" des Systems auf die Erdbebeneinwirkung festlegen lässt. Diese Prozedur wird für den technisch interessierenden Periodenbereich zwischen 0,1 und 10 s durchgeführt. Für einen festgehaltenen Wert der Dämpfung (z. B. 5 % , vgl. Abb. 3.19) erhält man aus den Maximalantworten bei den verschiedenen Perioden ein **Antwortspektrum**.

Diese Form der Darstellung bietet mehrere Vorteile. Die eingangs dargestellten Reaktionen als Starrkörperbewegung und Schwingung sind jetzt ebenso berücksichtigt wie die dynamische Reaktion des Bauwerks (unterhalb bzw. oberhalb der horizontalen Linie „a_g" in Abb. 3.20). Bei einem hohen, schlanken Bauwerk überlagern sich den Schwingungen in der Grundmode noch Bewegungsanteile in höheren Moden (Abb. 3.21). Für die Bewegungen in den verschiedenen Moden können die Beschleunigungen aus dem Antwortspektrum entnommen werden. Die dynamische Überhöhung der Bodenbewegung durch die Eigenbewegung des Bauwerks wird durch die Dämpfung des Systems kontrolliert (Bereich II in Abb. 3.20).

Nach *Bachmann (1995)* hat man zwischen internen und externen Dämpfungseffekten zu unterscheiden. An der inneren Dämpfung eines Bauwerks sind sowohl die absorptiven Prozesse im Baumaterial wie auch die Reibungsvorgänge zwischen verschiedenen Bauteilen beteiligt, z. B. entlang von Fugen. Bei der externen Dämpfung spielt die Art der Einbindung des Bauwerks in den Untergrund wie auch die Möglichkeit eine Rolle, Schwingungsenergie in Form eines Wellensignals wieder in den Untergrund zurückzustrahlen (Abstrahlungsdämpfung). Die Frage eines Abbaus der dynamischen Energie durch das Bauwerk ist für den Ausgang der seismischen Belastung von zentraler Bedeutung. Ein Bau-

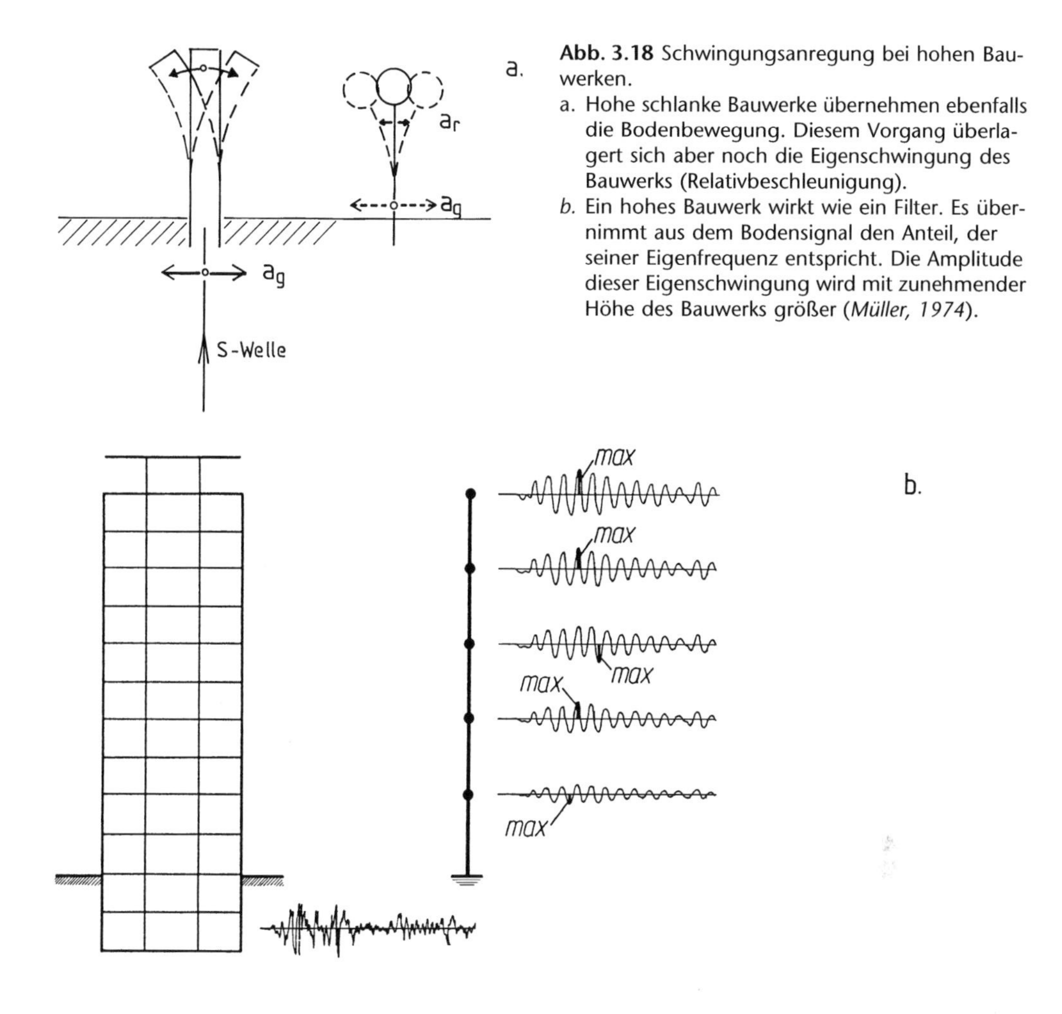

Abb. 3.18 Schwingungsanregung bei hohen Bauwerken.

a. Hohe schlanke Bauwerke übernehmen ebenfalls die Bodenbewegung. Diesem Vorgang überlagert sich aber noch die Eigenschwingung des Bauwerks (Relativbeschleunigung).

b. Ein hohes Bauwerk wirkt wie ein Filter. Es übernimmt aus dem Bodensignal den Anteil, der seiner Eigenfrequenz entspricht. Die Amplitude dieser Eigenschwingung wird mit zunehmender Höhe des Bauwerks größer (*Müller, 1974*).

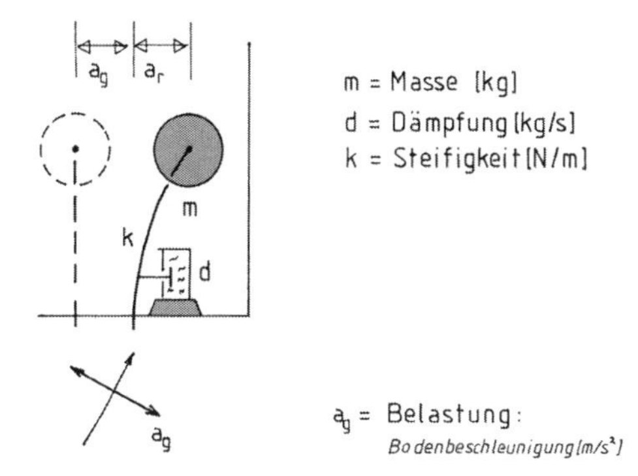

Abb. 3.19 Der gedämpfte Einmassenschwinger als Modell eines schwingungsfähigen Bauwerks.

körper, der viel Energie durch duktile Verformung vernichten kann, wird die seismisch induzierten Verformungen besser überstehen als ein spröd reagierendes Bauwerk (Abb. 3.22; Tab. 3.IV).

Wie eingangs beschrieben, wird von einem niedrigen und relativ steifen Bauwerk, das in einem festen, felsigen Untergrund steht, die seismische Bodenbeschleunigung wenig verändert übernommen. Ist der gleiche Baukörper aber in einem Lockersediment gegründet, so kommt es zu einer Wechselwirkung zwischen dem Bauwerk und dem deformierbaren Untergrund. Der Boden wird gleichsam vom Bauwerk „gebremst". Der Baukörper führt bei Annahme eines steilen Einfalls von SH-Wellen Kippbewegungen aus. Eine Reduktion der

Kasten 3.C: Wirkung auf Bauwerke

a. *Baudynamik*

Ein Bauwerk führt unter dem Einfluss seismischer Bodenbewegungen eine gedämpfte Eigenschwingung aus. Das Verhältnis zwischen der anregenden äußeren Kraft F_A und den inneren Kräften (F_T, F_D und F_E) wird durch die Schwingungsgleichung für einen Einmassenschwinger (vgl. Abb. 3.19) beschrieben:

$$F_A = F_T + F_D + F_E \text{ in N} \quad (3.17)$$

Die äußere Kraft wird durch die seismische Bodenbewegung aufgebracht:

$F_A = m\ddot{u}_A(t) = m\, a_A(t)$
m = Masse (des Bauwerks) in kg ;
$\ddot{u}_A(t) = a_A(t)$ = seismische Bodenbeschleunigung in m/s^2;
$F_T = m\ddot{u}$ = Trägheitskraft;
$F_D = d\dot{u}$ = Dämpfungskraft;
$F_E = ku$ = Federkraft.
$\ddot{u}$ = innere Beschleunigung (des Bauwerks) in m/s^2;
d = Dämpfungsgröße in kg/s;

sie steht zum Dämpfungsmaß D* in folgender Beziehung:

$d = 2\, m\, \omega^* D^*$
ω^* = Eigenkreisfrequenz in s^{-1};

Beziehungen von ω^* zu den anderen „Frequenzgrößen":

$\omega^* = 2\pi/T^* = 2\pi f^*$;
T^* = Eigenperiode in s ;
f^* = Eigenfrequenz in Hz.
k = Steifigkeit des schwingungsfähigen Bauwerks in N/m; $k = \omega^{*2} m$.

Die Eigenperiode wächst mit der Höhe eines Bauwerks. Sie lässt sich grob aus der Stockwerksanzahl n abschätzen: $T^* \approx n/10$. Für Bauwerke mit einer Höhe h > 200 m gibt *Ruscheweyh (1982)* folgende Näherungsformel für die Eigenperiode an: $T^* = h/40$. Fernsehtürme und Wolkenkratzer erreichen Eigenperioden zwischen 5 und 10 s.

Bauwerke sind schwach gedämpfte Schwinger. Das Dämpfungsmaß liegt im Intervall D^* = 0,01.bis 0,1 bzw. 1 bis 10 %, so dass man in guter Näherung eine Übereinstimmung zwischen gedämpfter und ungedämpfter Eigenfrequenz ($\omega^{*\prime} \approx \omega^*$) voraussetzen kann (*Müller & Keintzel, 1984*).

b. *Antwortspektren*

Schwingungsprobleme lassen sich für eine harmonische Anregung nach bewährten Regeln der Mechanik behandeln. Schwieriger wird es bei einer transienten Belastung. Ein Weg führt über die Fourier-Transformation zum Ziel. In der Baudynamik steht aber die Modalanalyse als Verfahren im Vordergrund. Hier wird die Antwort eines Schwingers durch ein Duhamel-Integral ausgedrückt:

$$u(t) = -(1/\omega^{*\prime}) \int_0^t a(\tau)\, e^{-D^*\omega^{*\prime}(t-\tau)} \sin \omega^{*\prime} D^* (t-\tau)\, d\tau \quad (3.18)$$

Ein gedämpfter Einmassenschwinger (vgl. Abb. 3.20) wird als Filter benützt, um eine monochromatische Zeitfunktion in der Bodenverschiebung u(t) aus dem Akzelerogramm $a(\tau)$ zu isolieren. τ ist die Zeit, zu der die Belastung auf das Bauwerk übertragen wird, während zur Zeit t die Reaktion des Schwingers erfolgt. Durch eine Variation der Filterfrequenz bzw. -periode und der Dämpfung erhält man zahlreiche monochromatische Verläufe als Antwortfunktion. Von diesen Zeitserien wird aber jeweils nur der Maximalwert verwendet, um so für einen bestimmten Dämpfungswert das Antwortspektrum darzustellen:

$$Ru = \max u(t) \text{ für } T_i, D^*_i \text{ in m} \quad (3.19)$$

Durch Multiplikation mit ω bzw. ω^2 erhält man Antwortspektren in der Geschwindigkeit bzw. der Beschleunigung, die als Pseudoantwortspektren bezeichnet werden. Es handelt sich um Näherungen an die auf direktem

horizontalen Bodenbeschleunigung tritt vor allem dann in Erscheinung, wenn das Bauwerk tief eingebettet ist (vgl. *Wolf, 1985; Reiter, 1990; Flesch, 1993; Studer & Koller, 1997*). Betrachtet man ein Bauwerk als schwingungsfähigen Körper, so werden Eigenperiode und Dämpfung in Richtung höherer Werte verschoben, vor allem wenn die Unterlage aus weichen Gesteinen ausreichend dick ist: Es tritt dann zur „Flüssigkeitsdämpfung" durch die „Rührbewegung" des Bauwerks noch die Abstrahlungsdämpfung. Bei

Wege berechenbaren Antwortspektren in der Geschwindigkeit bzw. der Beschleunigung:

$$Rv \approx \omega \max u(t) \quad \text{in m/s} \qquad (3.20)$$
$$Ra \approx \omega^2 \max u(t) \quad \text{in m/s}^2$$

Solche Spektren können aus aufgezeichneten Akzelerogrammen berechnet werden, die zu einem individuellen Herdvorgang und einer bestimmten Ausbreitungssituation gehören. Beim Herdvorgang handelt es sich nur um einen Raumwinkelausschnitt, der in das herdnah registrierte Signal eingeht. Man betrachtete deshalb, als eine gewisse Menge an Registrierungen zur Verfügung stand, die verschiedenen Spektralverläufe als Realisierungen eines Zufallsprozesses, zu dem man einen Verlauf auf dem Niveau des Mittelwerts bzw. des Mittelwerts plus einer Standardabweichung angeben konnte (vgl. *Newmark & Hall, 1982 in Reiter, 1990*). Mit der anwachsenden Zahl herdnaher Registrierungen konnte man zu einer Klassifizierung der Antwortspektren nach Magnitude und Untergrundsverhältnissen übergehen, um so eine bessere Anpassung der Lastfunktionen an die seismotektonischen und geologischen Verhältnisse zu erreichen.

Heute dürfte die Synthese seismischer Zeitfunktionen bzw. Spektren vermehrt dieses Vorgehen ersetzen, wobei die registrierten Zeitfunktionen jetzt zur Kontrolle der verwendeten Methoden eingesetzt werden.

c. Makroseismik und Resonanz

Der Zusammenhang zwischen den verschiedenen Systembereichen der makroseimischen Wirkung eines Erdbebens soll hier schematisch erläutert werden (Abb. 3.24).

Dazu geht man von einer Anzahl von Eigenfrequenz-Klassen f^* für verschieden hohe Bauwerke aus:

f^*:	0,1	1	10	Hz
	Wolkenkratzer	Hochhaus	(1-2)Familienhaus	

Ausbreitungsmedium ist eine oberflächennahe Schicht aus „weichen" Sedimenten (S-Wellengeschwindigkeit: 40 bis 400 m/s; Dichte: 1,2 bis 2,2 g/cm^3), ein variables Endglied.

In der nächsten Zeile wird die Mächtigkeit der oberflächennahen Schicht angegeben, für die das Maximum in der Übertragungsfunktion (vgl. Kasten 2.E) der Eigenfrequenz des Bauwerks entspricht:

h_1	100 bis 1000	10 bis 100	1 bis 10	m

Um die Einflüsse des Herdes zu bewerten, werden Eigenfrequenz des Gebäudes und Herdeckfrequenz gleichgesetzt: $f_c = f^*$; aus der Beziehung $l_o = V_{fo}/f^*$ wird die Herdlänge l_o abgeleitet:

l_o	30	3	0,3	km

Über die Eigenschaften der Herde werden noch folgende zusätzliche Annahmen getroffen: quadratischer Herd: Herdlänge l_o = Herdbreite w_o. Man geht von folgender Form eines Ähnlichkeitsgesetzes zwischen Herdlänge l_o und Herdverschiebung q_o aus: $q_o = 2{,}5 \cdot 10^{-5}\, l_o$. Der Schermodul soll $3 \cdot 10^{10}$ Pa (charakteristischer Wert für die Oberkruste) betragen. Man erhält so folgende Reihe für die Beträge des Herdmoments:

M_o	$2{,}0 \cdot 10^{19}$	$2{,}0 \cdot 10^{16}$	$2{,}0 \cdot 10^{13}$	Nm

Entsprechend der Beziehung $Mw = (2/3) \lg M_o - 6{,}0$ erhält man die folgenden zugeordneten Magnitudenwerte

Mw	7	5	3

Es folgt aus dieser Übersicht, dass zur Anregung eines Bauwerks mit einer bestimmten Eigenfrequenz f^* sowohl ein Herd mit einer entsprechenden geometrischen Ausdehnung wie auch ein Übertragungsmedium in Form oberflächennaher geologischer Schichten vorhanden sein müssen, sodass es durch Resonanz zu einer technischen Einwirkung kommen kann. Ein langperiodisches Bauwerk, wie ein Turm oder eine weit gespannte Brücke, setzen zur Anregung einen großen Herd voraus, der allerdings auch in größerer Entfernung aktiv sein kann.

räumlich ausgedehnten Bauwerken wie z.B. bei Brücken treten Differenzbelastungen durch Unterschiede in der Anregung auf. Bedingung dafür ist, dass die Dimension des Bauwerks in die Nähe der Wellenlänge des Bodensignals kommt (z.B. bei einer Periode von T = 1 s und einer Scherwellengeschwindigkeit von 300 m/s für ein Lockersediment ergibt sich eine Wellenlänge von λ = 300 m). Solche Differenzen in der seismischen Belastung werden durch Unterschiede im geologischen Untergrund und durch eine un-

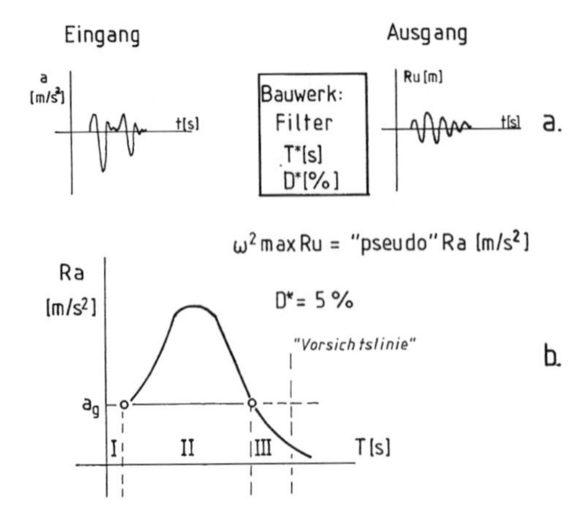

Abb. 3.20 Erregung des Bauwerks durch eine seismische Bodenbewegung.

a. Das Bauwerk wirkt als Filter. Es übernimmt aus der seismischen Bodenbewegung die Signalkomponenten, deren Frequenz mit der Eigenfrequenz des Bauwerks übereinstimmt.

b. Das Antwortspektrum in der Beschleunigung zeigt die unterschiedlichen Verhaltensweisen eines Bauwerks bei einer Erdbeben-Belastung: Links (I): Das Bauwerk hat eine Eigenperiode von T = 0. Es übernimmt die Bodenbewegung (vgl. Abb. 3.17); Mitte (II): Das Gebäude wird zu Eigenschwingungen angeregt, die sich der Bodenbewegung überlagern (Abb. 3.18); Rechts (III): das Gebäude ist so langperiodisch, dass es für die schnellen Bewegungen des Bodens ein Trägheitssystem bildet. Vorsicht ist hier geboten, weil bei langperiodischen Systemen die Bodenverschiebung zur wesentlichen Belastungsgröße wird. Sie steigt aber - in einem Antwortspektrum der Verschiebung - zu längeren Perioden hin an.

gleichförmige Einbettung verschiedener Bauwerksbereiche noch verstärkt.

Nochmals zurück zum Schema in Abb. 3.17, das durch das Antwortspektrum in Abb. 3.20 dynamisch zugeordnet werden kann: Es bleibt bei der Basisbelastung die Masse des dynamisch erregten Objekts von größter Bedeutung. Entsprechend dem Newton'schen Gesetz (Kraft = Masse x Beschleunigung) wird ein leichtes Bauwerk – ohne an Schwingungen zu denken – durch eine seismische Bodenbeschleunigung weniger Kräfte zu verarbeiten haben als ein schwerer Baukörper. Bei einem größeren Gebäude wird die Verteilung der Massen zu einer entscheidenden Frage im Falle einer seismischen Belastung. So sind Bauwerke, bei denen große Massen in der Höhe angeordnet sind, für den Erdbebenlastfall besonders ungünstig. Jede Heterogenität in der Festigkeit wird das Verschiebungs- und Deformationsfeld im Bauwerk während der seismischen Bewegung stark beeinflussen. Es wird entlang von Fugen zu starken Relativbewegungen kommen, an Öffnungen, wie Fenstern, kommt es zu Spannungskonzentrationen, die in Riss- und Bruchbildungen übergehen.

b. Makroseismik

Allgemeine Gesichtspunkte. Unter makroseismischen Beobachtungen versteht man alle ohne den Einsatz von Instrumenten erfassten Wirkungen eines Erdbebens. Hierher gehören die mit unseren Sinnesorganen aufgenommenen Erscheinungen: die unmittelbare Wahrnehmung einer Bodenbewegung durch das so-

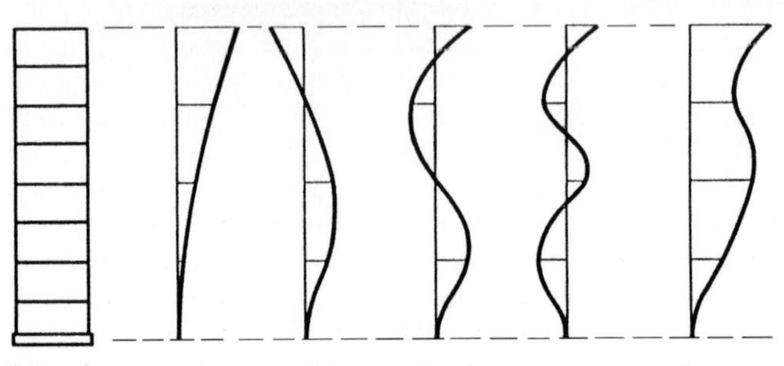

Abb. 3.21 Grund- und Oberschwingungen bei einem hohen, schlanken Bauwerk (nach *Müller, 1974*).

Tab. 3.IV Baustoffe und seismische Belastung

Baustoff	Vorkommen	Verhalten
a. Naturstein: Feldsteine, Findlinge, Bruchsteine	Historische Bauten in allen Ländern	Große Masse, geringe Duktilität; Schäden vor allem bei ungünstiger Anordnung innerhalb eines Bauteils. Positive Beispiele: Niedrige Bauwerke mit „verzahnten" Steinen, wie in Machu Picchu (Cuzco, Peru).
b. Backstein:		
Adobe-Bausteine (luftgetrocknete Lehmziegel)	Lehmarchitektur vor allem in holzarmen Regionen (Mediterran-transasiatischer Erdbebengürtel)	Geringe Duktilität und bei manchen Adobe-Typen auch geringe Festigkeit.
Gebrannte Ziegel	weltweite Verbreitung	Durch Zusatzmaßnahmen kann Verbund und Festigkeit erhöht werden.
Großformatige Bausteine	weltweite Verbreitung	(siehe vorher).
c. Stahlbeton: Ortbeton- und Fertig-Teilbauten	Bei Hochbauten heute international vorherrschend	Relativ duktil; auch gute Dämpfungseigenschaften. Erdbebensicherheit durch geeignete Konstruktion erreichbar. Bei Fertigteilbauten ist eine Stabile Verbindung zwischen den Bauteilen sehr wichtig.
d. Stahl	Bei Hochbauten regional vorherrschend (z. B. in den USA)	duktil; kritisch sind bei dynamischer Belastung die Verbindungsstellen zwischen den Bauteilen (Gelenke); Stahl ist brandempfindlich.
e. Holz	Verbreitung in Abhängigkeit von Holzangebot und Bautradition	Gutes Festigkeits-Masse-Verhältnis; Brandgefährdung.

mato-viscerale System (vgl. weiter unten), akustische Signale und optische Beobachtungen, die während und nach dem Erdbeben gesammelt werden. Bis zur Aufstellung von Seismographen um die Wende vom 19. zum 20. Jahrhundert war die Erfassung von makroseismischen Daten die einzige Möglichkeit einer Klassifizierung seismischer Ereignisse. Die erste systematische Erfassung von Erdbebenwirkungen folgte dem „Lissabonner" Erdbeben vom 1. November 1755. Während des 19. Jahrhunderts wurden derartige Datensammlungen auf regionaler Basis durch verschiedene Organisationen durchgeführt. Dabei gelangten Fragebogen zum Einsatz, deren Fragen so abgestimmt waren, dass sie eine Klassifizierung der Erdbebenwirkungen erlaubten.

Bei der Beurteilung makroseismischer Angaben ist zu bedenken, dass die meisten während eines Bebens gemachten Beobachtungen innerhalb eines Bauwerks gesammelt werden. Damit sind in solchen Angaben alle Effekte des Systems „Erdbebenwirkung" enthalten (Abb. 3.23). So bildet sich als Ausgangspunkt des Erdbebens der Herdvorgang ab. Hier sind sowohl seine geometrischen Abmessungen als auch die Kinematik des Herdvorgangs und die Herdtiefe maßgebende Faktoren.

Die Eigenschaften des Ausbreitungsmediums werden vor allem im hochfrequenten Bereich wirksam, da hier die Eigenfrequenzen der normalen Wohnbauten liegen. Schließlich gehen die Eigenschaften des Gebäudes als Empfänger einer seismischen Bodenbewegung an letzter Stelle in das System ein. Die Widerstandsfähigkeit des Bauwerks gegen eine transiente Horizontalkraft bestimmt letztlich den Ausgang des natürlichen Schütteltischexperiments.

a.

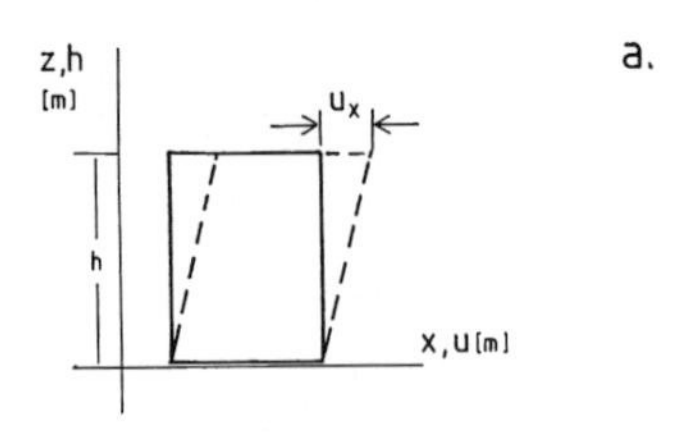

b.

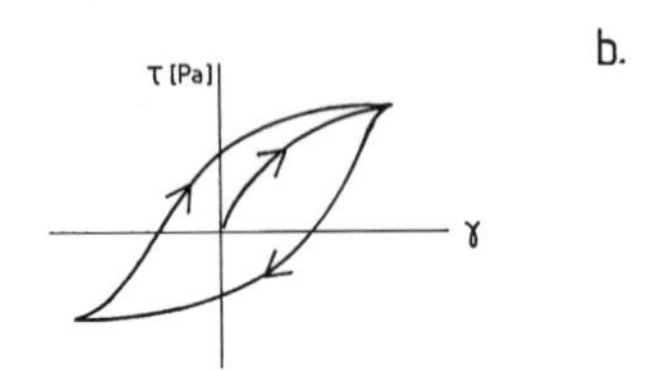

c.

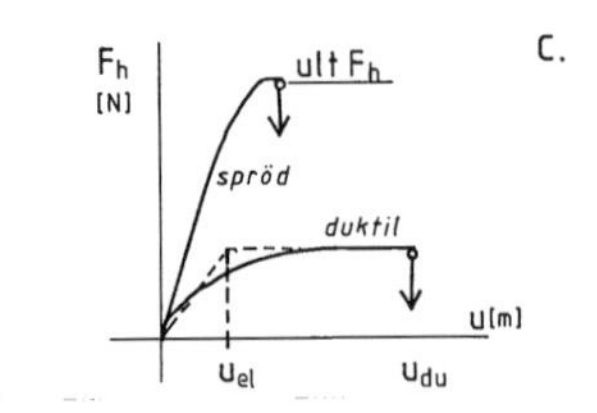

Abb. 3.22 Spröde und duktile Reaktion eines Bauwerks.

a. Scherung (γ) eines Bauwerks durch Verformung.
b. Spannungsdehnungs-Diagramm (τ = Scherspannung, γ = Scherung; die von der Hysterese-Kurve eingeschlossene Fläche ist ein Maß für den Energieverbrauch während der Verformung.
c. Sprödes und duktiles Verhalten. Bei sprödem Verhalten besteht nur ein sehr eingeengter Übergangsbereich zwischen elastischer Verformung und Bruch, während diese Zone mit wachsender Duktilität immer breiter wird. Duktilität wird als Verhältnis zwischen duktiler und elastischer Dehnung definiert ($\mu = u_h^{du}/u_h^{el}$).

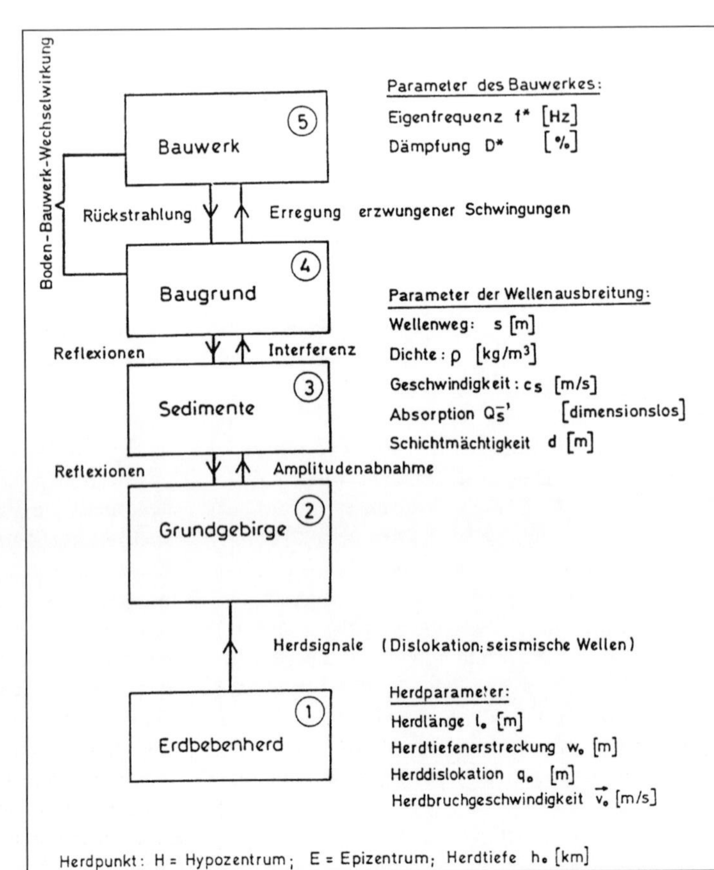

Abb. 3.23 Das System „Erdbebenwirkung".

Wahrnehmung von Erdbeben. Mit einem Erdbeben verbundene Signale gelangen über die sinnesphysiologischen Kanäle in unser Zentralnervensystem:

Schall: Das hochfrequente Ende eines Herdspektrums (vgl. Abschnitt 2.2) fällt beim Menschen mit dem niederfrequenten Ende des Hörbarkeitsbereichs (bei etwa 16 Hertz) zusammen. Im Freien wird deshalb Erdbebenschall häufig als dumpfes Geräusch beschrieben. Beobachtungen durch Meteorologen im Feldberg-Observatorium (Schwarzwald) verweisen aber auf knallartige Geräusche während eines Bebens. Es handelt sich dabei um Ereignisse, die in geringer Herdentfernung auf einem Untergrund aus Schwarzwald-Kristallin wahrgenommen worden sind. Die Mehrzahl der makroseismischen Beobachtungen stammen jedoch aus normalen Wohn- und Geschäftsgebäuden, wo es – ähnlich wie bei einer Windströmung – durch Relativbewegungen von Bauteilen zu einer Frequenztransformation in den Hörbarkeitsbereich kommt: Knarren und Ächzen von Balken, Schlagen von Türen.

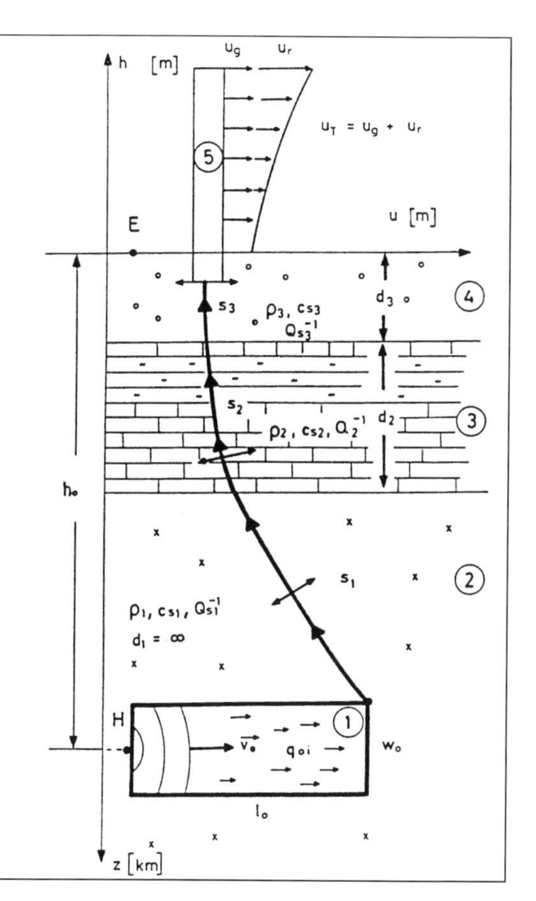

Optische Signale: Die Bewegung von schwingungsfähigen Gegenständen und Medien, wie das Schwappen von Wasser in gefüllten Behältern verschiedener Art, werden als makroseismisches Merkmal betrachtet; auch hier wird zunächst einmal das seismische Signal gefiltert und vergrößert an Bauteile oder Gegenstände weitergegeben. Das Schwingen von Leuchtern (z. B. in Kirchen während des „Lissabonner" Erdbebens vom 1. November 1755), das Schwappen von Wasseransammlungen in Seen und Behältern, aber auch Bewegungen des Grundwasserstands gehören hierher.

Eine direkte physiologische Erfassung von Erdbebensignalen erfolgt über Mechano-Rezeptoren. In der Haut reagieren die Pacini-Körperchen auf Beschleunigungssignale. Sie werden von vielen Stellen des Körpers dem Zentralnervensystem zugeleitet *(Zimmermann, 2000)*. Auch bei solchen Signalen handelt es sich um Informationen, die eine starke Veränderung durch das Bauwerk erfahren haben, in dem sich der Beobachter während des Bebens aufhält. Das Bauwerk übernimmt als „Resonanzverstärker" nur den seiner Eigenfrequenz entsprechenden Teil der seismischen Bodenbewegung und gibt ihn verstärkt an die Bewohner weiter (Abb. 3.24).

Die Wirkung eines Erdbebens kann überhaupt als *Resonanzfrage* betrachtet werden, bei der die Beiträge aus den drei Systembereichen (Herd – Ausbreitungsmedium für Wellen – Bauwerk als Empfänger) in Frequenz bzw. Periode Übereinstimmung zeigen müssen, damit es zu einem stärkeren Effekt kommen kann (Kasten 3.C).

Im Herd, als dem primären Glied der Systemkette, werden durch die physikalischen Parameter des Quellprozesses die Rahmen-Kenngrößen der in Herdnähe gemessenen Zeitfunktion (Amplitudenniveau wie auch Zeitdauer) bzw. das Herdspektrum in seinen Eigenschaften (Höhe der Spektralamplituden, Eckfrequenz und Art des Abfalls des Spektrums gegen höhere Frequenzen) bestimmt.

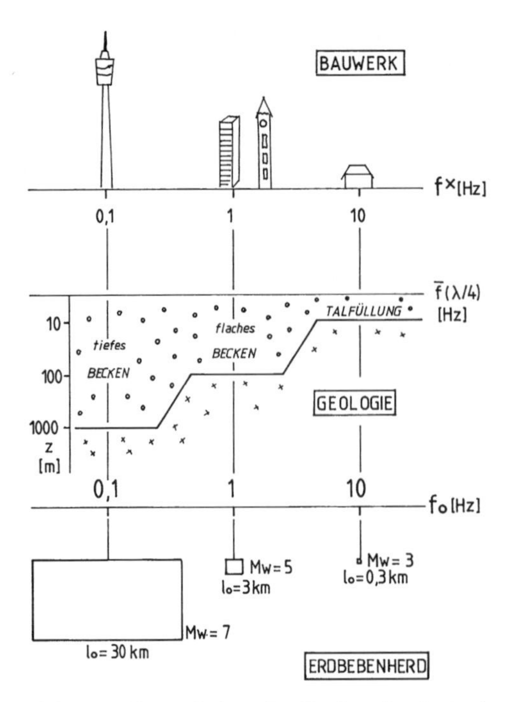

Abb. 3.24 Eigenschaften des Herdes, des Ausbreitungsmediums und des Bauwerks sind an der Entstehung einer Erdbebenwirkung beteiligt.

Der sich anschließende Ausbreitungsvorgang verändert das Herdspektrum, indem er eine Tiefpasswirkung auf Zeitverlauf bzw. Spektrum ausübt, durch die bevorzugt Signalanteile höherer Frequenz absorbiert werden. Das Freifeldspektrum, das Produkt aus Herdspektrum und Übertragungsfunktion des Mediums (vgl. Abschnitt 2.2), muss ausreichende Amplituden bei der Eigenfrequenz eines Bauwerks anbieten, damit es zu einer technischen Wirkung kommen kann. Ein niedriges, d.h. meist hochfrequent abgestimmtes Bauwerk, wie ein Einfamilienhaus mit einer Eigenfrequenz von etwa 10 Hz, ist in größerer Entfernung von der Herdfläche durch die Tiefpasswirkung des Ausbreitungsmediums geschützt. Differenzen entstehen durch eine unterschiedliche Absorptivität in den oberflächennahen Schichten. So zeigt ein geologischer Körper aus kristallinen und metamorphen Gesteinen, aber auch aus harten Sedimenten eine deutlich geringere Einwirkung auf die genannte Frequenz bei 10 Hz als ein mächtiges Gesteinspaket aus relativ weichen und lockeren Sedimentgesteinen. Der „Durchgriff" eines Herdes auf weiter entfernte Standorte ist dagegen für niedrigere Frequenzen, so für den Frequenzbereich bei 1 Hz, wesentlich größer. Die Zahl der Wellenlängen zwischen Herd und Empfänger verringert sich und damit die Wirkung der Absorption. Für höhere und weiche Bauwerke ist der Einwirkungsradius wesentlich größer als für hochfrequente Objekte, vorausgesetzt der Herd ist ausreichend groß, um bei dieser niedrigen Frequenz noch genügend Energie zu liefern (vgl. Abb. 3.24 und Kasten 3.C).

Schäden. Nach einem Beben feststellbare Veränderungen an Gebäuden sind die wichtigsten Elemente der beschreibenden Klassifizierung von Erdbeben. Diese Beurteilung bildet schließlich auch die Grundlage für die Abschätzung von Gefährdung und Risiko bei zukünftigen Ereignissen. Man kann eine Einteilung solcher Erdbebenwirkungen mit architektonischen Schäden beginnen. Dazu rechnen Risse im Verputz und Schäden an Fassa-

Abb. 3.25 Architektonische Schäden (Albstadt-Erdbeben 1978).

Abb. 3.26 Sekundärschaden 1. Art durch herabfallende Bauteile: Hier ein Giebel der Kirche in Bad Buchau – Kappel (Saulgau-Beben, 1935; Archiv Landeserdbebendienst Baden-Württemberg).

denelementen (Abb. 3.25). Weniger harmlos sind solche Erscheinungen, wenn es bei höherer Belastung bzw. geringer Qualität der Befestigung zum Abfall von Bauteilen kommt: Der Absturz kann sowohl Personen- wie auch Sachschäden verursachen. In letzterem Falle spricht man von Sekundärschäden 1. Art. Als Steigerung dieser Art von Erdbebenschäden ist der Abfall von Kaminteilen, Dachplatten, Figuren, Giebelfeldern und vergleichbaren Bauteilen zu betrachten, deren Sekundärwirkung beträchtlichen Umfang annehmen kann (Abb. 3.26).

Bei höher werdender Belastung entstehen Schäden an Bauteilen wie Stützen, Wand- und Deckenscheiben, wodurch die Qualität des Tragwerks beeinträchtigt wird (Abb. 3.27).

Bei älteren Bauwerken sind es vor allem Relativbewegungen zwischen den Bauteilen, die bei der Entstehung innerer Schäden eine große Rolle spielen (Abb. 1.10). Das dynamische Verhalten zeigt an den Bauteilgrenzen starke Unterschiede, die sowohl geometrisch wie auch materialmäßig bedingt sind (Abb. 3.28). Unterschiede im dynamischen Verhalten benachbarter Bauwerke führen zu einem Hammereffekt. Starke Verformungen im Untergrund verursachen bleibende Schiefstellungen von Bauwerken, was den Abriss von Versorgungsleitungen zur Folge hat. Durch die Beschädigung von Gas-, Elektrizität und Wasserleitungen sind Sekundärschäden 2. Art, insbesondere Folgebrände möglich, die unter Umständen einen größeren Schadenumfang nach sich ziehen als die primären Deformationen an Bauwerken. Das ist vor allem dann der Fall, wenn sich Flächenbrände, wie im Falle des Nordkalifornischen Bebens von 1906 in San Francisco und des Kwanto-Erdbebens im Jahre 1923 in Tokio, entwickeln (vgl. Tab. 3.V).

Makroseismische Skalen. Seismische Wirkungen werden durch eine Ordinalskala beschrieben (vgl. *Hartung et al., 1986*). Bei einer solchen Zuordnung werden Merkmale entsprechend ihrer Intensität in eine Reihefolge gebracht (Rangfolge der Merkmale). Beispiele dieser Art sind die Mohs'sche Härte-

Abb. 3.27 Zusammenbruch einer Doppelstockabfahrt in Oakland (San-Francisco-Bay, Loma-Prieta-Erdbeben 1989). Unter dem Schaden wird der weitgehend intakte Zustand eines gleichartigen Bauwerks im Stadtgebiet Embarcadero in San Francisco gezeigt.

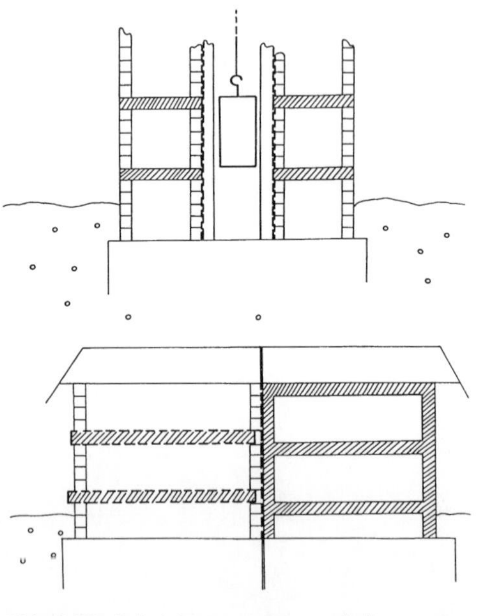

Abb. 3.28 Relativbewegungen zwischen unterschiedlich reagierenden Gebäudeteilen. Starke Verschiebungen im Grenzbereich führen dort zu Schäden: Oben: Stahlbeton-Aufzugsschacht in einem Mauerwerksbau. Unten: Ortbetonbau gegen einen Mauerwerksbau mit Ortbetondecken; durch die unterschiedliche Reaktion auf die seismische Bodenbewegung entsteht ein Hammer-Effekt zwischen beiden Gebäuden (Beobachtungen im Epizentralgebiet der Albstadt-Beben 1969 bis 1978).

Tab. 3.V: Erdbebenschäden

1. <u>Bodendynamische Effekte</u>.
   a. Weicher Untergrund (Talfüllung, Lockersedimentauflagen): „Bodenverstärkung" durch konstruktive Interferenz bei einer Viertelwellenlänge von S-Wellen. Effekte im Epizentralgebiet: Vor allem über geringmächtigen Auflagen bei niedrigen Bauwerken, bei dicken Schichten niedriger Impedanz treten bereits deutlich Filtereffekte in Erscheinung: Langperiodische Bauwerke, wie Kirchtürme, werden bevorzugt beschädigt. Ferneffekte über dickeren Auflagen (vgl. Mexico-City-Effekt, Loma-Prieta-Erdbeben 1989 mit Fernwirkungen an der San-Francisco-Bay).
   b. Ausgedehnte Bauwerke: Differenzen in der Anregung durch lokale Strukturdifferenzen im Untergrund oder/und Phasendifferenzen im seismischen Signal.
   c. Große Amplituden und lange Dauer der Bodenbewegung führen zu ungleichmäßigen Setzungen, zu bleibenden Verformungen des Untergrunds, die bis zum Grundbruch gehen; bei feinkörnigen Ablagerungen mit hohem Grundwasserstand kommt es auch zur Bodenverflüssigung: Bauwerke erfahren Schiefstellung oder Zerstörung; Versorgungs- und Transportwege werden unterbrochen; kritisch sind die Eintrittsstellen von Versorgungsleitungen in Gebäude.
2. <u>Integrale Gebäudeeffekte</u>
   a. Dynamische Berührung zu eng stehender Gebäude („Hammer-Effekt").
   b. Torsion von Bauwerken wegen Ausmittigkeit.
   c. Heterogenität von Festigkeits- und Massenverteilung führt zu Differenzen in Verschiebung und Kräften.
   d. Beulung von Behältern (Entstehung von „Elephantenfüßen").
3. <u>Konstruktiv bedingte Schäden</u>
   a. Zusammenbrechen von „weichen" Stockwerken (engl.: *soft stories*).
   b. Kopflastigkeit von Bauwerken führt zu dynamischer Verstärkung, z.B. im π-Δ-Effekt: Durch starke Auslenkung eines hohen Bauwerks entsteht aus Gebäudegewicht und dem Auslenkungsbetrag ein zusätzliches Moment.
   c. Kurze Stützen müssen zu große Kräfte übernehmen und versagen.
4. <u>Strukturelle und materialbedingte Schäden</u>
   a. Ungenügende Auslegung von Bauteilen.
   b. Schwache Auslegung von Stützen und Wänden führt bei Stahlbetonbauten zu einem Domino-Effekt (engl.: *Pancaking* = Pfannkuchen-auf-Pfannkuchen-Struktur nach dem Zusammenbruch: Die Decken liegen nach dem Ereignis ohne größere Zwischenräume aufeinander). Bei Fertigteil-Bauten ist die ungenügende Verbindung zwischen den Bauteilen in vielen Fällen der Grund für Totalschäden.
5. <u>Sekundärschäden</u>
   a. Mechanische Schäden: Absturz von Bauteilen und dessen Auswirkung auf die darunter liegenden Gebäudepartien und auf benachbarte Bauwerke (Sekundär-Schäden 1. Art).
   b. Brände, die sich zu einem Feuersturm entwickeln können (San Francisco 1906, Tokio 1923; Sekundär-Schäden 2. Art).
   c. Austritt giftiger oder radioaktiver Stoffe durch das Versagen von Einschlüssen (Sekundär-Schäden 3. Art).

skala (Härte von Mineralien) oder die Beaufort'sche Windskala (Bestimmung der Windstärke mit nichtinstrumentellen Beobachtungen, wie z.B. Bewegung von Zweigen oder ganzen Bäumen).

Innerhalb der makroseimischen Skala werden die Erdbebenbeobachtungen in folgender Reihenfolge grob klassifiziert:

* Physiologische Wahrnehmungen;
* Wirkungen an Bauwerken;
* Geländeveränderungen.

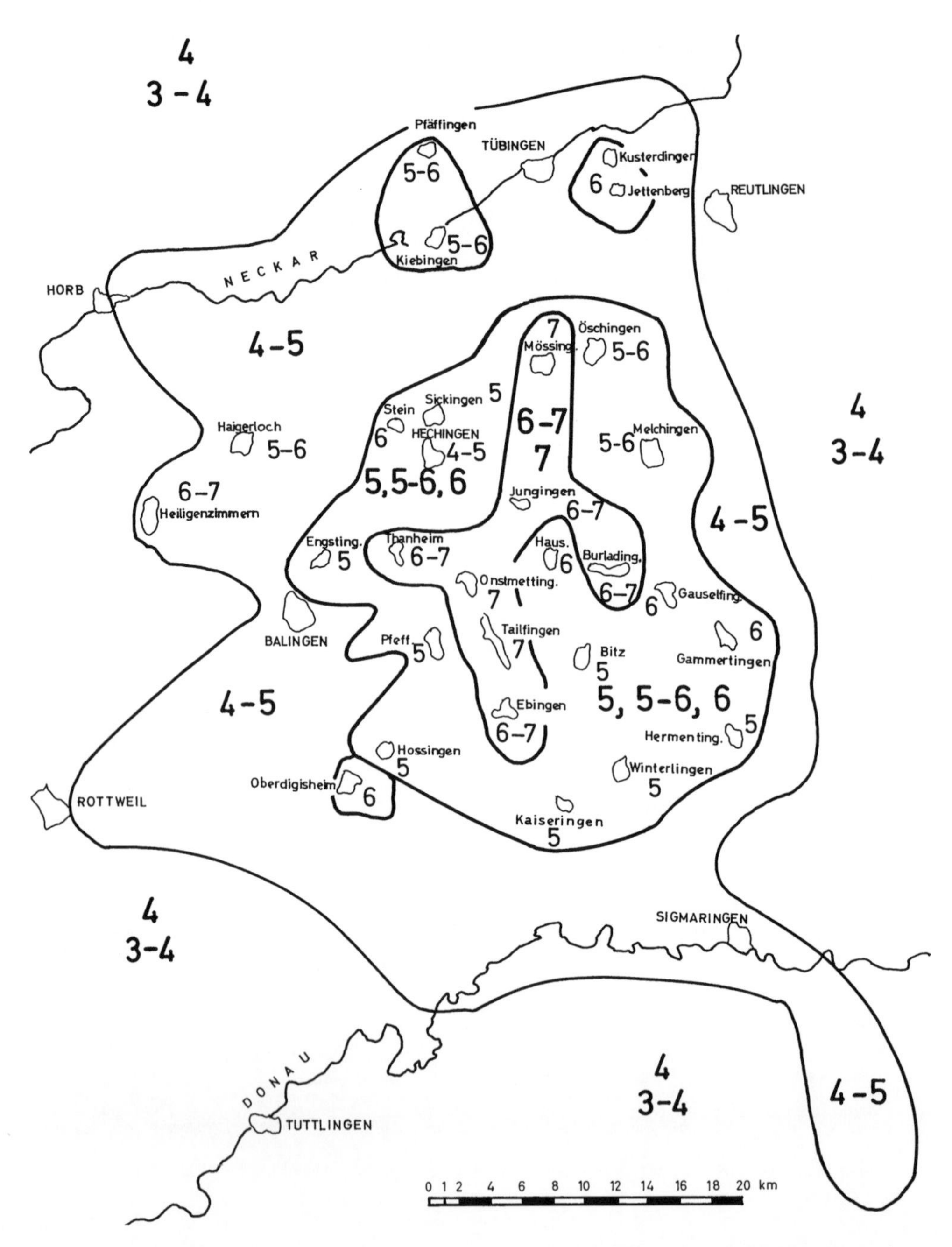

Abb. 3.29 Makroseismische Karte des Erdbebens am 26. Februar 1969 in Albstadt (Baden-Württemberg; *Schneider, 1972*).

Die Beobachtungen werden verschiedenen Stärkegraden einer makroseismischen Skala zugeordnet (vgl. Tab. 3.VI). Für die Festlegung eines solchen Grades werden alle innerhalb der politischen Grenzen einer Gemeinde gesammelten Wahrnehmungen gesammelt und bewertet. Basis dafür sind Fragebögen, die entsprechend den Definitionen der ver-

Tab. 3.VI: Makroseismische Skala EMS – 98

Kurzform der Beschreibung von Graden der Europäischen Makroseismischen Skala (*Grünthal, 1998*).

Grad	Beschreibung typischer Effekte
1	Nicht gespürt.
2	Nur vereinzelt von in Ruhe befindlichen Personen wahrgenommen.
3	In Gebäuden von wenigen Personen wahrgenommen. In Ruhe befindliche Personen verspüren ein Schwingen oder eine leichte Erschütterung.
4	In Gebäuden von vielen Personen wahrgenommen, im Freien nur von sehr wenigen. Einige Schlafende werden aufgeweckt. Fenster, Türen und Geschirr klappern.
5	In Gebäuden von den meisten Personen, außerhalb von wenigen verspürt. Viele Schlafende erwachen. Schrecken bei wenigen Personen. Gebäude erzittern als Ganzes. Hängende Gegenstände schwingen beträchtlich. Kleine Gegenstände werden verschoben. Türen und Fenster gehen auf und zu.
6	Viele Menschen geraten in Angst und flüchten ins Freie. Kleine Gegenstände fallen herab. Viele Häuser erleiden architektonische Schäden wie Haarrisse im Verputz oder Abfallen von Verputzteilen.
7	Die meisten Menschen geraten in Angst. Möbelstücke werden verschoben und zahlreiche Gegenstände fallen von Regalen. Viele gut gebaute, normale Gebäude erleiden mäßige Schäden: kleine Risse in Wänden, Abfallen von Verputz, Absturz von Kaminteilen; bei älteren Bauwerken können größere Mauerrisse auftreten und nicht-tragende Wände zusammenbrechen.
8	Viele Personen verlieren das Gleichgewicht. Bei vielen Häusern treten große Mauerrisse auf. Wenige gut gebaute normale Bauwerke zeigen ernste Schäden an Wänden. Ältere Bauwerke in schlechtem Zustand können zusammenbrechen.
9	Allgemeine Panik. Viele schwache Konstruktionen brechen zusammen. Selbst gut gebaute normale Bauwerke zeigen sehr schwere Schäden: Zerstörung von Wänden und partielles Versagen von tragenden Bauteilen.
10	Viele gut gebaute normale Bauwerke brechen zusammen.
11	Die meisten gut gebauten normalen Bauwerke werden – selbst bei guter Erdbebensicherung – zerstört.
12	Fast alle Gebäude werden zerstört.

Die Festlegung der makroseismischen Grade sollte immer von den innerhalb der politischen Grenzen einer ganzen Gemeinde gesammelten Beobachtungen ausgehen, wobei die Qualität der betroffenen Objekte zu berücksichtigen ist. In *Grünthal (1998)* werden die entsprechenden Kriterien für den Anteil beschädigter Bauwerken einer bestimmten Gebäudequalität genannt.
Eine häufig gestellte Frage ist, welcher Zusammenhang zwischen der makroseismischen Skala und der Magnituden-Skala besteht. Eine durch Beobachtungen gestützte Beziehung hat *Kárník (1969)* veröffentlicht:

$$Mm = 0{,}5\ I_o + \lg h_o + 0{,}35.$$

Mm = makroseismische Magnitude; sie weicht für Werte zwischen 4,0 und 7,0 nur geringfügig von Ms bzw. Mw ab; h_o = Herdtiefe in km.
Mit der Magnitude Mm bzw. Ms oder Mw wächst das von starken Erdbebensignalen betroffene Gebiet, ebenso wie die Dauer und die Amplitude der Bodenerschütterungen. Mit wachsender Herdtiefe vergrößert sich dagegen der Abstand zwischen Herd und Bauwerken, und die makroseismische Wirkung des Bebens wird geringer.

wendeten Skala abgefasst werden. Die den verschiedenen Gemeinden des Schüttergebiets zugeordneten makroseismischen Intensitätswerte bilden die Grundlage für eine Isoseistenkarte (Abb. 3.29). Die Isoseisten umfassen Bereiche gleicher Intensität. Merkmale einer solchen Karte sind:

* Epizentralintensität I_o;
* Schütterradius r in km;
* Isoseistenradien r_i in km.

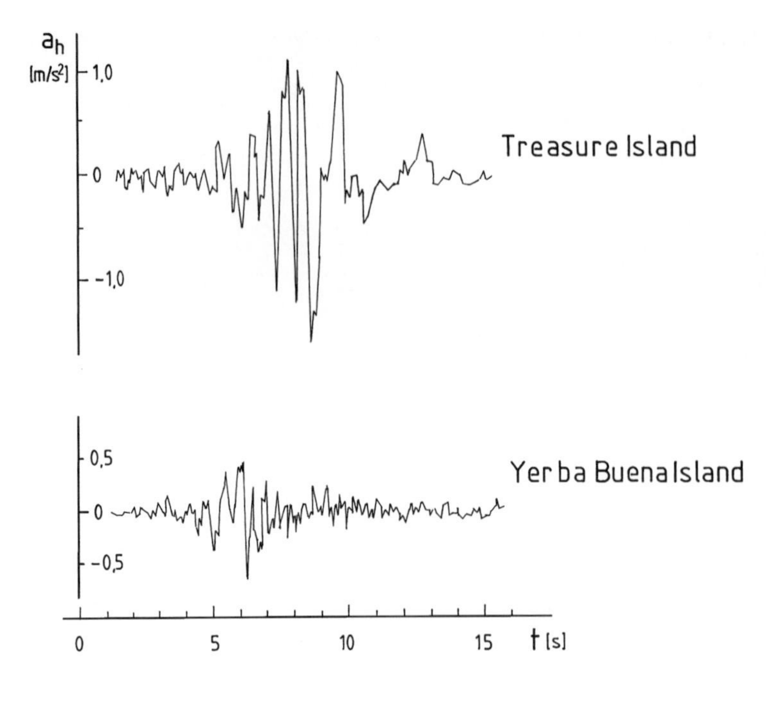

Abb. 3.30 Beide Registrierorte liegen auf Inseln in der San-Francisco-Bay, etwa auf halbem Wege zwischen San Francisco und Oakland. Treasure Island ist eine aufgeschüttete Insel, während Yerba Buena aus anstehendem Fels besteht. Es sind Aufzeichnungen des Loma-Prieta-Erdbebens von 1989, das in einer Entfernung von etwa 100 km stattgefunden hat (*Thiel, 1990*).

Ein wichtiges Ergebnis der ersten flächenhaften Erfassungen von Erdbebenwirkungen ist, dass die Verteilung der Schäden keinesfalls nur von den Einflüssen des Herdvorgangs (Größe, Tiefe, Abstrahlcharakteristik) und der Qualität eines Bauwerks gegenüber dynamischen Belastungen abhängt, sondern dass die Struktur des geologischen Untergrunds von größter Bedeutung für die Entstehung und Verteilung technischer Erdbebenwirkungen ist. Schon die Bearbeitung der nach dem Beben vom 16. November 1911 (Alb-

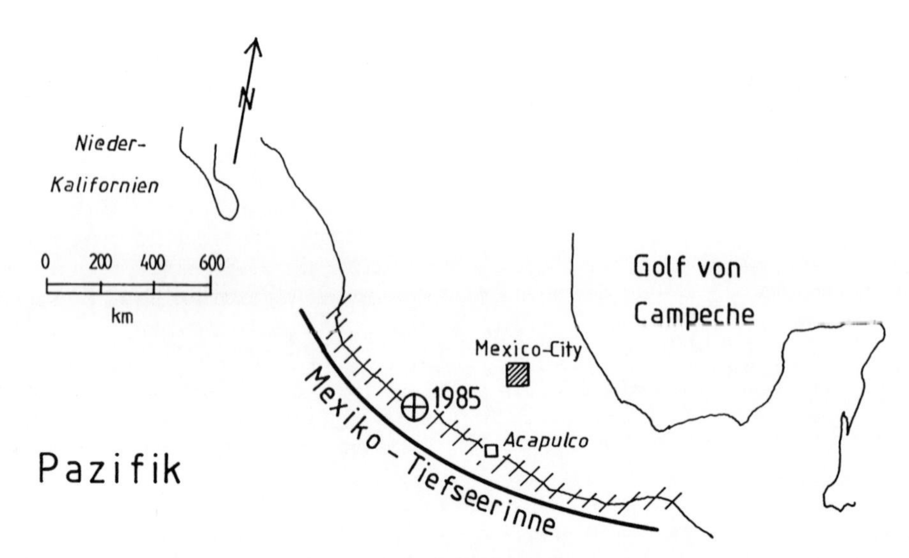

Abb. 3.31 Ausstrich der Subduktionszone an der mexikanischen Pazifik-Küste (gestrichelt). Die Hauptstadt Mexico-City liegt in 300 bis 600 km Entfernung von den Herden dieser Erdbebenregion, die immer wieder Schauplatz von Erdbeben der Magnitude Mw = ca. 8,0 ist.

stadt, Baden-Württemberg) gesammelten makroseismischen Daten zeigt deutlich, dass dünne Auflagen von Gesteinen niedriger Impedanz die Erdbebenwirkung anheben, während dicke Schichten aus schallweichen Sedimenten, wie die tertiäre und quartäre Auflage des Oberrheingrabens, die seismischen Effekte herabsetzen (*Sieberg, 1932*). Neben den genannten physikalischen Parametern ist offensichtlich die Mächtigkeit solcher oberflächennaher Horizonte von großem Einfluss bei der Veränderung seismischer Signale durch den geologischen Untergrund. In einer dünnen Schicht kommt es bei Frequenzen bzw. Perioden, die einer Viertelwellenlänge der eingestrahlten Scherwellen entsprechen („Lambda – Viertel – Schicht"), zu einer Vergrößerung der Amplituden, die dem Verhältnis der Impedanzen zwischen der härteren Unterlage und der weicherer Auflage entspricht. Man spricht in diesem Zusammenhang in der angelsächsischen Literatur von „Bodenverstärkung" (engl.: *soil amplification*) Es geht hier um einen Interferenzvorgang, wie man ihn auch bei anderen Wellenarten beobachten kann, so z. B. bei optischen Wellen in den Farben dünner Schichten (vgl. Kasten 2.E). Akzelerogramme, die während des Loma-Prieta-Erdbebens 1989 in Kalifornien aufgezeichnet wurden, lassen sehr deutlich den Unterschied zwischen Registrierungen auf unterschiedlichen Untergrund bei gleicher Entfernung und gleichem Azimut – vom Herd aus gesehen – erkennen (Abb. 3.30).

Bei dicken Auflagen niedriger Impedanz, wie man sie in jungen Gräben oder den Vorlandbecken junger Gebirge (z. B. dem Alpenvorländern) antrifft, verschiebt sich das Maximum der „Bodenverstärkung" zu längeren Perioden (etwa bei 1 Sekunde), während gleichzeitig die Signalanteile höherer Frequenz (bei 10 Hertz und höher) eine starke Dämpfung durch Absorption erfahren.

Während eine Abschätzung des vom Herd abgegebenen Signals künftiger Erdbeben nach wie vor mit größeren Unsicherheiten behaftet ist, vor allem was den hochfrequenten Signalanteil angeht, der die seismische Bodenbeschleunigung kontrolliert, sind heute Aussagen über die Wirkungen des Ausbreitungsmediums auf das seismische Signal in engen Grenzen möglich. Die Methoden der angewandten Geophysik liefern Aussagen, die eine gesicherte Grundlage für die quantitative Beschreibung der Untergrundseinflüsse auf das seismische Signal bilden. Die Effekte der „Bodenverstärkung" spielen nicht nur im Nahbereich des Erdbebenherds eine Rolle, sie sind auch noch in größeren Entfernungen wirksam; dort allerdings vor allem bei tief abgestimmten, d. h. höheren Bauwerken. Besonders markant haben sich solche Fernwirkungseffekte bisher in Mexico-City ausgewirkt. Ausgangspunkt der hier wirksamen Signale sind große Herde innerhalb der Subduktionszone an der mexikanischen Pazifik-Küste, die in einer Entfernung von einigen hundert Kilometern von der Hauptstadt des Landes liegen (Abb. 3.31). Betroffen sind vor allem Gebäude mit 10 bis 20 Stockwerken, die über einem verlandeten See im Zentrum der Stadt errichtet worden sind (Abb. 3.32). Hier befand sich vor dem Eindringen der spanischen Eroberer eine Palastanlage der aztekischen Herrscher. Durch die mutwillige Zerstörung der aztekischen Bauwerke und die Auffüllung der Wasserläufe des ehemaligen Residenzgebiets wurde eine Untergrundssituation geschaffen, in der Signalanteile mit einer Periode bei 2 Sekunden um einen Faktor von mehr als 10 angehoben werden (*Faccioli & Reséndiz, 1976*). Niedrigere Bauwerke oder auch die geringe Anzahl wesentlich höherer Gebäude, die auf dem gleichen Untergrund errichtet worden sind, bleiben dagegen von den Fernwirkungen pazifischer Subduktionsbeben verschont; ebenso sind Gebäude, die in den außerhalb der Seeton-Zone liegenden Teilen der Stadt stehen, von diesem Phänomen ausgenommen. Man spricht bei derartigen seismischen Fernwirkungen vom **Mexico-City-Effekt** (vgl. Tab. 1.I).

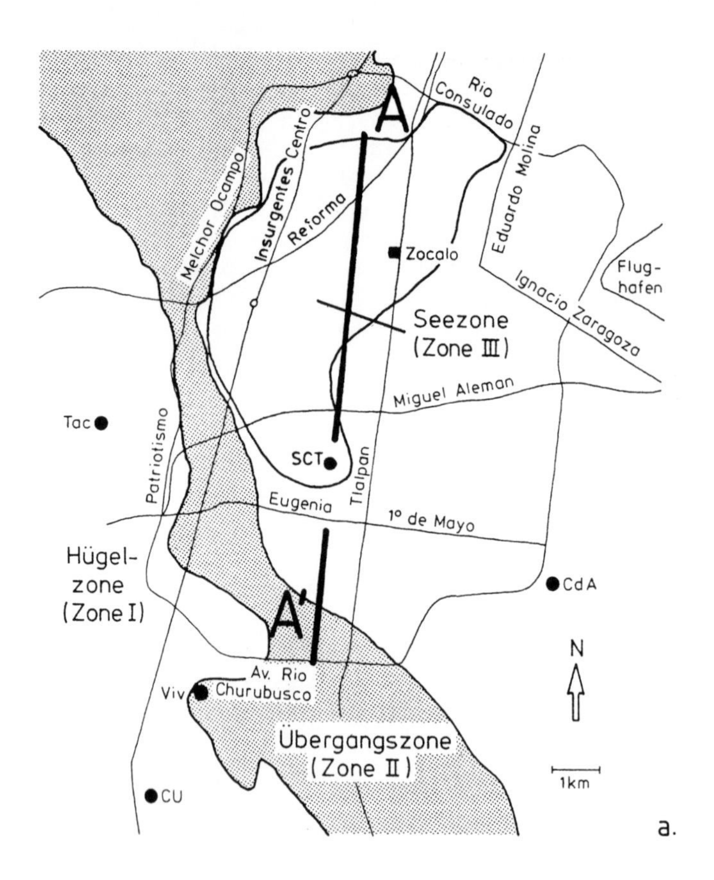
Rio Consulado
A
Centro
Insurgentes
Melchor Ocampo
Reforma
Eduardo Molina
Zocalo
Flug-hafen
Ignacio Zaragoza
Seezone
(Zone III)
Miguel Aleman
Tac
Patriotismo
SCT
Tlalpan
Eugenia
1º de Mayo
Hügel-zone
(Zone I)
CdA
A'
N
Av. Rio Churubusco
Viv
Übergangszone
(Zone II)
1km
CU
a.

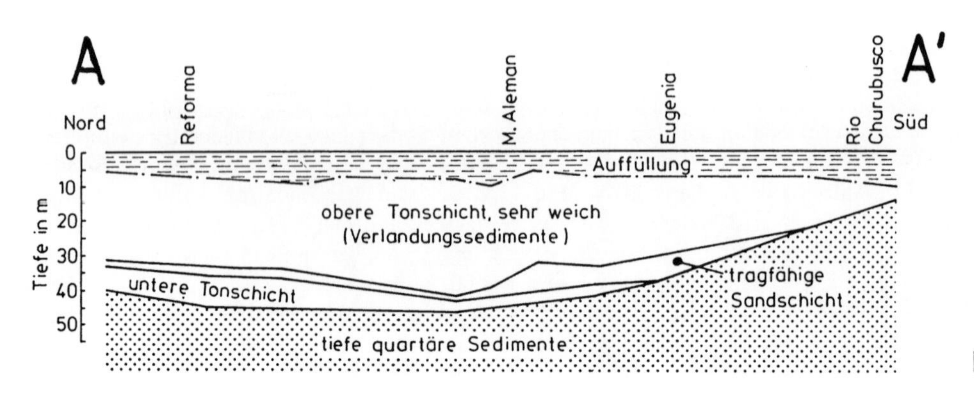
A
A'
Nord
Reforma
M. Aleman
Eugenia
Rio Churubusco
Süd
Tiefe in m
0
10
20
30
40
50
Auffüllung
obere Tonschicht, sehr weich
(Verlandungssedimente)
tragfähige Sandschicht
untere Tonschicht
tiefe quartäre Sedimente
b.

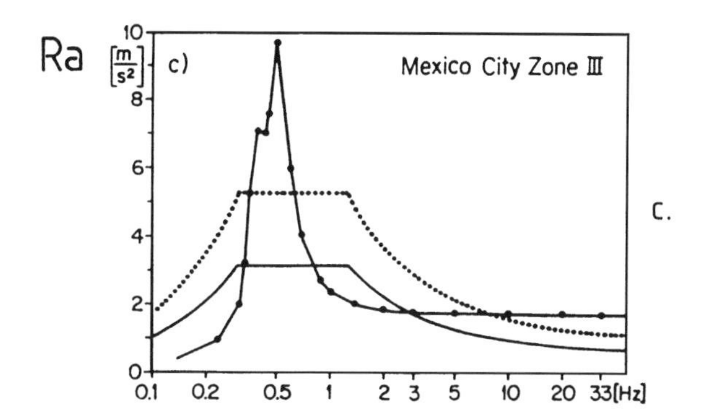

Abb. 3.32 Bei Großbeben an der mexikanischen Pazifikküste konzentrieren sich die Schäden in Mexiko-Stadt auf die „Seezone" (a).Der Untergrund wird hier von einer Auffüllung des aztekischen Palast-Sees mit niedriger Impedanz gebildet (b), die zu starken Überhöhungen der Bodenbewegung (c) und in der Folge zu Schäden vor allem an Gebäuden führt, deren Eigenperiode in der Nähe von 2 s liegt (d). Bei dieser Periode erreicht die Übertragungsfunktion der Auffüllung Werte, die deutlich den Faktor zehn überschreiten (*Ammann et al., 1986; Waas, 1988*).

4. Erdbebensicherung

4.1 Ingenieurseismologie

Das „Lissabonner Erdbeben“ vom 1. November 1755 hat in Europa eine Diskussion angestoßen, bei der es vor allem um die Einordnung eines solchen Ereignisses in die existierenden philosophischen Systeme ging *(Breidert, 1994)*. Es ist das Verdienst Kants, dass er in seiner Schrift über dieses Beben den Anteil des Menschen an der Entstehung einer Naturkatastrophe deutlich hervorhebt (*Kant, 1756*). Er beschreibt das Erdbeben als Ausdruck der thermischen Prozesse im Erdinnern und empfiehlt dem Menschen, sich in seinem Verhalten, d. h. insbesondere in seiner Bauweise, an die von der Natur vorgegebenen Bedingungen anzupassen. Auf die widerstandsfähige Bauweise der südamerikanischen Ureinwohner wird als positives Beispiel hingewiesen. 250 Jahre nach diesem Ereignis und seiner Interpretation sind wir nach wie vor in einer nicht wesentlich veränderten Situation, was die Erdbebensicherheit – im weltweiten Maßstab betrachtet – angeht.

Erdbeben sind seltene Ereignisse, die deshalb gegen wesentlich häufigere Bedrohungen wie Hunger und Infektionskrankheiten, Krieg und Unruhen, aber auch technische Unfälle stark in den Hintergrund gedrängt werden. Die Wirkung von Erdbeben mit großer Herdfläche ist aber räumlich entsprechend ausgedehnt und auch so vielfältig, dass eine betroffene Region in unterschiedlicher Hinsicht über längere Zeit hinweg gelähmt werden kann. Da soziale und volkswirtschaftliche Verhältnisse ebenfalls wichtige Beiträge zur Entstehung einer katastrophalen Wirkung leisten, sind der Abwehr durch naturwissenschaftlich-technische Initiativen deutliche Grenzen gesetzt. Die Vorsorge ist selbst in Ländern mit hohen technischen Standards sehr unvollkommen, da ein großer Bestand von Gebäuden aus Zeiten vor der Einführung von Erdbebenvorschriften existiert, an dem nur selten Sanierungsmaßnahmen ergriffen werden.

a. Gefährdung

Erdbeben wirken sich im Gegensatz zur Mehrzahl technischer Unfälle flächenhaft aus, vergleichbar den Belastungen bei Orkanen und Überschwemmungen. Mit zunehmender Ausdehnung des Schüttergebiets, in dem technisch relevante Bodenbewegungen auftreten, ist eine steigende Anzahl von Gebäuden und Anlagen von einem seismischen Ereignis betroffen. Die meisten Personenschäden gehen bei Erdbeben auf das Versagen von Bauwerken zurück (Abschnitt 3.3). Seismische Flutwellen (Abschnitt 3.1), wie im Falle des Lissabon-Erdbebens von 1755, Hangbewegungen wie beim Peru-Erdbeben des Jahres 1970 und ausgedehnte Flächenbrände, wie in San Francisco (1906) und Tokio (1923) sind Begleiterscheinungen von Erdbeben, die das durch seismische Wellen bedingte Gefährdungspotential stark erhöhen können.

Wenn die geometrische Ausdehnung eines Erdbebenherds, wie beim Guatemala-Beben von 1976 (vgl. Kap. 1), die geographische Dimension eines Staates erreicht, so weiten sich die Erdbebenwirkungen unter Umständen zur nationalen Katastrophe aus. Bei Gefährdungen anderer Art, wie Infektionskrankheiten oder technische Unfällen liegen Zahlen der jährlich davon Betroffenen wesentlich höher als bei den so genannten Naturkatastrophen. Die negative Wirkung eines größeren Naturereignisses besteht aber in der Intensität und der Universalität der Schäden, die das Leben in einem größeren Gebiet beeinträchtigen.

Gefährdung wird als Zusammenhang zwischen einer das natürliche Ereignis charakterisierenden Größe und einer statistischen Maßzahl definiert. Die anschaulichste Form eines solchen statistischen Parameters ist die **Wiederkehrperiode** eines Ereignisses bestimmter Dimension. So wird bei den Diskussionen zu den Überschwemmungen von Rhein, Oder und Elbe während der letzten Jahre oder von Wirbelstürmen wie „Lothar“ am 26. Dezember 1999 häufig von Jahrhundert-

oder Jahrtausend-Ereignissen gesprochen. Man bezieht diese Angaben auf Vorgänge adäquater Qualität, die im gleichen Einwirkungsgebiet aufgetreten sind. In der Hydrologie besteht so ein bewährtes System von Kenngrößen, mit denen man die Extremwerte von Hoch- und Niedrigwasserständen quantifiziert, um sie für zeitliche und räumliche Vergleiche, für Planung und Projektierung einsetzen zu können (vgl. *Plate, 1993*). Die Extremwert-Statistik fand primär ihre Anwendung bei der Analyse von Hochwasser-Ständen des Nils (vgl. *Gumbel, 1958*).

Die Abstände zwischen seismischen Ereignissen des gleichen Bereichs einer seismisch aktiven Scherzone liegen in einer Größenordnung zwischen 100 und 10.000 Jahren (vgl. Kap. 1). Während man bei der statistischen Analyse von Flusspegelständen oder auch Windgeschwindigkeiten innerhalb eines Jahrhunderts auf 100 Experimente der Natur bzw. die entsprechenden Aufzeichnungen von hydrologischen, meteorologischen oder ozeanologischen Parametern zurückgreifen kann, ist der instrumentell belegte Beobachtungszeitraum bei Erdbeben mit gerade einmal hundert Jahren deutlich kürzer als die Wiederkehrperiode in den meisten seismisch aktiven Gebieten, selbst wenn es sich um eine Scherzone mit einer recht hohen Verschiebungsgeschwindigkeit wie die San-Andreas-Störung handelt. Im Falle des Erdbebens erwachsen folglich ganz prinzipielle Schwierigkeiten bei einer statistischen Festlegung der Gefährdung, da eine zuverlässige statistische Aussage stets auf einer ausreichend großen Zahl gleichartiger Beobachtungen beruht. Die Datenlage der Ingenieurseismologie wird in Tab. 4.I kurz umrissen.

Für eine größere Anzahl von Staaten existieren heute Karten der Gefährdung durch Winddruck und Schneelasten. Während der letzten Jahrzehnte wurden auch entsprechende **Karten der seismischen Gefährdung** entwickelt. Dabei geht man von einer Wiederkehrperiode der seismischen Belastung von 475 Jahren aus (Abb. 4.1; Kasten 4.A). Sie entspricht, wenn man für ein Bauwerk die Lebensdauer von 50 Jahren zugrunde legt, einer Wahrscheinlichkeit von 10 %, mit der eine seismische Belastung während dieses Zeitraums überschritten wird (vgl. Kasten 4.A; Abb. 4.4). Es ist üblich, seismische Gefährdungskarten in der makroseismischen Intensität (z. B. in Europa) oder in der maximal zu erwartenden Bodenbeschleunigung bzw. Bodengeschwindigkeit (z. B. in den USA) darzustellen. Beide Formen eines ingenieurseismologischen Eingangsparameters sind dem Ausgangsbereich einer Systemkette zuzuordnen, an deren Beginn als primäre Ursache der Erdbebenherd steht (Abb. 4.2). Der Erdbebenherd als Quelle der Erdbebenwellen ist wiederum in eine rezente tektonische Situation eingebettet, für deren Komplexität schon die San-Andreas-Störung ein gutes Beispiel bietet (vgl. Abschnitt 1.1). Während das vom Herd abgegebene Signal (**Herdsignal** bzw. **-spektrum**) zunächst durch seine physikalischen Parameter skaliert werden kann, kommt es auf dem Wege zwischen Quelle und Beobachtungsort zu entscheidenden Veränderungen des seismischen Signals bzw. auch seines Spektrums. Die beiden Systemabschnitte „Herd" und „Ausbreitungsmedium" kontrollieren zusammen die Qualität des „**Freifeldsignals**", das man sich als Belastungsgröße an der Unterkante eines Bauwerks vorstellt.

Eine ursprünglich auf *Cornell (1968)* zurückgehende Methode betrachtet die Auswirkungen verschiedener Herdgebiete in der Umgebung eines Bauwerkstandorts als wiederholtes statistisches Experiment, bei dem die Parameter der seismischen Belastung als stochastische Verteilung dargestellt werden (Abb. 4.3). Für Größen wie die maximale Bodenbeschleunigung in horizontaler bzw. vertikaler Richtung oder auch die makroseismische Intensität lassen sich statistisch bewertete Größen angeben, aber auch für einzelne Spektralamplituden eines Antwortspektrums, z. B. im Niveau des Mittelwerts.

Eine der großen offenen Fragen im Rahmen der seismischen Gefährdungsanalyse bleibt das Problem des maximalen Erdbebens, mit dem man innerhalb eines Gebiets zu rechnen hat, d. h. welche Magnitude bzw. welches Moment einem solchen Ereignis zuzuordnen ist.

Zu dem schon angesprochnen Problem der zu geringen Beobachtungsdauer kommt noch, dass auch für ein seismisch aktives Gebiet mit

Tab. 4.I Datenbasis der Seismologie

a. Instrumentelle Beobachtungen:

- um 1900 mit Fernbeben-Seismographen einsetzend;
- um 1930 erste herdnahe Aufzeichnungen, Ereignisauslösung mit Hilfspendel (ein ungedämpftes Pendel wirkt als Schalter für den Antrieb der Registriertrommel), analoge Aufzeichnung auf Fotopapier;
- ab 1960 weltweites Seismographen-Netzwerk (WWSSN = *World-Wide Standard Seismograph Network*; Fernbeben-Beobachtung);
- um 1980 Breitband-Seismographen; gleichzeitig verbesserte herdnahe Aufzeichnung: Digitale Systeme mit Signalkontrolle und Ereignisauslösung, digitale Aufzeichnung;
- Registrierung mit zunehmender Qualität und Dichte seit etwa 100 Jahren.

b. Makroseismische Beobachtungen:

Zunächst werden die Wirkungen einzelner Beben in ihrer Verteilung erfasst, so beim „Lissabon-Erdbeben" vom 1. November 1755, davor schon in geringerem Umfang nach dem Beben im Hinterland von Nizza am 20. Juli 1564 (*Cadiot, 1979*). Systematische Erfassungen der makroseismischen Beobachtungen erst ab Mitte 19. Jahrhundert. Es werden Erdbebenkommissionen auf regionaler Basis gegründet (z. B. in Baden und in Württemberg).

c. Historische Beobachtungen:

Die Beschreibung einzelner, meist folgenreicher Ereignisse reicht zurück bis vor die Zeitenwende. Solche Beobachtungen sind, was die aktuelle Zugänglichkeit betrifft, auf wenige Länder beschränkt: China, Griechenland, Israel und Italien sind dafür wichtige Beispiele (z. B. *Neev & Emery, 1995*).

d. Archäoseismologische Beobachtungen:

Die bleibenden Verformungen an menschlichen Werken sind teils auf Bewegungen entlang tektonischer Scherzonen, teils auf dynamische Einwirkungen von Erdbebenwellen zurückzuführen. *Nur (2002)* nennt in diesem Zusammenhang das älteste bekannte „Bauwerk" des Menschen, eine „Wohnplattform" am Jordan, die dort vor etwa 1 bis 1,5 Millionen Jahren in der Flussaue angelegt wurde. Der Fundort liegt in einem Zugbecken im Verlaufe der Levante-Störung, etwas südlich vom See von Genezareth, einer weiteren Zugstruktur im Streichen der etwa Nord-Süd verlaufenden Levante-Zone. Die heute etwa 60 Grad betragende Neigung der Plattform wird als Summenwirkung seismischer Verschiebungen interpretiert. Umgestürzte Tempelsäulen und die Überreste von durch einen Zusammenbruch von Bauwerken getöteten Menschen gehören zu den Indikatoren für starke Bodenbewegungen. Vor allem im Mittelmeergebiet lassen sich Aussagen mit größerer Sicherheit treffen, wenn sich an Bauwerken mit bekanntem Errichtungszeitraum koseismische Verstellungen nachweisen lassen (z. B. in Griechenland, vgl. *Stiros, 1988*).

e. Paläoseismologische Beobachtungen:

Neben der Durchpausung des Herdvorgangs werden auch typische Deformationen in Sedimenten zur Analyse herangezogen (z. B. die Seismite nach *Seilacher, 1969)*, die in einer typischen Zonierung aus verflüssigten, teilweise zerbrochenen und in verflüssigte Partien eingebetteten sowie vorwiegend zerbrochenen Horizonten bestehen. Ergänzung durch Altersbestimmung. Paläoseismologische Analysen reichen etwa 10.000 a zurück; bei einzelnen Ereignissen sind noch Bestimmungen für das Pleistozän möglich (*McCalpin, 1996*).

f. Neotektonische Beobachtungen:

Pliozän-quartäre Tektonik (seit etwa 5 Millionen Jahren; vgl. *Becker, 1993, 1995 , 2000*); davon ist die erste Hälfte des Zeitabschnitts durch Aufnahme des atlantischen „Andrucks" im Grenzbereich Alpen/variszisches Europa gekennzeichnet:
Faltung des französisch-schweizerischen Juras; Scherung der miozänen Kliff-Linie am Südrand der Schwäbischen Alb.
Seit etwa 2,5 Millionen Jahren neotektonische Situation im engeren Sinne, unterbrochen durch eisisostatische Beanspruchung: große Beben in Finnland und im Alpenraum *(Beck et al., 1995; Costain & Bollinger, 1996; Saari, 1992).*

Kasten 4.A: Erdbebengefährdung – Merkmale der seismischen Belastung

Es werden folgende Parameter verwendet, um Lastannahmen auf statistischer Basis zu entwickeln:

Makroseismische Intensität
Für die Wirkung eines Bebens auf Menschen, Bauwerke und Untergrund beschreibende Größe wird meist eine zwölfteilige Skala angewandt: EMS = Europäische makroseismische Skala, MM = Modified Mercalli Scale, eine Anpassung der Skala nach Mercalli, Cancani und Sieberg an die Verhältnisse in den USA.

Merkmale der seismischen Zeitfunktion
An erster Stelle ist hier die *maximale Bodenbeschleunigung* zu nennen. Bereits um 1900 wurde versucht, sie aus makroseismischen Effekten, so dem Umfallen von Grabsteinen, quantitativ zu bestimmen (Abb. 4.4). Es gilt für das Kippen eines frei stehenden Steins, dass ein seismisch induziertes Moment größer als das Schwerkraft-Moment werden muss:

$$F_h\, h \geq G\, b \qquad (4.1)$$

In Gleichung (4.1) sind: G = Schwerkraft, F_h = seismische Horizontalkraft, beide in N; h und b die Abstände zum Schwerpunkt S. In Beschleunigungen ausgedrückt erhält man aus Gleichung (4.1):

$$\text{crit } a_h = (g\, b)/h \qquad (4.2)$$

a_h ist die seismische Horizontalbeschleunigung in m/s^2 oder als Verhältnis zur Schwerebeschleunigung g ($g \approx 10\, m/s^2$; in den USA und auch vielen anderen Ländern gebräuchlich; $0.1g = 1\, m/s^2$).

Setzt man für den Stein $b = 10\,cm$, $h = 50\,cm$, so erhält man für crit $a_h = 2\, m/s^2$.

Die horizontale Bodenbeschleunigung wird als einzelne Komponente oder auch als geometrische Summe verwendet:

$$a_x,\ a_y \text{ oder } a_h = \sqrt{a_x^2 + a_y^2}.$$

In zunehmenden Maße findet auch die Vertikalkomponente der seismischen Bodenbeschleunigung a_z Berücksichtigung.

Die Verwendung der Bodengeschwindigkeit (v in m/s) bzw. der Bodenverschiebung (u in m) sind bei bestimmten Methoden und Bauwerken von Bedeutung; so die Bodengeschwindigkeit bei der Verwendung von Energie- und Leistungsspektren, die Bodenverschiebung bei größeren Brücken.

Für die technische Wirksamkeit eines Bebens ist die Belastungsdauer wenigstens von gleichwertiger Bedeutung wie die Amplitude der Bodenbewegung.

Die Dauer einer seismischen Zeitfunktion oberhalb eines bestimmten Amplitudenniveaus wird primär durch die Dauer des Herdvorgangs festgelegt. Geht man von einem unilateralen Bruchvorgang im Herd aus, so lässt sich die Herddauer aus Herdlänge und Bruchgeschwindigkeit abschätzen:

$$\Delta t_o = l_o/V_{Fo} \text{ in s} \qquad (4.3)$$

Für die Herdlänge existieren empirische Zusammenhänge zum Moment wie zu den Magnituden Mw und Ms (vgl. *Bolt, 1974*). Trifft man folgende Annahmen über die genannten Herdgrößen:

$$Mw = 4 + 2 \cdot \lg l_o \quad l_o \text{ in km}$$
$$V_{Fo} = 3 \text{ km/s},$$

so erhält man den folgenden Zusammenhang zwischen Momentmagnitude Mw und der Herddauer Δt_o:

hohem instrumentellen Standard die Zahl der registrierten Beben großer Magnitude, das heißt der am meisten interessierenden Ereignisse, sehr gering ist.

Die Verschiebungsgeschwindigkeit auf einer Scherzone (engl.: *slip rate*) hat den größten Einfluss auf die zu erwartende Herdverschiebung (vgl. *Cluff & Cluff, 1984*; Kasten 4.B). Die Steigung im Verschiebungsfahrplan liefert erste Hinweise auf Herdverschiebung und Wiederkehrperiode eines regional typischen Maximalereignisses (Abb. 2.33). Bei höherer Verschiebungsgeschwindigkeit auf einer Störungsfläche sind bei einer Hemmung der Bewegung größere Sprünge, d.h. seismische Verschiebungen notwendig, um den ver-

Mw:	2	4	6	8	10
Δt_o:	0,03	0,3	3	33	333 s

Durch Ausbreitungseinflüsse kann sich die Dauer verändern; so wird durch die Führung in einer Schicht niedriger Impedanz, wie in einem oberflächennahen Lockersediment, das Signal bei Frequenzen, die einer Viertelwellenlänge der Auflagedicke entsprechen, deutlich verlängert.

Hat man die Herddauer abgeschätzt (vgl. Gleichung 4.3), so lässt sich aus der Fläche des Verschiebungs-Zeitintegrals auch die in einer Hypozentralentfernung s zu erwartende Verschiebung abschätzen, wenn man das Herdmoment M_o kennt:

$$u\ \Delta to \approx \int u_i\ dt = M_o\ /\ 4\pi\ \rho\ s\ c_s^3 \qquad (4.4)$$

Bei der Bodenbeschleunigung sind die Verhältnisse komplizierter, weil sich diese Größe nicht wie die Bodenverschiebung am integralen Herdvorgang, sondern an dessen innerer Heterogenität orientiert. Neben den durch Messungen in Herdnähe bisher festgestellten maximalen Werten wurden während der letzten Jahrzehnte eine Reihe von Schätzwerten aus herdmechanischen Relationen abgeleitet (*Brune, 1970; Hanks & McGuire, 1981; McGarr, 1982*). Der Spannungsabfall im Herd steht bei diesen Betrachtungen im Vordergrund. Nimmt man Werte für den Spannungsabfall von 10^7 Pa und eine Frequenz von 10 Hz an, so erhält man Werte der seismischen Bodenbeschleunigung, die zwischen 4 und 20 m/s^2 liegen. Geht man von einem lokalen Spannungsabfall auf der Herdfläche aus, so kann folgende Beziehung als Zusammenhang zwischen der Beschleunigung a und dem Spannungsabfall $\Delta\tau_o$ betrachtet werden:

$$a = (\Delta\tau_o/\rho\ s)\ K \qquad (4.5)$$

ρ = Dichte in kg/m^3; K = Konstante, die von Herdmechanik und Ausbreitungsbedingungen abhängt.

Die Bandbreite eines seismischen Signals wird vorrangig durch den Betrag des Moments und die Absorption bestimmt (*Vanmarcke, 1976; Hanks, 1979*). Über die beiden Grenzfrequenzen f_c (Herdeckfrequenz) und f_{max} geht die Bandbreite in die Signalamplitude ein, hier als Effektivwert ausgedrückt:

$$a_{eff} = K(\Delta\tau_o/\rho\ s)\ \sqrt{f_{max}/f_c} \qquad (4.6)$$

Geht man von einem Wert von 20 ± 10 Hz für die Frequenz f_{max} aus, so entspricht bei wachsender Magnitude einer größer werdenden Bandbreite ein sich in Dauer wie Amplitude ausdehnendes Zeitsignal.

Wiederkehrperiode

Da die größte Gefahr für den Menschen im Falle eines Erdbebens von den Gebäuden ausgeht, werden statistische Parameter wie die Wiederkehrperiode im Vergleich zur Lebensdauer eines Bauwerks betrachtet. In vielen Fällen geht man heute von einer angenommenen Lebensdauer von t* = 50 Jahren aus. Die Wiederkehrperiode steht mit der Verteilungsfunktion – als Häufigkeit oder Wahrscheinlichkeit betrachtet – in folgendem Zusammenhang:

$$Tr = 1\ /\ [\ 1 - F(x)] \qquad (4.7)$$

F(x) ist die Verteilungsfunktion; 1 - F(x) ist die Überschreitungshäufigkeit bzw. - wahrscheinlichkeit.

Die Wiederkehrperiode beschreibt den durchschnittlichen Zeitabstand, in dem ein Ereignis der Qualität $x \geq x_i$ (Magnitude, makroseismische Intensität, Bodenbeschleunigung) auftritt.

Unter Verwendung der Lebensdauer erhält die Beziehung (4.5) die folgende Form:

$$Tr = 1\ /\ (1 - F^{\ 1/t^*}) \qquad (4.8)$$

Für eine Summenhäufigkeit/-wahrscheinlichkeit von F = 0,9 (Unterschreitung) bzw. 1 – F = 0,1 (d. h. 10 % Überschreitungswahrscheinlichkeit) und eine Lebensdauer von t* = 50 a ergibt sich eine Wiederkehrperiode von Tr = 475 a.

säumten Betrag an Bewegung wieder einzuholen.

Innerhalb einer Scherzone kann die Momentenverteilung variieren, wie das Beispiel der Herdverteilung im Nankai-Graben (Japan) verdeutlichen soll (Abb. 4.5).

Oft verbinden sich auch Störungen mit unterschiedlicher Bewegungsform zu einem seismotektonischen System. *Jackson (1996)* weist auf die Kombination von Elementen der Horizontalverschiebung und Überschiebung während des Bogdo-Erdbebens (1957) in der Mongolei hin. Ein weiteres sehr deutliches Beispiel ist auch das Kebin-Erdbeben des Jahres 1911 im Norden des Issyk-kul-Sees (Nördlicher Tienschan, Kirgisistan). Das Be-

Erdbebengefährdung in Form berechneter Intensitätswerte für eine Nichtüberschreitenswahrscheinlichkeit von 90% in 50 Jahren

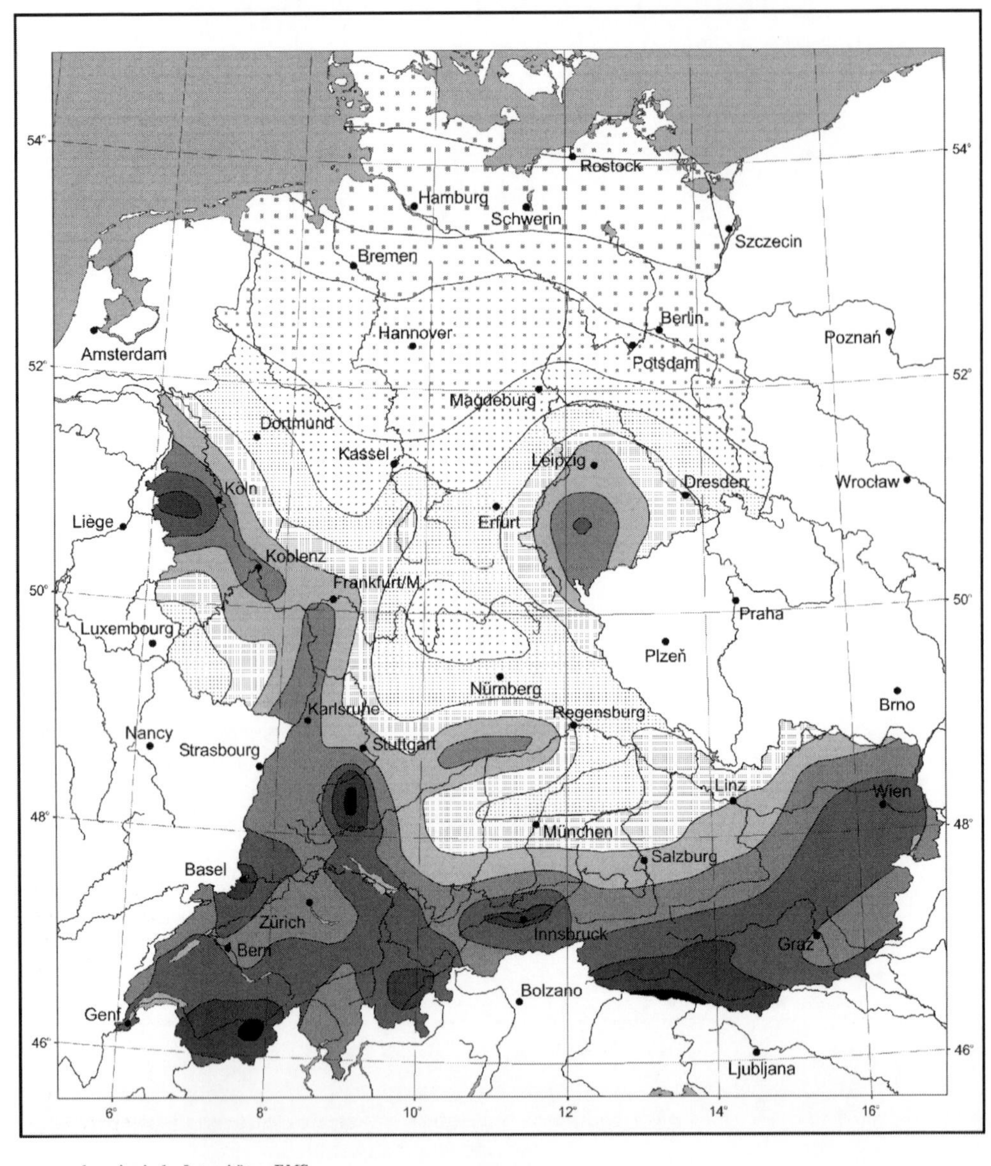

makroseismische Intensitäten EMS

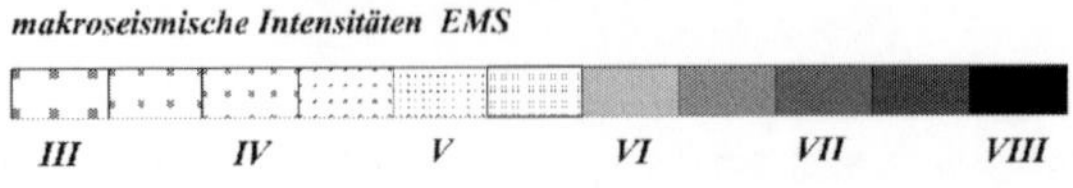

Quellennachweis:
Grünthal, G., Mayer-Rosa, D., Lenhardt, W. A.:
Abschätzung der Erdbebengefährdung für die D-A-CH Staaten - Deutschland, Österreich, Schweiz.
Bautechnik 75, Heft 10, 753-767, Verlag Ernst & Sohn, Berlin 1998.

Abb. 4.1 Karte der Erdbebengefährdung für Deutschland, Österreich und die Schweiz nach *Grünthal et al. (1998).*

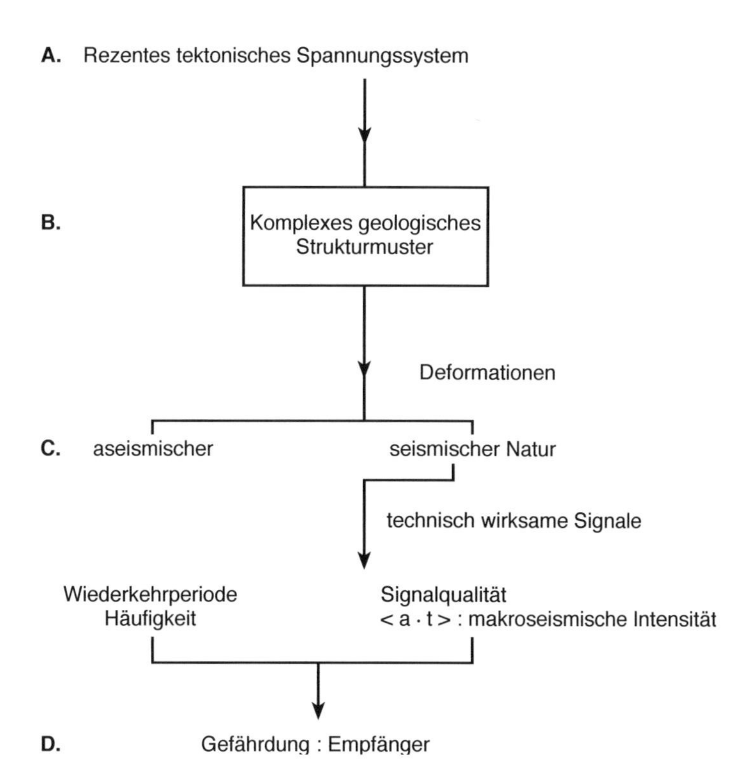

Abb. 4.2 Fluss-Diagramm zur Entstehung einer seismischen Gefährdung. Die Größe der Bodenbeschleunigung („a") und die Dauer der seismischen Erschütterung („t") werden als entscheidende Faktoren für die makroseismische Wirkung angesehen.

ben der Momentmagnitude Mw = 7,7 hat sich, wenn man die Durchpausung im Gelände betrachtet, auf 10 bis 30 km langen Segmenten abgespielt, die vom Herdgebiet den Eindruck eines Sturzackers geben (*Galitzin, 1911; Rezanov, 1985*).

Neben der Verschiebungsgeschwindigkeit sind auch Scherwiderstand und globaler Spannungsabfall einengende Bedingungen für die Entwicklung großer Beben durch Ansteckung. Die Entwicklung eines Bebens der Magnitude Mw = 8,0 auf irgendeiner Störung kann bei kleiner Verschiebungsgeschwindigkeit nicht durch lange Ansammlungszeiten erreicht werden, da hier die Relaxation einen bedeutenden Einfluss hat. *Ward (1997)* folgert aus seismotektonischen Modellrechnungen, dass innerhalb eines Erdbebengbiets mit einem um 0,2 bis 0,3 Magnituden-Einheiten größeren Erdbeben gerechnet werden muss, als es bisher durch Beobachtungen belegt werden konnte.

Innerhalb einer Scherzone kommt es durch Spannungsumlagerung, die von einem primären Ereignis ausgeht, zu nachbarlichen Beeinflussungen und so zu einer Erhöhung der Spannungsverhältnisse. Die Zulieferung von zusätzlicher Spannung und Verschiebung in die Nachbarschaft des ursprünglichen Herdes verkürzt die Ruhezeiten zwischen zwei Ereignissen, so dass auch eine äußere Beeinflussung der Momentenverteilung innerhalb einer Scherzone denkbar ist (vgl. *Chéry et al., 2001*). Erdbeben lassen sich nicht als voneinander unabhängige Vorgänge betrachten, wie das die klassischen Verfahren der Statistik voraussetzen.

Die **Periodizitäten**, mit denen der Mensch z. B. durch Rotation und Revolution der Erde konfrontiert wird, haben ihn immer wieder zu Vorstellungen angeregt, eine solche regelmäßige Wiederkehr von Zuständen auch bei anderen Prozessen zu suchen, um auf diese Weise einen Vorgang in kausaler Form oder wenigstens als statistische Abschätzung vorhersehen zu können. Im astrophysikalischen Bereich sind das die Sonnenflecken mit ihrer Wiederkehrzeit von etwa 11 Jahren, in der Volkswirtschaft die Konjunkturzyklen, die bereits weniger Regelmäßigkeit zeigen. So kann man den in Abschnitt 2.3 als Erdbebenzyklus

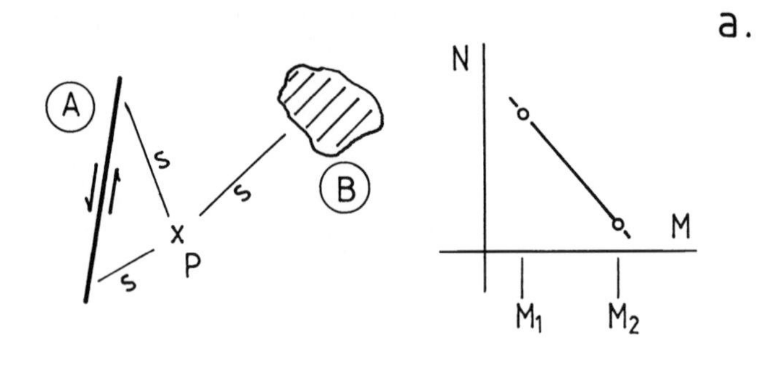

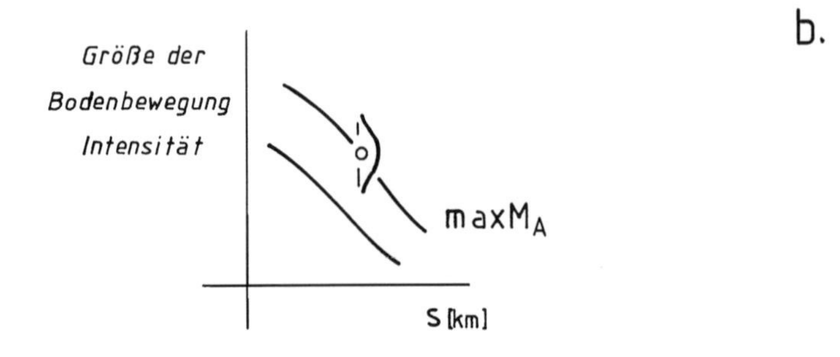

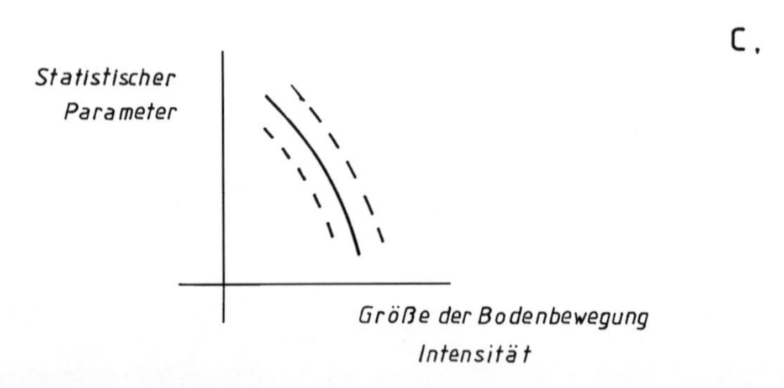

Abb. 4.3 Beurteilung der seismischen Gefährdung an einem Standort (P) nach *McGuire & Arabasz (1990).*
a. Für den Standort werden zwei Arten der Herdanordnung betrachtet: Eine als seismisch aktiv bekannte Horizontalverschiebung (A) und ein Gebiet mit diffus verteilter Aktivität (B). Für beide Zentren seismischer Aktivität kann ein Maximalwert der Magnitude bzw. der Epizentralintensität als Ausgangspunkt der Analyse gewählt werden. Bei einer statistischen Betrachtung wird die Magnitudenstatistik nach *Gutenberg & Richter (1944)* in ursprünglicher Form oder durch eine untere und obere Magnitudenschranke begrenzt nach *Cornell & Vanmarcke (1969)* verwendet (vgl. Kasten 2.H).
b. Die Veränderung des Herdsignals bzw. der makroseismischen Intensität mit der Hypozentralentfernung (s) wird für regional typische Maximalereignisse oder als statistische Größe beschrieben.
c. Herd- und Ausbreitungseinflüsse bestimmen den Wert der Intensität, der Amplitude der Bodenbewegung oder auch der periodenabhängigen Spektralamplitude eines Antwortspektrums am Standort P. Die Festlegung eines statistischen Niveaus der standortbezogenen Größen, wie Mittelwert oder Mittelwert + n Standardabweichungen, ist einer politischen Entscheidung vorbehalten.

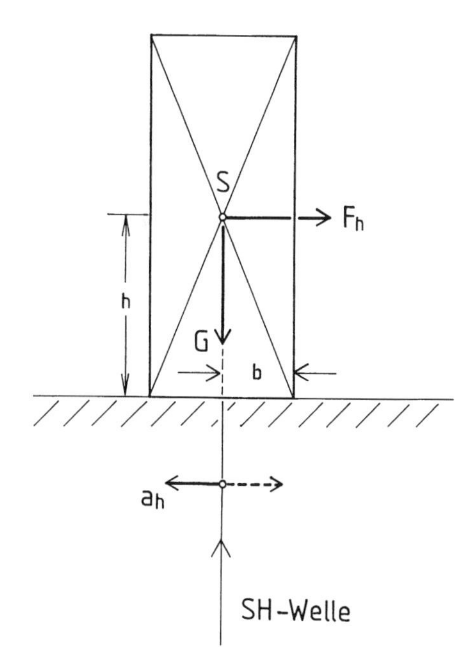

Abb. 4.4 Erste Versuche zur Abschätzung der horizontalen Bodenbeschleunigung: Kipp-Bewegung eines Denkmals.

beschriebenen seismischen Prozess auf einer bestimmten Störungszone als angenähert periodisch - wenn auch mit starken Unregelmäßigkeiten behaftet - betrachten. Die fast ein Jahrtausend umfassende Erdbebengeschichte der Nankai-Tiefseerinne vermittelt ein recht deutliches Bild der Schwankungen, die sowohl die Länge der Wiederkehrperiode wie auch die Verteilung der Bebenmagnituden betrifft (Abb. 4.5). Die Vorstellung von einer Quasi-Periodizität kann mit dem Erdbebenzyklus, der aus Aufladungs- und Entladungsphasen aufgebaut ist, im Rahmen eines tektonophysikalischen Modells untergebracht werden (Abb. 4.6). Diese Betrachtung ist einer formalen Verwendung des Poisson-Modells als Abbildung des Erdbebenprozesses vorzuziehen. Beim Poisson-Modell ergibt sich die Wiederkehrperiode aus dem Mittelwert der zeitlichen Abstände der bisher beobachteten Ereignisse. Dieses Modell setzt Unabhängigkeit der beteiligten Vorgänge voraus, eine Bedingung, die bei Erdbeben ganz bestimmt nicht erfüllt ist. Geophysikalische Phänomene unterliegen einer „Erhaltungstendenz", wie sie schon bei Vorgängen in der Atmosphäre nachweisbar ist, umso mehr bei Vorgängen in der wesentlich „zäheren" Lithosphäre (vgl. *Taubenheim, 1969*). Die größte Schwierigkeit bei einer realistischen Abschätzung von Wiederkehrperioden und Maximalwerten der Herdparameter (Moment, Magnituden, Spannungsabfall) bestehen für die intrakontinentalen Erdbebengebiete, da hier auf Grund der kleinen tektonischen Verschiebungsrate das durch instrumentelle, makroseismische und historische Aufzeichnungen belegte Beobachtungszeitintervall deutlich unterhalb einer Wiederkehrperiode liegt. Hier hilft nur ein möglichst gut abgesichertes tektonophysikalisches Modell, das die rezenten Krustenbewegungen im regionalen Rahmen erfasst und durch Analogiebetrachtungen von ähnlichen rezenten tektonischen Situationen gestützt wird. Analog heißt in diesem Zusammenhang, dass vergleichbare Verhältnisse in der Verschiebungsgeschwindigkeit, der Herdkinematik und der Aktivitätsverteilung mit der Tiefe vorliegen. Die Relaxation begrenzt für eine Situation mit geringer Verschiebungsgeschwindigkeit die Maximalwerte der angesammelten Scherdeformation bzw. der Verschiebung auf einer potenziellen Herdfläche (vgl. Kasten 1.E).

Die geringen Beobachtungszeiträume und die starken Schwankungen der Herdprozesse in Magnitude und Wiederkehrperiode haben zur Entwicklung von Methoden angeregt, bei denen sowohl Herdparameter wie auch Einwirkungsgrößen (Magnituden bzw. Intensitäten oder Amplituden der Bodenbewegung) statistische Eigenschaften zugeschrieben werden. Seit *Cornell (1968)* werden in zunehmendem Maße statistische Verfahren eingesetzt („probabilistische Analyse"), um die Erdbebengefährdung von Standorten für Anlagen mit erhöhtem Sekundär-Risiko (wie Kernkraftwerken) festzulegen. Man stellt diesen Verfahren „deterministische" Methoden gegenüber, die über einen systemtheoretischen Pfad zu erwartende Belastungen festlegen. Der Kontrast zwischen beiden Vorgehensweisen ist allerdings nicht so groß, wie die beiden Adjektive „probabilistisch" und „deterministisch" vermuten lassen. Bei einer „determini-

Kasten 4.B: Erdbebengefährdung - Seismotektonik

a. Allgemeines

Das *seismotektonische Klima* wird durch die rezente Beanspruchung gesteuert, die sich in folgenden Größen äußert:

* Deformationsgeschwindigkeit: $d\varepsilon/dt$; $d\gamma/dt$ in s^{-1}; Verschiebungsgeschwindigkeit auf Scherzonen: dq/dt in mm/a;
* Orientierung des Spannungsfeldes in der Erdkruste: σ_z, σ_H, σ_h in Pa;
* Es lässt sich für viele Gebiete – wenn auch mit deutlichen Einschränkungen – eine vorherrschende Herdkinematik angeben: Abschiebungen: N-Regime; Horizontalverschiebungen: H-Regime; Überschiebungen: T-Regime,
  Mitunter sind auch Kombinationen von vertikalen und horizontalen Verschiebungen regional typisch (vgl. Kap. 1).

b. Tektonische Verschiebungsgeschwindigkeit auf Scherzonen

Von *Matsuda (1975)* wird die Verschiebungsgeschwindigkeit dq/dt (in m/a) als Parameter in eine Beziehung zwischen Magnitude Mx und Wiederkehrperiode Tr (in a) eingeführt:

$$\lg Tr = 0{,}6 \cdot Mx - \lg[(dq/dt) + 4{,}0].$$

Man teilt die seismische Aktivität auf dieser Grundlage in Klassen ein (vgl. *Sibson, 1983, 2002):*

Klasse	A	B	C	D
dq/dt (mm/a)	10...100	1...10	0,1...1	0,01...0,1

Klasse	A	B	C	D
Tr (a)	10...100	$10^2...10^3$	$10^3...10^4$	$10^4...10^5$

Cluff & Cluff (1984) ergänzen diese Klassen durch Werte für Maximalmagnituden. *Slemmons & Depolo (1986)* entwickeln dieses Schema weiter, indem sie den Aktivitätsklassen, charakterisiert durch ihre Verschiebungsgeschwindigkeit, Beschreibungen der rezenten seismotektonischen Aktivität hinzufügen.

Abb. 4.7a geht von den genannten Arbeiten aus. Es wird zusätzlich die Spannungsrelaxation innerhalb einer Scherzone berücksichtigt: $\gamma(t) = [\gamma_o + \Delta t(d\gamma/dt)]e^{-t/relt}$.

Als Wert für die dynamische Viskosität wird nach *Meissner (1980)* $\eta_{Fz} = 3 \cdot 10^{21}$ Pas angenommen. Als Relaxationszeit ergibt sich dann:

$$rel\ t = \eta_{Fz}/G = 10^{11}\ s = 3125\ a.$$

Dadurch wird die Ansammlung von tektonischer Deformation bzw. Spannung über sehr lange Zeiträume hinweg nach oben begrenzt.

b. Kompatibilität der bruchtektonischen Bewegungen

Auch bei Dominanz eines herdkinematischen Typs ist die geometrische und mechanische Kompatibilität der rezenten Bewegungen zu beachten (vgl. Abb. 4.7b).

In Subduktionszonen stellen häufig Krustenbeben in der unterschobenen Platte durch ihre unmittelbare Nähe zu Besiedlungen ein zusätzliches Gefährdungspotenzial dar. Als transversal oder longitudinal zum allgemeinen Verlauf der Subduktionszone orientierte Horizontalverschiebungen haben die folgenden Ereig-

stischen“ Analyse werden stets alle durch die bisher gesammelte Erfahrung belegten Einflüsse am Standort berücksichtigt. Während der Herdvorgang hinsichtlich seiner geographischen, geometrischen und physikalischen Parameter einer gewissen Variationsbreite unterliegt, gilt das für die Ausbreitungsbedingungen in einem weitaus geringeren Maße. Für einen bestimmten Standort kann die Übertragungsfunktion, d. h. die spektrale Veränderung, die Signale auf verschiedenen Wegen vom Herd zum Standort erfahren, ausreichend genau bestimmt werden, wenn die Parameter, welche die Wellenausbreitung kontrollieren, bekannt sind. Das sind die geometrischen Abmessungen (bei ebener Schichtung die Mächtigkeit der jeweiligen Schichten mit unterschiedlichen physikalischen Eigenschaften), Wellengeschwindigkeiten, Dichte und Absorption (vgl. Kap. 2).

Da heute auch die Gefährdung für Wohn- und Geschäftsbauten, wie sie in Gefährdungskarten dargestellt wird, auf statistischen Verfahren beruht, hat man für die drei Bereiche des Systems „Erdbebenwirkung“ statistische Beschreibungen der einzelnen Teilsysteme eingeführt, die auf den bisher gesammelten Beobachtungen beruhen (vgl. Kasten 4.A).

nisse zu hohen Personen- und Sachschäden geführt:

Managua-Beben (Nicaragua:1972; Mw = 6,1; *Langer et al., 1974);*
Kobe-Beben (Japan:1995; Mw = 6,9; *Kanamori, 1995);*
Quíndio-Beben (Kolumbien:1999; Mw = 6,2; *Kagami, 1999*).

In den Kollisionszonen des Mediterrantransasiatischen Erdbebengürtels sind es ebenfalls transversale Horizontalverschiebungen oder als Dehnungsbrüche angelegte Abschiebungen, die das Bild der Gefährdung differenzieren. Solche Segmentierungsbrüche durchziehen den gesamten Himalaja-Bogen (vgl. *Dasgupta et al., 1987*); unter diesen ragt die dextrale Black-Mambo-Störung im Westen des Gebirgszuges heraus (*Kumar et al., 2001*).

Auch bei den distensiven Bruchsystemen (ozeanische Rifts, kontinentale Gräben) ist eine Öffnung stets mit Horizontalverschiebungen verbunden, was *Wilson (1965)* bereits in seinem Konzept der Transform-Störung dargestellt hat. Abschiebungen sind ganz allgemein mit Horizontalbewegungen und Bewegungen im Stil der Buchstapeltektonik vergesellschaftet (vgl. *Mandl, 1988; Pedura et al., 2001; Freud, 1982; Fairhead & Stuart, 1982*).

Die genannten Beispiele sind Zusammenhänge im regionalen Maßstab. Bei der Betrachtung einer einzelnen Störung ist auf einer kleineren Skalenebene ebenfalls mit komplexen Verhältnissen zu rechnen. So sind es vor allem die flachen Überschiebungen im Verlaufe von Horizontalverschiebungen, die zu konzentrierten seismischen Einwirkungen führen, wie die Beben von San Fernando 1971 und Northridge 1994 verdeutlicht haben (vgl. Abb. 1.14).

Die intrakontinentale Situation ist durch folgende Merkmale gekennzeichnet:

- Deckenstruktur der Erdkruste (vgl. *Tollmann, 1982; Behr et al., 1994*).

Damit ist eine starke Heterogenität in vertikaler Richtung verbunden. Jeder Krustenscherben hat seine eigene Rheologie, sein eigenes Bruchinventar.

- Reiches Inventar an Bruch- und Biegestrukturen unterschiedlichen Entstehungsalters, aus denen die rezenten Scherbewegungen nach dem Prinzip des „revival of the fittest" (vgl. Seite 43) herausgefiltert werden.
- Geringe Verformungsrate und Vorherrschen der Biegung als wichtigster Deformationsform; die bruchtektonischen und damit auch die seismischen Bewegungen bleiben auf die Rolle sekundärer Ausgleichsprozesse beschränkt (Ausgleichssprünge; Ausgleich unterschiedliche Bewegungsraten von Platten und Blockeinheiten, keine durchgängigen Scherzonen). So kann die New Madrid-Zone (Zentrale USA) nicht einer den nordamerikanischen Kontinent zerschneidenden Scherzone zugeordnet werden, soweit das die heutigen Ergebnisse der Satelliten-Geodäsie zu entscheiden erlauben (*Dixon & Mao, 1996*).

Nur eine Zusammenschau von rezenten Krustenbewegungen, die flächenhaft eine Verformung der Erdkruste beschreiben, und seismologischen Beobachtungen kann hier zu einer zuverlässigen Beurteilung der seismischen Gefährdung führen.

Der Herdbereich besteht aus den bisher durch Messungen und makroseismische Beobachtungen nachgewiesenen seismisch aktiven Scherzonen sowie aus Bereichen mit diffuser Erdbebentätigkeit, die keine eindeutige Zuordnung zu einer begrenzten Scherzone erkennen lassen. Beschrieben wird das Teilsystem „Herd" durch eine Magnituden-Häufigkeitsverteilung, die sich auf ein begrenztes Volumen des Erdinnern (Erdkruste, bei Tiefherdbeben auch des Oberen Erdmantels) und auf einen bestimmten Zeitabschnitt bezieht. Bereits für den „Quellbereich" sind recht unterschiedliche Ansätze denkbar. Ausgangspunkt kann der Zusammenhang zwischen Magnitude und Häufigkeit nach *Gutenberg & Richter (1944)* sein. Er wird meist in einer „gerumpften" Form eingesetzt (vgl. Kasten 2.H), d. h. man beschränkt die Urliste der beobachteten Magnituden durch eine untere und eine obere Magnitudenschranke. Beben unterhalb einer bestimmten Größe der Magnitude sind technisch nicht mehr interessant. Hinzu kommt, dass bei kleiner werdenden Magnituden zunehmend Datenverluste auftreten. Ein wesentlich härterer Punkt der Diskussion ist die einzusetzende obere Magnitudenschranke; es entstehen bei einer Variation der

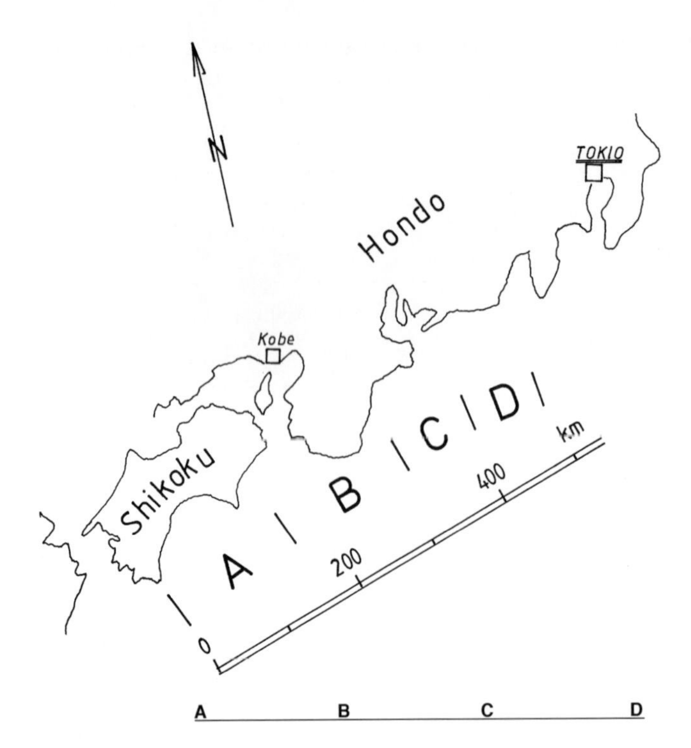

Abb. 4.5 Erdbebentätigkeit entlang der Nankai-Tiefseerinne (Japan). Auf der Grundlage von Beobachtungen über Tsunamis, rezente Hebungen und makroseismische Effekte wurde von *Ando (1975)* ein seismischer „Fahrplan" für den Bereich der Insel Shikoku und dem sich nach Norden anschließenden Teil des Küstengebiets von Hondo dargestellt.
Oben: Geographische Übersicht und Einteilung der Erdbebenzone in die Herdgebiete A bis D.
Unten: Verteilung der Erdbebentätigkeit in Raum und Zeit seit dem 7. Jahrhundert.

Jahr des Bebens	aktiver Abschnitt	Zeitabstand im Abschnitt CD (in Jahren)
684	A—B	
887	A—B—C—D	
1096	C—D	209
1099	A—B	264
1360	C—(D)	
1361	A—B	138
1498	C—D	
1605	A—B	209
1707	A—B—C—D	
1854	C—D	147
1854	A—B	90
1944	A B C—(x)	
1946	A—B	

Durchschnittliche Wiederkehrperiode der Erdbebenaktivität im Abschnitt CD: 176 Jahre

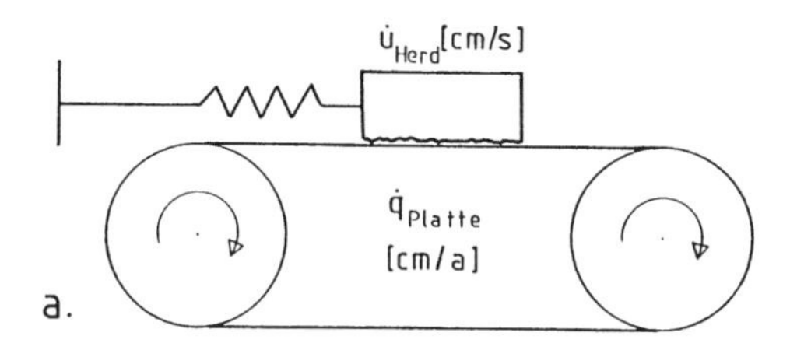

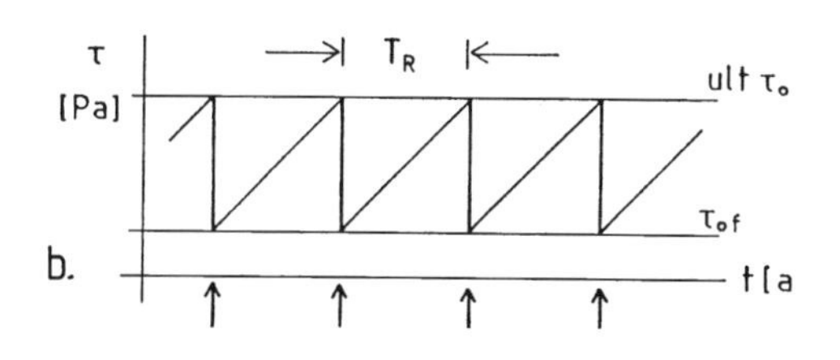

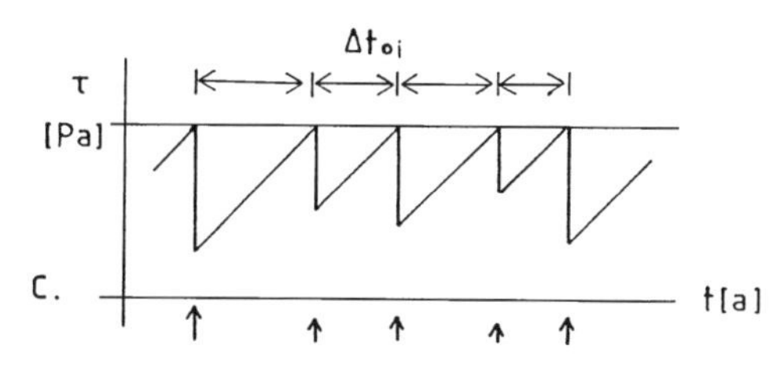

Abb. 4.6 Modellvorstellung zur Periodizität von Erdbeben.
a. Reibzugmodell;
b. Periodisch aktiver Erdbebenherd mit gleich bleibenden Werten von Spannungsabfall $\Delta\tau_o$ und Wiederkehrperiode Tr;
c. Erdbebenherd mit variablen Werten von Spannungsabfall und Wiederkehrperiode: Bei gleichbleibender Spannungsrate ($d\tau_o/dt$) kann die Herdzeit des nächsten Ereignisses vorhergesagt werden, wenn man den Spannungszustand τ_o auf der Herdfläche kennt (Shimazaki-Nakata-Prozess nach *Lomnitz, 1994*).

genannten Größen Fragen der Stabilität der Kurvensteigung, in der sich das Verhältnis zwischen kleinen und großen Ereignissen sowie deren Verteilung in Raum und Zeit ausdrückt. Man kennt sowohl deutliche regionale Unterschiede in der Steigung der Häufigkeitskurve wie auch zeitliche Änderungen von Bebenserie zu Bebenserie bzw. von Segment zu Segment einer seismisch aktiven Scherzone. So haben Gebiete mit Schwarmbebencharakter einen größeren b-Wert (vgl. Abschnitt 2.3) als Regionen, in denen typische, aus Haupt- und Nachbeben aufgebaute Bebenserien dominieren, wie z. B. die westliche Schwäbische Alb (*Amelung & King, 1997; Cao & Gao, 2002; Gerstenberger et al., 2000; Pacheco et al., 1992; Sue et al., 2002*). Die Gültigkeit einer linearen Beziehung zwischen zwei logarithmischen Größen (Logaritmus der Häufigkeit und Magnitude), wie die Gutenberg-Richter-Beziehung, muss nicht notwendigerweise für den gesamten beobachteten Wertebereich der Magnitude zutreffen. Da sich größere Beben in einem Wachstumsprozess aus kleineren Ereignissen entwickeln, kann man davon ausgehen, dass durch diesen Vorgang Lücken innerhalb der Verteilung entstehen. Die kleineren Ereignisse werden von den größeren einverleibt (vgl. *Youngs & Coppersmith, 1985*). Eine einfache Extrapolation der Gutenberg-Richter-Kurve zu größeren Werten würde zu einer Unterschätzung regionaler Maximalerdbeben führen (vgl. *Schwartz & Coppersmith, 1984*; Abb. 2.34, Kasten 2.G).

b. Spezielle Herdeinflüsse

Bisher wurde der Beitrag des Herdes zur Erdbebengefährdung allein durch Magnituden oder den Betrag des Herdmoments charakterisiert.

Die erste wesentliche Variation für einen Herd, von dem das Moment gegeben ist, ergibt sich durch die unterschiedliche Orientierung der Herdfläche und der auf ihr stattfindenden Herdverschiebung. Diese als Herdkinematik bezeichnete Eigenschaft sorgt für große Unterschiede in der Einstrahlung von seismischen Wellen zur Erdoberfläche. Dabei kann der Fall einer Überschiebung als besonders ungünstig betrachtet werden. Das Beben von Taschkent (Usbekistan; vgl. Tab. 1.I) im Jahre 1966 ist hierfür ein wichtiges Beispiel. Der direkt unter dem Stadtzentrum liegende Herd mit einer für die regionale Aktivität des Tienschans relativ kleinen Magnitude (Ms = 5 ½) hat bei diesem Beben zu umfassenden Zerstörungen geführt.

Tektonik und Seismotektonik verweisen auf Gebiete, in denen ganz bestimmte kinematische Herdformen (Überschiebung, Horizontalverschiebung oder Abschiebung) vorherr-

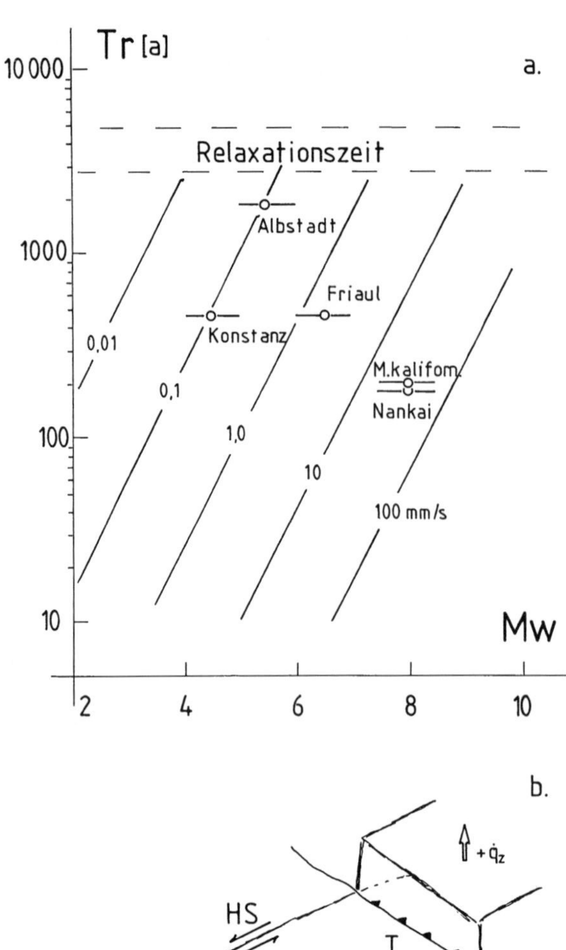

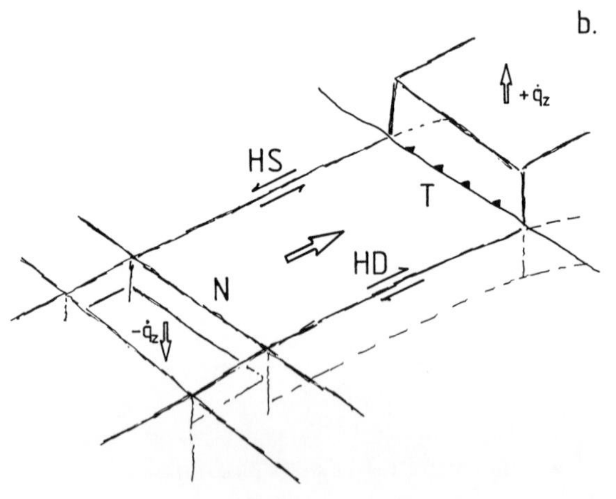

Abb. 4.7 Seismotektonik und Gefährdung.
a. Tektonische Verschiebungsgeschwindigkeit und Wiederkehrperiode auf der Basis der in Kasten 4.B angegebenen Beziehungen. Beobachtungen: Bodensee nach *Hiller (1936b); Sieberg (1940);* Albstadt nach *Reinecker & Schneider (2002),* Friaul nach *Boschi et al. (2000);* Nankai-Tiefseerinne nach *Heki & Miyazaki (2001),* Mittelkalifornien nach *Sieh (1981).*
b. Tektonische Kompatibilität beim Transport eines Krustenblocks. Scherzonen: Unterschiebung des Blocks unter einen angrenzenden Block im Kollisionsbereich (Regime „T"); Bildung eines Zugbekkens (engl.: *pull-off basin*) auf der Rückseite des Blocks (Abschiebungsregime „N"); begleitende Horizontalverschiebungen (sinistral: HS, dextral: HD).

schen. Für einen in der Kruste integrierten Block wäre die einfachste Lösung bei einer horizontalen Verschiebung, dass es an der Frontseite des Blocks zu einer Unter – oder Überschiebung und an der Rückseite zu einer Abschiebung oder der Bildung eines Grabens kommt. Die beiden zu der Verschiebung des Blocks parallelen Flanken zeigen dann den Charakter von Horizontalverschiebungen (Abb. 4.7). Selbst bei einem sich über große Entfernungen hinweg einheitlich verhaltenden Bruchsystem wie der San-Andreas-Störung treten im Bereich von Richtungsänderungen und an Kreuzungen mit anderen Störungen ergänzende Brüche auf, die wie die Beben in San Fernando (1971) und Northridge (1994) den Charakter einer flachen Überschiebung haben. Dieser Bewegungstyp paust sich mit bleibenden Verschiebungen und Wellenabstrahlung besonders deutlich bis zur Erdoberfläche durch. Dabei überlagern sich in ungünstiger Weise folgende Faktoren:

A. Hohe Amplituden der Bodenbeschleunigung wegen der geringen Entfernung zwischen Herd und Beobachtungsort (geringe geometrische Amplitudenabnahme, fast keine Absorption) und wegen der direkten Ausrichtung der SH-Abstrahlkeulen auf die Erdoberfläche (vgl. Abb. 4.8). Im Vergleich zu einer gleich großen Horizontalverschiebung sind die makroseismischen Auswirkungen ganz unterschiedlich verteilt (Abb. 4.9). Die Konzentration der Wirkung direkt über dem Ausstrich der Störung führt, wenn sich dort eine Ansiedlung befindet, zu einer außerordentlich hohen Konzentration an Erdbebenschäden wie bei den vorher genannten Beben. Hierbei handelt es sich um ein generelles Bild, mit dem bei flachen Überschiebungen zu rechnen ist (vgl. *Somerville et al., 1996*). Die Zunahme der in Herdnähe gemessenen Maximalwerte der Bodenbeschleunigung im Laufe des 20. Jahrhunderts haben sicherlich zunächst etwas mit der systematischen Annäherung der Registrierorte an die seismisch aktiven Störungen zu tun, die sich aus der verbesserten Kenntnis über deren Verlauf und Orientierung ergeben haben. Die bisher gemessenen drei größten Werte wurden jedoch im Epizentralgebiet von flachen Überschiebungen festgestellt: San Fernando 1971, Nahanni 1985 und Northridge 1994 (Abb. 4.10; *Allen et al., 1998; Heidebrecht & Naumoski, 1988; Somerville et al., 1996*).

B. Die Herdverschiebung vollzieht sich mit einer Geschwindigkeit in der Größenordnung von 1 m/s. Dieser Wert überträgt sich auf die hangende Scholle des Herdvolumens. Vergleicht man eine solche Belastung mit den zulässigen Erschütterungen bei technischen Vorgängen, so werden in DIN 4150 (Teil 3) Zahlen zwischen 3 und 50 mm/s als Grenzwerte der Bodengeschwindigkeit für kurzzeitige Einwirkun-

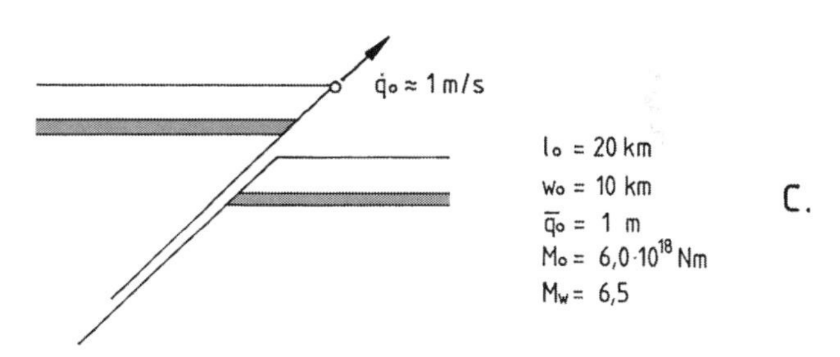

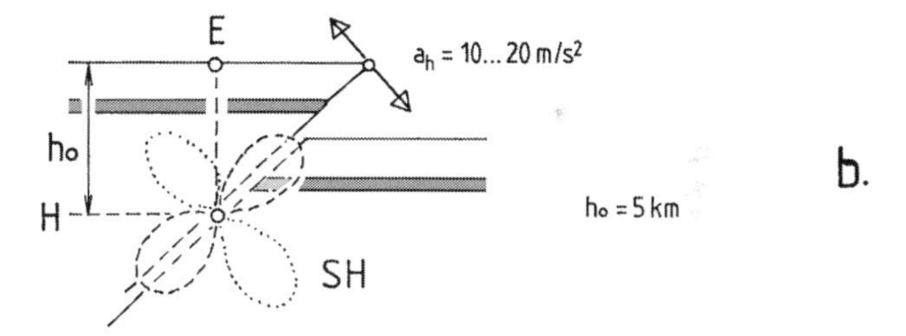

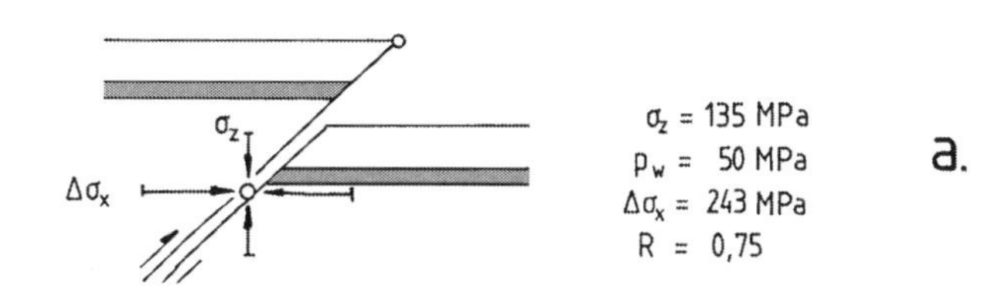

Abb. 4.8 Flaches Überschiebungsbeben und seine Wirkungen.
a. Dynamische Herdparameter (σ_z = vertikale Auflastspannung, p_w = Porenwasserdruck, $\Delta\sigma_o$ = Spannungsabfall während des Bebens, R = Reibungskoeffizient);
b. Abstrahlung von SH-Wellen bei geringer Herdtiefe (h_o = 5 km) führt zu hohen Bodenbeschleunigungen (a_h);
c. Geometrische Herdparameter (l_o = Herdlänge, w_o = Herdbreite, q_o = Herdverschiebung, M_o = Herdmoment, Mw = Momentmagnitude) und Wurf-Effekt in der hangenden Scholle.

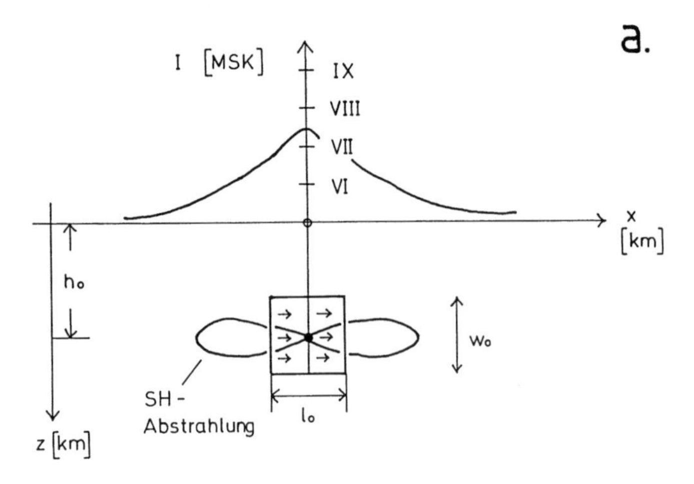

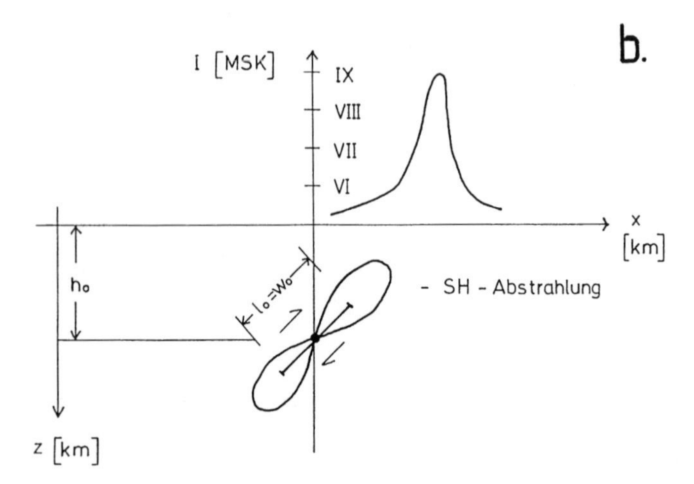

Abb. 4.9 Vergleich der makroseismischen Wirkung (I = makroseismische Intensität) für ein Beben mit gleicher Herdtiefe (h_o) und Magnitude bzw. Herdlänge/Herdbreite ($l_o = w_o$: Quadratischer Herd), aber unterschiedlicher Herdkinematik:
a. Horizontalverschiebung auf vertikaler Herdfläche;
b. Aufschiebung.

gen auf bauliche Anlagen genannt (*DIN, 1999*). Dieser Effekt überlagert sich den Wirkungen einer hohen Bodenbeschleunigung. Die „Liftbewegung" der hangenden Scholle wurde als wesentlicher herdnaher Effekt erstmals beim San-Fernando-Erdbeben (1971) erkannt und wird heute als „Wurf-Effekt" (engl.: *fling-effect*) bezeichnet *(Bolt, 1971,1993)*

C. Die Durchpausung der bleibenden Herdverschiebung verursacht starke Schäden vor allem an Verkehrswegen und Versorgungsleitungen.

Die Frage, ob es in einem seismisch aktiven Gebiet zu flachen Überschiebungen kommen kann, ist deshalb für die Beurteilung der Erdbebengefährdung sehr wichtig. Neben den bekannten Überschiebungszonen des mediterran-transasiatischen Erdbebengürtels sind das intrakontinentale Gebiete in Australien und Kanada, aber auch begleitende Bewegungen im Bereich großer Horizontalverschiebungen, wie der San-Andreas-Störung. Für die Frage, ob eine flache Überschiebung auftreten kann, ist die Kenntnis des rezenten tektonischen Spannungssystems entscheidend. Für einen solchen Bewegungstyp sind hori-

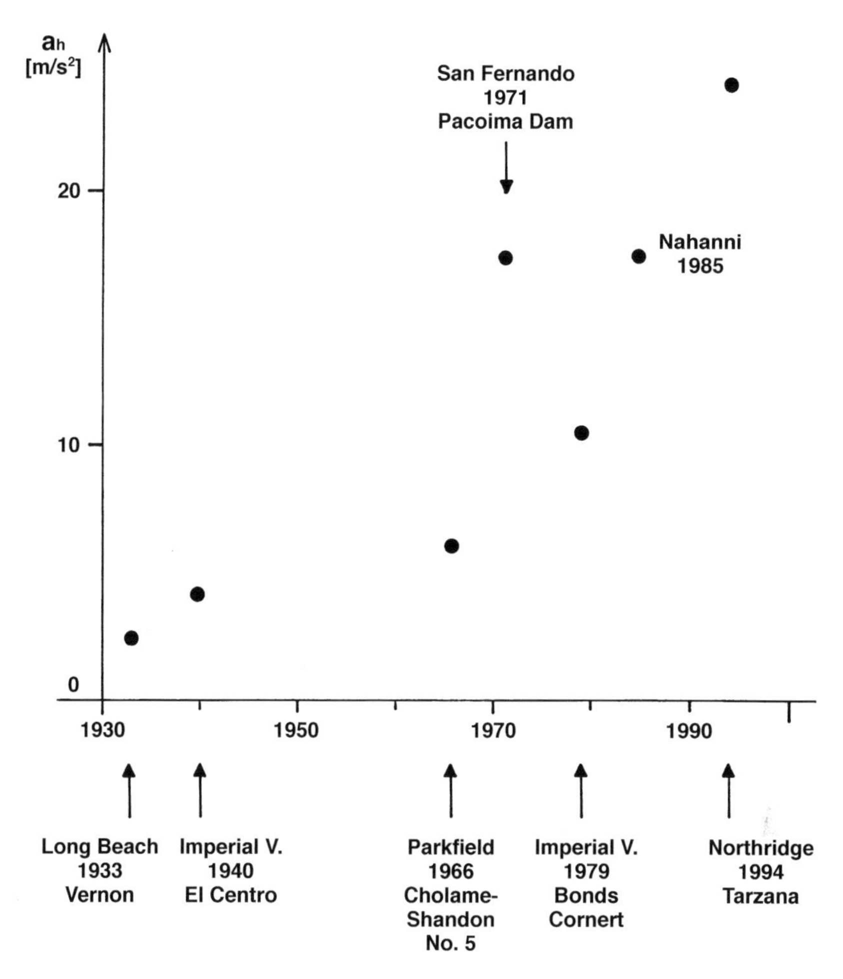

Abb. 4.10 Maximale herdnahe Bodenbeschleunigung (a_h) in Abhängigkeit vom Jahr der Registrierung.

zontal Maximalspannungen in der Größenordnung von 300 MPa notwendig (*Turcotte & Schubert, 1982*).

Die Herddynamik, soweit sie vom Herdbruchvorgang gesteuert wird, bedingt bei jedem Herd, unabhängig von Moment und Herdkinematik, weitere Abweichungen von einem einfachen Vierblattmuster der Scherwellenabstrahlung. Die Belastungen sind deshalb auf der Vorderseite des Herdbruchvektors deutlich verschieden von denen auf seiner Rückseite. Vor allem bei seismischen Horizontalverschiebungen zeigt sich nach neueren Beispielen (z. B. Landers/Kalifornien 1992 und Kobe/Japan 1995) ein deutlicher Unterschied in der Abstrahlung von SH-Wellen zwischen der Vorderseite und der Rückseite des Bruchvorgangs. Der seismische Doppler-Effekt oder die Direktivität (im Spektralvergleich) bedingen deutliche Unterschiede in der Erdbebenwirkung.

Während die Verformung der Abstrahlcharakteristik durch den Herdbruchvorgang bereits von *Hirasawa & Stauder (1965)* dargestellt worden war, machten erst instrumentelle und makroseismische Analysen in jüngerer Vergangenheit auf die Unterschiede zwischen den Signalen auf der Vorder- bzw. der Rückseite des Herdbruchvorgangs aufmerksam (*Somerville et al., 1997, Miyake et al., 2001*). Auf der Vorderseite wird ein Signal kurzer Dauer und großer Amplitude, auf

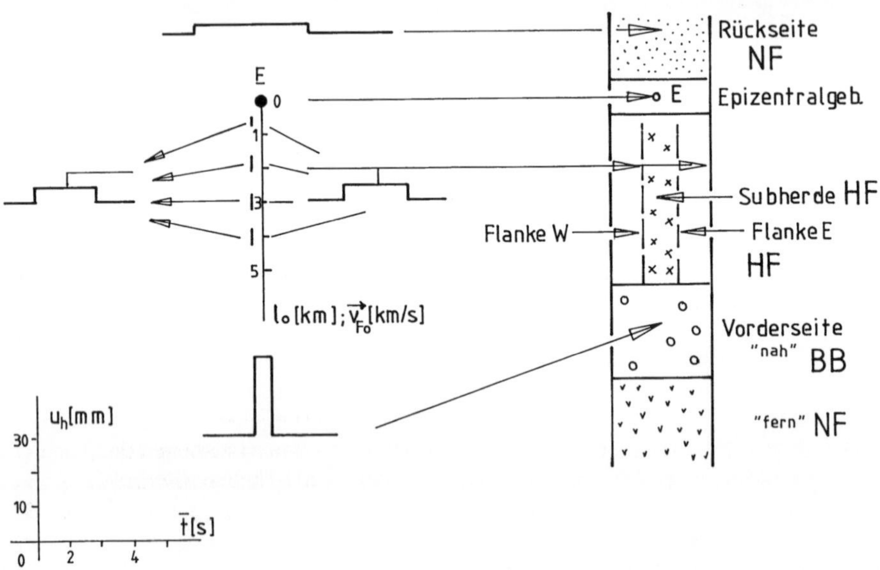

Abb. 4.11 Vorderseite und Rückseite eines unilateralen Bruchs : Typischer Schaden für die Rückseite des seismischen Bruchvorgangs in Hausen i. K. (Zollernalbkreis, Baden-Württemberg, Albstadt-Beben 1978; *Schneider, 1997*).

der Rückseite von längerer Dauer und geringerer Amplitude gemessen (Abb. 4.11). Betrachtet man ein Erdbebenspektrum, so werden auf der Vorderseite hohe Frequenzen, auf der Rückseite niedrige Frequenzen vorherrschen.

Die verbesserte herdnahe Beobachtung zeigt, dass sich der Herdbruchvorgang un-

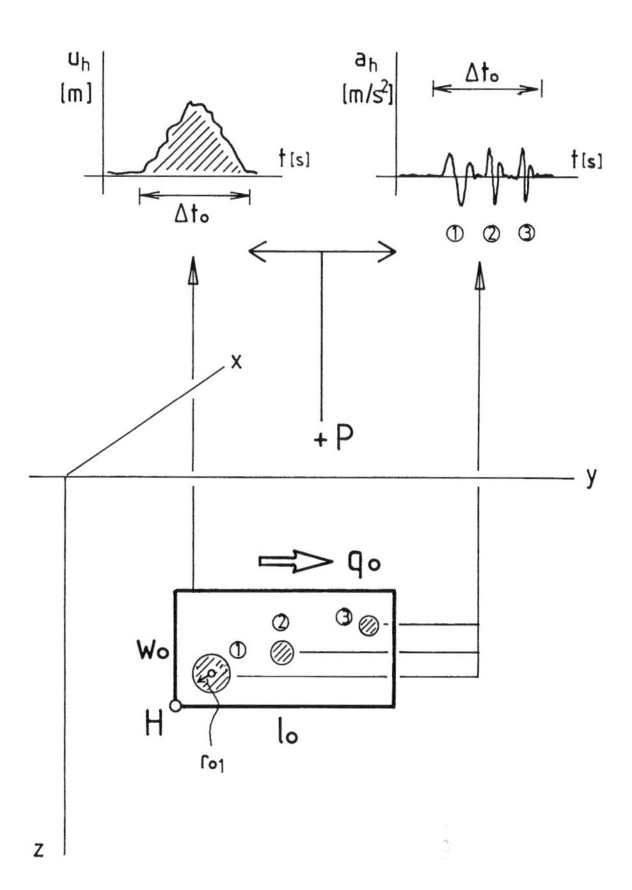

Abb. 4.12 Seismische Bodenbewegung: Der integrale Herdvorgang bildet sich in der Bodenverschiebung ab (oben links: Horizontalbewegung u_h.) und wird durch folgende Herdparameter beschrieben: Herdlänge l_o, Herdbreite w_o, Herdverschiebung q_o; Herddauer Δt_o).Nur die Dauer der Bodenbeschleunigung (oben rechts: Horizontalbewegung a_h) hängt vom Gesamtherd ab. Die Subherde (1 bis 3), gekennzeichnet durch ihren Radius z. B. r_{o1}, kontrollieren Struktur und Abfolge der Bodenbeschleunigung.

gleichmäßig ausbreitet. Es kommt während des Ablaufs des Herdvorgangs zu Phasen der Verlangsamung und der Beschleunigung. Es entstehen auf diese Weise ebenfalls starke Signale in der Bodengeschwindigkeit. Geht man zu noch kleinskaligeren Vorgängen über, die sich in den integralen Herdvorgang einschachteln, so erhält man die durch Unregelmäßigkeiten kleinerer Skala erzeugten Beschleunigungssignale, die zeitlich in den Ablauf des Gesamtvorgangs eingebunden sind (Abb. 4.12).

Für ausgedehnte Bauwerke wie Brücken wird die Bodenverschiebung zur entscheidenden Lastgröße. Die meisten Gebäude empfinden aber die Erdbebenbelastung als horizontale Zusatzkraft, die sich im Verlauf der Zeitfunktion oder des Spektrums der seismischen Bodenbeschleunigung ausdrückt. Die Bodenbeschleunigung wird, wenn man zunächst nur den Herdprozess betrachtet, von der Heterogenität des Bruch- und Verschiebungsablaufs im Herd gesteuert. Diese Unregelmäßigkeiten haben ihre Ursache in der Verteilung von Spannung und Festigkeit auf der Herdfläche (vgl. Abschnitt 2.2; Abb. 2.23). Während solche Variationen für eine gewisse Welligkeit bei P- und S-Einsätzen auf Seismogrammen der Bodenverschiebung sorgen, erzeugt die Rauhigkeit der Herdfläche deutlich getrennte Signale in der Bodenbeschleunigung (vgl. Abb. 4.12). Man betrachtet daher als Quellen der Bodenbeschleunigung Subherde, die sich in statistischen Grenzen dann skalieren lassen, wenn die Größe des integralen Herdvorgangs vorliegt (vgl. *Somerville et al., 1999*).

c. Untergrundeinflüsse

An zweiter Stelle in der seismologischen Analyse eines Standorts muss die Untersuchung der Ausbreitung seismischer Signale stehen. Durch makroseismische Untersuchungen ist seit mehr als hundert Jahren bekannt, dass es über dünnen Auflagen aus Lockersedimenten, wie man sie in Tälern oder auch als Löss-Bedeckung antrifft, zu Erhöhungen der makroseismischen Wirkung kommt. Es sei an dieser Stelle nochmals an die Effekte in Mexico-City erinnert (Abschnitt 3.3). Letztlich existieren solche Probleme für sehr viele Gemeinden, da ein Untergrund aus anstehendem festem Gestein für die Gründung von Ansiedlungen offensichtlich nicht gerade verlokkend war. Entscheidend ist bei dem Problem „Bodenverstärkung" das Impedanzverhältnis zwischen der oberflächennahen Schicht und den darunter liegenden Gesteinen auf der einen und die Mächtigkeit dieser Schicht auf der anderen Seite. Die durch den Herd bedingten Komponenten der Gefährdung müssen deshalb unbedingt durch Einflüsse ergänzt werden, die aus den Übertragungseigenschaften des geologischen Untergrunds für seismische Wellen resultieren. Die physikalische Qualität des Baugrunds ist für bodenmechanische und baudynamische Betrachtungen von großer Wichtigkeit; ein größerer Einfluss auf das seismische Signal ist nicht zu erwarten, da dessen Wellenlängen im Vergleich zu einer Schichtdicke von etwa 10 m sehr groß sind.

Zwei umfassende Versuchsreihen haben gezeigt, dass sich Übertragungsfunktionen für seismische Wellen zuverlässig berechnen lassen, wenn die Parameter des Ausbreitungssystems ausreichend genau bekannt sind. Die beiden Experimente wurden in der Nähe der Ostküste der Sagami-Bucht (Hondo, Japan: Ashigara-Tal-Experiment) bzw. in der Nähe von Parkfield (Kalifornien, USA: Turkey-Flat-Experiment) durchgeführt. Den Bearbeitern wurden die Daten des Herdvorgangs der aufgezeichneten Beben und die Parameter des geologischen Untergrunds überlassen. Die synthetischen Zeitverläufe und Spektren wurden von dritter Seite mit den registrierten Funktionen verglichen. Dabei hat sich erwiesen, dass eine Übereinstimmung zwischen berechneten und beobachteten Daten dann erreicht wird, wenn die Untergrundsverhältnisse hinreichend gut bekannt sind. Das verwendete Rechenverfahren spielt nur eine zweitrangige Rolle (vgl. *Bard, 1994; Scherbaum et al., 1994*). Diese Untersuchungen konnten ausschließlich kleinere Erdbeben als Anregungsfunktion verwenden. Es werden nur lineare Bodeneffekte beobachtet. Man kann aber davon ausgehen, dass synthetische Seismogramme und deren Spektren für unterschiedliche Anregung und Ausbreitung als Grundlage für seismische Lastannahmen verwendbar sind (*Kunze et al., 1986*).

Die Vielfältigkeit geologischer Strukturen mag es auf den ersten Blick als hoffnungslos erscheinen lassen, dass man deren Einfluss auf Zeitfunktionen und Spektren der seismischen Bodenbewegung in Regeln fassen kann. Einige Arbeiten haben aber schon in den 70er Jahren demonstriert, dass sich bestimmte Strukturen des geologischen Untergrunds sehr deutlich im Verlauf von Spektren abbilden (*Seed et al., 1976*). In der Ingenieurseismologie spricht man bei einem Untergrund, der vorwiegend aus Gesteinen hoher Impedanz besteht, von „Fels". Er steht in deutlichem Kontrast zu der Einwirkung von tiefgründigen Becken auf Zeitfunktionen und Spektren (Abb. 4.13). Betrachtet man einen vereinfachten Schnitt durch die Geologie Südwestdeutschlands, so stehen sich dort als entsprechender Gegensatz die Kristallinkerne des Schwarzwalds und die tiefgründigen Becken des Oberrheingrabens bzw. des Molassebekkens gegenüber.

Ausgedehnte kontinentale Bereiche sind von paläozoischen und mesozoischen Sedimenten bedeckt. Bei unterschiedlicher Mächtigkeit bilden diese Gesteine mit ihren Eigenschaften, welche die Wellenausbreitung bestimmen, einen mäßigen Kontrast zu dem unterliegenden Kristallin (vgl. Kasten 4.C). Deutlicher fällt dagegen die Differenz zu den in vielen Fällen darüber liegenden Lokkersedimenten aus. Von der Mächtigkeit solcher Auflagen, die in sehr vielen Fällen den geologischen Untergrund bilden, hängt die Frequenz bzw. Periode ab, bei der eine starke Vergrößerung der Bodenbewegung gegenüber einer benachbarten Situation auf Fels oder festen Sedimentgesteinen erfolgt.

Eine Einteilung von Erdbebenzonen in Bereiche unterschiedlichen geologischen Untergrundes zeigt Abb. 4.14.

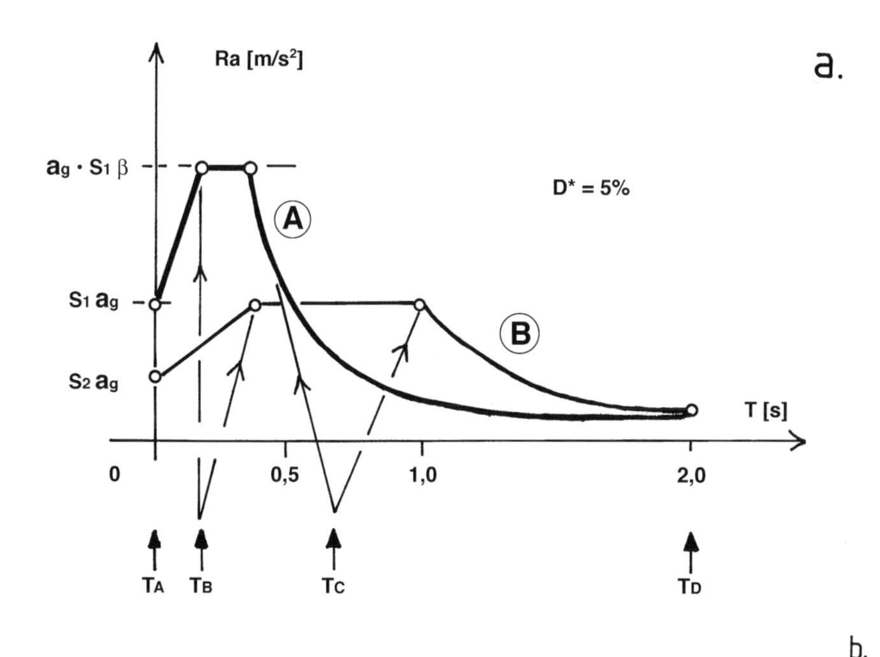

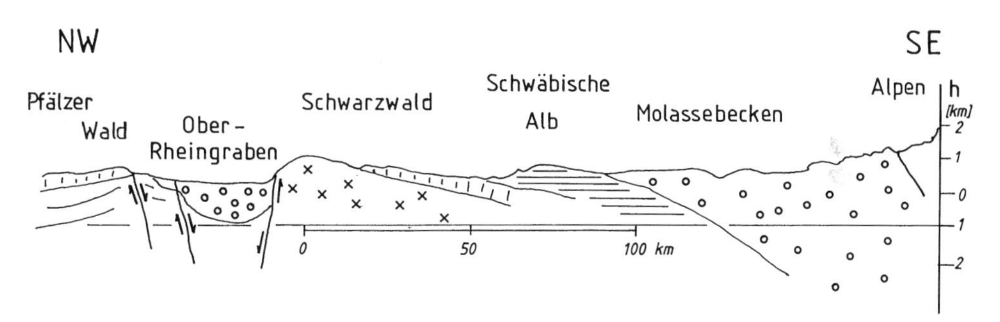

Abb. 4.13 Einfluss des geologischen Untergrunds auf die Form eines Antwortspektrums in der Beschleunigung.
a. Spektralverlauf auf einer felsartigen Struktur (A); Spektralverlauf für einen Standort innerhalb eines Bekkens mit großer Mächtigkeit von tertiären und quartären Sedimenten (B). Für Bauwerke geringer Eigenperiode (z. B. Einfamilienhäuser) ist die Belastung in der Situation „B" günstiger als auf felsartigem Untergrund; für ein langperiodisches Bauwerk wie einen Kirchturm ist ein Fels-Standort vorzuziehen.
b. Geologische Untergrundsstruktur Südwestdeutschlands in vereinfachter Darstellung (nach *Landesamt für Geologie, 1998*).

d. Lastannahmen

Entwicklung. Horizontal wirkende natürliche Belastungen, wie sie durch Wind- und Wasserströmung, verstärkt durch Turbulenz und Wellendynamik, entstehen, wurden schon im 19. Jahrhundert quantifiziert. Im Mittelpunkt des Interesses standen damals Stahlbrücken, an denen es wiederholt bei Stürmen zu Schäden gekommen war. Versuche, seismische Bodenbewegungen als Ursache für Gebäudebelastungen quantitativ zu beschreiben, reichen in die vorinstrumentelle Zeit der Seismologie zurück. Vor allem italienische Seismologen stellten die erste Zusammenhänge zwischen der makroseismischen Intensität und dem

Kasten 4.C : Erdbebengefährdung – Geologischer Untergrund

Kristallinbereich
Der Ausbreitungsweg zwischen Herd und Erdoberfläche lässt sich in zwei Abschnitte gliedern. Bei Beben, die innerhalb der Oberkruste stattfinden, wird der längere Teil des Weges zwischen dem Herd und der Unterkante einer Sedimentauflage von kristallinen Gesteinen gebildet. Die für die Wellenausbreitung wichtigen Eigenschaften dieses Materials lassen sich durch folgende Angaben grob umreißen:

$c_s = 3{,}3 \pm 0{,}1$ km/s;
$\rho = 2{,}7 \pm 0{,}1$ g/cm^3;
$Q_s = 200 \pm 50$.

Auf diesem ersten Teil des Wellenwegs dominieren geometrische Amplitudenabnahme und Absorption als amplitudenmindernde Einflüsse (vgl. Abschnitt 2.1).

Auf empirischer Basis werden immer wieder Abnahmegesetze erstellt, die eine Veränderung von Größen wie der Bodenbeschleunigung oder der makroseismischen Intensität mit der Herdentfernung beschreiben.

Vor allem in Herdnähe ist die Definition der Herdentfernung von Bedeutung, da hier die Verwendung des Punktherdes vor allem bei größeren Herdflächen nicht sinnvoll ist.

Als Beispiel für Abnahmegesetze soll hier die Beziehung von *Fukushima et al. (2000)* genannt werden (vgl. Abb. 4.15):

$$\lg \max a_h = 0{,}42\, Mw - \lg (R + 0{,}025 \cdot 10^{0{,}42Mw}) - 0{,}0033\, R + 1{,}22 \qquad (4.10)$$

Eingangsparameter sind hier die Momentmagnitude Mw und die Entfernung zur Herdfläche R (in km). Die Horizontalbeschleunigung ergibt sich in cm/s^2.

Ausgangsmaterial sind ausschließlich Seismogramme, die in Japan auf unterschiedlichem geologischen Untergrund registriert wurden. Der verwendete Datensatz schließt die während des Kobe-Erdbebens von 1998 aufgenommenen Akzelerogramme ein.

Als Abnahmegesetz für die makroseismische Intensität I wird von *Shebalin (1972)* angegeben:

$$I = 1{,}5\, Ms - 3{,}5 \lg s + 3{,}0 \qquad (4.11)$$

Eingangsparameter sind hier die Oberflächenwellenmagnitude Ms und die Hypozentralentfernung s ($s^2 = \Delta^2 + h_o^2$), Δ = Epizentralentfernung, h_o = Herdtiefe in km.

Sedimentbereich
Der zweite Abschnitt des Wellenweges wird in vielen Fällen von einer Schicht aus Sediment-

Wert der horizontalen Bodenbeschleunigung her. Als Indikator dafür dienten Denkmäler, vor allem Grabsteine, die bei einem Erdbeben umgeworfen worden waren (*Sieberg, 1932*; Abb. 4.4).

Die ersten Aufzeichnungen der herdnahen seismischen Bodenbeschleunigung stammen aus Kalifornien, wo um 1930 bei einigen südkalifornischen Erdbeben schon fast vollständige herdnahe Zeitverläufe der Bodenbewegung registriert wurden. So bei den Beben von Santa Barbara 1929, Long Beach 1933 und im Imperial Valley 1940. Derartige Seismogramme dienen jetzt der Aufstellung von Korrelationen zwischen der makroseismischen Intensität und der am selben Ort gemessenen horizontalen Bodenbeschleunigung.

Eine Erdbebenwirkung in ihrer ganzen Vielfalt, wie sie durch eine makroseismische Intensität beschrieben wird, allein durch den Wert der maximalen Bodenbeschleunigung erklären zu wollen, hat, ähnlich wie bei den Annahmen zur Windlast durch eine Skalierung von Windgeschwindigkeit bzw. Staudruck im 19. Jahrhundert, zu einer abwegigen Übervereinfachung der Fragestellung geführt. War es bei den Windlasten die Vernachlässigung der Turbulenz, die eine realistische Einschätzung der Gefährdung verhinderte, so ist es bei der seismischen Bodenbewegung die Nichtbeachtung von Erschütterungsdauer und Bandbreite des Vorgangs - auch hier könnte man von einer turbulenten Substruktur des Prozesses sprechen -, die zu einer schwachen Abbildung der seismischen Bodenbewegung hinsichtlich ihrer makroseismischen Wirksamkeit geführt haben. Als Erster hat *Benioff (1934)* gezeigt, dass die Zerstörungsfä-

gesteinen gebildet. Dieser Abschnitt lässt sich nochmals unterteilen: Auf dem kristallinen Sockel lagern in vielen Fällen feste Sedimentite auf, die sich durch den folgenden Wertebereich der Ausbreitungsgrößen beschreiben lassen:

c_s = 0,8 bis 3,3 km/s;
ρ = 2,0 bis 2,5 g/cm^3;
Q_s = 20 bis 100.

In sehr vielen Fällen ist die Auflage aus Lockersedimenten, die über dem Kristallin oder über festen Sedimenten folgt, entscheidend für die Größe der seismischen Belastung von Bauwerken. Sie lassen sich durch den die folgenden Intervalle von Parametern beschreiben:

c_s = 50 bis 800 m/s;
ρ = 1,0 bis 1,9 g/cm^3;
Q_s = 5 bis 20.

Die Mächtigkeit der Auflage der obersten Schicht (h_1) bestimmt die Frequenz/Periode, bei der es zu starken Amplitudenerhöhungen durch Interferenz innerhalb der Schicht kommt.

Die Größenordung von oberflächennahen Lockersedimenten kann durch folgende Angaben in ihrer Größenordnung beschrieben werden:

Dünne Auflagen: h_1 = 10 m (Talfüllungen, Löss-Auflagen);
Dicke Auflagen: h_1 = 1000 m (Gräben und Vorlandbecken; z. B. Oberrheingraben, Molassebecken/nördliches Alpenvorland);
h_1 = 100 m: (Randzonen von tiefgründigen Becken und Gräben, Strukturen mit geringmächtiger Füllung).

Innerhalb der Lockersedimente hat der Grundwasserstand einen großen Einfluss auf die physikalischen Ausbreitungsgrößen. Die Veränderung der Eigenschaften, welche die Wellenausbreitung bestimmen, ist in horizontaler Richtung wie mit der Tiefe sehr groß. Das Verhältnis zwischen P- und S-Wellengeschwindigkeit von $\sqrt{3}$, wie bei kristallinen Gesteinen und festen Sedimenten beobachtet, ist nicht mehr gegeben.

Einbettung des Bauwerks
Der Baugrund eines Gebäudes hat nicht nur Einflüsse auf das Schwingungsverhalten des Bauwerks, d. h. auf Eigenfrequenz und Dämpfung, sondern auch auf den hochfrequenten Gehalt des seismischen Signals, wobei Bauwerk und Baugrund zusammen einen Empfänger für die seismische Bodenbewegung bilden. Bei Frequenzen oberhalb von 3 Hz konnten im Gebäudeinneren deutlich höhere Spektralamplituden als an einem Messort im Freifeld neben dem Bauwerk nachgewiesen werden (*Chang et al., 1986 in Reiter, 1990*).

higkeit eines Erdbebens (engl.: *destructivness*) nicht durch einen einzelnen Wert der Bodenbeschleunigung beschrieben werden kann. Er schlägt vielmehr vor, als Maß für die technische Wirksamkeit eines seismischen Signals die Antwort von Schwingern zu betrachten, deren Eigenperiode eine Bandbreite umfasst, in welche die verschiedenen Perioden von Gebäuden eingeschlossen sind (Abb. 4.15). Seit dem II. Weltkrieg wurde die Vorstellung von Benioff zum Verfahren der Modalanalyse auf der Basis von Antwortspektren weiter entwickelt. Zentrum dieser Arbeiten war die Schule von Housner (Pasadena, *California Institute of Technology*), wo durch Verwendung des Duhamel-Integrals aus Akzelerogrammen Antwortspektren, eines der wichtigsten Hilfsmittel der Baudynamik, entwickelt wurden *(Housner, 1941, 1947, 1955; Housner et al., 1953)*. Das Duhamel-Integral wurde vom namengebenden Verfasser ursprünglich eingesetzt, um transiente Belastungen, wie sie beispielsweise bei Schienenfahrzeugen auftreten, quantitativ zu behandeln.

Die noch nicht sehr zahlreichen Akzelerogramme, darunter vor allem die Aufzeichnung des Imperial-Valley-Erdbeben von 1940 an der Station El Centro im südlichsten Kalifornien, werden zu Lastfunktionen für Gebäude in verschiedenen Erdbebengebieten der Welt; das Gleiche gilt für die daraus abgeleiteten Spektren als Lastfunktion in Erdbebenvorschriften.

Derartige Antwortspektren enthalten folgende Teilbereiche des Systems „Erdbebenwirkung":

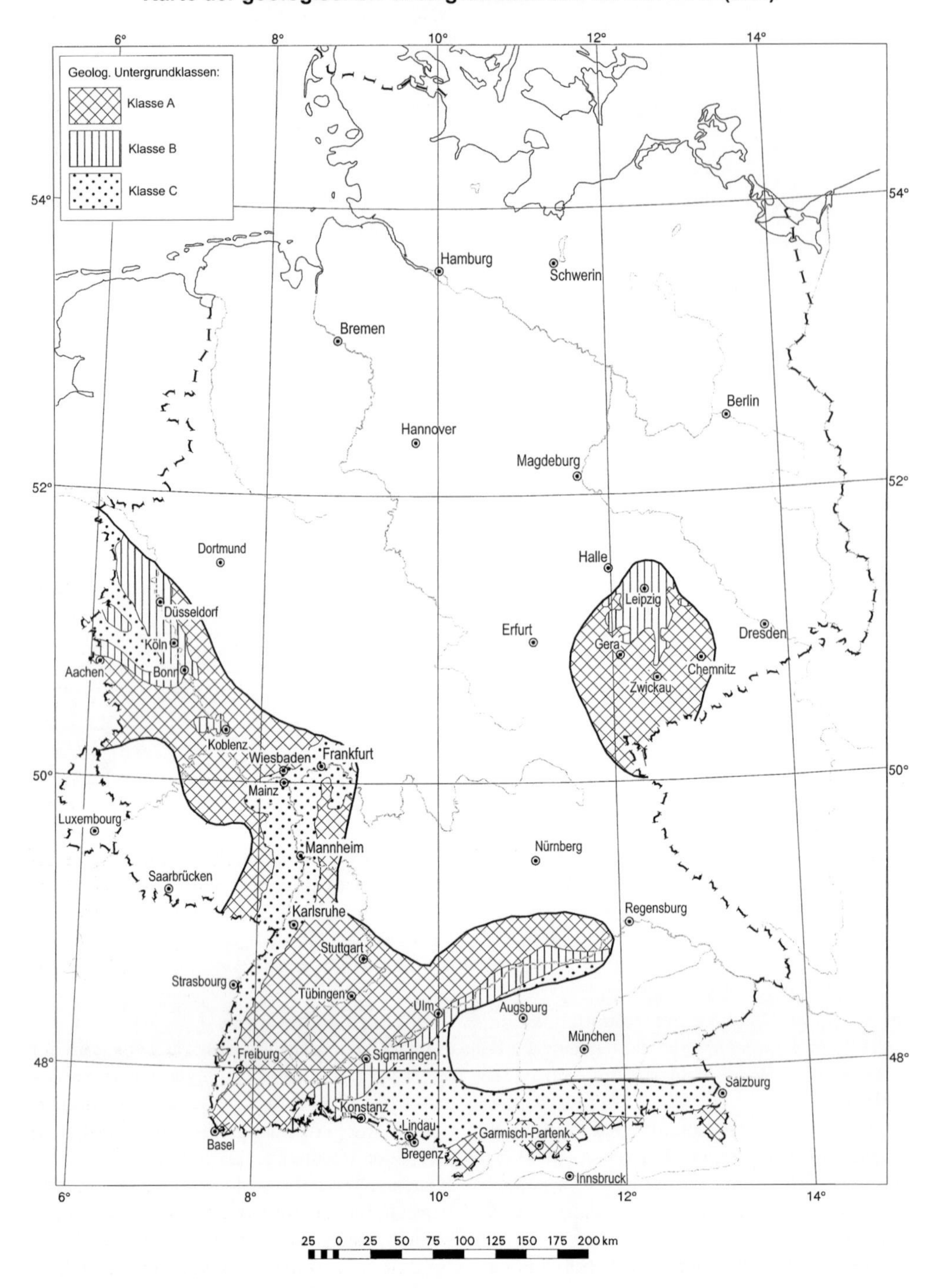

Abb. 4.14 Karte der geologischen Untergrundsklassen für die erdbebengefährdeten Zonen Deutschlands (nach *Brüstle et al., 2000*).

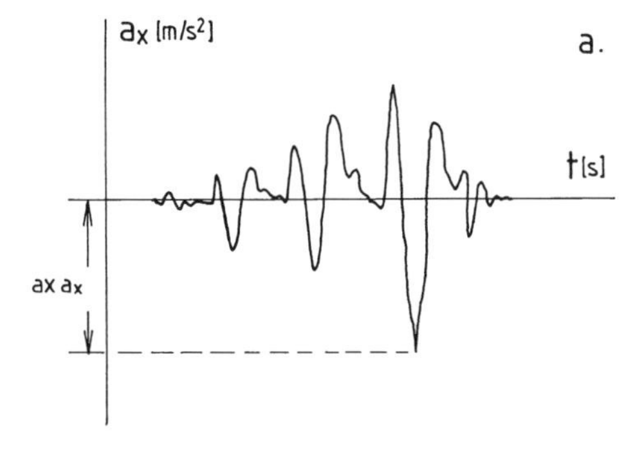

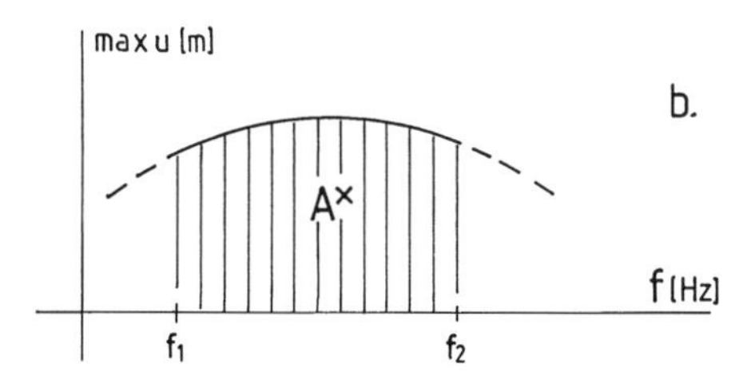

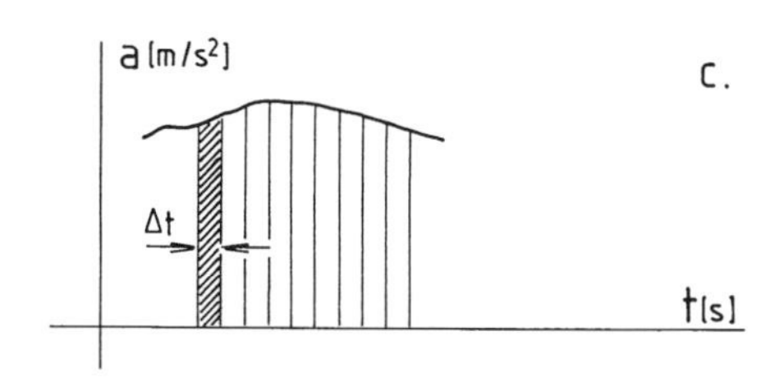

Abb. 4.15 Einführung des Antwortspektrums in die Ingenieurseismologie und Baudynamik.
a. Zeitfunktion der seismischen Bodenbeschleunigung;
b. Beschreibung der „Zerstörungskraft" eines Erdbebens als Fläche unter einem Pendelspektrum (nach *Benioff, 1934*);
c. Zerlegung einer Zeitfunktion in Rechtecke als Standardfunktion nach *Housner (1941)*.

- den Herdvorgang in der Form des Herdspektrums;
- die Veränderung des seismischen Signals auf dem Wege vom Herd zum Standort des Bauwerks einschließlich der Einflüsse des geologischen Untergrunds;
- die dynamischen Eigenschaften des Bauwerks in Form von Eigenperioden und Dämpfung.

Antwortspektren können für horizontale und vertikale Bewegungsrichtungen des Bodens berechnet werden, ebenso lassen sich Antwortspektren für alle drei kinematischen Bewegungsformen des Bodens - Verschiebung, Geschwindigkeit und Beschleunigung - ableiten oder unmittelbar aus den entsprechenden Registrierungen berechnen.

Hinzu kommt noch die Möglichkeit, die Antwortspektren verschiedener herdnaher Aufzeichnungen als Realisierung eines Zufallsprozesses zu betrachten, um auf diese Weise Spektralverläufe mit unterschiedlichem Wahrscheinlichkeitsniveau zu erhalten.

Synthese. Während seismotektonische Prozesse innerhalb des globalen oder auch eines regionalen Verschiebungshaushalts in verschiedenen Skalen gewisse Schwankungen zeigen, ist die Untergrundstruktur ein in engen Grenzen festlegbarer Einflussbereich. Hier gibt es ebenfalls regionale und auch lokale Eigenheiten, die für die Aufstellung von Lastannahmen von entscheidender Bedeutung sein können. Daraus folgt aber auch, dass eine unter bestimmten Herd- und Ausbreitungsbedingungen registrierte Zeitfunktion nicht ohne weiteres auf andere Standorte übertragen werden kann. Die ersten vor allem in Südkalifornien aufgezeichneten Akzelerogramme stammten von Horizontalverschiebungen und waren über einer Becken-Situation aufgenommen worden. Eine solche Aufzeichnung ist für den Herdvorgang einer flachen Überschiebung und einen Standort auf kristallinem Untergrund oder über einer dünnen Lockersedimentauflage nicht relevant.

Diese Unzulänglichkeit kann durch die Erstellung synthetischer Zeitverläufe und Spektren in bestimmten Grenzen beseitigt werden (Kasten 4.D: Synthese).

Der Herdvorgang wird dabei unter der Berücksichtigung folgender regionaler Gegebenheiten entwickelt:

- **Seismizität:** Geographische Anordung der Epizentren: Nah- und Fernwirkung; Anordnung in Scherzonen; diffuse Seismizität; Verteilung von Momenten bzw. Magnituden mit der Herdtiefe; Häufigkeit.
- **Seismotektonik**: Maximale Herdmomente; Abstrahlcharakteristik; Spannungsabfall.

Die bisher aufgetretenen verschiedenen Herdprozesse werden mit den regionalen Ausbreitungsverhältnissen kombiniert *(Kunze et al., 1986; Atkinson & Silva, 2000; Sokolov, 2000)*. Zuerst wird dabei ein Herdspektrum

Kasten 4.D: Seismische Lastannahmen

Entwicklung

Am Beginn der Einführung seismischer Lastannahmen stand die Abschätzung der Horizontalbeschleunigung aus makroseismischen Wirkungen (vgl. Kasten 4.A).

Auf dieser Grundlage werden Relationen zwischen der makroseismischen Intensität und der Horizontalbeschleunigung hergestellt. Nach den ersten Registrierungen der herdnahen Bodenbeschleunigung in Kalifornien wurden diese Beziehungen auf gemessenen Amplituden der Bodenbeschleunigung aufgebaut (Abb. 4.15a). Dem Seismogramm, das an einem Punkt registriert worden ist, wurde ein Wert entnommen und mit dem Grad einer makroseismischen Skala in Beziehung gesetzt, der eine Vielzahl von Effekten an zahlreichen Gebäuden auf der ausgedehnten Fläche einer ganzen Gemeinde beschreibt.

Die über den maximalen Ausschlag hinausgehenden, im Seismogramm enthaltenen Informationen, wie die Dauer des Signals und sein Frequenzinhalt, blieben unberücksichtigt.

Benioff wies in seiner Arbeit von *1934* den Weg zu einer wirklichkeitsnäheren Beschreibung der Erdbebenwirkung (vgl. Abb. 4.15b). *Housner (1941)* zerlegte das Akzelerogramm nach Duhamel in Rechteckimpulse, um die Antwort eines gedämpften Einmassenschwingers auf die seismische Bodenbewegung zu berechnen: Die Darstellung der frequenz-bzw. periodenabhängigen Reaktion des als Filter wirkenden Schwingers fand jetzt als **Antwortspektrum** Eingang in die Baudynamik (Abb. 4.15c; Abschnitt 3.3).

Die Aussage gemessener Zeitfunktionen der seismischen Bodenbewegung bezieht sich auf eine spezielle Situation, was den Herd, das Ausbreitungsmedium, vor allem auch den letzten Abschnitt des Mediums, den geologischen Untergrund, angeht. Man muss hier folglich zu einer Aussage kommen, die alle Bereiche des Systems „Erdbebenwirkung" in allgemeinerer Form berücksichtigt.

Synthese

Bei einer Synthese seismischer Bodenbewegungen geht man von seismotektonischen Eigenschaften unterschiedlicher Quellen aus, die zu technischen Wirkungen am betrachteten Standort führen (vgl. *Bolt, 1987*). Hierbei werden die globalen Herdparameter in ihrer Vielfalt und statistischen Breite zugrunde gelegt. Einem integralen Herdprozess werden statistisch variierte kleinskalige Funktionen überlagert, welche die vor allem für die Entstehung der Bodenbeschleunigung wesentlichen Unregelmäßigkeiten im Ablauf des Herdvorgangs repräsentieren.

Das Freifeldspektrum kann durch Filterung in ein Antwortspektrum verwandelt werden Ausgangspunkt für die Entwicklung seismischer Lastannahmen ist eine Karte der Erdbebengefährdung (vgl. Abb. 4.1). Sie zeigt die geografische Verteilung der mit einer Wiederkehrperiode von 475 a zu erwartende makroseismische Intensität. Es werden Zonen

unterschiedlicher makroseismischer Intensität ausgewiesen (**Karte der Erdbebenzonen**):

Zone	1	2	3
Makroseismische Intensität	6	7	8

Für jede Zone werden **charakteristische Erdbeben** ausgewählt, die zu dem „Zonenwert" der makroseismischen Intensität geführt haben.

Der Herdvorgang der charakteristischen Erdbeben wird durch einer bestimmte Breite seismischer Herdparameter beschrieben. Hierher gehören: Herdmoment, Herdtiefe; Herdkinematik, Spannungsabfall und Herdbruchverhalten (Bruchmode wie unilateraler oder bilateraler Bruch, Herdbruchgeschwindigkeit). Diese Größen kennzeichnen den integralen Herdvorgang. Für die Belastung durch seismisch Bodenbeschleunigung sind aber die Unregelmäßigkeiten im Ablauf der Herddynamik wichtig. Sie werden durch ein bestimmte Varianzbreite der dynamischen Parameter wie Herdbruchgeschwindigkeit im Modell berücksichtigt. Die Effekte des integralen Herdvorgangs und der ihm überlagerten Unregelmäßigkeiten („Subherde") bilden das **Herdsignal** bzw. das **Herdspektrum**. Die Wellenausbreitung verändert das vom Herd zu einem Punkt an der Erdoberfläche abgestrahlte Signal bzw. sein Spektrum, was durch eine **Übertragungsfunktion** beschrieben wird (vgl. Kasten 2.E). Das Produkt aus der Übertragungsfunktion mit dm Herdspektrum ergibt das **Freifeldspektrum**, das von Einflüssen eines Bauwerks „frei" ist.

Durch eine Filterung kann das Freifeldspektrum in ein **Antwortspektrum** umgeformt werden.

Normierte Lastannahmen
Die auf empirischer Basis oder durch ein Synthese-Verfahren für einen einzelnen Standort erstellten Lastfunktionen können in dieser Form nur für Großbauwerke entwickelt und in Anwendung gebracht werden.

Für „normale" Bauwerke, die in einem erdbebengefährdeten Gebiet zu errichten sind, müssen generalisierte Parameter und Lastfunktionen entwickelt werden, die, ausgehend von der Gefährdung, dem geologischen Untergrund und Bauwerkseigenschaften, die für einen dynamischen Lastfall von Bedeutung sind, eine möglichst praktische Anwendung erlauben.

Der Erdbebenfaktor (vgl. Abb. 4.23) ist hier als ursprüngliche Form der Lastgröße zu betrachten. In ihm werden die Bodenbeschleunigungen entsprechend den vorher genannten Einflüssen modifiziert. Für Ersatzlastbetrachtungen ist seine Verwendung auch heute noch gebräuchlich.

Bei der Modalanalyse, die von Antwortspektren ausgeht, verwendet man eine dem Erdbebenfaktor entsprechende Eingangsbeschleunigung (a_g). Das Antwortspektrum wird jetzt durch eine Reihe von Spektralparametern wie Eckperioden, Abnahmekoeffizienten und Amplitudenverhältnissen an die Eigenschaften des Herdes, der Ausbreitung und des Gebäudes angepasst.

Bei normierten Antwortspektren bestehen die folgenden Beziehungen zwischen Spektralparametern und den Effekten im System „Erdbebenwirkung" (vgl. Abb. 4.23):

I. *Eckperioden* (T_A, T_B, T_C, T_D in s)
T_A: Die Eigenperiode des Bauwerks T* entscheidet, ob man sich noch im horizontal verlaufenden Bereich des Spektrums der Beschleunigung befindet, wenn ein solcher Verlauf überhaupt vorgesehen ist (z. B. $T^* \leq 0{,}06$ s für ein steifes Bauwerk bzw. Bauteil).
T_B: Hier wirkt sich vor allem die Absorption der oberflächennahen Schichten aus, wenn diese ausreichend mächtig sind.
T_C : Die Interferenz bei einem Viertel der Wellenlänge in einer oberflächennahen Schicht bestimmt die Lage dieser Eckperiode, d. h. Mächtigkeit (h_1) und Scherwellengeschwindigkeit (c_{s1}) kontrollieren diesen Wert.
T_D: In dieser spektralen Kenngröße spiegelt sich die Eckperiode des Herdvorgangs wider, d. h. mit wachsenden Werten von Herdgröße, Moment, Magnitude Mw oder Ms verschiebt sich die Eckperiode T_D zu größeren Werten.

II. Amplitudenverhältnisse
Das Spektrum wird bei der Periode T = 0 s mit einem Beschleunigungswert a_g skaliert. In diesem Wert spiegeln sich zahlreiche Einflüsse des Herd- wie des Ausbreitungsvorgangs wider, so das Herdmoment M_o, der Spannungsabfall im Herd $\Delta\tau_o$, die durch Eckfrequenz f_c und durch f_{max} bestimmte Bandbreite des Signals, die Herdentfernung über amplitudenmindernde Einflüsse (Absorption und geometrische Amplitudenabnahme).

Die Skalierungsgröße a_o wird mit einem Untergrundsfaktor S multipliziert, der vom Verhältnis der Impedanzen zwischen oberflächennaher Schicht und einem darunter liegenden Halbraum abhängt.

Schließlich wird das Spektrum durch die Übertragungsfunktion des Empfängers verändert, die von Eigenperiode (T*) und Dämpfung (D*) abhängt; darüber hinaus ist aber auch noch die Struktur der Eingangsgröße, d. h. des Seismogramms wesentlich. Es ist wesentlich, ob es sich dabei um mehr sinus/cosinus-artige Funktionen, um eine Abfolge von Transienten oder um Signale mit dem Charakter des Weißen Rauschens handelt (Faktor β_o, Abb. 4.23).

III. Abnahmekoeffizienten
Die den Abfall des Spektrums in der Beschleunigung oberhalb der Eckperioden T_C und T_D beschreibenden Koeffizienten K1 und K2 werden durch die Form der Übertragungsfunktion (Flanken der Filtercharakteristik) bzw. des Herdspektrums bestimmt.

IV. Merkmale seismischer Zeitfunktionen
Bei Analysen des dynamischen Verhaltens von Bauwerken im Zeitbereich (Zeitbereichsverfahren im Unterschied zu Spektralverfahren) werden seismische Zeitfunktionen (Seismogramme) als Belastungsfunktionen eingesetzt. Sie werden aus dem auf internationaler Ebene gesammeltem Material ausgesucht. Dafür werden neben Herd- und Untergrundsgrößen auch Merkmale der Zeitfunktion selbst verwendet.

Folgende kinematische Formen der seismischen Bodenbewegung sind zu unterscheiden:

die Bodenverschiebung u in m;
die Bodengeschwindigkeit v in m/s;
die Bodenbeschleunigung a in m/s^2.

Die genannten Größen sind Vektoren, von denen häufig die Vertikalkomponente (z. B. a_z) oder die Horizontalkomponente (z. B. $a_h = \sqrt{a_{NS}^2 + a_{EW}^2}$) verwendet werden.

Die **Dauer des seismischen Signals** ist eine maßgebende Größe für den Lastfall „Erdbeben". Sie hängt primär von der räumlichen Ausdehnung des Herdvorgangs ab (vgl. Gleichung 4.3 in Kasten 4.A). Bei der Wellenausbreitung kann das Signal verlängert oder verkürzt werden. So wird bei der Führung der bevorzugt durchgelassenen Frequenz bzw. Periode nicht nur die Amplitude angehoben, sondern auch die Signaldauer verlängert. Durch Absorption werden nicht nur bevorzugt die hohen Frequenzen im Signal abgebaut, sondern es kommt auch zur Signalverkürzung der hochfrequenten Anteile. Das **Amplitudenverhalten** wird durch die Gleichungen 4.4 bis 4.6 beschrieben.

für den integralen Herdvorgang berechnet. Diese Funktion variiert man statistisch im kleinskaligen Bereich. Die Übertragungsfunktion wird auf der Grundlage eines ebenen Schichtenmodells eingeführt. Mächtigkeit, Wellengeschwindigkeit, Dichte und Absorptivität charakterisieren die physikalischen Eigenschaften jeder Schicht. Falls die oberflächennahen Bereiche von starker Topographie geprägt sind, wie das bei Talfüllungen oder Bergrücken der Fall ist, muss zu einer zwei- oder dreidimensionalen Berechnung übergegangen werden. Das sich als Produkt aus Herdspektrum und Übertragungsfunktion ergebende Freifeld-Spektrum kann durch eine geeignete Filterung in ein Antwort-Spektrum umgeformt werden. Die in Herdnähe aufgezeichneten Seismogramme werden jetzt zu Testfunktionen für die Güte der Synthese.

Die oben erwähnte kleinskalige statistische Variation berücksichtigt die schon mehrfach angesprochene Rauhigkeit des Herdvorgangs, der für die Entstehung des Seismogramms in der Bodenbeschleunigung von entscheidender Bedeutung ist.

Während der integrale Herdvorgang die Fläche der Verschiebungszeitfunktion bestimmt, die Schnittstellen größerer Herdflächeneinheiten zu größeren Transienten in der Bodengeschwindigkeit führen, ist der Aufbau des Akzelerogramms Ausdruck kleinräumiger Anomalien auf der Herdfläche (vgl. Abb. 4.12). Die Amplituden der Beschleunigung hängen vom Spannungsabfall innerhalb eines Subherdes ab: Der lokale Spannungsabfall wird zur Quelle von Teilsignalen einer Beschleunigungsaufzeichnung (vgl. *McGarr, 1982*). McGarr schätzt als Maximalwerte für

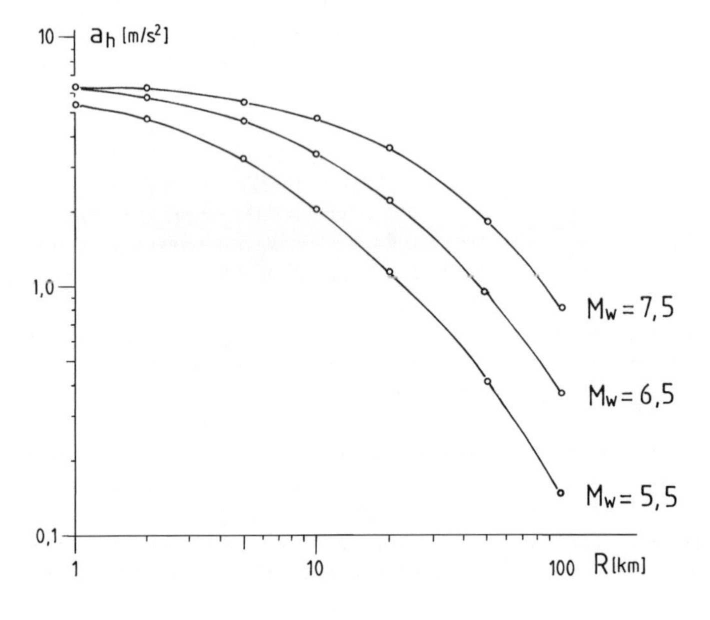

Abb. 4.16 Abnahme der seismischen Bodenbeschleunigung mit der Entfernung zur Herdfläche (nach *Fukushima et al., 2000*).

die vom Herd abgestrahlte Bodenbeschleunigung, dass sie unterhalb des zweifachen Wertes der Erdbeschleunigung, d.h. kleiner als 20 m/s^2 bleiben. Die in der Nähe von flachen Überschiebungen gemessenen Werte, in denen allerdings noch die Einflüsse der freien Oberfläche und eventuell von schallweichen Sedimentauflagen stecken, bestätigen diese Abschätzung.

Eine Reproduktion von Ereignissen hinsichtlich ihrer kleinskaligen Eigenschaften, die sich im hochfrequenten Gehalt des seismischen Signals abbilden, ist nicht zu erwarten. Bei den irreversiblen Verschiebungen auf einer Scherzone begegnen sich, insbesondere wenn man eine kleinräumige Skala betrachtet, die Reibungspartner der benachbarten Blöcke nie wieder. Hinzu kommt, dass die hohen Frequenzen auf ihrem Weg durch die oberflächennahen Schichten der Erdkruste auf eine große Zahl von Unregelmäßigkeiten im geometrischen Aufbau stoßen, wo sie reflektiert, gebrochen, gestreut oder auch geführt werden. Deshalb erzeugt jeder neue Datensatz herdnaher Aufzeichnungen der Bodenbeschleunigung Amplituden-Entfernungsgesetze, die sich deutlich von den Vorgängern unterscheiden (vgl. Abb. 4.16; *Fukushima et al., 2000*).

4.2 Maßnahmen

a. Technische Maßnahmen

Planung. Bei der *Planung* eines einzelnen Bauwerks oder auch einer ganzen Siedlung sind sowohl seismotektonische wie auch bodenmechanische und in Küstennähe ozeanologische Faktoren zu berücksichtigen.

Die Nähe zu seismisch aktiven Scherzonen ist mit einer außerordentlich hohen Gefährdung verbunden. Zu den seismischen Wellen großer Amplitude kommen noch Effekte der Massenbewegung während des Herdprozesses und die koseismische Deformation.

Nicht nur eine normale Bebauung sondern auch die Anlage von Verkehrswegen und Versorgungsleitungen sollte, soweit das möglich ist, den Bereich tektonisch aktiver Störungen meiden.

Ein hohes Amplitudenniveau der seismischen Signale stellt nicht nur für ein Bauwerk, sondern auch für den geologischen Untergrund eine Belastung dar, die zu bleibenden Deformationen jenseits der Grenzen elastischen Verhaltens führen kann. Dabei ist sehr deutlich zwischen der ursächlichen Veränderung des Untergrunds durch seismische Wellen und der Wirkung eines Erdbebens als auslösende Zusatzkraft zu unterscheiden. Es sollen daher einige geologische Strukturen aufgeführt werden, die im Erdbebenlastfall wesentliche Anteile zum Schadensszenarium liefern können:

Unterirdische Hohlräume (Karsterscheinungen in Karbonatgesteinen, Auslaugungen in Gips- und Salzgebirge) brechen unter Umständen zusammen; Hangmassen können durch Erdbeben in Bewegung versetzt werden. Sie stellen sowohl als Baugrund wie auch als Massenbewegung eine Gefahrenquelle dar. In Gebirgsregionen werden solche Vorgänge in einigen Fällen zur wichtigsten Schadensursache, wie beispielsweise in Peru, wo sich - durch ein Erdbeben ausgelöst – ein großer Schlammstrom aus einem primären Gletscherabbruch entwickelt hat (Tab. 1.I).

In durchfeuchteten Lockersedimenten geringer Korngröße ist mit Bodenverflüssigung zu rechnen. Neben der Schiefstellung von Bauwerken birgt vor allem der Abriss von Versorgungsleitungen ein hohes Schadenspotential, insbesondere wegen der möglichen Entwicklung von Bränden.

Sedimentauflagen geringen geologischen Alters (tertiäre und quartäre Ablagerungen) erhöhen je nach Mächtigkeit und Impedanz bei bestimmten Frequenzen die Amplitude der seismischen Bodenbewegung um Faktoren, die zehn erreichen und übersteigen können (vgl. Abschnitt 3.3). Solchen Verhältnissen kann man heute durch eine Mikrozonierung gerecht werden, wie sie in vorbildlicher Weise für das Gebiet von Basel-Stadt durchgeführt worden ist *(Noack et al., 1997)*. Die ausgewiesenen Erdbebenzonen werden entsprechend den geologischen Untergrundsverhältnissen nochmals unterteilt.

In Küstennähe ist je nach seismotektonischen Voraussetzungen, der Topographie des

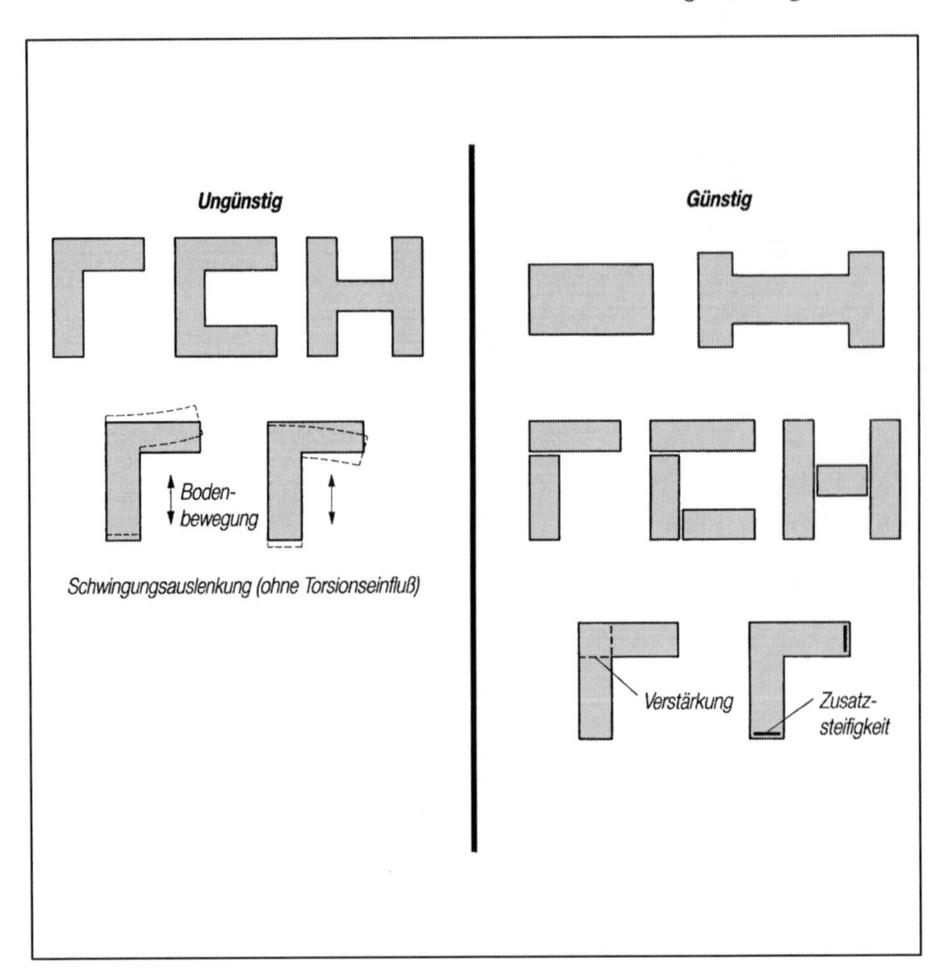

Abb. 4.17 Vergleich zwischen günstiger und ungünstiger Grundrissgestaltung *(Wirtschaftsministerium Baden-Württemberg, 1995).*

Meeresbodens und der Form des Küstenverlaufs (z. B. Fjordküste) mit Einflüssen durch Tsunami-Wellen aus dem Nah- und Fernbereich zu rechnen.

Konstruktion. Als Grundprinzip einer erdbebensicheren Konstruktion muss eine möglichst gleichmäßige Verteilung in Masse und Festigkeit für das gesamte Bauwerk angestrebt werden. Zu vermeiden sind Kopflastigkeit, „weiche" Geschosse und Ausmittigkeit. Weiche Geschosse werden häufig im Erdgeschoss als Geschäfts- und Arbeitsräume ausgebildet, ebenso auch in mittleren Stockwerken für Speise- und Versammlungsräume. Erfahrungsgemäß konzentrieren sich bei größeren Gebäuden die Schäden auf solche durch eine geringe Zahl von Stützen und Wänden gekennzeichnete Schwachstellen. Ausmittigkeit entsteht durch unterschiedliche Lage von Massen- und Geometrieschwerpunkt. Der Angriff horizontaler Lasten bewirkt Torsionsbewegungen im Bauwerk. Abb. 4.17 und 4.18 zeigen eine Gegenüberstellung von günstigen und ungünstigen Entwürfen für den Erdbebenlastfall (*Wirtschaftsministerium Baden-Württemberg, 1995*).

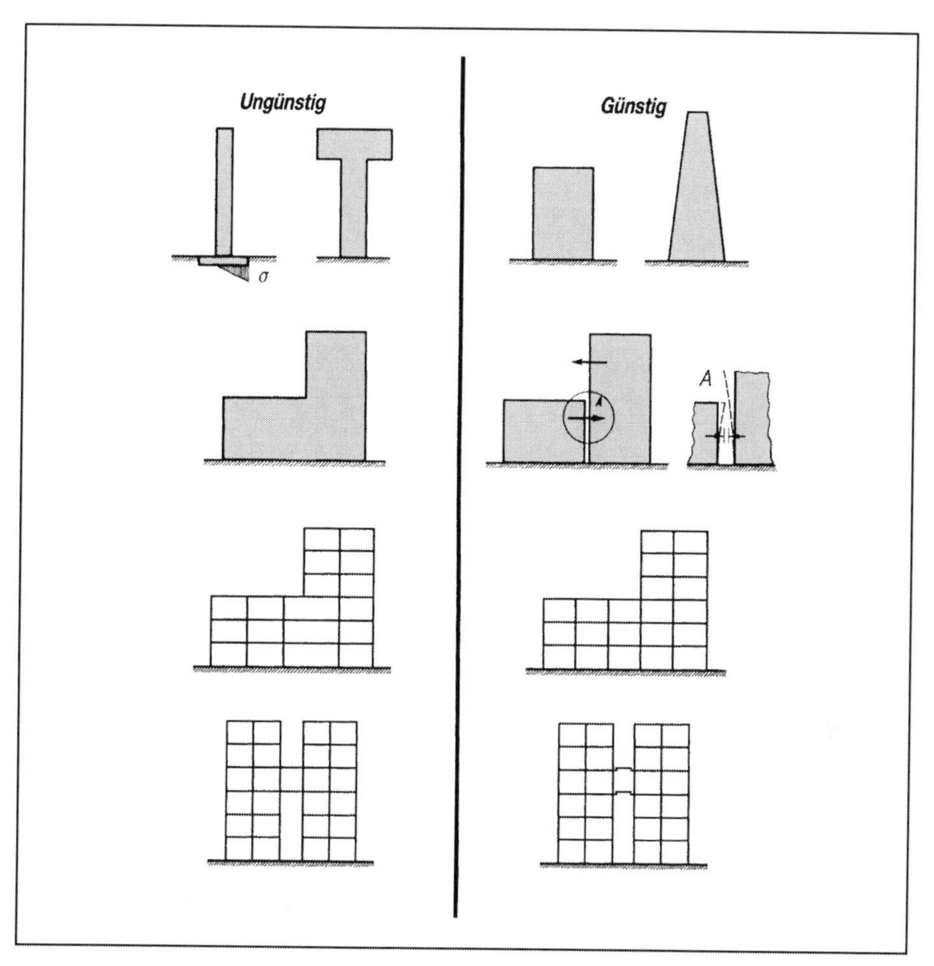

Abb. 4.18 Vergleich zwischen günstiger und ungünstiger Aufrissgestaltung *(Wirtschaftsministerium Baden-Württemberg, 1995).*

Die Baustoffwahl ist neben den mehr „geometrischen" Elementen einer Konstruktion ebenfalls von größter Bedeutung für die Widerstandsfähigkeit eines Bauwerks gegenüber seismischen Belastungen. Sie wird nicht nur durch die Nutzungsanforderungen, sondern eben auch durch volkswirtschaftliche Gegebenheiten eingeengt. Ein ideales Material für erdbebensichere Konstruktionen ist Holz. Es bietet ein großes Maß an Sicherheit durch sein überaus günstiges Verhältnis zwischen Widerstand und Masse. Die Jurte Zentralasiens, das klassische japanische Holzhaus, die Fachwerkkonstruktionen Mitteleuropas und die leichten Flächentragwerke der modernen Architektur bieten durchaus Möglichkeiten, einer Erdbebengefährdung wirkungsvoll entgegenzutreten (*Otto, 1954*). Holz zeigt aber als Baustoff auch zwei ganz gewichtige Nachteile: Das ist einmal die Brandgefahr, vor allem wenn es sich um flächenhafte Ansammlungen von Holzkonstruktionen handelt, und zum anderen der Mangel an diesem Baustoff innerhalb des mediterran-transasiatischen Erdbebengürtels, dem Hauptgebiet für Personenschäden durch Erdbeben. So bietet das in den USA verbreitete Einfamilienhaus, eine vor allem unter Verwendung von Holz hergestellte Fertigteilkonstruktion, einen guten Schutz gegen seismische Belastungen, solange es über ein Fundament ausreichend mit dem Untergrund verbunden ist (Abb. 4.19 und 4.20). Es sei hier daran erinnert, dass in Nordamerika auch Mehrfamilienhäuser häufig über ein Holztragwerk verfügen, welches im Brandfalle hohe Beiträge zur Brandlast liefert.

Da in vielen Gegenden der Erde aus Gründen der Nutzung, der Temperaturverhältnisse oder der Verfügbarkeit Holz und abgeleitete Verbundstoffe nicht in Frage kommen, stellt sich die zentrale Frage, wie man mit anderen Baustoffen zu einer ausreichenden Erdbebensicherheit gelangen kann. Hier muss der Grundsatz von *Bachmann (1995)* in den Vordergrund gestellt werden: Erdbebensicherung = Tragwiderstand x Duktilität. Ein in seinem Verhalten „sprödes" Bauwerk muss über sehr große Festigkeitsreserven verfügen, um Erdbebenlasten ohne Schaden überstehen zu können. Ein duktil reagierendes Gebäude vernichtet einen Teil der eingetragenen Schwingungsenergie durch hysteretische Dämpfung (vgl. Abb. 3.27). Man versucht heute sogar, die Energie bei dynamischer Erregung in solche Bereiche des Bauwerks zu lenken, die durch eine nicht-lineare Verformung möglichst viel Energie aus anderen Bereichen übernehmen, ohne dass es zu einem nicht tolerierbaren Gesamtschaden kommt; außerdem soll eine gute Zugänglichkeit bei eventuell notwendig werdenden Reparaturmaßnahmen gewährleistet sein (Abb. 4.21).

Eine gute Verbindung von Bauteilen gehört bei jedem Baustoff und jeder Konstruktion zu den Grundvoraussetzungen der Erdbebensicherheit. Neben der Verbügelung der Bewehrung im Stahlbeton sind es vor allem – wie entsprechende Schäden lehren – die Verbindungen zwischen den Elementen im Fertigteilbau, aber auch eine solide Befestigung von nicht-tragenden Elementen, die grundlegende Beiträge zur Erdbebensicherheit leisten.

Verfahren der Aufnahme von Erdbebenlasten durch besondere Dämpfungselemente

Abb. 4.19 Brandschaden an einem Einfamilienhaus durch Bruch der Erdgaszuführung beim Loma-Prieta-Erdbeben 1989 in Santa Cruz (Foto: G. Klein).

Abb. 4.20 Bei einem Einfamilienhaus in Fertigteilbauweise ist die Qualität des Fundaments und die der Verbindung zwischen Fundament und der Basis des Baukörpers sehr wichtig, da bei starken horizontalen Bodenbewegungen relative Verschiebungen zwischen den beiden Einheiten des Bauwerks verhindert werden müssen (Foto: G. Klein; vgl. Abb. 4.19).

Abb. 4.20 (Forts.).

Abb. 4.21 Untersuchungskörper für Experimente zur gezielten Schadenskonzentration auf zugängige und reparaturfähige Bereiche eines Bauwerks (Charles Lee Powell Structural Research Laboratories, University of California, San Diego; Foto: G. Schneider).

bzw. der Schwingungsisolierung sind so alt wie die Ingenieurseismologie und Baudynamik *(Komodromos, 2000)*. So wurden bereits zu Beginn des 20. Jahrhunderts die Lagerung eines Bauwerks auf Rollen, eine gleitfähige Trennung zwischen der Masse des Bauwerks und dem Untergrund durch Talkum und Glimmer vorgeschlagen (Abb. 4.22).

Die „schwimmende Lagerung" des Imperial Hotels in Tokio durch Frank L. Wright, in den Jahren 1915-23 geplant und ausgeführt, ist als erster Entwurf zu nennen, bei dem vom Auftraggeber Erdbeben-und Brandsicherheit als Bestandteil des Lastenhefts von vornherein gefordert worden war (*James, 1968; Wright 1923/24; Zevi, 1995*). Kurz nach ihrer Einweihung wurde die Hotelanlage durch das Kwanto-Beben 1923 (vgl.Tab. 1.I)

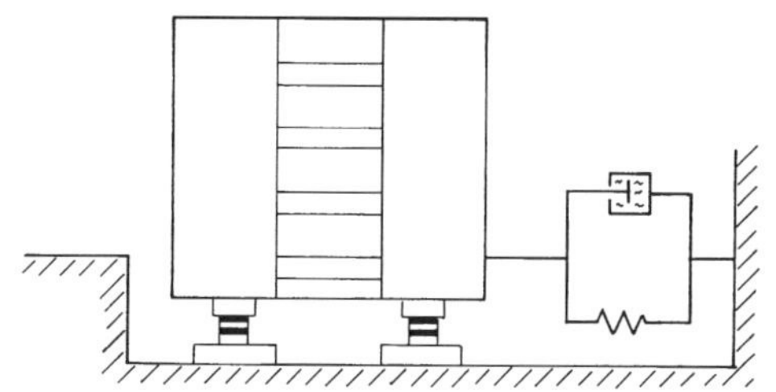

Abb. 4.22 Schwingungsisolierung durch Elastomer-Lager (links) und Schwingungstilgung durch Dämpfungselemente (rechts).

einem extremen Härtetest ausgesetzt. Die zahlreichen kurzen Pfähle, die als eine Art geometrischer Flüssigkeitsdämpfung in dem weichen Untergrund gewirkt haben, dürften vor allem das günstige Verhalten während des großen Bebens bedingt haben.

Neben der Schwingungstilgung und Schwingungsisolierung wird heute auch die Aufbringung von Gegenkräften diskutiert, die durch das eindringende Signal gesteuert werden.

Dass die Verfahren der Schwingungsisolierung, -dämpfung und -kompensation in ihrer tatsächlichen Anwendung bisher auf nur wenige größere Bauwerke beschränkt geblieben sind, ist vor allem durch die mit solchen Methoden verbundenen hohen Kosten bedingt.

Die Frage der durch eine Erdbebensicherung entstehenden zusätzlichen Aufwendungen ist von zentraler Bedeutung. Die Hauptmasse der Personenschäden bei Erdbeben konzentriert sich auf den subtropischen Klimagürtel Eurasiens und die Pazifik- bzw. Karibikküsten Lateinamerikas: In den betroffenen Gebieten Eurasiens spielen luftgetrocknete Ziegel als Baumaterial eine wichtige Rolle. Die Lehmarchitektur (Adobe) muss daher so verändert werden, dass ein Haus den Anforderungen des Temperaturschutzes genauso gerecht wird wie einer ausreichenden Sicherheit gegen Personenschäden im Erdbebenlastfall.

Bauvorschriften. Seit dem 18. Jahrhundert werden nach Schadenbeben Vorschläge für das Bauen in Erdbebengebieten diskutiert. Während der ersten Jahrzehnte des 20.Jahrhunderts entwickelten sich allmählich Richtlinien mit planerischen, konstruktiven und rechnerischen Hinweisen. So wurde nach dem Nordkalifornischen Beben im Jahre 1906 die Vorgabe für die Windlast erhöht, um Hochhäuser gegen horizontal wirkende Erdbebenlasten widerstandsfähiger zu machen. Die Zerstörungen durch das Messina-Beben des Jahres 1908 waren Anlass für eine Beschränkung der Stockwerkszahl im Epizentralgebiet des Ereignisses. Nach dem Kanto-Erdbeben 1923 wurden 10% des Gebäudegewichts als Größe für anzusetzende horizontale Erdbebenlasten vorgeschlagen.

Es war wiederum der Staat Kalifornien, der für einen Sprung in der Entwicklung von Maßnahmen gegen Erdbebenschäden gesorgt hat. Auslösendes Ereignis ist dafür das Santa-Barbara-Erdbeben in Süd-Kalifornien im Jahre 1929. Der *United States Coast and Geodetic Survey* (Küsten- und Vermessungsdienst der USA) erhielt den Auftrag, ingenieurseismologische Untersuchungen durchzuführen. Im Rahmen dieser Arbeiten wurde ein Nahfeld-Seismographen-System entwickelt. Das entscheidende Ereignis für den Einsatz von Ingenieurseismologie und Baudynamik bei der Bekämpfung negativer Erdbebenwirkungen war aber das Long-Beach-Erdbeben vom 10. März 1933. Dieses Beben, das vor allem in Long Beach, einer Küstengemeinde des Los-Angeles-Gebiets, zu empfindlichen Zerstörungen an Schulgebäuden führte, mobilisierte die öffentliche Meinung des Bundesstaates. In der Folge wurden zunächst für Schulgebäude, später für alle Bauten, außer Wohn - und Bauernhäusern, bindende Richtlinien der Erdbebenauslegung eingeführt. Seitdem werden für immer mehr Gebiete der Erde entsprechende Vorschriften entwickelt.

Administrativer Geltungsbereich: Heute existieren Vorschriften, die nur innerhalb einer Gemeinde, eines Bundeslandes oder eines Staates anzuwenden sind. Darüber hinaus gibt es ein Normenwerk, das für die ganz Welt einen Rahmen von Anforderungen zur Verbesserung der Erdbebensicherheit beschreibt, die ISO-Norm (ISO = *International Organization of Standardization*). Für die Europäische Union wurde das Normenwerk „ Eurocode 8“ entwickelt. Von der Internationalen Assoziation für Erdbeben-Ingenieurwesen (*IAEE*) werden im Abstand von vier Jahren Normen für das Bauen in Erdbebengebieten veröffentlicht. So enthält das Verzeichnis für 1996 die Regeln für 41 Staaten, den Eurocode 8 und die ISO-Norm 3010.

Geltungsbereich und Gebäudenutzung: Die meisten der heute vorhandenen Vorschriften beziehen sich auf normale Wohn- und Geschäftsbauten. Anlagen, von denen ein erhöhtes Sekundärrisiko ausgeht, unterliegen meist gesonderten Regelwerken. Hierher gehören kerntechnische Anlagen, Staudämme, Energieversorgungssysteme. Normenwerke – wie Eurocode 8 – behandeln in gesonderten Teilen Bauwerke wie Brücken, Türme - Masten - Kamine, Tanks - Silos - Rohrleitungen; daneben sind spezielle Teile der Verstärkung von Bauten und der Reparatur von beschädigten Gebäuden, sowie dem Grundbau und der Geotechnik gewidmet.

Bauwerksklassen: Innerhalb einer Norm, die für Wohn- und Geschäftsbauten anwendbar ist, werden bestimmte Gebäudeklassen ausgewiesen, je nach Bedeutung der Bauwerke für den Fall einer außergewöhnlichen Belastung (Katastrophenlastfall). Dabei spielt die Zahl der Personen, die sich in einem Bauwerk aufhalten, eine wesentliche Rolle. So unterscheidet z.B. DIN 4149 (Bauten in Deutschen Erdbebengebieten, April 1981) drei Bauwerksklassen:

- Bauwerksklasse 1: Wohn- und Geschäftsgebäude ohne größere Menschenansammlungen, mit einer konstruktiv gewährleisteten Erdbeben-Sicherheit; daneben einfache Industriebauten. In diese Klasse gehören nicht: Hochhäuser, weit gespannte Hallen, mehrstöckige Lager- und Produktionsstätten mit hohen Nutzlasten.
- Bauwerksklasse 2: Hochhäuser und öffentliche Gebäude wie Schulen, Gaststätten, Versammlungsräume aller Art, Theater, Kinos und Konzertsäle; weitgespannte Hallen, mehrstöckige Lager und Produktionsstätten mit hohen Nutzlasten.
- Bauwerksklasse 3: Gebäude, die im Falle eines Schadensereignisses funktionstüchtig bleiben müssen: Krankenhäuser; Versorgungseinrichtungen; Einrichtungen des Katastrophenschutzes (Feuerwehrdepots, Technisches Hilfswerk).

Die für den rechnerischen Nachweis einzusetzenden Lastannahmen werden entsprechend den Gebäudeklassen unterschiedlich hoch angesetzt. Man spricht in diesem Zusammenhang auch von Besetzungskategorien oder Wichtigkeitsklassen. In neueren Entwürfen findet man vier Klassen, wobei eine weitere für Bauwerke „mit geringer Bedeutung" ausgewiesen wird (vgl. Kasten 4.D: Bedeutungsfaktor α_3).

Grundelement bei der Darstellung seismischer Lastannahmen ist ein *Erdbebenfaktor*, der mit dem Gewicht des Gebäudes multipliziert als horizontal wirkende Erdbebenkraft betrachtet werden kann, wenn man zunächst die dynamische Reaktion des Bauwerks vernachlässigt. Diese Größe ist selbst das Produkt mehrerer Faktoren, mit denen verschiedene Einflussbereiche im System „Erdbebenwirkung" beschrieben werden:

α_1 = Zonenbeiwert: Die zu erwartende Belastung als Beschleunigung oder als Teil der Erdbeschleunigung ($g \approx 10\,m/s^2$) in Abhängigkeit von der Gefährdung (Wiederkehrperiode, Eintrittswahrscheinlichkeit) berücksichtigt. Die Einteilung in Zonen unterschiedlicher Gefährdung hängt von der Seismizität und der Seismotektonik im Geltungsgebiet der Vorschrift ab. Die Werte können in vielen Fällen einer Zonenkarte und dazu gehörender Tabelle entnommen werden (vgl. Abb. 4.1).

α_2 = Untergrundsbeiwert: In seiner ursprünglichen Definition wird dadurch die Impedanz der oberflächennah anstehenden Gesteine bewertet. Heute verwendet man noch zusätzliche Parameter, um den Einfluss des geologischen Aufbaus auf das Antwortspektrum besser zu beschreiben (vgl. Abb. 4.23).

α_3 = Bedeutungs-, Besetzungs- oder Risikobeiwert; er wurde im Zusammenhang mit den Bauwerksklassen beschrieben.

α_4 = Duktilitätsbeiwert: Durch diese Größe wird die Fähigkeit des Bauwerks zum inneren Energieverzehr berücksichtigt.

Der Erdbebenfaktor dient heute dazu, ein Antwortspektrum in der Beschleunigung zu skalieren, indem man es für Gebäude, die als starre Körper betrachtet werden können, bei der Periode $T = 0$ s einhängt. Für einfache Gebäude mit geringer Stockwerkszahl sowie für Einbauten wird auch heute noch ein Ersatzlastverfahren angewandt, bei dem nach Abschätzung oder Berechnung der Eigenperiode ein Spektralwert aus dem Antwortspektrum entnommen und in den Lastplan des Bauwerksmodells eingeführt wird (Abb. 4.23; Kasten 4.D).

Modalanalyse. Vor allem höhere Bauwerke tragen durch Eigenschwingungen ganz wesentlich zum seismischen Lastfall bei. Dieser „Eigenanteil" wird für die Eigenperioden des Gebäudemodells (Grundschwingung und mehrere Oberschwingungen) einem Antwortspektrum in der Beschleunigung entnommen. Die den Biegelinien der Schwingungsmoden entsprechenden Belastungskurven werden überlagert und dann erst als Ersatzkräfte, die sich mit der Höhe des Gebäudes ändern, eingeführt. Voraussetzung ist ein vorangehende Abschätzung oder Berechnung der Eigenfrequenzen; ebenso muss die Dämpfung bekannt sein, um einen entsprechenden Verlauf des Antwortspektrums auswählen zu können. Dieses Vorgehen wird heute in den meisten Vorschriften für das Bauen in Erdbebengebieten empfohlen (Abb. 4.23).

Zeitbereichsverfahren. Grundlage bildet ein Gebäudemodell, das aus einer Anzahl von verbundenen Massenpunkten besteht, die eine gedämpfte Eigenschwingung ausführen können. Der Erdbeben-Zeitverlauf, das Akzelerogramm, wird als Fremdfunktion dem Bauwerksmodell zugeführt. Seine Reaktion kann zu jedem Zeitpunkt und für jedes Teilelement des Modells in Verschiebung und Belastung verfolgt werden. Der Aufwand ist beträchtlich, da eine gewisse statistische Sicherheit nur durch die Eingabe unterschiedlicher Zeitverläufe zu erreichen ist. Die Anwendung beschränkt sich daher im wesentlichen auf Großbauwerke.

In Gebieten, in denen mit einer hohen Belastung zu rechnen ist, muss auch die *vertikale Bodenbeschleunigung* als Eingangsgröße Berücksichtigung finden. Die Abstrahlung vertikal polarisierter S-Wellen ist vor allem in der Nähe von flachen Überschiebungen nicht vernachlässigbar. Bei den neuesten Versionen und Vorschlägen zum Normenwerk der USA werden für den Nahbereich seismisch aktiver Scherzonen „Aufschlagsfaktoren" angegeben *(Bachmann & Bonneville, 2000)*.

Bei Entwurfsspektren (engl.: *design spectrum*) werden frequenzabhängige Duktilitätsfaktoren angewandt, um günstige Reaktionsformen eines Bauwerks auszunützen.

Bauwerksertüchtigung. Vorschriften für das Bauen in Erdbebengebieten haben – trotz der mit ihnen verbundenen guten Absichten – einige gewichtige Nachteile. Einmal wirken sie nur in die Zukunft hinein. Sie lassen gleichermaßen den größten Teil des Baubestands mit dem Beginn ihrer Anwendung als „Vornormenbestand" zurück. Selbst bei laufender Anpassung einer Norm an den Stand von Wissenschaft und Technik wird sich diese Situation erst nach längerer Zeit verbessern. Zwischen Anforderung und Umsetzung von Bauvorschriften klafft auch bei moderner Formulierung häufig eine unüberbrückbare Lücke. Eine Vorschrift ist und bleibt ein Stück Papier, viele Vorschriften sind unvollständig. Nicht selten fehlt eine Gefährdungskarte, die es dem Anwender erst möglich macht, selbständig die Norm einzusetzen. Die Tendenz mancher Normenwerke, sich zu Lehrbüchern auf dem Gebiete der Ingenieurseismologie und Baudynamik zu entwickeln, ist ebenfalls nicht zu übersehen.

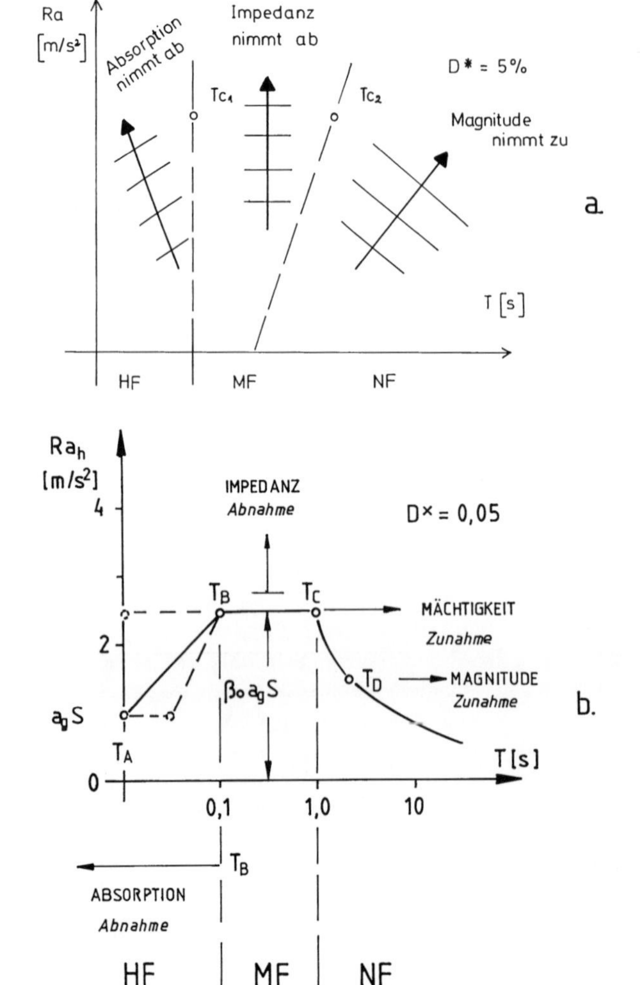

Abb. 4.23 Normierte Antwortspektren.

a. Wichtigste Einflüsse auf das Niveau eines Antwortspektrums in der Beschleunigung. Der Hochfrequenzbereich (HF) wird vor allem durch die Absorption beeinflusst und in Richtung höherer Perioden durch die Eckperiode Tc1 abgegrenzt. Im Mittelfrequenzbereich (MF) bestimmt die Impedanz oberflächennaher Schichten den Verlauf des Spektrums. Der MF-Bereich wird zu höheren Perioden hin durch die Eckperiode Tc2 abgeschlossen. Im Niederfrequenzbereich (NF) ist die Magnitude (Momentmagnitude Mw oder Oberflächenwellenmagnitude Ms bis zu Werten von Ms ≈ 8) entscheidend für den Verlauf des Spektrums.
b. Spektralparameter und Einflussgrößen. Ordinate: Horizontalbeschleunigung, Abszisse: Periode. Eckperioden: T_A, T_B, T_C, T_D; Grundbeschleunigung für $T \Rightarrow 0 = a_g$. Bodenverstärkung: S; Signalvergrößerung durch den Einmassenschwinger mit der Dämpfung $D^* = 0{,}05 = 5\%$: $\beta_o = 2{,}5$ (Faktor, der den Einfluss der Signalform - wie periodisch, transient, stochastisch - auf die dynamische Vergrößerung berücksichtigt; vgl. *Foss et al., 1992; Ammann et al., 1995*); HF = Hochfrequenz; MF = Mittelfrequenz; NF = Niederfrequenz.

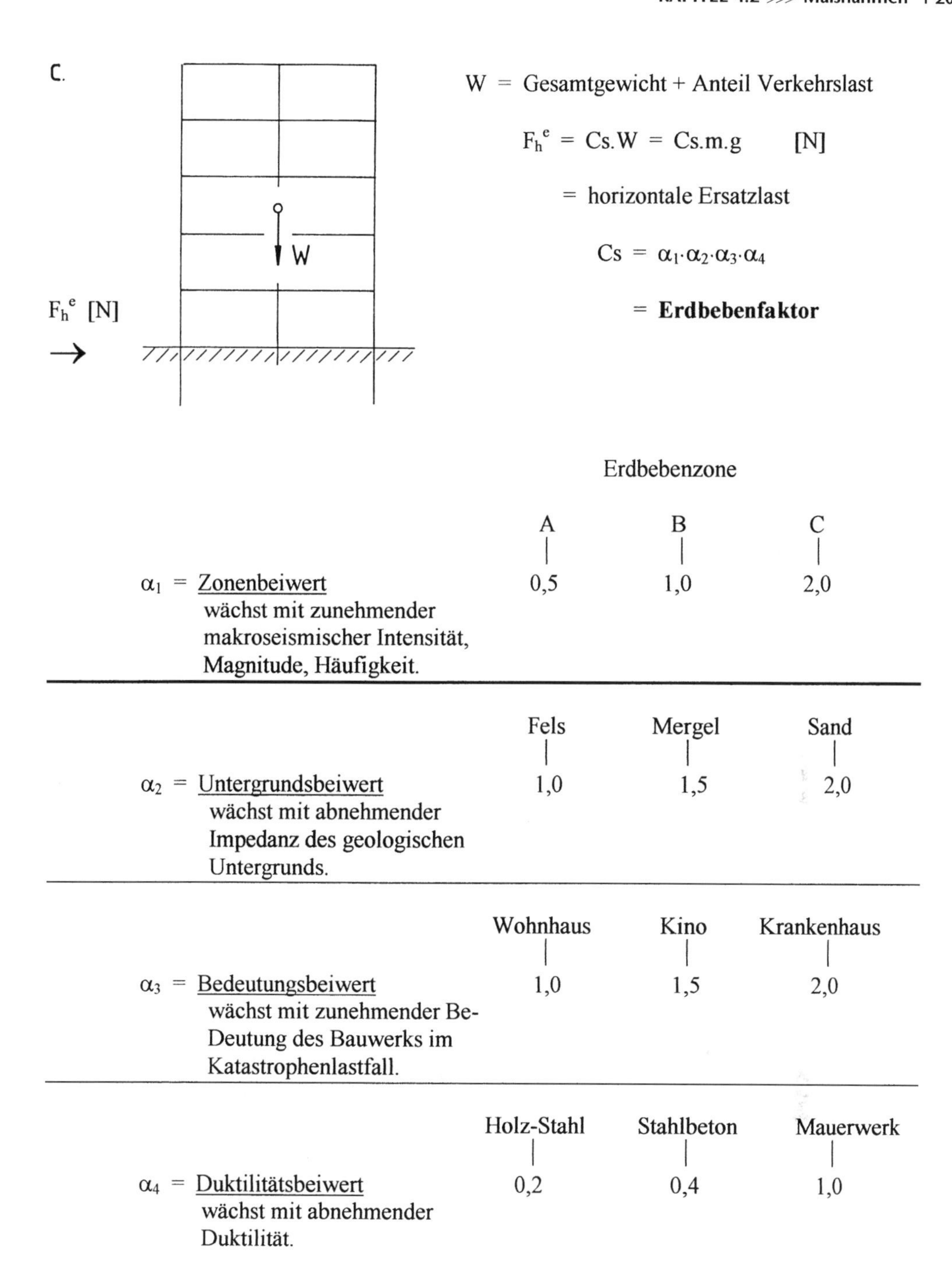

Abb. 4.23 (Forts.); c. Erdbebenfaktor.

Da der größte Teil der Menschheit weder im Bunker noch in der Jurte leben möchte, wird man sich immer wieder überlegen müssen, wie man den Baubestand in seiner Qualität so verbessert, dass ein vernünftiges Maß an Erdbebensicherheit erreicht wird. Meist bieten nur Umbauten oder größere Renovierungen (z. B. nach einem Schadenbeben) die Chance, etwas für die Erdbebensicherheit an bestehenden Gebäuden zu tun. Häufig sind es ganz einfache Maßnahmen, die größere Unfälle zu verhindern helfen. Ein Beispiel hierfür ist die Verbindung zwischen einem Fertighausbaukörper und seinem Fundament durch Schrauben oder Dübel, die größere Verschiebungen bei der Einwirkung horizontaler Erdbebenlasten verhindern (vgl. *EQE, 1987*). Generell lässt sich sagen, dass eine Erhöhung der Duktilität das Verhalten im Erdbebenlastfall günstiger gestaltet *(Bachmann, 1995)*.

Eibl & Henseleit (1993) weisen auf Schwachstellen hin, an denen sich in einem Bauwerk primäre Schäden entwickeln: Weiche Geschosse zwischen steiferen Etagen (vgl. Abb. 4.24), Knotenbereiche bei Stahlbetonrahmen, schwache Verbindungen bei Fertigteilkonstruktionen.

Während in der ersten Hälfte des 20. Jahrhunderts die meisten Opfer bei Erdbeben in Mauerwerksbauten zu beklagen waren, hat sich die Situation in den letzten Jahrzehnten grundlegend geändert. Der Schwerpunkt der Personenschäden hat sich zu den Stahlbetonbauten verlagert *(Coburn & Spence, 1992)*. Trotzdem bleibt die Sicherung von Mauerwerksbauten eine zentrale Aufgabe der Erdbebensicherung. Nach *Eibl & Henseleit (1993)* sind es neben einer ungenügenden Steifigkeit des Bauwerks vor allem die unzulänglichen Verbindungen von Bauteilen, welche ein Mauerwerksgebäude für horizontale Kräfte anfällig machen. Der Absturz nicht befestigter Giebelwände ist zusammen mit den daraus resultierenden Sekundärschäden eine der wichtigsten Schadenformen bei mitteleuropäischen Erdbeben; auch hier würde eine nachträgliche Sicherung größere Schäden verhindern - wenn man sie durchführen würde!

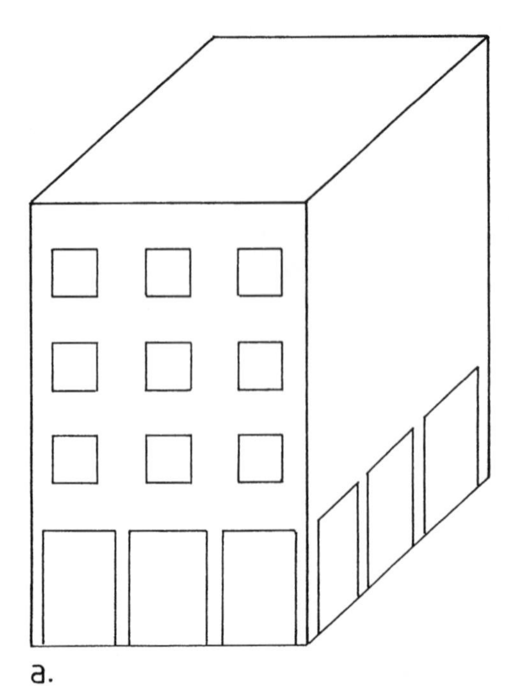

Abb. 4.24 Weiches Geschoss in einem Bauwerk.
a. Schematische Darstellung der Aushöhlung eines Erdgeschosses.
b. Entsprechender Schaden durch das Loma-Prieta-Beben 1989 im Marina-Viertel von San Francisco (Foto: G. Klein, Hannover).

b. Warnung

Um vor Erdbeben warnen zu können, muss man über Informationen von solcher Qualität verfügen, dass sich praktische Maßnahmen wie die Unterbrechung der Energieversorgung, die Stilllegung von Schnellbahnen oder gar die Evakuierung der Bevölkerung rechtfertigen lassen. Bei Strömungsvorgängen und Wellenphänomenen in Atmosphäre und Hydrosphäre ist die Situation etwas einfacher, da man aus dem bereits entwickelten Ausbreitungsprozess heraus eine Vorhersage ableiten kann. Der Transport von Tiefdruckgebieten und Flutwellen erfolgt so langsam, dass man in den meisten Fällen über eine ausreichende Vorwarnzeit verfügt. Hinzu kommt, dass der statistische Erfahrungsschatz bei meteorologischen und hydrologischen Vorgängen inzwischen so groß ist, dass beispielsweise die Zugstraßen tropischer und extratropischer Tiefdruckgebiete innerhalb von statistischen Schwankungsbreiten gut extrapoliert werden können. Die Schwierigkeiten für das Geschehen oberhalb der Erdoberfläche liegen hier im kleinskaligen Breich, der weit unter der Dichte des Beobachtungsnetzes bleibt.

Beim Erdbeben versteht man unter einer Vorhersage Angaben über die Parameter eines in Zukunft stattfindenden Herdprozesses:

- Ort: geographische Länge/Breite des Epizentrums, Herdtiefe;
- Zeit: man unterscheidet heute – wenigstens auf dem Papier –kurz-, mittel- und langfristige Prognosen, die zwischen Stunden und Jahren bzw. Jahrzehnten liegen;
- Herdparameter: Magnitude, Moment, Herdkinematik.

Was den Ort und die physikalischen Herdparameter von großen Ereignissen angeht, so werden seit dem Beginn des 20. Jahrhunderts, also mit Einsetzen und laufender Verbesserung der instrumentellen Beobachtung, überraschende Ereignisse immer seltener. Einige Beispiele seien hier aber trotzdem genannt:

So hat das Beben vom 16. November 1911 bei Albstadt-Ebingen (Zollernalbkreis, Baden-Württemberg) mit einer Magnitude Ms = 5,6 eine für die regionale Situation herausragende Erdbebenserie eingeleitet. In der zusammenfassenden Darstellung von *Montessus de Ballore (1906)* war das Gebiet der westlichen Schwäbischen Alb in seiner Aktivität wesentlich niedriger als die Herdgebiete um Basel und Groß-Gerau (1869/71 aktiv) eingeschätzt worden.

Im Jahre 1973 fand im US-Bundesstaat Idaho ein Erdbeben der Magnitude Ms = 7,3 statt. Es fällt in ein Gebiet, in dem nach der bis dahin gesammelten Erfahrung Erdbebenwirkungen der makroseismischen Intensität I = 7 zu erwarten waren (*Algermissen, 1969; Doser & Smith, 1985*). Ozeanische Rift-Strukturen werden zwar sehr deutlich durch Erdbebenherde markiert; ihre maximalen Magnituden liegen aber eher im Bereich $7 \pm 1/2$; insofern stellt das Ereignis des Jahres 1988 im Gebiet der Macquarie-Insel (zwischen Neu-Seeland und Antarktis) in seiner Magnitude von Mw = 8,2 eine Überraschung dar (vgl. *Das, 1993*).

Letztlich spitzt sich die Frage nach den Möglichkeiten einer zuverlässigen Erdbebenvorhersage auf das Zeitfenster zu, in dem ein größeres individuelles Ereignis stattfinden soll. Man könnte diese Fragestellung als Erdbebenvorhersage im engeren Sinne bezeichnen. Dieses Problem ist ein auch unter Fachleuten sehr umstrittenes Thema, das im Laufe der vergangenen Jahrzehnte deutliche Maxima und Minima im Interesse der Wissenschaft und auch der Öffentlichkeit erfahren hat.

In vielen Fällen hat man diese Aufgabe zunächst so zu lösen versucht, dass geophysikalische Zeitserien verschiedener Art daraufhin untersucht wurden, ob vor einem größeren Erdbeben charakteristische Veränderungen aufgetreten sind (engl.: *hind-casting* = Nach-Vorhersage). Dabei wurden u. a. folgende Phänomene diskutiert:

- Änderungen im Deformationszustand der Erdoberfläche: Formänderungen z. B. durch Scherung oder Höhenänderungen, Neigungsänderungen. So genannte „Neigungsstürme", die vor Erdbeben aufgetreten waren, wurden zitiert.
- Änderungen in der Seismizität: Dabei standen Häufigkeit, raum-zeitliche Verteilung von Magnituden bei „Vorbeben" im Mittelpunkt des Interesses.
- Änderungen in geophysikalischen Feldgrößen, wie geoelektrische, geomagnetische,

gravimetrische und geothermische Größen.

Auf dem Gebiet des *Gesteinsmagnetismus* wurden Beziehungen zwischen geomagnetischen Feldgrößen und dem Deformationszustand der Gesteine eines Herdvolumens (Volumen beiderseits der Herdfläche, in dem sich vor dem Beben Deformationsenergie angesammelt hat) hergestellt. Grundlage bilden Suszeptibilitätsänderungen in Abhängigkeit vom mechanischen Spannungszustand, die an Gesteinsproben im Labor gemessen wurden.

Durch wiederholte *seismische Experimente*, bei denen Signale durch Sprengungen und andere Signalgeber erzeugt werden, wird die seismische Wellenausbreitung auf zeitliche Veränderungen in Geschwindigkeit und Absorption hin untersucht; darüber hinaus werden mit gleichem Ziel auch kleinere Erdbeben im Untersuchungsgebiet beobachtet. Man geht dabei immer von der Vorstellung aus, dass es vor einem größeren Beben zu charakteristischen Materialveränderungen auf der künftigen Herdfläche und in deren Umgebung kommt, die sich in den Eigenschaften der seismischen Signale niederschlagen. Als Indikator für solche Veränderungen hat man so das Geschwindigkeitsverhältnis P- zu S-Wellen betrachtet.

Daneben stehen Verfahren, die den *hydrologischen Zustand* des Herdbereichs kontrollieren. Wie in Abschnitt 3.3 beschrieben, ist der Erdbebenzyklus mit einer Änderung in der Wegsamkeit für Fluide verbunden. Änderungen in der Quellschüttung und im Grundwasserhaushalt werden im Zusammenhang mit Erdbeben schon seit längerem beschrieben, wobei recht unterschiedliche Erklärungsmöglichkeiten für solche Phänomene existieren. In diesen Kreis von Arbeiten gehört auch die Messung der Konzentration von Radon im Quellwasser, die Hinweise auf tektonische Veränderungen innerhalb der Oberkruste liefern soll.

Schließlich wurde *anomales Verhalten* verschiedener *Tierarten* als möglicher Hinweis auf bevorstehende Beben betrachtet. Man verweist in diesem Zusammenhang auf die unterschiedlichen Frequenzbereiche des Hör- und Fühlbarkeitsspektrums bei verschiedenen Tierarten, wenn man die sinnesphysiologischen Möglichkeiten des Menschen als Vergleichsmaßstab wählt.

Ausgangspunkt einer internationalen Aktivitätsepoche in der Erdbebenvorhersageforschung war das Beben von Haicheng (1975; Ms = 7,4; Provinz Liaoning, China, vgl. Abb. 4.25).

Nach Veröffentlichungen chinesischer Fachleute war die erste gelungene Erdbebenvorhersage vor allem durch eine charakteristische Änderung in der Vorbebenaktivität und durch das synchrone Erfassen von Laienbeobachtungen an verschiedenen Phänomenen, wie z.B. des Grundwasserstands, möglich gewesen. Dieser Fall wurde anschließend auch von westlichen Fachleuten analysiert und dargestellt (*Haicheng Earthquake Study Delegation, 1977*). Die davon ausgehende optimistische Einschätzung der Möglichkeiten einer Erdbebenvorhersage im engeren Sinne erhielt einen ersten Schock durch das folgen-

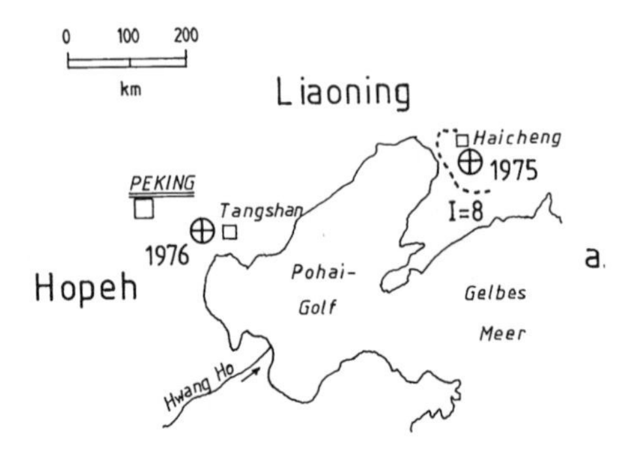

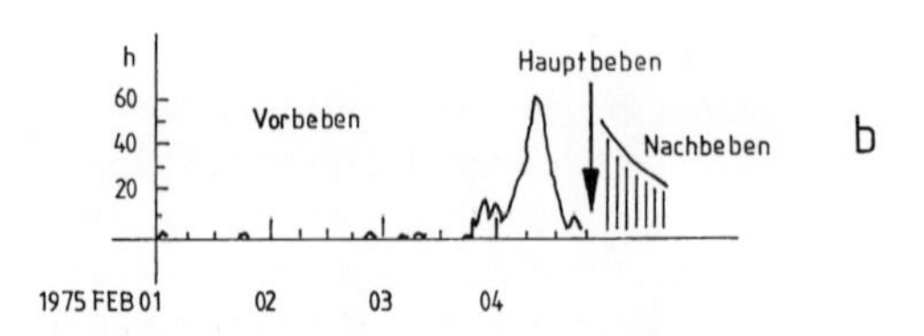

Abb. 4.25 Haicheng – Erdbeben (1975, Provinz Lianoning, China).
a. Geographische Lage;
b. Entwicklung der Bebentätigkeit vor dem Hauptstoß: Als wesentlicher Hinweis auf ein größeres Erdbeben wird die Lücke in der stündlichen Häufigkeit der Vorbeben unmittelbar vor dem Erdbeben der Magnitude 7,3 angesehen (*Adams, 1976; Wu et al., 1976*).

schwere Tangschan-Erdbeben des Jahres 1976 (vgl. Tab. 1.I), das nicht erwartet worden war (*Ma et al., 1989*).

Schon vor diesem Beben waren die früher sehr sparsamen Versuche zu einer Erdbebenvorhersage bzw. das Bemühen gescheitert, Zusammenhänge zwischen an der Erdoberfläche durchgeführten Beobachtungen und bevorstehenden Erdbeben zu finden. So entpuppten sich durch Horizontalpendelmessungen festgestellte „Neigungsstürme", die als Anzeichen für ein bevorstehendes Erdbeben gewertet worden waren, als meteorologisch-hydrologische Veränderungen oberflächennaher Horizonte. Solche Fehlinterpretationen „rezenter Krustenbewegungen" waren in dieser Zeit nichts Außergewöhnliches. So wurden die durch überhöhte Grundwasserentnahme im nördlichen Oberrheingraben bedingten Absenkungen sehr lange noch als eine Fortsetzung der Abwärtsbewegung der Grabenscholle angesehen, bis *Prinz (1978)* durch eine Analyse simultaner Beobachtungen hydrologischer und geodätischer Größen zeigen konnte, dass es sich um ein hydrologisches Phänomen in den Lockersedimenten handelt. Der Wunsch, eine charakteristische Änderung innerhalb eines Datensatzes zu finden, führt nicht nur Geowissenschaftler mitunter zu einem teilweise unkritischen Umgang mit beobachtetem Material. Heute steht die Erdbebenvorhersageforschung wieder auf dem Abstellgleis, ohne dass man dem Ziel einer Erdbebenvorhersage i. e. S. näher gekommen wäre (vgl. *Geller, 1997*). Sicherlich hat man aber beim Studium tektonischer Scherzonen viele Erfahrungen gesammelt, die helfen, Phänomene der rezenten Tektonik besser zu verstehen.

Die im Laufe der „optimistischen" Phase der Erdbebenvorhersageforschung immer stärker werdenden Zweifel an der Möglichkeit, durch charakteristische Voranzeichen in geophysikalischen Messreihen zu einer Vorhersage individueller Beben zu gelangen, haben darüber hinaus zu einer partiellen Umorientierung in der Seismologie beigetragen, was sich vor allem in den wichtigen Darstellungen zu Fragen der Vorhersage von *Mogi (1985)* und *Lomnitz (1994)* niederschlug. Man stellt der kurzfristigen Vorhersage eines Einzelereignisses die möglichen Entwicklungstendenzen in den Bewegungen eines Störungssystems gegenüber. An die Stelle des engen Zeitintervalls von Stunden treten jetzt Jahrzehnte (vgl. *Sykes, 1996*). Der durch eine Kombination von seismologischen und geodätischen Messsungen erfasste Verschiebungsfahrplan, wie er für einige Gebiete schon erstellt wurde (Kalifornien, Anatolien-Ägäis), liefert einen wichtigen Rahmen für die statistische Behandlung kleinskaliger Prozesse, die in einem größeren plattentektonischen Rahmen ablaufen.

Eine sinnvolle *Erdbeben-Warnung* vor stärkeren seismischen Belastungen ist heute nur möglich, wenn ein ausreichender räumlicher Abstand zwischen einem Herdgebiet und dem zu schützenden Objekt besteht.

Man installiert deshalb innerhalb bekannter Epizentralgebiete Seismographen-Netzwerke. Die Signale dieser instrumentellen Anordnungen werden noch während der Registrierung eines Bebens analysiert und bewertet. Eine Warnung kann dann auf dem Funkwege abgegeben werden. Über Empfänger, die in der Nähe empfindlicher technischer Systeme aufgestellt sind, wird so eine Schnellabschaltung ausgelöst. Bei einer Entfernung von 100 km beträgt die Laufzeit von S-Wellen etwa 30 Sekunden, während die elektromagnetischen Wellen für die gleiche Distanz weniger als eine Millisekunde benötigen. Solche Warnsysteme sind für Mexico-City als experimentelles Projekt in Betrieb (*Espinosa Aranda et al., 1985*; *Goltz & Flores, 1997*); ein vergleichbares Vorhaben ist auf die Auswirkungen von Tiefherdbeben der Vrançea-Zone in den Südostkarpaten auf die rumänische Hauptstadt Bukarest ausgerichtet (*Wenzel et al., 1999*).

Eine Entwicklung, die für den Katastrophenlastfall von größter Bedeutung ist, sind Beobachtungsnetze, die in Echtzeit (engl.: *real-time*) seismologische Daten verarbeiten und bewerten. Auf diese Weise erhält man auf instrumenteller Basis einen gesicherten Überblick über die Verteilung der Belastungen eines Gebiets. Abschaltungen, Umleitungen und Rettungsmaßnahmen können so ohne größere Wartezeiten eingeleitet werden (*Kanamori et al., 1997*).

Tab. 4.II :Regeln für das Verhalten bei Erdbeben

a. Vorbereitende Maßnahmen:

Wichtige Informationen: Wo befinden sich die Schalter und Hähne für jede Art der Zuleitung zu einem Bauwerk: Gas, Wasser, Elektrizität?
Eine entsprechend deutliche Markierung ist notwendig.
Wichtige Telefon-Nummern sollten in der Nähe des Telefons oder der Absperrhähne bzw. Hauptschalter oder Hauptsicherungen angebracht sein:
Notrufzentrale, alternativ: Polizei, Feuerwehr, Ärzte, Krankenhaus. Besonders hilfreich im Falle einer Katastrophe sind batteriebetriebene Geräte wie Taschenlampen und Radioempfänger.

b. Während eines Erdbebens

sollte man versuchen, Schutz vor herabfallenden Bauteilen und Einrichtungsgegenständen zu suchen. Im Haus unter einem Türrahmen oder einem Tisch; außerhalb der Gebäude ist das Weglaufen bei offener Bebauung, bei geschlossener Bebauung das Schutzsuchen in einem Hauseingang zu empfehlen.

c. Nach einem Beben

sollte man sich sofort über den Zustand des Bauwerks und seiner technischen Einrichtungen Klarheit verschaffen. Zuerst müssen die Energiezuführungen auf eventuelle Undichtigkeit kontrolliert werden. Während Schäden an Gas- und Wasserversorgung innerhalb des Hauses durch Abstellen beherrschbar sind, lassen sich Schäden am Eintritt der Leitungen ins Gebäude nur mit Hilfe von Energieunternehmen und Technischen Notdiensten beheben. Von gleicher Wichtigkeit ist die Überprüfung des baulichen Zustandes des Hauses. Besonders gefährlich sind Bauteile, die sich innerhalb oder außerhalb des Hauses während eines Bebens gelockert haben. Häufig sind es Teile von Kaminen und der Eindeckung, die sich bei einem größeren Erdbeben gelöst haben oder bereits in unteren Partien des Daches liegen. Bei den Beben in Mitteleuropa muss mit einer Serie von Nachbeben gerechnet werden, die diese Bauteile zum Absturz bringen können. Deshalb muss man bei unmittelbar nach dem Beben durchgeführten Aufräumungs- und Sicherungsarbeiten besondere Vorsicht walten lassen.
Man sollte die Benützung des Telefons im Falle eines stärkeren Erdbebens nur auf das absolut Notwendigste beschränken. Der Zusammenbruch von Telefonnetzen durch Überbelastung ist eine häufig zu beobachtende negative Begleiterscheinung von Erdbeben. Informationen über das Ereignis sollten aus dem Radio bezogen werden.
Die Ratschläge für das Verhalten während einer stärkeren Erdbebenbewegung wurden bewusst kurz gehalten, da die individuellen psychischen Reaktionen und die Möglichkeiten, je nach Aufenthaltsort und Umständen des Betroffenen, so unterschiedlich sind, dass eine Erteilung weitergehender Vorschläge sinnlos erscheint.
Sinnvoll kann hier nur eine umfassende Vorbereitung auf den Ernstfall sein: In Kalifornien hat sich gezeigt, dass schon allein die Sicherung von Gegenständen gegen das Umfallen oder Abstürzen bzw. gegen Relativverschiebung einen Großteil möglicher Personen- und Sachschäden verhindert.
Gebirgs- und Küstenregionen sind im Falle größerer Erdbeben besonderen Gefährdungen ausgesetzt (vgl. Kap. 3, Tab. 4.III).

Tsunami-Warnung. Wie in Abschnitt 3.1 gezeigt, breiten sich Tsunami-Wellen auch aus den entferntesten Erdbebenregionen über den ganzen Pazifik hinweg aus und richten noch in großer Entfernung umfangreiche Personen- und Sachschäden an. Hawaii ist ein „zentraler“ Empfänger für Tsunami-Wellen. Hier wurde auch die erste erfolgreiche Warnung vor einem Tsunami durch den Seismologen T. A. Jagger (*Hawaii Volcano Observatory*) im Jahre 1923 ausgesprochen. Grundlage für Jagger war das Seismogramm eines Kamtschatka-Erdbebens. Den Fischern wurde empfohlen, ihre Boote aus dem Uferbereich von Hilo auf das freie Meer zu lenken. Die folgenden Prognosen, ebenfalls auf der Grundlage seismographischer Daten ausgesprochen, schlugen allerdings fehl.

Am 1. April 1946 kamen in der Folge eines Aléuten-Bebens 160 Menschen auf Hawaii ums Leben. 1948 wurde der Tsunami-Warndienst eingerichtet (*Loomis, 1978*). Neben seismologischen Daten werden jetzt auch Pegelaufzeichnungen der ozeanischen Wasserstände in das System einbezogen. Die Weiterentwicklung des Tsunami-Systems von einer nationalen Einrichtung der USA zu einem internationalen Dienst der Pazifik-Anrainer erhielt wichtige Impulse durch die Tsunamis, die 1960 durch Erdbeben in Südchile und 1964 in Alaska ausgelöst wurden

Verhaltensregeln. Solche Regeln bilden eine wichtige Ergänzung zu den Vorschriften für das Bauen in Erdbebengebieten. Leider ist es in den meisten Fällen erst ein stärkeres Beben, das solche inzwischen meist vergessene Regeln wieder in Erinnerung ruft. Es ist für kürzere Beben, wie sie für Mitteleuropa als regionale Maximalereignisse typisch sind, oft sehr schwierig, solchen Vorschlägen zu folgen, da die Schrecksekunden und die sich einer Erschütterungswirkung anschließenden Einordungsversuche der gespürten Erschütterungen oft die Herddauer von einigen Sekunden deutlich übersteigen. Da sich aber heute viele Mitteleuropäer bei Geschäfts- und Erholungsreisen in anderen Ländern aufhalten, wo mit größeren Erdbeben und länger anhaltenden Erschütterungen zu rechnen ist, sind Anregungen für das Verhalten im Falle eines Erdbebens zur Erhöhung der eigenen Sicherheit durchaus sinnvoll (Tab. 4.II). Mitunter sind lokalen und regionalen Empfehlungen dieser Art auch Ratschläge zur Verbesserung des Bauwerksverhaltens und der Inneneinrichtungen beigegeben. Solche Maßnahmen wurden vorher angesprochen. Wichtig ist aber der Hinweis auf mögliche Einwirkungen durch Tsunamis, die durch getrennte Hinweise erfolgen muss. Sie richten sich an Einwohner und Besucher von Küstengebieten. Hier sind insbesondere die Küsten des Pazifiks angesprochen. Die anderen Ozeanbecken, wie Mittelmeer, Karibik, Indik und Atlantik, waren aber ebenfalls bereits von Tsunamis betroffen (vgl. Abschnitt 3.1).

Die hier wiedergegebenen Regeln für den Fall eines Tsunamis wurden vom Alaska-Tsunami-Warnzentrum herausgegeben (vgl. *Lockridge, 1985*; Tab. 4.III).

Tab. 4.III: Verhaltensregeln für den Fall einer seismischen Seewoge (Tsunami)

a. Nahbereich: In Küstengebieten ist es immer möglich, dass außergewöhnliche Wasserstände auftreten, die durch Sturmtiefs oder durch untermeerische geologische Prozesse ausgelöst werden.
Seismische Seewogen (Tsunamis) entstehen zum größten Teil über Subduktionszonen entlang der Küsten des Pazifiks. Wegen der Konzentration der weltweiten Erdbebentätigkeit auf den zirkumpazifischen Gürtel sind dort sind Tsunami-Einwirkungen mit größerer Wahrscheinlichkeit zu erwarten als im Wirkungsbereich andere Subduktionsgebiete, wie im Mittelmeerraum, der Karibik oder im Makran (Nord-Indik).
Hält man sich an einer Küste auf und spürt dort seismische Bodenbewegungen, so ist Gefahr im Verzuge und eine schnelle Reaktion notwendig. Bei der Anregung eines Tsunamis in der Nähe des Beobachters ist der zeitliche Abstand zwischen dem Eintreffen der Erschütterungswirkung und dem Auflaufen der Tsunami-Wellen nicht groß.
Ein zweites untrügliches Merkmal ist das ungewöhnliche Ansteigen oder auch Abfallen des Ozeanspiegels. Es ist deutlich kürzer als der Gezeitenwechsel, aber eben auch ebenso deutlich länger als Wellen der Dünung oder einer aus der Nähe kommenden Windsee.
Man sollte dann auf schnellstem Wege einen möglichst hohen Punkt erreichen, eventuell über entsprechend ausgeschilderte Fluchtwege. Eine Annäherung an den Strand muss auch nach dem Ereignis unterbleiben: Tsunamis können sich als kompliziert aufgebautes Wellensignal über lange Zeiträume hinweg erstrecken.
In einigen Fällen mussten Beobachter ihre Neugierde für das ungewöhnliche Phänomen mit dem Leben bezahlen.

b. Im Falle der Fernwirkung eines pazifischen Tsunamis wird eine Warnung durch das Internationale Tsunami-Zentrum auf Hawaii herausgegeben. Sie wird über die Medien verbreitet. Ähnlich wie bei Lawinen-Warnungen kann hier nur dringend empfohlen werden, den Anweisungen und Ratschlägen lokaler und regionaler Institutionen zu folgen. Sprach-, Orts- und Naturkenntnisse sind in einem solchen Falle sicherlich nicht nur hilfreich, sondern auch notwendig.

Informationsblätter werden von regionalen Institutionen herausgegeben (z. B. für den US-Staat Alaska: *Lockridge, 1985*).

c. Katastrophenhilfe

Aufklärung. Ein Verhalten, das der Entwicklung eines Naturereignisses zur Katastrophe entgegenwirkt, kann man nur erreichen, wenn möglichst viele Bewohner einer gefährdeten Region über das Phänomen ausreichend unterrichtet sind (Abb. 4.26). Eine solche Aufklärung muss in der Schule beginnen. Sie sollte ein integraler Bestandteil im Heimatkunde- und Geographie-Unterricht sein. Bei Ereignissen mit Wiederkehrperioden von Jahrzehnten bis Jahrhunderten ist es kaum möglich, persönliche Erfahrungen wirkungsvoll an kommende Generationen weiterzugeben. Noch schwieriger als bei meteorologischen und hydrologischen Ereignissen ist das bei Vorgängen, die ihren Sitz innerhalb des Erdkörpers haben, da hier in vielen Fällen Jahrhunderte bis Jahrtausende zwischen den Ereignissen liegen. Es sei nur an das Problem des „erloschenen" Vulkans erinnert. Das Verhalten des Vesuvs vor dem Jahre 79 und das des Pina Tubo (Luzon, Philippinen) vor 1991 demonstrieren deutlich, wie kritisch man solchen Beurteilungen gegenüberstehen sollte.

Abb. 4.26 Tsunami-Warnplakat des Bundesstaates Baja California (Mexiko) nach *Farreras & Sanchez (1991).*

Die Aufklärung über die naturwissenschaftlichen Hintergründe und die Möglichkeiten einer Gefährdung sollten aber vor allem auch in die zuständigen Fachkreise der technischen Hilfswerke, der medizinischen Notdienste und verwandter Organisationen getragen werden, damit eine den regionalen Bedingungen adäquate Vorsorge getroffen werden kann.

Da Erdbeben stets eine flächenhafte Wirkung ausüben, ist die Frage der technischen Zugängigkeit zu einem gefährdeten Gebiet aufzuklären. Gebäudeschutt in Ansiedlungen und die Auslösung von Hangbewegungen schränken in vielen Fällen die Erreichbarkeit von Katastrophenschwerpunkten entscheidend ein.

Die mangelhafte Abstimmung zwischen verschiedenen Organisationen dürfte allerdings noch häufiger Haupthindernis für optimierte Hilfeleistungen sein.

Technische und medizinische Hilfeleistung. Die Bergung Verschütteter und die Versorgung Verletzter steht in vielen Fällen im Mittelpunkt der großen Maßnahmen nach einem Erdbeben. Hier arbeitet die Zeit gegen die Chancen einer Rettung. Ein kombinierter Einsatz von Detektion durch Rettungshunde und Schalldetektoren, von Rettungsgerät zur Beseitigung von Bauteilen und die rasche medizinische Notfallversorgung sind dabei von herausragender Bedeutung. Eine Abklärung zwischen den verschiedenen Leistungsträgern muss vor einem relevanten Ereignis erfolgen. Es muss bekannt sein, wo und unter welchen Bedingungen die notwendigen Spezialisten für ein bestimmtes mögliches Katastrophengebiet erreichbar sind. Das heutige System der Telekommunikation bietet dafür hervorragende Möglichkeiten. Es enthebt aber nicht der Aufgabe, eine der Situation angepasste Bereitstellung von Spezialkräften und Material zu sichern. Absprachen zwischen benachbarten Regionen sind sehr sinnvoll, da so eine Bündelung von Resourcen möglich ist; ebenso sind auf regionaler und überregionaler

Ebene eine ausreichende Zahl von Übungen für den Katastrophenfall durchzuführen.

Erdbebenversicherung. Versicherungen gegen Erdbebenschäden dienen in erster Linie der Regulierung von ökonomischen Problemen. Ziel ist es, die finanziellen Mittel für die Wiederherstellung von Gebäuden und Infrastruktur durch die Solidargemeinschaft der Versicherten bereitzustellen. Da Naturereignisse häufig große Gebiete erfassen, ist eine einzelne Versicherungsgesellschaft bei ungünstigen Umständen nicht in der Lage, die versicherten Schäden abzudecken. Deshalb werden Rückversicherungsgesellschaften gegründet, die fähig sind, im Verbund mit den Erstversicherern Großschäden abzudecken.

Neben den positiven betriebs- und volkswirtschaftlichen Gesichtspunkten einer Erdbebenversicherung resultieren aus der Aktivität der sich diesem Segment widmenden Gesellschaften mehrere wichtige Aspekte, die der Erdbebensicherung auch in ihrem Anspruch, zunächst einmal für die Personensicherheit zu sorgen, herausragende Unterstützung leisten.

Die Versicherungsgesellschaften sind gezwungen, Gefährdung und Risiko so gut wie möglich abzuschätzen. Das führt vor allem durch die ständige Berührung mit Schadensfällen zu wichtigen Beiträgen im Kenntnisstand über verschiedene Komponenten der Schadensgenese. Statistische Abschätzungen bilden eine elementare Grundlage für die Festlegung von Risiko und Prämiengestaltung. Die Analysen von Schadensfällen, die von Rückversicherungsgesellschaften durchgeführt und publiziert werden, sind heute eine wichtige Grundlage der Weiterentwicklung von Sicherungsmaßnahmen für den Lastfall „Erdbeben" (z. B. *Münchener Rückversicherungsgesellschaft, 1994*).

Die Versicherungsgesellschaften können über die Prämiengestaltung einen wesentlichen Beitrag zur Erhöhung der Sicherheit bei Naturgefahren leisten, indem sie „riskante" Standorte und Konstruktionen mit entsprechend höheren Prämien belegen.

So darf hier daran erinnert werden, dass in Deutschland die Einführung der ersten verbindlichen Richtlinie für das Bauen in Erdbebengebieten durch eine versicherungspolitische Maßnahme herbeigeführt worden ist. Durch die Erdbeben von 1969 und 1970 im Gebiet von Albstadt (Baden-Württemberg), die zu leichten Gebäudeschäden geführt hatten, wurde das Bewusstsein für dieses Phänomen vor allem im Herdgebiet der westlichen Schwäbischen Alb wieder geweckt. Die früheren größeren Schadensereignisse von 1911 und 1943 brachten sich so bei der ganzen Bevölkerung des betroffenen Gebiets in Erinnerung. Ausgehend von einer Initiative des Abgeordneten Gomaringer (Bürgermeister von Meßstetten, Zollernalbkreis) erfolgte über einen Beschluss des Landtags von Baden-Württemberg die Aufnahme des Erdbebens in den Katalog der versicherten Elementarschäden bei den Staatlichen Versicherungsgesellschaften des Landes. Das damals für Baufragen zuständige Innenministerium veranlasste in der weiteren Konsequenz die Erstellung einer Richtlinie für das Bauen in Erdbebengebieten Baden-Württembergs.

Die Festlegung der Prämien für eine Erdbebenversicherung erfolgt in ähnlicher Weise wie die Aufstellung von Lastannahmen in

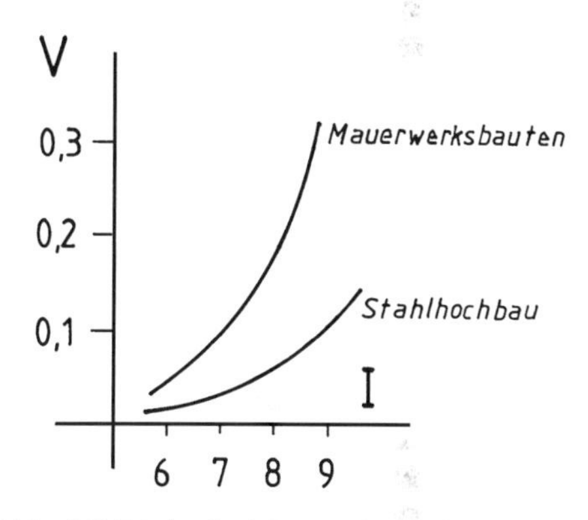

Abb. 4.27 Verlustfunktion und Erdbebenrisiko. Bei einer bestimmten makroseismischen Intensität (I) sind die Verluste (V) – je nach Baustoff – unterschiedlich hoch anzusetzen (z. B. 0,2: 20 % Verlust). Ein Risiko wird als Produkt aus Verlust (V) und Wahrscheinlichkeit (p) definiert: $R = V \cdot p$.
Auf die Erdmittlung von Wahrscheinlichkeiten bei Erdbeben wurde in Abschnitt 2.3 eingegangen. Einer Ortschaft kann folglich, wenn man von einer Gefährdungskarte und den ihr zugrunde liegenden Bedingungen ausgeht, zusammen mit den Verlustfunktionen ein Erdbebenrisiko zugeordnet werden *(EERI Committee on seismic risk, 1989)*.

Baurichtlinien. Ausgangspunkt ist in Europa die makroseismische Intensität (vgl. Abschnitt 3.3), wie sie mit einer bestimmten Wiederkehrperiode in einem Gebiet oder an einem Ort zu erwarten ist. Für eine solche Zuordnung existiert eine Weltkarte (vgl. *Münchener Rückversicherungsgesellschaft, 1998*), die auch über meteorologische, hydrologische und ozeanologische Probleme eine grundlegende Orientierung ermöglicht. Davon ausgehend verwendet man Zuordnungen zwischen dem makroseismischen Intensitätsgrad und dem zu erwartenden Schadensmaß, wie sie bei Fragen der Vulnerabilität und des Risikos verwendet werden (vgl. Abb. 4.27). Schließlich werden ähnlich wie bei den Erdbeben-Bauvorschriften, Gebäudeeigenschaften wie Gebäudehöhe und Untergrundseinflüsse berücksichtigt *(Freeman, 1932; Münchner Rückversicherungsgesellschaft, 1991)*.

Seit dem Jahre 1960 sind Schäden, die durch größere Naturereignisse verursacht werden, stark im Steigen begriffen. *Berz (1998)* nennt ein Anwachsen der Schadenssumme um den Faktor 8, der Versicherungsleistungen um den Faktor 15, da der Anteil der versicherten Objekte ebenfalls zugenommen hat. Man geht davon aus, dass bei der Wiederholung eines Ereignisses, wie des Kanto-Erdbebens von 1923 (Tokio-Yokohama, Japan; vgl. Tab. 1.I) Schadenssummen von 3 Billionen € entstehen könnten, da die flächenbezogene Wertedichte heute viel höher liegt als in der ersten Hälfte des 20. Jahrhunderts.

Begriffserläuterungen

Akzelerogramm
Seismogramm der seismischen Bodenbeschleunigung. Die stärksten Bodenbeschleunigungen treten in Herdnähe auf. Sie werden dort durch spezielle Seismographen (engl.: *strong-motion instruments* = Instrumente für starke Bodenbewegungen) aufgenommen.

Dextral
(auch rechtsdrehend)
Man betrachtet die gegensinnigen Bewegungen beiderseits eines Scherbruchs oder einer tektonischen Scherzone (wie bei der Prüfung eines Betonwürfels auf Druckfestigkeit; meist bei Horizontalverschiebungen angewandt) als eine Art von Drehung. Dextral ist eine solche „Drehung" im Uhrzeigersinn. Dextrale Horizontalverschiebungen sind die San-Andreas- und die Nordanatolische Horizontalverschiebung.
Gegenteil: sinistrale Horizontalverschiebungen (siehe dort).

Duktilität
Duktilität ist die Eigenschaft eines Materials, bei kritischer Belastung durch Fließen zu reagieren. Gegenteil: *Sprödes Verhalten*, bei dem das Material ohne fließenden Übergang aus dem elektrischen Bereich durch Bruch reagiert.

Eigenschwingungen des Erdkörpers
Bei sehr großen Beben (wie Chile, 1960; Alaska 1964) wird der Erdkörper in Eigenschwingungen versetzt. Man unterscheidet dabei sphäroidale und torsionale Moden. Im ersten Falle hebt und senkt sich die Erdoberfläche, im zweiten Falle kommt es zu einer Art innerer Verdrehung.

Endogene Kräfte
Endogene Kräfte haben ihre Quelle innerhalb des Erdkörpers. Die durch radioaktiven Zerfall im Erdinnern erzeugte Wärme gelangt durch Konvektion zur Erdoberfläche. Der Aufstieg erfolgt vorzugsweise im Bereich der mittelozeanischen Rücken und der „hot spots" (engl.: heiße Flecken, z. B. Hawaii). Mit dem konvektiven Transport von Gestein ist eine Dichte-Differentiation verbunden: Das schwere Eisen wandert über den Äußeren Erdkern in den Inneren Erdkern, die leichteren Stoffe wie Quarz und Magnesium-Aluminium-Verbindungen steigen in Richtung Erdoberfläche auf. Bei dem konvektiven Transport werden im Bereich der Gernzschicht Kräfte auf die Lithosphären-Platten übertragen. Erdbeben sind Ausdruck dieser Transportprozesse.
Gegenteil: *Exogene Kräfte* (siehe dort).

Epizentrum
Das Epizentrum ist ein Punkt an der Erdoberfläche, der sich senkrecht über dem Herdpunkt, dem *Hypozentrum* befindet. Im Hypozentrum beginnt der Herdbruchprozess.

Exogene Kräfte
Exogene Kräfte entstehen durch die Bewegungen in der Luft- und Wasserhülle. Sie haben ihren Ursprung in der unterschiedlichen Einstrahlung von Sonnenenergie auf die Erdoberfläche. Neben den Temperaturunterschieden steuert die Schwerkraft und die Rotation des Erdkörpers die Strömungssysteme.
Gegenteil: *Endogene Kräfte* (siehe dort).

Gefährdung
Gefährdung ist die Wahrscheinlichkeit, mit der ein Ereignis nach den bisherigen Beobachtungen und einem entsprechenden mathematischen Modell zu erwarten ist.
Häufig wird ein Ereignis bestimmter Qualität, z. B. ein Erdbeben vorgegebener Magnitude (siehe dort), mit einer Wiederkehrperiode verbunden (Jahrhundert- oder Jahrtausend-Ereignis).

globale Herdparameter
(siehe integraler Herdvorgang).

Impedanz
Impedanz ist der Widerstand, das ein Material dem Durchgang von Wellen entgegensetzt.

Bei mechanischen Wellen ist es das Produkt aus Dichte und Wellengeschwindigkeit (Kompressions- bzw. Scherwellengeschwindigkeit). Die Dichte vertritt den Widerstand der trägen Masse, die Wellengeschwindigkeiten den Widerstand gegen eine elastische Verformung.

integraler Herdvorgang

Unter „integral" wird hier der Herdprozess als Ganzes verstanden. Er wird durch globale Herdparameter wie Herdlänge, mittlere Herdverschiebung, Herdmoment, Energie- und Spannungsgrößen beschrieben.
Gegenteil: lokale Herdgrößen, die Teilprozesse charakterisieren, aus denen sich der integrale Herdvorgang aufbaut.

Interferenz

Interferenz entsteht bei der Überlagerung verschiedener Signale, die zu einer Verstärkung (konstruktive I.) oder Abschwächung (destruktive I.) führen können.

Isoseiste

Ursprünglich: Linie gleicher Erschütterungswirkung (griech.). Sie grenzt Gebiete bestimmter makroseismischer Intensität gegen einander ab. Das Erschütterungsfeld von Erdbeben wird durch eine *Isoseistenkarte* beschrieben.

Kataklasit

Auf Scherzonen kommt es durch lang andauernde Bewegungen im Kontaktbereich der benachbarten Gesteinspartien zu intensiven Zerstörungsprozessen. Bei kataklasitischen Strukturen, der „Grobform" eines solchen Vorgangs, sind spröd gebrochene Partien in eine duktil verformte Masse eingebettet. Kataklasite sorgen für die Entstehung von Erdbeben (durch Scherwiderstand), wie auch für die innere Heterogenität des Herdvorgangs, d. h. den Gehalt an Beschleunigung innerhalb des globalen seismischen Signals.

Magnitude

Die Erdbeben-Magnitude wurde ursprünglich als logarithmisches Maß für die herdnahe Bodenverschiebung eingeführt. Heute versteht man darunter eine Skalierung, ebenfalls im logarithmischen Maßstab, der Herdlänge bzw. des Herdmoments, d. h. des Produkts aus Herdfläche, Herdverschiebung und Schermodul.

Orbitalbewegung

Beim Durchgang von Oberflächenwellen, wie den Schwerewellen im Ozean oder den Rayleigh-Wellen an der Erdoberfläche, führen die angeregten Teile des Mediums kreis- oder ellipsenförmige Bewegungen aus. Diese erfolgen mit einer bestimmten Orbital- oder Bodengeschwindigkeit, welche die dynamische Wirkung der Welle bestimmt. Bei den Schwerewellen des Ozeans ist das der dynamische Druck, den die Wellen z. B. beim Auftreffen auf eine Kaimauer ausüben, bei den Rayleigh-Wellen ist es die Bodengeschwindigkeit, ein Maß für die Erschütterungsstärke bei seismischen Signalen, die durch natürliche oder durch technische Quellen erzeugt werden (Erdbeben bzw. Sprengungen).

Rheologie

Ursprünglich: Fließkunde (griech.). Die Rheologie hat zunächst duktile Verformungen in die Beschreibung der Wirkung von Kräften auf festes Material einbezogen. Die Viskosität als stoff-, temperatur- und druckabhängige Materialeigenschaft ergänzt elastische Eigenschaften wie Kompressions- und Schermodul. Heute versteht man unter Rheologie ganz allgemein die stoffabhängigen Beziehungen zwischen Belastung und Deformation („Stoffgesetze").

Risiko

Risiko ist das Produkt aus der Wahrscheinlichkeit, mit der ein Ereignis zu erwarten ist, und dem bei diesem Ereignis zu erwartenden Verlust (vgl. auch Vulnerabilität). Man unterscheidet Personen- und Sach-Risiko. Erdbeben und vergleichbare Naturereignisse werden in ihrem Risiko mit anderen negativen Einflüssen, wie Krankheiten, Unfällen, politischen Vorgängen verglichen.

Schwerewellen

Bei Schwerewellen des Ozeans mit Perioden zwischen Sekunden und Minuten (Windsee bis Tsunamis; siehe dort) wirkt die Schwerkraft als rücktreibende Kraft. Bei den in Periode und Wellenlänge wesentlich kürzeren *Kapillarwellen* übernimmt die Oberflächenspannung des Wassers die Rolle der rücktreibenden Kraft.

Seismologie

Erdbebenkunde (griech.: ho seismos = das Erdbeben).
Seismisch: Eine seismische Bewegung auf einer Scherfläche erfolgt schnell (d.h. innerhalb von Sekunden bis Minuten). Solche Bewegungen sind von langen Ruhezeiträumen unterbrochen, die Jahrzehnte bis Jahrtausende betragen können.
Gegenteil: *aseismische Bewegung*, gleitende Bewegung (engl.: „*creep*" = „Kriechen").
Seismizität: (statistische) Verteilung von Erdbeben in Zeit und Raum: Die Qualität des Herdvorgangs wird dabei durch eine Magnitude (siehe dort) beschrieben.

Seismotektonik

Beschreibung des Erdbebenherdes durch tektonische Kenngrößen (Orientierung der Herdfläche im Erdinnern, Richtung der Verschiebung auf der Herdfläche) und tektonophysikalische Parameter (Spannungsabfall im Herd, Scherwiderstand auf der Herdfläche, Bruchgeschwindigkeit während des Herdvorgangs, Herdmoment, Abstrahlcharakteristik).

Seismik

Verwendung seismischer Wellen zur Erkundung der physikalischen Eigenschaften und Strukturen im Erdinnern. Man unterscheidet Reflexions-, Refraktions- und Bohrlochseismik.

sinistral

(auch linksdrehend). „Drehsinn" der Bewegung entlang einer tektonischen Scherzone, die gegen den Uhrzeigersinn erfolgt. Gegenteil: dextral (sieh dort). Sinistrale Horizontalverschiebungen sind der Sax-Schwendi-Bruch (St. Gallen, Schweiz) und die seismisch aktive Albstadt-Scherzone (Baden-Württemberg, Deutschland).

Spektrum

Zerlegung eines Signals in frequenz- bzw. periodenabhängige Komponenten, meist in der Form von Sinus- oder Cosinus-Signalen (Fourier-Spektrum). Es werden Spektren der Bodenbewegung in der Verschiebung, der Geschwindigkeit und der Beschleunigung dargestellt; daneben finden auch Energie- und Leistungsspektren Verwendung.
Spektren sind für sytemtheoretische Untersuchungen (siehe dort) die wesentliche Darstellungs- und Bearbeitungsform.
Antwortspektren entstehen, indem man seismische Signalen über einen als Filter wirkenden gedämpften Einmassen-Schwinger laufen lässt.
Die Verwandlung einer Zeitfunktion in ein Spektrum bietet folgende Vorteile:

a. Eine unregelmäßige Zeitfunktion kann quantifiziert werden, indem man jeder Frequenz bzw. jedem Frequenzintervall eine Spektralamplitude (in der Bodenverschiebung, Bodengeschwindigkeit, Bodenbeschleunigung oder Wellenenergie) zuordnet.
b. In einem komplexen System können nach der Transformation vom Zeit- in den Frequenzbereich die Wirkungen von Teilbereichen wie Quelle (Herd), Medium (Struktur des Erdkörpers) und Empfänger (Boden/Bauwerk, Seismograph) durch einfache Rechenoperationen miteinander in Beziehung gesetzt werden (vgl. Systemtheorie).

Die spektrale Amplitudendichte bezieht eine kinematische oder dynamische Größe auf eine Frequenz bzw. ein Frequenzintervall. Das drückt sich in den Einheiten der spektralen Amplitudendichte aus: $X \cdot Hz = x \cdot s$, z.B. $m/Hz = m \cdot s$ für die Amplitudendichte der seismischen Bodenverschiebung.

Systemtheorie

Ursprünglich in der Nachrichtentechnik entwickelt (vgl. *K. Küpfmüller*: Systemtheorie der elektrischen Nachrichtenübertragung, S. Hirzel, Stuttgart, 1949: 412 pp).
In der Nachrichtentechnik besteht das „Grundaufbau" des Systems aus Sender, Ausbreitungsmedium und Empfänger. In der Seismologie tritt an die Stelle des Senders der Erdbebenherd als Quelle seismischer Wellen, das Erdinnere mit seinen physikalischen Strukturen fungiert als Übertragungssystem („Medi-

um“). Der Empfänger sind hier ein Bodenvolumen in der Nähe der Erdoberfläche, ein Gebäude mit seinem Baugrund oder ein Seismograph.

transient

Ein transientes Signal ist aperiodisch und im allgemeinen von kurzer Dauer. P- und S-Wellen, sowie deren Reflexionen und Wechselwellen zeigen transienten Charakter. Gegenteil: *Periodische Signale* (wie z. B. Gezeiten, im Allg. gemischt-periodisch), *dispergierte Wellenzüge* (seismische Oberflächenwellen, Rayleigh- und Lovewellen, bei denen die Geschwindigkeit mit der Periode wächst) oder *stochastische Signale* wie das seismische Rauschen im Erdkörper (Bodenunruhe), das durch meteorologische, hydrologische und vor allem ozeanologische Vorgänge erzeugt wird; im hochfrequenten Bereich (oberhalb von 10 Hz) trägt der Mensch über technische Prozesse zum seismischen Rauschpegel bei. Alternative Bezeichnung: Einsatz.

Tsunami

Japan.: Hafenwelle; seismische Flutwelle. Langperiodische Schwerewellen (siehe dort), die vor allem durch flache untermeerische Herde erzeugt werden. In den meisten Fällen ist es die vertikale Komponente der Herdverschiebung größerer Beben (Momentmagnitude oberhalb Mw $\approx$ 6,5 oder Herdausdehnung größer als 30 km), die zur Auslösung der seismischen Flutwellen führt. Andere Ursachen sind Sedimentabgänge, Vulkanexplosionen oder Meteor-Einschläge im Meer.

Vulnerabilität

Empfindlichkeit eines Materials oder eines Systems gegenüber Belastungen. So zeigt ein nicht-verstärkter Mauerwerksbau gegenüber einer seismischen Belastung eine höhere Vulnerabiltät als Fachwerkgebäude (vgl. Risiko).

Literaturverzeichnis

der für Text und Abbildungen, Kästen und Tabellen verwendeten Veröffentlichungen

Acharya, H.K., 1979: A method to determine the duration of quiescence in a seismic gap. – Geophys. Res. Lett. **6**: 681-684.

Adams, R.D., 1976: The Haicheng, China, earthquake of 4 February 1975: the first successfully predicted major earthquake. – Bull. New Zealand Nat. Soc. Earthqu. Eng. **9**: 32-42.

Ahorner, L., 1967: Herdmechanismen rheinischer Erdbeben und der seismotektonische Beanspruchungsplan im nordwestlichen Mittel-Europa. – Sonderveröffentl. Geol. Inst. Univ. Köln (Schwarzbach-Heft): 109-130.

Ahorner, L., 1970: Seismo-tectonic relations between the Graben zones of the Upper and Lower Rhine Valley. – Graben Problems, Schweizerbart, Stuttgart: 155-166.

Ahorner, L., 1975: Present-day stress field and seismotectonic block movements along major fault-zones in Central Europe. – Tectonophysics **29**: 233-249.

Ahorner, L., 1983: Historical seismicity and present-day microearthquake activity of the Rhenish massif, Central Europe. In: K. Fuchs , K. von Gehlen, H. Mälzer, H. Murawski, A. Semmel (eds.): Plateau Uplift. – Springer-Verlag, Berlin-Heidelberg: 198-221.

Ahorner, L., 1985: The general pattern of seismotectonic dislocations in Central Europe as the background for the Liège earthquake on November 8, 1983. In: P. Melchior (ed.): Seismic activity in Western Europe. – D. Reidel, Dordrecht: 41-56.

Ahorner, L., 1994: Fault-plane solutions and source parameters of the 1992 Roermond, the Netherlands, mainshock and its stronger aftershocks from regional seismic data. – Geologie en Mijnbouw **73**: 199-214.

Ahorner, L., Baier, B., Bonjer, K.-P.,1983: General pattern of seismotectonic dislocation and the earthquake-generating stress field in Central Europe between the Alps and the North Sea. In: K. Fuchs, K. von Gehlen, H. Mälzer, H. Murawski, A. Semmel (eds): Plateau Uplift, Springer-Verlag, Berlin-Heidelberg: 187-197.

Ahorner, L., Murawski, H., Schneider, G., 1970: Die Verbreitung von schadenverursachenden Erdbeben auf dem Gebiete der Bundesrepublik Deutschland. – Z. f. Geophys. **36**: 313-343.

Ahorner, L., Pelzing, R.,1985: The source characteristics of the Liège earthquake on November 8, 1983, from digital recordings in West Germany. In: P. Melchior (ed.): Seismic activity in Western Europe. – Reidel, Dordrecht: 263-289.

Aki, K., 1966: Generation and propagation of G waves from the Niigata earthquake of june 16, 1964. Part 2. Estimation of earthquake moment, released energy, and stress-strain drop from the G wave spectrum. – Bull. Earthqu. Res. Inst. **44**: 73-88.

Aki, K., 1967: Scaling law of seismic spectrum. – J. Geophys. Res. **72**: 1217-1231.

Aki, K., 1968: Seismic displacement near a fault. – J. Geophys. Res. **73**: 5359-5376.

Aki, K., 1972: Scaling law of earthquake source time function. – Geophys. J. R. astr. Soc. **31**: 3-25.

Aki, K., 1984: Asperitiers, barriers, characteristic earthquakes and strong motion prediction. – J. Geophys. Res. **89**: 5867-5872.

Alexandre, P., 1990: Les séismes en Europe occidentale de 394 à 1259. Nouveau catalogue critique. – Obs. Royal de Belgique, Série Geophys., Hors - Série, Bruxelles, 266 pp.

Algermissen, S.T., 1969: Seismic risk studies in the United States. – Proc. 4th WCEE, Santiago de Chile, Vol. I: 15-27.

Allen, C.R., 1962: Circum-pacific faulting in the Philippines-Taiwan region. – J. Geophys. Res. **67**: 4795-4812.

Allen, C.R., Brune, J.N., Cluff, L.S., Barrows, A.G., Jr., 1998: Evidence for unusually strong near-field ground motion on the hanging wall of the San Fernando fault during the 1971 earthquake. – Seism. Res. Lett. **69**: 524-531.

Amato, A., Azzara, R., Chiarabba, C., Cimini, G.B., Cocco, M., di Bona, M., Margheriti, L., Mazza, S., Mele, F., Selvaggi, G., Basili, A., Boschi, E., Courboulex, F., Deschamp, A., Gaffet, S., Bittarelli, G., Chiaralucci, L., Piccinini, D., Ripepe, M., 1998: The 1998 Umbria-Marche, Italy, earthquake sequence: a first look at the main shock and aftershocks. – Geophys. Res. Lett. **25**: 2861-2864.

Ambraseys, N.N., 1962: Data for the investigation of the seismic sea-waves in the Eastern Mediterranian. – Bull. Seism. Soc. Am. **52**: 895-913.

Ambraseys, N.N., 1976: The Gemona di Friuli earthquake of 6 May 1976. – Unesco report, Paris, 111 pp.

Ambraseys, N.N., 1984: Material for the investigation of the seismicity of Tripolitania (Libya). In: A. Brambatai & D. Slejko (eds.): The O.G.S. Silver Anniversary Volume, Trieste: 143-153.

Ambraseys, N.N., 2001: The Kresna earthquake of 1904 in Bulgaria. – Ann. di Geof. **44**: 95-117.

Ambraseys, N.N., Adams, R.D., 1986: Seismicity of West Africa. – Ann. Geophys. **4**: 679-702.

Ambraseys, N.N., Melville, C.P., 1982: A history of Persian earthquakes. – Cambridge Univ. Press, Cambridge etc., 219 pp.

Amelung, F., King, C., 1997: Earthquake scaling law for creeping and non-creeping faults. – Geophys. Res. Lett. **24**: 507-510.

Ammann, W., Klein, G., Natke, H. G., Nussbaumer, H., 1995: Machinery-induced vibrations. In: H. Bachmann et al. (eds.): Vibration problems in Structures. – Birkhäuser-Verlag, Basel-Boston-Berlin: 29-49.

Ammann, W.J., Vogt, R.F., Wolf, J.P., 1986: Das Erdbeben in Mexiko vom 19. September 1985. – Schweiz. Ing. u. Architekt. 13/86: 272-281.

Ampferer, O., 1906: Über das Bewegungsbild von Faltengebirgen. – Jb. Geol. Reichsanst. Wien **56**: 539-622.

Anderson, E.M., 1942: The dynamics of faulting. – Oliver & Boyd, Edinburgh-London, 206 pp.

Ando, M., 1975: Source mechanisms and tectonic significance of historic earthquakes along the Nankai trough, Japan.. – Tectonophys. **27**: 119-140.

Antonini, M., 1987: Statistics and source parameters of the swarm from digital recordings. In: D. Procházková (ed.): Induced seismicity and associated phenomena Czechoslovak Academy of Sciences: Workshop in Mariánské Lázně, Vol.I: 205-217.

Antonini, M., 1988: Variations in the focal mechanisms during the 1985/86 Western Bohemia earthquake sequence – correlation with spatial distribution of foci and suggested geometry of faulting. In: D.Procházková (ed.): Induced seismicity and associated phenomena. Vol. I: 250-270.

Argand, E., 1924: La tectonique de l'Asie. – C.R. 13 Congr. Géol. Intern., Bruxelles. – Vaillant-Carmanne, Liège: 171-372.

Astiz, L., Earle, P., Shearer, P., 1996: Global stakking of broadband seismograms. – Seism. Res. Lett. **67**: 8-18.

Astiz, L., Kanamori, H., Eissler, H., 1987: Source characteristics of earthquakes in the Michoacan seismic gap in Mexico. – Bull. Seism. Soc. Am. **77**: 1326-1346.

Atkinson, G.M., 1996: The high-frequency slope of the source spectrum for earthquakes in Eastern and Western Canada. – Bull. Seism. Soc. Am. **86**: 106-112.

Atkinson, G.M., Silva, W., 2000: Stochastic modeling of California ground motion. – Bull. Seism. Soc. Am. **90**: 255-274.

Audin, L., Aviouac, J.-Ph., Flouzat, M., Plantet, J.L., 2002: Fluid-driven seismicity in a stable tectonic context: The Remiremont fault zone, Vosges, France. – Geophys. Res. Lett. **29**: 15.1-4.

Avouac, J.-Ph., Taponnier, P., 1993: Kinematic model of active deformation in Central Asia. – Geophys. Res. Lett. **20**: 895-898.

Aydin, A., Nur, A., 1982: Evolution of pull-apart basins and their scale independence. – Tectonics **1**: 91-105.

Bachmann, H., 1995: Erdbebensicherung von Bauwerken. – Birkhäuser Verlag, Basel-Boston-Berlin, 292 pp.

Bachmann, R.E., Bonneville, D.R., 2000: The seismic provisions of the 1997 Uniform Building Code. – Earthqu. Spectra **16**: 85-100.

Bada, G., Cloetingh, S., Gerner, P., Horváth, F., 1998: Sources of recent tectonic stress in the Pannonian region: inferences from finite element modelling. – Geophys. J. Int. **134**: 87-101.

Bankwitz, P., Bankwitz, E., Franzke, H.-J., 1995: In-situ-Spannungsmessungen in Thüringen und Sachsen. – Brandenburgische Geowiss. Beitr. **2**: 77-94.

Barattta, M., 1910: La catastrofe sismica calabro messinese (28 dicembre 1908). – Soc. Geogr. Ital., Roma, 426 pp.

Barclay, D., 2003: The Field act: Histories and issues for Californian schools. – Seism. Res. Lett. **74**: 27-33.

Bard, P.-Y.,1994: Site effect experiments (Turkey Flat and Ashigara): lessons, issues, needs and prospects. – Proc. 10th WCEE Vol.11, p. 6985-6988.

Bardet, J.-P., 2003: Advances in analysis of soil liquefaction during earthquakes. In: W. H. K. Lee, H. Kanamori, P. C. Jennings, C. Kisslinger (eds.): Intrnational handbook of earthquake and engineering seismology. Part B, Academic Press, Amsterdam etc.: 1175-1201.

Barka, A., 1996: Slip distribution along the North-Anatolian fault associated with the large earthquakes of the period 1939 to 1967. – Bull. Seism. Soc. Am. **86**: 1238-1254.

Barrientos, S.E., Ward, St.N., 1990: The 1960 Chile earthqake: inversion for slip distribution from surface deformation. – Geophys. J. Int. **103**: 589-598.

Beck, Ch., Manalt, F., Chapron, E., v. Rensbergen, P., de Batist, M., 1996: Enhanced seismicity in the early postglacial period: evidence from the Post-Würm sediments of lake Annecy, northwestern Alps. – J. Geodyn. **22**: 155-171.

Becker, A., 1993: An attempt to define a „neotectonic period" for Central and Northern Europe. – Geol. Rundschau **82**: 67-83.

Becker, A., 1995: Neotektonik in Nord- und Mitteleuropa. – N. Jb. Geol. Paläont. Mh. 1995, H.1: 9-38.

Becker, A., 2000: The Jura mountains – an active foreland fold and thrust belt? – Tectonophysics **321**: 381-406.

Behr, H.-J., Dürbaum, H.-J., Bankwitz, P. (eds.), 1994: Crustal structure of th Saxo-thuringian zone: Results of the deep seismic profile MVE-90 (East). – Z. geol. Wissensch. **22**: 647-769.

Bendick, R., Bilham, R., Fielding, E., Gaur, V.K., Hough, S,E., Kier, G., Kulkarni, M.N., Martin, S., Mueller, K., Mukul, M., 2001: The 26 January 2001 „Republic Day" earthquake, India. – Seism. Res. Lett. **72**: 328-335.

Benioff, H., 1934: The physical evaluation of seismic destructiveness. – Bull. Seism. Soc. Am. **24**: 398-403.

Benioff, H., 1935: A linear strain seimograph. – Bull. Seism. Soc. Am. **25**: 283-309.

Benioff, H., 1951: Earthquakes and rock creep. – Bull. Seism. Soc. Am. **41**: 31-62.

Benioff, H., 1954: Orogenesis and deep crustal structure – additional evidence from seimology. – Bull. Geol. Soc. Am. **65**: 385-400.

Benioff, H., 1959: Fused-quartz extensometer for secular, tidal, and seismic strain. – Bull. Geol. Soc. Am. **70**: 1019-1032.

Ben-Menahem, A., 1979: Earthquake catalogue for the middle east (92 B.C. – 1980 A.D.). – Boll. Geof. Teor. ed Appl. **21**: 245-313.

Ben-Menahem, A., 1995: A concise of mainstream seismology: orgin, legacy, and perspectives. – Bull. Seism. Soc. Am. **85**: 1202-1225.

Ben-Menahem, A., Vered, M., Brooke, D., 1982: Earthquake risk in the Holy Land. – Boll. Geof. Teor. ed Appl. **24**: 175-203.

Benuska, L., 1990: Loma Prieta earthquake reconnaissance report. – Supplt. Vol. **6** Earthqu. Spectra, 448 pp.

Berckhemer, H., 1962: Die Ausdehnung der Bruchfläche im Erdbebenherd und ihr Einfluss auf das seismische Wellenspektrum. – Gerland's Beitr. Geophys. **71**: 5-26.

Bergeron, A., Bonin, J., 1991: The deep structure of Gorrindge Bank (NE Atlantic) ands its surrounding area. – Geophys. J. Int. **105**: 491-502.

Bernard, P., 1991: Space and time scaling laws for seismic source. – Proc. Int. Conf. Seismic hazard determination in areas with moderate seismicity Oct. 22-23, 1991 Saint-Rémy-lès-Chevreuse, France (Eds.: B. & G. Mohammedioun). – Ouest Editions, Nantes: 69-85.

Berz, G., 1998: Naturkatastrophen – Auffangnetz Rückversicherung. – Spektrum der Wissensch., Februar 1998: 101-104.

Bilham. R.G., Emter, D., King, G.C.P., 1974: Kilometre and centimetre earth strain meters. – Nature **249**: 25-26.

Bisztricsany, E., Szeidowitz, G., 1984: Seismicity of Budapest and its environs. In: H. Stiller, A. Ritsema (eds.): Proc. Session 12 (European geodynamics, seismicity, and seismic hazards), IUGG, IASPEI, 15-27. VIII. 1983, Hamburg: 110-116.

Bock, Y., Agnew, D.C., Fang, P., Genrich, J.F., Hager, B.H., Herring, Th.A., Hudnut,, K.W., King, R.W., Larsen, S., Minster, J.-B., Stark, K., Wdowinski, S., Wyatt, F.K., 1993: Detection of crustal deformation from the Landers earthquake sequence using continous geodetic measurements. – Nature **361**: 337-3409.

Bolt, B.A., 1971: The San Fernanado Valley, California, earthquake of February 9,1971. – Bull. Seism. Soc. Am. **61**: 591-510.

Bolt, B.A., 1974: Duration of strong ground motion. – Proc. 5th WCEE Vol.I: 1304-1313.

Bolt, B.A. (ed.), 1987: Seismic strong motion synthetics. – Academic Press, Orlando etc., 328 pp.

Bolt, B.A., 1993: Earthquakes and geological discovery. – Scientif. Am. Libr., New York, 229 pp.

Bonafede, M., Boschi, E., Dragoni, M., 1982: On the recurrance time of great earthquakes on a long transform fault. – J. Geophys. Res. **87**: 10.551-10.556.

Bonilla, M.G., 1970: Surface faulting and related effects. In: R.L. Wiegel (ed.): Earthquake Engineering. – Prentice-Hall, Englewood Cliffs N.J.: 47-74.

Bonilla, M.G., Mark, R.K., Lienkaemper, J.J., 1984: Statistical relations among earthquake magnitude, surface rupture length, and surface fault displacement. – Bull. Seism. Soc. Am. **74**: 2379-2411.

Bonjer, K.-P., Gelbke, C., Gilg, B., Rouland, D., Mayer.Rosa, D., Massinon, B., 1984: Seismicity and dynamics of the Upper Rhinegraben. – J. Geophys. **55**: 1-12.

Boore, D.M., 1983: Stochastic simulation of high-frequency ground motions based on seismological models of the radiated spectra. – Bull. Seism. Soc. Am. **73**: 1865-1894.

Boore, D.M., Sims, J.D., Kanamori, H., Harding, S., 1981: The Montenegro, Yougoslavia, earthquake of April 15, 1979: Source orientation and strength. – Phys. Earth Planet. Int. **27**: 133-142.

Boschi, E., Guidobono, E., Ferrari, G., Mariotti, D., Valensise, G., Gasperini, P., 2000: Catalogue of strong Italien earthquakes from 461 to 1997. – Ann. di Geof. **43**: 609-868.

Bozkurt, E., 2001: Notectonics of Turkey. – Geodin. Acta **14**: 3-30.

Breidert, W. (Hrsg.), 1994: Die Erschütterung der vollkommenen Welt: Die Wirkung des Erdbebens von Lissabon im Spiegel europäischer Zeitgenossen. – Wissensch. Buchges., Darmstadt, 234 pp.

Brüstle, W., Geyer, M., Schmücking, B., 2000: Karte der geologischen Untergrundsklassen für DIN 4149 (neu). Abschlussbericht. – Fraunhofer, IRB-Verlag, 60 pp.

Brune, J.N., 1968: Seismic moment, seismicity, and rate of slip along major fault zones. – J. Geophys. Res. **73**: 777-784.

Brune, J., 1970: Tectonic stress and spectra of seismic shear waves from earthquakes. – J. Geophys. Res. **75**: 4997-5009. – Correction **76** (1971): 5002.

Brune, J.N., Thatcher, W., 2002: Strength and energetics of active fault zones. In: W.H.K. Lee, H. Kanamori, P.C. Jennings, C. Kisslinger (eds.): International handbook of earthquake and engineering seismology. Part A. – Academic Press, Amsterdam etc., 933 pp.

Bryant, E., 2001: Tsunami, the underrated hazard. – Cambridge Univ. Press, Cambridge etc., 320 pp.

Budiansky, B., Amazigo, J.C., 1976: Interaction of fault slip and lithosperic creep. – J. Geophys. Res. **81**: 4897-4900.

Budó, A., 1956: Theoretische Mechanik. – VEB Deutscher Verl. Wissensch., Berlin, 582 pp.

Buforn, E., Udías, A., 1981: Focal mechanism of earthquakes in the Gulf of Cadiz, South Spain and Alboran Sea. In: J. Mezcua & A. Udías (eds.): Seismicity, seismotectonics and seismik risk of the Ibero-Maghrebian Region. – Inst. Geogr. Nac., Madrid, Monografia No. **8**: 29-40.

Buforn, E., Udías, A., Mezcua, J., 1988: Seismicity and focal mechanisms in South Spain. – Bull. Seism. Soc. Am. **78**: 2008-2024.

Bureau of Social Affairs, Home Office, Japan, 1926: The Great Earthquake of 1923 in Japan. – Sanshua Press, Tokio, 615 pp.

Burridge, R., Knopoff, L., 1964: Body force equivalents for seismic diuslocations. – Bull. Seism. Soc. Am. **54**: 1875-1888.

Byrne, D.E., Sykes, L.R., 1992: Great thrust earthquakes and aseismic slip along the plate boundary of the Makran subduction zone. – J. Geophys. Res. **97**: 449-478.

Cadiot, B., 1979: Le séisme nissart de 1564. In: J. Vogt (ed.): Les tremblements de terre en France. – Mém. Bur. recherch géol. et minières. No. 96: 172-178.

Cagneti, V., Pasquale, V., 1979: The earthquake sequence in Friuli, Italy, 1976. – Bull. Seism. Soc. Am. **69**: 1797-1818.

Calais, E., Lesne, O., Déverchère, J., Sankov, V., Lukhnev, A., Miroshnitchenko, A., Buddo, V., Levi, K., Zalutzky, V., Bashkuev, Y., 1998: Crustal deformation in the Baikal rift from GPS measurements. – Geophys. Res. Lett. **25**: 4003-4006.

Cao, A., Gao, St.S., 2002: Temporal variation of seismic b.values beneath northeastern Japan island arc. – Geophys. Res. Lett. **29**: 48.1-3.

Capuano, P., de Natale, G., Gasparini, P., Pingue, F., Scarpa, R., 1988: A model for the 1908 Messina straits (Italy) earthquake by inversion of levelling data. – Bull. Seism. Soc. Am. **78**: 1930-1947.

Carder, D.S., 1945: Seismic investigations in the Boulder dam area, 1940-1944, and the influence of reservoir loading on local earthquake activity. – Bull. Seism. Soc. Am. **35**: 175-192.

Cerutti, H., 1987: China, wo das Pulver erfunden wurde. Naturwissenschaft, Medizin und Technik in China. – DTV-Sachbuch, München, 118 pp.

Chandra, U., 1984: Focal mechanism solutions for earthquakes in Iran. – Phys. Earth Planet. Int. **34**: 9-16.

Charlier, Ch., 1951: Etude systematique des tremblements der terres belges récents (1900-1950). – Obs. Roy. de Belgique, Publ. Serv. Séism. et Grav., Série S, No. **10**, 60 pp.

Chen, Y., Kan-ling, T., Chen, F., Gao, Z., Zou, Q., Chen, Z., 1988: The Great Tangshan Earthquake of 1976. An anatomy of disaster. – Pergamon Press, Oxford etc., 153 pp.

Chéry, J., Merkle, S., Bouisson, St., 2001: A physical basis for time clustering of large earthquakes. – Bull. Seism. Soc. Am. **91**: 1685-1693.

Chinnery, M.A., 1961: A deformation of the ground around surface faults. – Bull. Seism. Soc. Am. **51**: 355-372.

Chinnery, M.A., 1963: The stress changes that accompany strike-slip faulting. – Bull. Seism. Soc. Am. **53**: 921-932.

Choy, G.L., Boatwright, J., 1990: Source characteristics of the Loma Prieta, California, earthquake of October 18,1989 from global digital data. – Geophys. Res. Lett. **17**: 1183-1186.

Cipar, J., 1980: Teleseismic observations of the Friuli, Italy, earthquake sequence. – Bull. Seism. Soc. Am. **70**: 963-983.

Cloos, H., 1939: Hebung-Spaltung-Vulkanismus. – Geol. Rundschau **30**: 405-527.

Cluff, L.S.,1971: Peru earthquake of May 31, 1970. Engineering geology observations. – Bull. Seism. Soc. Am. **61**: 511-533.

Cluff, L.S., Cluff, J.L., 1984: Importance of assessing degrees of fault activity for engineering decisions. – Proc. 8th WCEE, San Francisco, Vol.II: 629-636.

Coburn, A., Spence, R., 1992: Earthquake protection. – J. Wiley & Sons, Chichester etc., 355 pp.

Cohen, St., C., 1999: Numerical models of crustal deformation in seismic zones. – Adv. In Geophys. **41**, 231 pp.

Commissione CNEN-ENEL per lo studio dei problemi sismici con la realizazione di impianti nucleari, 1976: Contributo allo studio del terremoto del Friuli del maggio 1976. – Tipogr. Stat. di Roma: 135 pp.

Committee on the Alaska Earthquake of the Division of Earth Sciences, National Research Council, 1968-1973: Hydrology (1968): 441 pp. – Human ecology (1970): 510 pp. – Geology (1971): 834 pp. – Biology (1971): 287 pp. – Oceanography and coastal engineering (1972): 556 pp. – Seismology and geodesy (1972): 596 pp. – Engineering (1973): 1190 pp. – National Academy of Sciences, Washington D.C.

Conrad, V., 1928: Das Schwadorfer Beben vom 8. Oktober 1927. – Gerland's Beitr. Geophys. **20**: 240-277.

Cornell, C.A., 1968: Engineering seismic risk analysis. – Bull. Seism. Soc. Am. **58**: 1583-1606.

Cornell, C.A., Vanmarcke, E.H., 1969: The major influences on seismic risk. – Proc. 4th WCEE, Santiago di Chile, Vol.I : 69-93.

Costain, J.K., Bollinger, G.A., 1996: Climatic changes, streamflow and long-term forecasting of intraplate seismicity. – J. Geodyn. **22**: 97-118.

Cox, D.C. (ed.), 1967: Proceedings of the Tsunami meetings associated with the 10th Pacific Science Congress. – Union Géod. Géophys. Int., Monogr. No. **24**, 265 pp.

Csomor, D.Z., 1966: Fault-plane solutions of the earthquake of the 12th january 1956 (Budapest). – Ann. Univ. of Budapest, Geol. Sect. **10**: 3-8.

Dammann, Y., 1924: Le tremblement de terre de Kan-Sou. – Publ. Bur. Centr. Int. de Séism., Série B, Monographies **1**: 92 pp.

Das, S., 1993: The Macquarie Ridge earthquake of 1989. – Geophys. J. Int. **115**: 778-798.

Dasgupta, S., Mukhopadhyay, M., Nandy, D.R., 1987: Active transverse features in the central portion of the Himalaya. – Tectonophys. **136**: 255-264.

Day, R.W., 2002: Geotechnical earthquake engineering handbook. – McGraw-Hill, New York etc., 585 pp.

Deichmann, N., Ballarin Dolfin, D., Kastrup, U., 2000: Seismizität der Nord- und Zentralschweiz. – NAGRA Techn. Bericht 00-05, Wettingen: 221 pp.

Deng, J., Gurnis, M., Kanamori, H., Hauksson, E., 1998: Viscoelastic flow in the lower crust after the 1992 Landers, California, earthquake. – Science **282**: 1689-1692.

Deng, J., Hudnut, K., Gurnis, M., Hauksson, E., 1999: Stress loading from viscous flow in the lower crust and triggering of aftershocks following the 1994 Northridge, California, earthquake. – Gephys. Res. Lett. **26**: 3209-3212.

Dietrich, G., Kalle, K., Krauss, W., Siedler, G., 1975: Allgemeine Meereskunde. 4. Aufl. – Gebrüder Bornträger, Berlin-Stuttgart, 593 pp.

Deutsches Institut für Normung, 1999: DIN 4150-3: Erschütterungen im Bauwesen, Teil 3: Einwirkungen auf bauliche Anlagen. – Deutsches Institut für Normung (DIN), Berlin, 12 pp.

Dixon, T.H., Mao, AS., 1996: How rigid is the stable interior of the North American plate? – Geophys. Res. Lett. **23**: 3035-3038.

Dorbath, C., Dorbath, L., Gaulon, R., George, T., Mourgue, P., Ramdami, M., Robineau, B., Tadili, B., 1984: Seismotectonics of the Guinean earthquake of December 22, 1983. – Geophys. Res. Lett. **11**: 971-974.

Doser, D.I., Smith, R.B., 1985: Source parameters of the 28 October 1983 Borah Peak, Idaho, earthquake from body wave analysis. – Bull. Seism. Soc. Am. **75**: 1041-1051.

Drimmel, J., 1980: Rezente Seismizität und Seismotektonik des Ostalpenraumes. In: R. Oberhauser (Hrsg.): Der geologische Aufbau Österreichs. – Springer-Verlag, Wien-New York: 507-525.

Dvořák, A., 1956: Karte der seismisch tätigen Gebiete und der wichtigsten während der Periode 1756-1956 beobachteten Erdbeben in (der) ČSR. 1:1.500.000. – Institut für Ingenieurgeologie, Prag.

Dziewonski, A.M., Anderson, D.L., 1984: Structure, elastic and rheological properties and density of the earth's interior, gravity and pressure. In: K. Fuchs & H. Soffel (eds.): Landolt-Börnstein: Physik der festen Erde Band II. – Springer-Verlag, Berlin etc.: 84-96.

Dziewonski, A.M., Chou, T.-A., Woodhouse, J.H., 1981: Determination of earthquake source parameters from wave form data for studies of global and regional seismicity. – J. Geophys. Res. **86**: 2825-2852.

Earthquake Engineering Research Institute 1989: Loma Prieta Earthquake October 17, 1989. Preliminary Reconaissance report. – Report No. 89-03, El Cerrito, 51 pp.

Earthquake Engineering Research Institute – Committe on seismic risk, 1989: The basics of seismic risk analysis – Earthqu. Spectra **5**: 675-702.

Earthquake Engineering Research Institute, 1992: Cairo, Egypt, earthquake of October 12, 1992. – Earthquake Engineering Research Institute, Special Report, 8 pp.

van Eck, T., Davenpoort, C.A. (eds.), 1994/95: Seismotectonics and seismic hazard in the Roermond valley graben with emphasis on the Roermond earthquake of April 13, 1992. – Geologie en Mijnbouw **73**: 91-432.

Edel, J.B., Weber, K., 1995: Cadomian terranes, wrench faulting and thrusting in Central Europe Variscides: geophysical and geological evidence. – Geol. Rundschau **84**: 412-432.

Ehlert, R., 1898: Zusammenstellung, Erläuterung und kritische Beurtheilung der wichtigsten Seismometer unter besonderer Berücksichtigung ihrer praktischen Verwendbarkeit. – Beitr. zur Geophysik (Hrsg. G. Gerland) **3**: 350-474.

Eibl, J., Henseleit, O., 1993: Bauwerksertüchtigung. In: E. Plate, L.C.Clausen, U. de Haar, H.-B. Kleeberg, G. Klein, G. Mattheß, R. Roth, H.U. Schmincke (Hrsg.): Naturkatastrophen und Katastrophenvorbeugung. Deutsche Forschungsgemeinschaft. – VCH-Verlag, Weinheim: 274-291.

Eisbacher, G.H., 1988: Nordamerika. – Ferdinand Enke Verlag, Stuttgart, 176 pp.

Elsasser, W.M., 1969: Convection and stress propagation in the upper mantle. In: S.K. Runcorn (ed.): The application of modern physics to the Earth and Planetary Interiors. – Wiley-Interscience, London etc.: 223-246.

Elsasser, W.M., 1971: Two-layer model of upper mantle circulation. – J. Geophys. Res. **76**: 4744-4753.

Engelder, T., 1993: Stress regime in the lithosphere. – Princeton Univ. Press, Princeton N.J., 457 pp.

England, Ph., Molnar, P., 1997: The field of crustal velocity in Asia from quaternary rates of slip on faults. – Geophys. J. Int. **130**: 551-582.

EQE Engineerung, 1987: EQE earthquake home preparedness guide. – San Francisco, 24 pp.

EQE Engineering, 1989: The October 17, 1989 Loma Prieta Earthquake. – San Francisco, 40 pp.

Espinosa, A.F. (ed.), 1976: The Guatemalan earthquake of Februarry 4, 1976. A preliminary report. – Geol. Survey Prof. Paper 1002. US Governm. Printing Office, Washington D.C., 90 pp.

Espinosa-Arancha, J.M., Jiménez, A., Ibarrola, G., Alcantar, F., Aguilar, A., Inostroza, M., Maldonado, S., 1995: Mexico City seismic alert system. – Seism. Res. Lett. **66**: 42-53.

Faccioli, E., Resendiz, D., 1976: Soil dynamics behavior including liquefaction. In: C. Lomnitz & E. Rosenblueth (eds.): Seismic risk and engineering decisions. – Elsevier, Amsterdam etc.: 71-139.

Fairhead, J.D., Stuart, G.W., 1982: The seismicity of the East African Rift System and comparison with other continental rifts. – in: G. Pálmason (ed.): Continental and oceanic rifts. – Geodynamics Series Vol. **8**, American Geophysical Union, Washington D.C.: 41-61.

Farreras, S.F., Sanchez, A.J., 1991: The tsunami threat in the Mexican West coast: A historical analysis and recommendations for hazard mitigation. – Nat. hazards **4**: 301-316.

Feigl, K.L., Agnew, D.C., Bock, Y., Dong, D., Donnellan, A., Hager, B.H., Herring, Th.A., Jackson, D.D., Jordan, Th.H., King, R.W., Larsen, S., Larson, K.M., Murray, M-H., Shen, Z., Webb, F.H., 1993: Space geodetic measurement of crustal deformation in Central and Southern California, 1984-1992. – J. Geophys. Res. **98**: 21.677-21.712.

Ferreira, J.M., Takeya, M., Costa, J.M., Moreira, J.A., Assumpção, M., Veloso, J.A.V., Pearce, R.G., 1987: A continuing intraplate earthquake sequence near João Cãmara, Northeastern Brazil – preliminary results. – Geophys. Res. Lett. **14**: 1042-1045.

Fonseca, J.F.B.D., Long, R.E., 1991: Seismotectonics of SW Iberia: A distributed plate margin? In: J. Mezcua & A. Udías (eds.): Seismicity, seismotectonics, and seismic risk of the Ibero-Maghrebian region. – Inst. Geogr. Nac., Madrid, Monogr. No. **8**: 227-240.

Foss, M.N., Constantinescu, D., Wörner, J.-D., 1992: The effect of earthquake duration on the dynamic amplification. – Darmstadt Concrete **7**: 213-224.

Fredrich, J., McCaffrey, R., Denham, D., 1988: Source parameters of seven large Australian earthquakes determined by body waveform inversion. – Geophys. J. Int. **95**: 1-13.

Freeman, J.R., 1932: Earthquake damage and earthquake insurance. – McGraw-Hill, New York-London, 904 pp.

Freund, R., 1982: The role of shear in rifting. – in: G. Pálmason (ed.): Continental and oceanic rifts. – Geodynamics Series Vol. **8**, American Geophysical Union, Washington D.C.: 33-39.

Freymüller, J., Bilham, R., Bürgmann, R., Larson, K.M., Paul, J., Jade, S., Gaur, V., 1996: Global positioning system measurements of Indian plate motion and convergence across the Lesser Himalaya. – Geophys. Res. Lett. **23**: 3107-3110.

Friedrich, W.L., 1994: Feuer im Meer: Vulkanismus und die Naturgeschichte der Insel Santorin. – Spektrum Akad. Verlag, Heidelberg-Berlin-Oxford, 256 pp.

Frisch, W., Loeschke, J., 1990: Plattentektonik. – Wissenschaftl. Buchges., Darmstadt, 190 pp.

Frost, J.K., Eichel, J.J., Goodwin,, J.H., 1986: Illinois basin ultradeep drillhole. – EOS Trans. Am. Geophys. Union **67**:1346-1348.

Fuchs, K., 2000: Synopse Sonderforschungsbereich 108 – Spannung und Spannungsumwandlung in der Lithosphäre. – Fortschr. Geowissensch. Forschung, Wiley-VCH, Weinheim, Mitt. **24**: 1-38.

Fuchs, K., von Gehlen, K., Mälzer, H., Murawski, H., Semmel, A. (eds.), 1983: Plateau uplift. – Springer-Verlag, Berlin etc., 411 pp.

Fuchs, K., Wenzel, F., 2000: Erdbeben – Instabilität von Megastädten. – Springer-Verlag, Berlin etc., 35 pp.

Fukushima, Y., Irikura, K., Uetake, T., Matsumoto, H., 2000: Characterstics of observed peak amplitude for strong ground motion from the 1995 Hyogoken Nanbu (Kobe) earthquake. – Bull. Seism. Soc. Am. **90**: 545-565.

Galitzin, B., 1903: Zur Methodik der seismometrischen Beobachtungen. – Kaiserl. Akad. der Wissensch., St. Petersburg, 112 pp.

Galitzin, B., 1911: Das Erdbeben vom 3.-4. Januar 1911. – Bull. de l'Acad. des sciences de St. Petersbourg: 127-136.

Galitzin, B., 1912: Vorlesungen über Seismometrie. – Verl. Kaiserl. Akad. Wissensch., St. Petersburg, 654 pp. (russ.). – Deutsche Ausgabe von O. Hecker. – B.G. Teubner, Leipzig-Berlin, 538 pp.

Galli, P., Galadini, F., 1999: Seismotectonic framework of the 1997-1998 Umbrian – Marche (Central Italy) earthquakes. – Seism. Res. Lett. **70**: 417-427.

Gariel, J.C., Bard, Y.P.Y., 1989: Une application du modèle à barrières: Le séisme de Kalamata du 13 septembre 1986. – 2ième Coll. Nat. AFPS. Génie parasismique et aspects vibratoires dans le génie civil. – Saint-Rémy-les Chevreuses (France), 18-20 avril 1989: 1-10.

Gazetas, G., Dakoules, P., Papageorgiou, A., 1990: Local-soil and source mechanism effects in the 1986 Kalamata (Greece) earthquake. – Earthqu. Eng. Struct. Dyn. **19**: 431-456.

Geist, E.L., 2002: Complex earthquake rupture and local tsunamis. – J. Geophys. Res. **107**, ESE 2.2-16.

Geist, E.L., Andrews, D.J., 2000: Slip rates on San Francisco Bay area from anelastic deformation of the continental lithosphere. – J. Geophys. Res. **105**: 25.543-25.552.

Geller, R.J., 1976: Scaling relations for earthquake source parameters and magnitudes. – Bull. Seism. Soc. Am. **66**: 1501-1523.

Geller, R.J., 1997: Earthquake prediction, a critical review. – Geophys. J. Int. **131**: 425-450.

Gerstenberger, M., Wiener, St., Giardini, D., 2001: A systematic test of the hypothesis that the b-value varies with depth in California. – Geophys. Res. Lett. **28**: 57-60.

Gerweck, H., Hegele, A., Rockenbauch, K., Wirth, G., 1985: Geologie des Südschwarzwalds. – Arb. Inst. Geol. Paläont., Univ. Stuttgart, Stuttgart, 258 pp.

Ghisetti, F., 1992: Fault-parameters in the Messina Strait (Southern Italy) and relations with the seismogenic zone. – Tectonophys. **210**: 117-133.

Gilbert, L.E., Beavan, J., Scholz, Ch.H., 1993: Analysis of a 100 year geodetic record from Northern California. – Geodynamics Vol. **23**, American Geophysical Union: 215-232.

Goltz, J.D., Flores, P.J., 1997: Real-time earthquake early warning and public policy: A report on Mexico City's Sistema de Alerta Sísmice. – Seism. Res. Lett. **68**: 727-733.

Gonzáles, F.I., 2001: Tsunami. – Spektr. der Wissensch., Dossier 2/2001: 40-49.

Grässl, S., Grosser, H., Grünthal, G., 1984: Micro- and macroseismic studies of the Leipzig earthquake of February 20,1982. – Gerland's Beitr. Geophys. **93**: 173-184.

Grellet, B., Combes, Ph., Granier, Th., Philip, H., Mohammedioun, B., Cisternas, A., Ferrieux, H., Goula, X., Haessler, H., 1993: Sismotectonique de la France métropolitaine. – Mém. N. S. No. **164**, Vol. I, 76 pp.

Grünthal, G., 1988: Erdbebenkatalog des Territoriums der Deutschen Demokratischen Republik und angrenzender Gebiete von 823 bis 1984. – Veröffentl. Zentralinst. Physik der Erde, Potsdam, Nr. **99**, 139 pp.

Grünthal, G., 1989: About the history of seismic activity in the focal region Vogtland/Western Bohemia. In: P. Bormann(ed.): Monitoring and analysis of the earthquake swarm 1985/86 in the region Vogtland/Western Bohemia. – Veröffentl. Zentralinst. Physik der Erde, Potsdam, Nr. **110**: 30-36.

Grünthal, G., 1992: The Central German earthquake of March 6, 1872. – Abh. Geol. B. A. Wien **48**: 51-109.

Grünthal, G. (ed.), 1998: European Macroseismic Scale 1998. – Cah. Centr. Eur. Géod. Séism. **15**, Luxembourg, 99 pp.

Grünthal, G., Mayer-Rosa, D., Lenhardt, W.A., 1998: Abschätzung der Erdbebengefährdung für die D-A-CH-Staaten – Deutschland-Österreich-Schweiz. – Bautechnik **75**: 753-767.

Grünthal, G., Stromayer, D., 1992: The recent crustal stress field in Central Europe: Trajectories and finite element modeling. – J. Geophys. Res. **97**: 11.805-11.820.

Gu, G. (ed.), 1989: Catalogue of Chinese earthquakes (1831 B.C. – 1969 A.D.). – Science Press, Peking, 872 pp.

Gubler, E., Kahle, H.-G., Klingelé, E., Mueller, St., Oliver, R., 1981: Recent crustal movements in Switzerland and their geophysical interpretations. – Tectonophys. **71**: 125-152.

Gumbel, E.J., 1958: Statistics of extremes. – Columbia Univ. Press, New York-London, 371 pp.

Gutdeutsch, R., Hammerl, Ch., Mayer, I., Vocelka, K., 1987: Erdbeben als historisches Ereignis. Die Rekonstruktion des Bebens von 1590 in Niederösterreich. – Springer-Verlag, Berlin etc., 222 pp.

Gutenberg, B., 1914: Beobachtungen an Registrierungen von Fernbeben in Göttingen und Folgerungen über die Konstitution des Erdkörpers. – Nachr. k. Ges. Wiss. Göttingen, Math.-phys. Kl.: 1-52.

Gutenberg, B., 1915: Die Mitteleuropäischen Beben vom 16. November 1911 und 20. Juli 1913. – Publ. Bur. Centr. Ass. Int. de Sism., Straßburg, 84 pp.

Gutenberg, B., 1926: Untersuchungen zur Frage, bis zu welcher Tiefe die Erde kristallin ist. – Z. f. Geophysik **2**: 24-29.

Gutenberg, B. (Hrsg.), 1929: Lehrbuch der Geophysik. – Gebr. Bornträger, Berlin, 1017 pp.

Gutenberg, B., 1945a: Amplitudes of surface waves and magnitude of shallow earthquakes. – Bull. Seism. Soc. Am. **35**: 3-12.

Gutenberg,B., 1945b: Amplitudes of P, PP and S and magnitude of shallow earthquakes. – Bull. Seism. Soc. Am. **35**: 57-69.

Gutenberg, B., 1945c: Magnitude determination for deep-focus earthquakes. – Bull. Seism. Soc. Am. **35**: 117-130.

Gutenberg, B., 1948: On the layer of relatively low wave velocity at the depth of about 80 kilometers. – Bull. Seism. Soc. Am. **38**: 121-148.

Gutenberg, B., 1956: The energy of earthquakes. – Quart. J. Geol. Soc. London **112**: 1-14.

Gutenberg, B., 1959: The asthenosphere low-velocity layer. – Ann. di Geof. **12**: 439-460.

Gutenberg, B., Richter, C.F., 1941/1954: Seismicity of the Earth. – Geol. Soc. Am., Spec. Pap. No.**34**, 131 pp. – Princeton Univ. Press, Princeton N.J., 310 pp.

Gutenberg, B., Richter, C.F., 1944: Frequency of earthquakes in California. – Bull. Seism. Soc. Am. **34**: 185-188.

Gutenberg, B., Richter, C.F., 1956: Magnitude and energy of earthquakes. – Ann. di Geof. **9**: 1-15.

Haessler, H., Hoang-Trong, P., 1985: La crise sismique de Remiremont (Vosges) de décembre 1984: implications tectoniques régionales. – C. R. Acad. Sciences, Paris, Séance du 11 février 1985, 5 pp.

Haicheng Earthquake Study Delegation, 1977: Prediction of the Haicheng earthquake. – EOS. Trans. Am. Geophys. Union **58**: 236-272.

Hammerl, Ch., Lenhardt, W., 1997: Erdbeben in Österreich. – Leykam, Graz, 191 pp.

Hampton, M.A., Lee, H.J., Locat, J., 1996: Submarine landslides. – Rev. of Geophys. **34**: 33-59.

Hanks, Th., 1979: b-values and $\omega^{-\gamma}$ seismic source models: Implications for tectonic stress variations along active crustal fault zones and the estimation of high-frequency strong ground motion. – J. Geophys. Res. **84**: 2235-2242.

Hanks, Th.C., Kanamori, H., 1979: A moment magnitude scale. – J. Geophys. Res. **84**: 2348-2350.

Hanks, Th.C., McGuire, R.K., 1981: The character of high frequency strong ground motion. – Bull. Seism. Soc. Am. **71**: 2071-2095.

Haq, S.S.B., Davis, D,M., 1997: Oblique convergence and the lobate mountain belts of Western Pakistan. – Geology **25**: 23-26.

Harden, D.R., 1997: California geology. – Prentice Hall, Upper Saddle River N.J., 479 pp.

Harris, R.A., Archuleta, R.J., 1988: Slip budget and potential for a M7 earthquake in Central California. – Geophys. Res. Lett. **15**: 1215-1218.

Hartung, J., Elpelt, B., Klüsener, K.-H., 1986: Statistik. 5. Aufl. – Oldenbourg, München-Wien, 973 pp.

Hasegawa, H.S., Kanamori, H., 1987: Source mechanism of the magnitude 7.2 Grand Banks earthquake of November 1929: Double Couple or submarine landslide. – Bull. Seism. Soc. Am. **77**: 1984-2004.

Haskell, N.A., 1964: Total energy and energy spectral density of elastic wave radiation from propagating faults. – Bull. Seism. Soc. Am. **54**: 1811-1841.

Healy, J. H., Hamilton, R.M., Raleigh, C.D., 1970: Earthquakes induced by fluid injection and explosions. – Tectonophys. **9**: 205-214.

Heidebrecht, A.C., Naumoski, N., 1988: Engineering implications of the 1985 Nahanni earthquake. – Earthqu. Eng. Struct. Dyn. **16**: 675-690.

Heki, K., Miyazaki, S., 2001: Plate convergence and long-term crustal deformation in Central Japan. – Geophys. Res. Lett. **28**: 2313-2316.

Hemmann, A., Heinrich, R., Kracke, D., 2000: Der Erdbebenschwarm südwestlich Werdau. – 60. Jtg., Deutsche Geophys. Ges., München, Vortrag.

Hempton, M.R., 1987: Constraints on Arabian plate motion and extensional history of the Red Sea. – Tectonics **6**: 687-705.

Herrin, E. (ed.), 1968: 1968 Seismological tables for P phases. – Bull. Seism. Soc. Am. **58**: 1193-1241.

Hess, H.H., 1962: History of ocean basins. In: A.E.J. Engel, H-L.James, B.F. Leonard: Petrological studies: A volume in honour of A.F. Buddington. Geol. Soc. Am.: 599-620.

Hildenbrand, Th., Kolata, D. (eds.), 1997: Investigations of the Illinois Basin earthquake region. – Seism. Res. Lett. **68**: 499-688.

Hiller, W., 1934: Der Herd des Rastatter Bebens am 8. Februar 1933. – Gerland's Beitr. Geophys. **41**: 170-180.

Hiller, W., 1936a: Das Oberschwäbische Erdbeben am 27. Juni 1935. – Württbg. Jh. für Statist. u. Landeskde Jg. 1934/35: 209-226.

Hiller, W., 1936b: Das Unter-See-Beben. – Seism. Ber. Württbg. Erdbebenwarten. – Veröffentl. Geophys. Abt. Württemb. Statist. LA Jahrgang 1935: A2 – A4.

Hiller, W., 1957: Über die Mechanik und Dynamik der Erdbeben. – Geol. Rundschau **46**: 39-50.

Hinze, W.J., Braile, L.W., Keller, G.R., Lidiak, E.G., 1988: Models for midcontinent tectonism: An update. – Rev. of Geophys. **26**: 699-717.

Hirasawa, T., Stauder, W., 1965: On the seismic body waves from finite moving source. – Bull. Seism. Soc. Am. **55**: 237-262.

Hoang-Trong, P., Haessler, H., Holl, J.M., Legros, Y., 1985: The Remiremont (Vosges) seismic crisis of december 1984 and january 1985. – Terra cogn. **5**: 308-309.

Hokkaido Tsunami Survey Group, 1993: Tsunami devastates japanese coastal region. – EOS. Trans. Am. Geophys. Union **74**: 417,432.

Hollister, J.C., Weimer, R.J., 1968: Geophysical and geological studies of the relationship between the Denver earthquakes and the Rocky Mountain Arsenal Well. Part A. – Quart. School of Mines **63**: 251 pp.

Horvath, F., 1993: Towards a mechanical model for the formation of the Pannonian Basin. – Tectonophys. **226**: 333-357.

Hough, S.E., Martin, St., Bilham, R., Atkinson, G.M., 2002: The 26 January 2001 M7.6 Bhuj, India, earthquake: observed and predicted ground motions. – Bull. Seism. Soc. Am. **92**: 2061-2079.

Housner, G.W., 1941: Calculating the response of an oscillator to arbitrary ground motion. – Bull. Seism. Soc. Am. **31**: 143-149.

Housner, G.W., 1947: Characterstics of strong ground motion earthquakes. – Bull. Seism. Soc. Am. **37**: 19-31.

Housner, G.W., 1955: Properties of strong motion earthquakes. – Bull. Seism. Soc. Am. **45**: 197-218.

Housner, G.W., Martel, R.R., Alford, J.L., 1953: Spectrum analysis of strong-motion earthquakes. – Bull. Seism. Soc. Am. **43**: 97-119.

Houston, H., 1992: The exception is the rule. – Nature **360**: 111-112.

Huan, W.L., Shi, Z.L., Yan, J.Q., Wang, S.Y., 1979: Characteristics of the recent tectonic deformations of China and its vicinity. – Act. Seism. Sin. **1**: 109-120.

Hudnut, K.W., 1992: Geodesy tracks plate motion. – Nature **355**: 681-682.

Ide, S., Beroza, G.C., 2001: Does apparent stress vary with earthquake size? – Geophys. Res. Lett. **28**: 3349-3352.

Illies, J.-H., 1982: Der Hohenzollern-Graben und Intraplatten-Seismizität infolge Vergitterung lamellärer Scherung mit einer Riftstruktur. – Oberrhein. Geol. Abh. **31**: 47-78.

Ilschner, B., 1977: Hochtemperatur-Plastizität. – Springer-Verlag, Berlin-Heidelberg-New York, 314 pp.

Institut de protection et de sureté nucléaire, 1993: Sismotectonique de la France métropolitaine. – Mém. Soc. Géol. France No. **164**: Vol. I: 76 pp; Vol. II: 24 pl., 1 carte.

International Association for Earthquake Engineering, 1996: Regulations for seismic design. – A World list - 1996: 40. United States of America, p. 40.1 – 40.51.

Isacks, B., Oliver, J., Sykes, L.R., 1968: Seismology and the New Global Tectonics. – J. Geophys. Res. **73**: 5855-5899.

Ishimoto, M., Iida, K., 1939: Observations sur les séismes enregistrés par la microsismographe construite dernièrement. – Bull. Earthqu. Res. Inst. **17**: 441-478.

Iverson, R.M., 1997: The physics of debris flow. – Rev. of Geophys. **35**: 245-296.

Jackson, D.D., 1996: The case of huge earthquakes. – Seism. Res. Lett. **67**: 3-5.

Jacobshagen, V., 1991: Major fracture zones of Marocco: The South Atlas and the Transalboran fault systems. – Geol. Rundschau **81**: 185-197.

Jacoby, W.R., 1985: Theories and hypotheses of global tectonics. In: K. Fuchs & H. Soffel (Hrsg.): Landolt-Börnstein, Geophysik der festen Erde, Bd. 2. – Springer-Verlag, Berlin etc.: 298-369.

James, C., 1968: Frank Lloyd Wright's Imperial Hotel. – Chales E. Tuttle, 48 pp.

Jeanrichard, F., 1986: L'état actuel de la recherche sur les mouvements de la croûte terrestre en Suisse. – Mens., Photogr., Génie rural **84**: 330-336.

Jeffreys, H., Bullen, K.E., 1967: Seismological tables. – Brit. Ass. Advancem. Scienc., London, 50 pp.

Jiménez-Munt, I., Bird, P., Fernàndez, M., 2001: Thin-shell modelling of neotectonics in the Azores-Gibraltar region. – Geophys. Res. Lett. **28**: 1083-1086.

Johnston, A.C., Schweig, E.S., 1996: The enigma of th New Madrid earthquakes of 1811-1812. – Ann. Rev. Earth Planet. Sci. **24**: 339-384.

Jones, R.L., 1992: Canadian disasters: An historical survey. – Nat. hazards **5**: 43-51.

Kämpf, H., Seifert, W., Ziemann, M., 1993: Mantel-Kruste-Wechselwirkungen im Bereich der Marienbader Störungszone. Teil 1: Neue Ergebnisse zum quartären Vulkanismus in NW-Böhmen. – Z. geol. Wiss. **21**:117-134.

Kagami, H., 1999: Quindio earthquake of Jan. 1999, Columbia. – Incede Newsletter **8**: 1-6.

Kanamori, H., 1970: The Alaska earthquake of 1964: Radiation of long-period surface waves and source mechanism. – J. Geophys. Res. **75**: 5029-5040.

Kanamori, H., 1977: The energy release in great earthquakes. – J. Geophys. Res. **82**: 2981-2987.

Kanamori, H., 1983: Magnitude scale and quantification of earthquakes. – Tectonophys. **93**: 185-199.

Kanamori, H., 1995: The Kobe (Hyogo-ken Nanbu), Japan, earthquake of January 16, 1995. – Seism. Res. Lett. **66**: 6-10.

Kanamori, H., Hauksson, E., Hector, Th., 1997: Real-time seismology and earthquake hazard mitigation. – Nature **390**: 461-464.

Kanamori, H., Kikuchi, M., 1993: The 1992 Nicaragua earthquake: a slow tsunami earthquake associated with subducted sediments. – Nature **361**: 714-716.

Kanamori, H., Stewart, G.S., 1978: Seismological aspects of the Guatemala earthquake of February 4, 1976. – J. Geophys. Res. **83**: 3427-3434.

Kant, I., 1756: Von den Ursachen der Erderschütterungen. – Geogr. u. andere naturw. Schriften (Hrsg.: J. Zehbe). – Philosoph. Bibl. Bd. **296**, Felix-Meiner-Verlag, Hamburg: 33-89.

Kárník, V., 1959: – Die Seismizität der Kleinen Karpaten. – Geof. Sborník 1959: 181-213.

Kárník, V., 1969: Seismicity of the European area. Part I. – Reidel, Dordrecht, 364 pp.

Kárník, V., 1971: Seismicity of the European area. Part 2. – Reidel, Dordrecht, 218 pp.

Kárník, V., Michal, E., Molnar, A., 1957: Erdbebenkatalog der Tschechoslowakei bis zum Jahre 1956. – Geof. Sborník No. **69**: 411-598.

Kasahara, K., 1981: Earthquake mechanics. – Cambridge Univ. Press,, Cambridge, 249 pp.

Kawasumi, H., 1968: General report on the Niigata earthquake of 1964. – Tokyo Electrical Eng. Coll. Press, Tokio, 550 pp.

Kennett, B.L.N., 1991: IASPEI, 1991 Seismological tables. – Res. School of Earth Sci., Austral. Nat. Univ., Canberra, 167 pp.

Kiratzi, A., Louvari, E., 2001: Source parameters of the Izmit-Bolu 1999 (Turkey) earthquake sequences from teleseismic data. – Ann. di Geof. **44**: 33-47.

Kiratzi, A.A., Papazachos, C.B., 1995: Active deformation of the shallow part of the subducting lithosphere slab in the Southern Aegean. – J. Geodyn. **19**: 65-78.

Klein, G., 1996: Bodendynamik und Erdbeben. In: U. Smoltczyk (Hrsg.): Grundbau-Taschenbuch. Teil 1. 5. Aufl. – Ernst & Sohn, Weinheim: 443-495.

Klinge, K., Plenefisch, Th., 2001: Der Erdbebenschwarm 2000 in der Region Vogtland/NW-Böhmen – DGG Mittlg. 2/2001: 11-21.

Knapp, J.H., 1996: How Earth created heaven. – Nature **384**: 409.

Köhler, H., 1956: Grundzüge der Erschütterungsmessung. – Akad. Verl. ges., Geest & Portig, Leipzig, 231 pp.

Kolmogoroff, A.N., 1941: Über das logarithmisch-normale Verteilungsgesetz der Dimensionen der Teilchen bei Zerstückelung. – C. R. Acad. Sci. URSS **31**: 99-101.

Komodromos, P., 2000: Seismic isolation for earthquake resistant structures. – W. T. Press, Southampton-Boston, 201 pp.

Kondorskaya, N.W., Shebalin, N.W., 1977: Neuer Starkbeben-Katalog für das Territorium der UdSSR von den ältesten Zeiten bis zum Jahre 1975. – Verlag Nauka, Moskau, 536 pp.

Kossmat, F., 1927: Gliederung des varistischen Gebirgsbaues. – Abh. Sächs. Geol. L. A., Leipzig **1**: 39 pp.

Kostrov, V.V., 1979: Seismic moment and energy of earthquakes, and seismic flow of rock. – Izvest. Earth Phys. **10**: 13-21.

Kotzev, V., Nakov, R., Burchfiel, B.C., King, R., Reilinger, R., 2001: GPS study of active tectonics in Bulgaria: results from 1996 to 1998. – J. Geodyn. **31**: 189-200.

Koyama, J., 1997: The complex faulting process of earthquakes. – Kluwer Academic Press, Dordrecht-Boston-London, 208 pp.

Kracke, D., Heinrich, R., Jentzsch, G., Kaiser, D., 2000: Seismic hazard assessment of the East Thuringian region/Germany – case study. – Stud. Geophys. Geod. **44**: 537-548.

Kumar, S., Wesnousky, St.G., Rockwell, Th.K., Ragona, D., Thakur, V.C., Seitz, G.C., 2001: Earthquake recurrance and rupture dynamics of Himalayan Frontal Thrust, India. – Science **294**: 2328-2331.

Kunze, Th., 1982: Seismotektonische Bewegungen im Alpenbereich. – Dissertat. Univ. Stuttgart, 167 pp.

Kunze, Th., 1986: Ausgangsparameter für die Abschätzung der seismischen Gefährdung. – Jber. Mitt. Oberrhein. geol. Ver., N. F. **68**: 225-240.

Kunze, Th., Langer, H., Scherbaum, F., Schneider, G., 1986: Site dependent strong-ground motion simulation. In: A. Vogel & K. Brandes (eds.): Earthquake Prognostics. Berlin 24.-27. VI. 1986: 157-177.

Lallement, S.J., LePichon, X., Thoue, F., Henry, P., Saito, S., 1996: Shear patitioning near the Central Japan triple junction: the 1923 great Kanto earthquake revisited. I. – Geophys. J. Int. **126**: 871-881.

Lambert, J., Levret-Abaret, A., Cushing, M., Durouchoux, Ch., 1996: Mille ans de séismes en France, Catalogue d'épicentres, paramètres et références. – Ouest éditions, Nantes, 75 pp.

Landesamt für Geologie, Rohstoffe und Bergbau Baden-Württemberg, 1998: Geologische Schulkarte von Baden-Württemberg 1:1.000.000. 12. Aufl. – Freiburg i. Br.: 142 pp.

Langer, C.J., Bonilla, M.G., Bollinger, G.A., 1987: Aftershocks and surface faulting associated with the intraplate Guinea, West Africa, earthquake of 22 december 1983. – Bull. Seism. Soc. Am. **77**: 1579-1601.

Langer, C.J., Hoppe, M.G., Algermissen, S.T., Dewey, J.W., 1974: Aftershocks of the Managua, Nicaragua, earthquake of december 23,1972. – Bull. Seism. Soc. Am. **64**: 1005-1016.

Lawrence, R.D., Khan, S.H., DeJong, K.A., Farah, A., Yeats, R.S., 1981: Thrust and strike slip fault interaction along the Chaman transform zone, Pakistan. In: K.R. McClay & N.J. Price (eds.): Thrust and nappe tectonics. – Geol. Soc. of London, Blackwell, Oxford etc.: 363-370.

Lay, T., Kanamori, H., 1981: An asperity model of large earthquake sequences. In: D.W. Simpson & P.G. Richards (eds.): Earthquake prediction. – American Geophys. Union, Maurice Ewing Series **4**: 579-592.

Lehmann, I., 1936: P'. – Publ. Bur. Centr. Séism. Int., Série A **14**: 87-115.

Le Pichon, X., Chamot-Rooke, N., Lallement, S., 1995: Geodetic determination of the kinematics of Central Greece with respect to Europe: Implications for Eastern Mediterranian. – J. Geophys. Res. **100**: 12.675-12.690.

Levret, A., Loup, C., Goula, X., 1988: The Provence earthquake of 11th june 1909 (France). A new assessment of near field effects. In: J. Bonnin, M. Cara, A. Cisternas, R. Fantechi (eds.): Seismic hazard in Mediterranian regions. – Kluwer, Dordrecht-Boston-London: 383-399.

Levret, A., Cushing, M., Peyridieu, G., 1996: Etude des characteristiques de séismes historiques en France. Atlas de 140 cartes macroséismiques. – Institut de Prot. et de Sûr. Nucl., Fonteney-aux-Roses, 399 pp.

Leydecker, G., 1986: Erdbebenkatalog für die Bundesrepublik Deutschland mit Randgebieten für die Jahre 1000 – 1981. – Geol. Jb. Reihe E, Geophysik, Heft **36**, 83 pp.

Leydecker, G., Grünthal, G., 1993: Erdbebenkatalog für Deutschland bis zum Jahre 1988. – Bundesanstalt für Geowissensch. u. Rohstoffe, Hannover und Geoforschungszentrum, Potsdam.

Leydecker, G.. Wittekindt, H., 1988: Seismotektonische Karte der Bundesrepublik Deutschland 1:2.000.000. – Bundesanstalt für Geowissensch. u. Rohstoffe, Hannover.

Leynaud, D., Jongmans, D., Teerlynck, H., Camelbeek, Th., 2000: Seismic hazard assessment in Belgium. – Geol. Belg. **3**: 67-86.

Li, Y., Schweig, E.S., Tuttle, M.P., Ellis, M.A., 1998: Evidence for large prehistoric earthquakes in the Northern New Madrid earthquake zone, Central United States. – Seism. Res. Lett. **69**: 270-276.

Lienert, U., 1980: Das Imperium des Han. – Museum für Ostasiatische Kunst der Stadt Köln, Köln, 263 pp.

Lienkaemper, J.J., Galehouse, J.S., Simpson, M.W., 2001: Long-term monitoring of creeping rate along the Hayward fault and evidence for a lasting creep response to 1989 Loma Prieta earthquake. – Geophys. Res. Lett. **28**: 2265-2268.

Lisitzin, E., 1974: Sea-level changes. – Elsevier, Amsterdam-Oxford-New York, 286 pp.

Liu, B., Zhou, J., 1986: The research on active Haiyuan fault in China. – Northw. Seism. J. **8**:79-89.

Lockridge, P., 1985: Tsunamis – scourge of the Pacific. – Earthqu. Inf. Bull. **17**: 211-217.

Lomnitz, C., 1974: Global tectonics and earthquake risk. – Elsevier, Amsterdam-London-New York, 320 pp.

Lomnitz, C., 1994: Fundamentals of earthquake prediction. – J. Wiley & Sons, New York etc., 326 pp.

Loomis, H.G., 1978: Tsunamis. In: Geophysical predictions. – Studies in Geophysics, National Acad. Sci., Washington D.C.: 155-165.

Lopez Arroyo, A., Udías, A., 1972: Aftershock sequence and focal parameters of the february 28, 1969 earthquake of the Azores-Gibraltar fracture zone. – Bull. Seism. Soc. Am. **62**: 699-720.

Lutz, C.W., 1921: Erdbeben in Bayern 1908/20. – Sitzber. Bayer. Akad. Wissensch., math. phys. Kl.:81-165.

Lyon-Caen, H., Armijo, R., Drakopoulos, J., Baskoutass, J., Delibassis, N., Gaulon, R., Kouskouna, V., Latoussakis, J., Makropoulos, K., Papadimitriou, P., Papanastassiou, D., Pedotti,, G., 1988: The 1986 Kalamata (South Peloponnesus) earthquake: Detailed study of a normal fault, evidences for East-West extension in the Hellenic arc. – J. Geophys. Res. **93**: 14.967-15.000.

Ma, Z., Fu, Z., Zhang, Y., Wang, Ch., Zhang, G., Liu, D., 1989: Earthquake prediction: Nine major earthquakes in China (1966-1976). – Seismol. Press, Beijing, 332 pp.

Machette, M., Crone, A.,1993: Geological investigations of Australian earthquakes: Paleoseismicity and the recurrance of surface faulting in the stable regions of the continent. – Earthqu. and Volc. **24**: 74-85.

Main, J., 1996: Statistical physics, seismogenesis, and seismic hazard. – Rev. of Geophys. **34**: 433-462.

Mandelbrot, B.B., 1983: Die fraktale Geometrie der Natur. – Birkhäuser-Verlag, Basel-Boston, 491 pp.

Mandl, G., 1988: Mechanics of tectonic faulting. – Elsevier, Amsterdam etc., 407 pp.

Marple, R.T., Talwani, P., 1992: The Woolstock lineament: a possible surface expression of the seismogenic fault of the 1886 Charleston, South Carolina, earthquake. – Seism. Res. Lett. **63**: 153-160.

Martini, M., Scarpa, R., 1983: Earthquakes in Italy in the last century. In: H. Kanamori & E. Boschi (eds.): Earthquakes: Observation, theory and interpretation. – North Holland Publ. Comp., Amsterdam-New York-Oxford: 479-492.

Maruyama, T., 1963: On the force equivalent of dynamical elastic dislocations with reference to the earthquake mechanism. – Bull. Earthqu. Res. Inst. **41**: 467-486.

Matsuda, T., 1975: Magnitude and recurrance intervals of earthquakes from a fault. – J. Seism. Soc. Jap. **28**: 269-283.

Matsuda, T., 1981: Active faults and damaging earthquakes in Japan – macroseismic zoning and precaution fault zones. In: P.G. Richards (ed.): Earthquake prediction. – American Geophysical Union, Maurice Ewing Series Vol.**4**: 279-289.

Mayer, L., Lu, Z., 2001: Elastic rebound following the Kocaeli earthquake, Turkey, recorded using synthetic aperture radar interferometry. – Geology **29**: 495-498.

Mayer-Rosa, D., Cadiot, B., 1979: A review of the 1356 Basel earthquake. – Tectonophys. **53**: 325-333.

McCalpin, J.P. (ed.), 1996: Paleoseismology. – Academic Press, San Diego etc., 588 pp.

McGarr, A., 1982: Upper bounds on near-source peak ground motion based on an model of inhomogeneous faulting. – Bull. Seism. Soc. Am. **72**: 1825-1841.

McGuire, R.K., Arabasz, W.J., 1990: An introduction to probabilistic seismic hazard analysis. In: St.H. Ward (ed.): Geotechnical ansd environmental geophysics. Vol.I: Review and Tutorial. – Soc. of Explor. Geophys., Tulsa, Oklahoma: 333-353.

Medina, F., Cherkaoui, T.-E., 1991: Focal mechanism of the Atlas earthquakes and tectonic implications. – Geol. Rundschau **80**: 639-648.

Meghraoui, M., Philip, H., Albareda, F., Cisternas, A., 1988: Trench investigations through the trace of the 1980 El Asnam thrust fault: Evidence of paleoseismicity. – Bull. Seism. Soc. Am. **78**: 979-999.

Meidow, H., 1995: Rekonstruktion und Reinterpretation von historischen Erdbeben in der nördlichen Rheinlanden unter Berücksichtigung der Erfahrungen bei den Erdbeben von Roermond am 13. April 1992. – Dissertat. Univ. Köln, Köln, 305 pp.

Meissner, R., 1980: Viscosity and creep processes in the lithosphere. – In: N.A. Mörner (ed.): Earth rheology, isostasy and eustasy. – J. Wiley & Sons, Chichester etc.: 125-134.

Meissner, R., Strehlau, J., 1982: Limits of stresses in continental crust and their relation to the depth-frequency distribution of shallow earthquakes. – Tectonics **1**: 73-89.

Miller, H., 1992: Abriß der Plattentektonik. – Ferdinand Enke Verlag, Stuttgart, 149 pp.

Miller, H., Mueller, St., Perrier, G., 1982: Structure and dynamics of the Alps, a geological inventory. In: H. Berkckhemer & K. Hsü (eds.): Alpine-mediterranian Geodynamics. – American Geophysical Union – Geological Society of America: Geodynamics Series **7**: 175-203.

Mittag, R. 2000: Statistical investigations of earthquake swarms within the Vogtland/NW- Bohemian area. – Stud. geod. geophys. **44**: 465-474.

Miyake, H., Iwata, T., Irikura, K., 2001: Estimation of rupture propagation direction and strong motion generation area from azimuth and distance dependence of source amplitude spectra. – Geophys. Res. Lett. **28**: 2727-2730.

Miyazaki, Sh. et al., 2001: Tectonics in the Eastern Asia inferred from GPS observations. – Bull. Geogr. Inst. **47**: 1-12.

Miyoshi, H., Iida,K., Suzuki, H., Osawa, Y., 1983: The largest tsunami in the Sanriku district. In: K. Iida & T. Iwasaki (eds.): Tsunamis, their science and engineering. – Terrapub, Tokio: 205-211.

Mörner, N.A., 1980: The Fennoscandian Uplift: Geological data and their geodynamical implication. In: N.A. Mörner (ed.): Earth rheology, isostasy and eustasy. – J. Wiley & Sons, Chichester etc.: 251-284.

Mogi, K., 1985: Earthquake prediction. – Academic Press, Tokyo etc., 395 pp.

Mohamad, R., Darkal, A.N., Seber, D., Sandvol, E., Gomez, F., Barazangi, M., 2000: Remote earthquake triggering along the Dead Sea fault in Syria following the 1995 Gulf of Agaba earthquake (Ms = 7,3). – Seism. Res. Lett. **71**: 47-52.

Mohorovičić, A., 1910: Das Beben vom 8.X.1909. – Jb. Met. Obs. Zagreb **9**: 1-63.

Molnar, P., Deng, Q., 1984: Faulting associated with large earthquakes and average rate of deformation in Central and Eastern Asia. – J. Geophys. Res. **89**: 6203-6227.

Molnar, P., Gipson, J.M., 1996: – A bound on the rheology of continental lithosphere using very long base line interferometry: The velocity of South China with respect to Eurasia. – J. Geophys. Res. **101**: 545-553.

Montessus de Ballore, F., 1906: Les tremblements de terre, géographie séismologique. – Librairie A. Colin, Paris, 471 pp.

Montessus de Ballore, F., 1924: La géologie simologique des tremblements de terre. – Librairie A. Colin, Paris, 488 pp.

Moreira, V.S., 1991: Historical seismicity and seismotectonics of the area between the Iberian Peninsula, Morocco, Selvagens and Azores Islands. In: J. Mezcua & A. Udías (eds.): Seismicity, Seismotectonics and seismic risk of the Ibero-maghrebian region. – Inst. Geogr. Nac., Madrid, Monogr. No. **8**: 213-225.

Müller, St., 1970: Man-made earthquakes, ein Weg zum Verständnis natürlicher seismischer Aktivität. – Geol. Rundschau **59**: 792-805.

Müller, B., Zoback, M.L., Fuchs, K., Mastin, L., Gregersen, S., Pavoni, N., Stephansson, O., Ljunggren, Ch., 1992: Regional patterns of tectonic stress in Europe. – J. Geophys. Res. **97**: 11.783-11.803.

Müller, F.P. (Hrsg.), 1974: Erdbebensicherung von Bauwerken. – Institut für Beton und Stahlbeton, Univ. Karlsruhe, 203 pp.

Müller, F.P., Keintzel, E., 1984: Erdbebensicherung von Hochbauten. 2. Aufl. – Wilhelm Ernst & Sohn, Berlin, 249 pp.

Müller, G., Zürn, W., 1984: Seismic waves and free oscillations. In: K. Fuchs & H. Soffel (Hrsg.): Landolt-Börnstein. Geophysik der festen Erde, Band 2. – Springer-Verlag, Berlin etc.: 61-83.

Münchener Rückversicherungsgesellschaft, 1976: Guatemala '76: Erdbeben der Karibischen Platte. – München, 48 pp.

Münchener Rückversicherungsgesellschaft, 1986: Erdbeben Mexiko '85. – München, 71 pp.

Münchener Rückversicherungsgesellschaft, 1991: Versicherung und Rückversicherung des Erdbebenrisikos. – München, 71 pp.

Münchener Rückversicherungsgesellschaft, 1994: Das Erdbeben von Northridge in Kalifornien am 17.Januar 1994. – Schadenspiegel 37, Sonderheft: 3-13.

Münchener Rückversicherungsgesellschaft, 1998: Weltkarte der Naturgefahren. – München, 55 pp.

Munoz, D., Udías, A., 1991: Three large historical earthquakes in Southern Spain. In: J. Mezcua & A. Udías (eds.): Seismicity, seismotectonics and seismic risk of the Ibero-maghrebian region. – Inst. Geogr. Nac., Madrid, Monogr. No. **8**: 175-182.

Nábělek, J., Chen, W.-P., Ye, H., 1987: The Tangshan earthquake sequnce and ist implications for the evolution of the North China Basin. – J. Geophys. Res. **92**: 12.615-12.628.

Nakano, H., 1923: Notes on the nature of forces give rise to the earthquake motions. – Seism. Bull. Centr. Met. Obs. Japan **1**: 92-120.

de Natale, G., Madariaga, R., Scarpa. R., Zollo, A., 1987: Source parameter analysis from strong motion records of the Friuli, Italy, earthquake sequence (1976-1977). – Bull. Seism. Soc. Am. **77**: 1127-1146.

Neev, D., Emery, K.O., 1995: The destruction of Sodom, Gomorrah and Jericho. – Oxford Univ. Press, New York-Oxford, 175 pp.

Nehybka, V., Skácelová, Z., 1997: Seismological study of the Kraslice/Vogtland-Oberpfalz region. – In. St. Vrána & V.Štdrá (eds.): Geological model of Western Bohemia related to the KTB borehole in Germany. – J. Geol. Sci., Prague: **47**: 186-196.

Neilson, G., Musson, R.M.W., Burton, P.W., 1984: The „London" earthquake of 1580 April 6. – Engin. Geol. **20**: 113-141.

Nelson, M.R., McCaffrey, R., Molnar, P., 1987: Source parameters for 11 earthquakes in the Tien Shan, Central Asia, determined by P and SH waveform inversion. – J. Geophys. Res. **92**: 12.629-12.648.

Neumann, D., 1988: Lage und Ausdehnung des Dobratsch-Bergsturzes von 1348. In: W. Neumann & D: Neumann (Hrsg.): Neues aus Alt-Villach. – Villach: 69-77.

Neunhöfer, H., Studinger, M., Tittel, B., 1996: Erdbeben entlang der Finne- und Gera-Jachymov-Störung in Thüringen und Sachsen.. Fallbeispiel: Das Beben am 28.09.1993 bei Gera. – Z. angew. Geol. **42**: 57-61.

Ni, J., Barazangi, M., 1984: Seismotectonics of the Himalayan collision zone: Geometry of the underthrusting Indian plate beneath the Himalaya. – J. Geophys. Res. **89**: 1147-1163.

Nicolas, A., 1995: Die ozeanischen Rücken. Gebirge unter dem Meer. – Springer-Verlag, Berlin-Heidelberg, 200 pp.

Noack, Th., Kruspan, P., Fäh, D., Rüttener, E., 1997: A detailed rating scheme for seismic microzonation based on geological and geotechnical data and numerical modelling applied to the city of Basel. – Ecl. Geol. Helv. **90**: 433-448.

Nur, A., 2002: Earthquakes and archeology. In: W.H.K. Lee, H. Kanamori, P.C. Jennings, C. Kisslinger (eds.): International handbook of earthquake and engineering seismology. Part A. – Academic Press, Amsterdam etc.: 765-774.

Ohnaka, M., 1976: A physical basis for earthquakes based on the elastic rebound model. – Bull. Seism. Soc. Am. **66**: 433-451.

Otto, F., 1954: Das hängende Dach. – Bauwelt-Verlag, Berlin, 160 pp.

Pacheco, J.F., Scholz, Ch.H., Sykes, L.R., 1992: Changes in frequency-size relationship from small to large earthquakes. – Nature **355**: 71-73.

Pacheco, J.F., Sykes, L.R., 1992: Seismic moment catalog of large shallow earthquakes, 1900 to 1989. – Bull. Seism. Soc. Am. **82**: 1306-1349.

Päsler, M., 1960: Mechanik deformierbarer Körper. – Walter de Gruyter, Berlin, 199 pp.

Pagaczewski, J., 1972: Catalogue of earthquakes in Poland in 1000-1970 years. – Publ. Inst. Geophys. Pol. Acad. Sci. **51**: 1-36.

Papadopoulos, G.A., Drakatos, G., Papanastassiou, D., Kalogeras, I., Stravrakakis, G., 2000: Preliminary results about the catastrophic earthquake of 7 September 1999 in Athens, Greece. – Seism. Res. Lett. **71**: 318-329.

Papageorgiou, A.S., Aki, K., 1983: A specific barrier model for the quantitative description of inhomogeneous faulting and the prediction of strong ground motion. Part II: Application of the model. – Bull. Seism. Soc. Am. **73**: 953-978.

Papazachos, C.B., Kiratzi, A., 1992: A formulation for reliable estimation of active crustal deformation and its application to Central Greece. – Geophys. J. Int. **111**: 424-432.

Papazachos, B., Kiratzi, A., Karacostas, B., Panagiotopoulos, D., Scordilis, E., Monutrakis, D.M., 1988: Surface fault traces, fault plane solution and spatial distribution of the aftershocks of the september 13, 1986 earthquake of Kalamata (Southern Greece). – Pageoph **126**: 55-68.

Pararas-Carayannis, G., 1992: The tsunami generated from the eruption of the volcano of Santorin in the bronze age. – Nat. haz. **5**: 115-123.

Passchier, C.W., Trouw, R.A.J., 1998: Micotectonics. – Springer-Verlag, Berlin etc., 289 pp.

Pavoni, N., 1980: Comparison of focal mechanisms of earthquakes and faulting in th Helvetic zone of the Central Valais, Swiss Alps. – Ecl. geol. Helv. **73**: 551-558.

Pavoni, N., 1987: Zur Seismotektonik der Nordschweiz. – Ecl. geol. Helv. **80**: 461-472.

Pavoni, N., Mayer-Rosa, D., 1978: Seismotektonische Karte der Schweiz. 1: 750.000. – Ecl. geol. Helv. **71**: 293-295.

Pedersen, R., Sigmundsson, F., Feigl, K.L., Árnadóttir, Th., 2001: Coseismic interferograms of two Ms = 6,6 earthquakes in the South Iceland Seismic Zone, June 2000. – Geophys. Res. Lett. **28**: 3341-3344.

Pfiffner, O.A., Lehner, P., Heitzmann, P., Mueller, St., Steck, A., (Hrsg.),1997: Deep structure of the Swiss Alps. – Birkhäuser Verlag, Basel-Boston-Berlin, 388 pp.

Pfiffner, O.A., Ramsay, J.G., 1982: Constraints on geological strain rates: Arguments from finite strain states of naturally deformed rocks. – J. Geophys. Res. **87**: 311-321.

Philip, H., Cisternas, A., 1985: El terremoto de El Asnam del 10 de octubre de 1980: In: A. Udías, D. Muñoz, E. Buforn (eds.): Mecanismo de los terremotos y tectonica. – Ed. Univ.Compl. Madrid, Madrid: 175-196.

Philip. H., Rogozhin, E., Cisternas, A., Bousquet, J.C., Borisov, B., Karakhanian, A., 1992: The Armenian earthquake of 1988 December 7: faulting and folding, neotectonics and paleoseismology. – Geophys. J. Int. **110**:141-158.

Plafker, G., Erickson, G.E., 1978: Nevados Huascaran avalanches. In: B. Voight (ed.): Rockslides and avalanches Vol. 1. – Elsevier, Amsterdam-Oxford-New York: 277-314.

Plafker, G., Galloway, J.P. (eds.), 1989: Lessons learned from the Loma Prieta, California, earthquake of October 17, 1989. – US Geol. Surv. Circular 1045, US Printing Office, Washington D.C., 48 pp.

Plate, E.J., 1993: Statistik und angewandte Wahrscheinlichkeitslehre für Bauingenieure. – Ernst & Sohn, Berlin, 685 pp.

Plenefisch, T., Bonjer, K.-P., 1997: Tectonic stress field in the Rhine Graben area inferred from earthquake mechanisms and estimation of frictional parameters. – Tectonophys. **275**: 71-97.

Poirier, J.-P., 1991: Introduction to the physics of the Earth's Interior. – Cambridge Univ. Press, Cambridge etc., 264 pp.

Pollitz, F.F., Le Pichon, X., Lallement, S.J., 1996: Shear partitioning near the Central Japan triple junction: the 1923 great Kanto earthquake revisited II. – Geophys. J. Int. **126**: 882-892.

Press, F., 1965: Displacements, strains, and tilts at teleseismic distances. – J. Geophys. Res. **70**: 2395-2412.

Priestley, K.F., Masters, T.G., 1986: Source mechanism of the september 19, 1985 Michoacan earthquake and its implications. – Geophys. Res. Lett. **13**: 601-604.

Prinz, H., 1978: Ursachen der beobachteten negativen Höhenänderungen im nördlichen Oberrheingraben. – Z. für Verm. wesen **103**: 424-430.

Procházková, D., 1988: Survey of investigations of the earthquake swarm in Western Bohemia. In: D. Procházková (ed.): Induced seismicity and associated phenomena. Proc. Conf. Liblice 1988: 143-156.

Procházková, D., Dudek, A., 1980: Some parameters of earthquakes originated in Central and Eastern Europe. – Geof. Sborník **28**: 43-82.

Rahman, N., 1995: Water waves: Relating modern theory to advanced engineering applications. – Clarendon Press, Oxford, 343 pp.

Rajendran, C.P., Rajendran, K., 2002: Historical constraints on previous seismic activity and morphologic changes near the source zone of the 1819 Rann of Kachchh earthquake: Further light on the penultimate event. – Seism. Res. Lett. **73**: 470-479.

Ranalli, G., 1987: Rheology of the Earth. – Allen & Unwin, Boston etc., 366 pp.

Ranalli, G., 1997: Rheology and deep tectonics. – Ann. di Geof. **40**: 671-680.

Rantucci, G. (ed.), 1994: Geological disasters in the Philippines. – Quad. Vita Italiana No. **5**, Roma, 154 pp.

Ratschbacher, L., Frisch, W., Lönzer, H.-G., Merle, O., 1991: Lateral extrusion in the Eastern Alps. Part 2: Structural analysis. – Tectonics **10**: 257-271.

v. Rebeur-Paschwitz, E., 1889: The earthquake of Tokio, April 18,1889. – Nature **40**: 294-295.

Reid, H.F., 1910: Om mass movement in tectonic earthquakes and the depth of the focus. – Gerland's Beitr. Geophys. **10**: 318-350.

Reinecker, J., 2000: Stress and deformation: Miocene to present-day tectonics in the Eastern Alps. – Tübinger Geow. Arb., Reihe A, Band **55**, 138 pp.

Reinecker, J., Schneider,G., 2002: Zur Neotektonik der Zollernalb: Der Hohenzollerngraben und die Albstadt-Erdbeben. – Jber. Mitt. Obrrhein. Geol. Ver. N. F. **84**: 391-417.

Reiner, M., 1968: Rheologie in elementarer Darstellung. 2. Aufl. (Engl. Original: 1960). – Carl Hanser Verlag, München, 360 pp.

Reiter, L., 1990: Earthquake hazard analysis. – Columbia Univ. Press, New York, 254 pp.

Revenaugh, J., Reasoner, C., 1997: Cumulative offset of the San Andreas fault in Central California: A seismic approach. – Geology **25**: 123-126.

Rezanov, I.A., 1985: Katastrophen der Erdgeschichte. – Aulis-Verlag, Köln, 184 pp.

Ribarič, V., 1982: Seismicity of Slovenia. Catalog of earthquakes (792 a.d. – 1981). – Publ. Seism. Surv. Slovenia, Series A, No. 1.1. Ljubljana, 649 pp.

Rice, J.R., 1980: The mechanics of earthquake rupture. In: A.M. Dziewonski & E. Boschi (eds.): Physics of the Earth's Interior. – North Holland, Amsterdam etc.: 555-648.

Rice, J.R., 1983: Constitutive relations for fault slip and earthquake instabilities. – Pageoph **121**: 443-475.

Richter, C.F., 1935: An instrumental earthquake magnitude scale. – Bull. Seism. Soc. Am. **25**: 1-32.

Richter, C.F., 1958: Elementary seismology. – W.H. Freeman, San Francisco, 768 pp.

Roeloffs, E., Langbein, J., 1994: The earthquake prediction experiment at Parkfield, California. – Rev. of Geophys. **32**: 315-316.

Romanovicz, B., Ruff, L.J., 2002: On moment-length scaling of large strike slip earthquakes and the strength of faults. – Geophys. Res. Lett. **29**: 45.1-4.

Rothé, J.-P., 1941: Les séismes des Alpes Françaises en 1938 et la séismicité des Alpes occidentales. – Ann. Inst. Phys. Globe, Strasbourg, 3ième partie:-Géophys., Nouv. Série, **3**: 1-105.

Rothé, J.-P., 1946: La séismicité des Alpes occidentales (compléments). – Ann. Inst. Phys. Globe, Strasbourg, 3ième partie: Géophys., Nouv. Série, **4**: 89-105.

Rothé, J.-P., 1954: La zone sismique mediane indo-atlantique. – Proc. Roy. Soc. A **222**: 387-397.

Rothé, J.-P., 1969: La séismicite du globe 1953-1965. – Unesco, Paris, 336 pp.

Rothé, J.-P., 1970: Séismes artificiels. – Tectonophys. **9**: 215-238.

Rothé, J.-P., Dechevoy, N., 1967: La séismicite de la France de 1951 à 1960. – Ann. Inst. Phys. Globe, Strasbourg, 3ième partie: Géophys., Nouv. Série, **8**: 19-95.

Rüttener, E.,1995: Earthquake hazard evaluation for Switzerland. – Mat. pour la géol. de la Suisse, Géophys. No. **29**, Schweiz. Erdbebend., Zürich, 126 pp.

Ruscheweyh, H., 1982: Dynamische Windwirkung an Bauwerken. Band 2: Praktische Anwendungen. – Bauverlag, Wiesbaden-Berlin, 184 pp.

Ryan, W.B.F., Heezen, B.C., 1965: Ionian Sea submarine canyons and the 1908 Messina turbidity current. – Bull. Geol. Soc. Am. **76**: 915-932.

Rydalek, P.A., Pollitz, F.F., 1994: Fossil strain from the 1811-1812 New Madrid earthquakes. – Geophys. Res. Lett. **21**: 2303-2306.

Rynn, J.N.W., 1993: Towards earthquake mitigation in Australia. In: K. Meguro & T. Katayama (eds.): Seismic risk management for the countries of the Asia Pacific region. – INCEDE report 1994-02: 5-30.

Saari, J., 1992: A review of the seismotectonics of Finland. – Rep. YJT-92-29 Nuclear Waste Comm. Finn. Power Comp., Helsinki, 79 pp.

Sägesser, R., Mayer-Rosa, D., 1978: Erdbebengefährdung in der Schweiz. – Schweiz. Bauzeitung **96**: 107-123.

Satake, K., 2002: Tsunamis. In: W.H.K. Lee, H. Kanamori, P.C. Jennings, C. Kisslinger (eds.): International handbook of earthquak and engineering seismology. Part A, Academic Press, Amsterdam etc.: 437-451.

Sauber, J., Thatcher, W., Solomon, S.C., Lisowski, M., 1994: Geodetic slip rate for the Eastern California shear zone and the recurrance time of Mojave desert earthquakes. – Nature **367**: 264-266.

Savage, J.C., 1972: Relation of corner frequency to fault dimensions. – J. Geophys. Res. **77**: 3788-3795.

Savage, J.C., 1993: The Parkfield prediction fallacy. – Bull. Seism. Soc. Am. **83**: 1-6.

Savage, J.C., Lisowski, M., 1993: Inferred depth of creep on the Hayward fault, Central California. – J. Geophys. Res. **98**: 787-793.

Schaer, J.P. (Hrsg.), 1967: Etages tectoniques. – A la Baconnière, Neuchâtel, 332 pp.

Scheidegger, A.E., 1975: Physical aspects of natural catastrophies. – Elsevier, Amsterdam-Oxford-New York.

Scherbaum, F., Palme, C., Langer, H., 1994: Model parameter optimization for site-dependent simulation of ground motion by simulated annealing: reevaluation of the Ashigara Valley Prediction Experiment. – Nat. hazards **10**: 275-296.

Schick, R., 1977: Eine seismotektonische Bearbeitung des Erdbebens von Messina. – Geol. Jb. Reihe E, Heft **11**, Stuttgart, 74 pp.

Schmedes, F., Antonini, M., 1991: Bebenschwarm im Egerland. In: Erdbeben in der Bundesrepublik Deutschland 1985. – Bundesanstalt für Geow. u. Rohstoffe, Hannover: 29-45.

Schmidt, E.R., 1956: Tektonische Studien aus dem ungarischen Zwischengebirge, als Beispiele zur theoretischen und praktischen Anwendung der Geomechanik. – Geotektonisches Symposium zu Ehren von Hans Stille. – Ferdinand Enke Verlag, Stuttgart: 441-452.

Schneider, G., 1972: Die Erdbeben in Baden-Württemberg 1963-1972. – Veröffentl. Landeserdbebend., Bad.-Württbg., Stuttgart, 47 pp.

Schneider, G., 1979: The earthquake in the Swabian Jura of 16 November 1911 and present concepts of seismotectonics. – Tectonophys. **53**: 279-288.

Schneider, G., 1993: Beziehungen zwischen Erdbeben und Strukturen der Süddeutschen Großscholle. – N. Jb. Geol. Paläontol. Abh. **189**: 275-288.

Schneider, G., 1997: Abschätzung der seismischen Gefährdung für intrakontinentale Gebiete: Die Situation in Mitteleuropa. – Ecl. geol. Helv. **90**: 421-432.

Schön, J., 1983: Petrophysik. – Ferdinand Enke Verlag, Stuttgart, 405 pp.

Scholz, Ch.H., 1988: The brittle-plastic transition and the depth of seismic faulting. – Geol. Rundschau **77**: 319-328.

Scholz, Ch.H., 1989: Mechanics of faulting. – Ann. Rev. Earth Planet. Sci. **17**: 309-334.

Scholz, Ch.H., 1990a: The mechanics of earthquakes and faulting. – Cambridge Univ. Press, New York etc., 439 pp.

Scholz, Ch.H.,1990b: Earthquakes as a chaos. – Nature **348**: 197-198.

Scholz, Ch. H., Wyss, M., Smith, S.W., 1969: Seismic and aseismic slip on the San Andreas fault. – J. Geophys. Res. **74**: 2049-2069.

Schröder, W., Treder, H.-J., 1997: Einige Aspekte im wissenschaftlichen Wirken von Emil Wiechert. – DGG Mitt 2/1997: 9-13.

Schwartz, D.P., Coppersmith, K.J., 1984: Fault behavior and characteristic earthquakes: Examples from the Wasatch and San Andreas fault zones. – J. Geophys. Res. **89**: 5681-5698.

Schweizer Rück, 1995: Das Erdbeben von Kobe: Versuch, Irrtum, Erfolg. – Zürich, 28 pp.

Seeber, L., Armbruster, J.G., 1981: Great detachment earthquakes along the Himalayan arc and long-term forecasting. In: D.W. Simpson & R.G. Richards (eds.): Earthquake prediction. – American Geophysical Union, Washington D.C., Maurice-Ewing-Series Vol. **4**: 259-277.

Seed, H.B., Ugas, C., Lysmer, J., 1976: Site-dependent spectra for earthquake resistant designs. – Bull. Seism. Soc. Am. **66**: 221-243.

Seilacher, A., 1969: Fault-graded beds interpreted as seismites. – Sedimentol. **13**: 155-159.

Selvaggi, G., Amato, A., 1992: Subcrustal earthquakes in the Northern Apennines (Italy): Evidence for a still active subduction? – Geophys. Res. Lett. **19**: 2127-2130.

Senftl, E., Exner, Ch., 1973: Rezente Hebung der Hohen Tauern und geologische Interpretation. – Verhdl. Geol. Bundesanstalt, Wien, **2**: 209-234.

Shebalin, N.V., 1972: Macroseismic data as information on source parameters of large earthquakes. – Phys. Earth Planet. Int. **6**: 316-323.

Shen, X.J., Rybach, L., 1994: A kinematics – uplift model for the Himalayan – Tibetan region. – Acta Sism. Sin. **7**: 415-425.

Shu-Chioung, C.C., Jer-Ming, C., Johnston, A.C., 1997: Seismicity of the southeastern margin of Reelfoot Rift, Central United States. – Seism. Res. Lett. **68**: 785-794.

Sibson, R.H., 1983: Continental fault structure and the shallow earthquake source. – J. geol. Soc. London **140**: 741-767.

Sibson, R.H., 2002: Geology of the crustal earthquake source. In: W.H.K.Lee, H. Kanamori, P.C. Jennings, C.Kisslinger (eds.): International handbook of earthquake and engineering seismology. Part A. – Academic Press, Amsterdam etc., 455-473.

Sieberg, A., 1932: Erdbebengeographie. In: B. Gutenberg (Hrsg.): Handbuch der Geophysik. – Gebrüder Bornträger, Berlin: 527-1005.

Sieberg, A., 1940: Beiträge zum Erdbebenkatalog Deutschlands und angrenzender Gebiete für die Jahre 58 bis 1799. – Mitt. Deutscher Reichserdbebend., Berlin, 112 pp.

Sieberg, A., Krumbach, G., 1927: Das Einsturzbeben in Thüringen vom 28. Januar 1926. – Veröffentl. Reichanst. f. Erdbebenforsch., Jena, **6**: 1-32.

Sieberg, A., Lais, R., 1925: Das mitteleuropäische Erdbeben vom 16. November 1911: Bearbeitung der makroseismischen Beobachtungen. – Veröffentl. Reichanst. f. Erdbebenforsch., Jena, **4**: 106 pp.

Sieh, K.E., 1978a: Slip along the San Andreas fault associated with the great 1857 earthquake. – Bull. Seism. Soc. Am. **68**: 1421-1448.

Sieh, K.E., 1978b: Prehistoric large earthquakes produced by slip on the San Andreas fault at Pallett Creek, California. – J. Geophys. Res. **83**: 3907-3939.

Sieh, K.E., 1981: A review of geological evidence for recurrance times of large earthquakes. In: D.W. Simpson & P.G. Richards (eds.): Earthquake prediction. – American Geophysical Union, Washington D.C., Maurice-Ewing Volume **4**: 181-207.

Sieh, K.E., 1984: Lateral offsets and revised data of large prehistoric earthquakes at Pallett Creek, Southern California. – J. Geophys. Res. **89**: 7641-7670.

Simpson, R.W., Lienkaemper, J.J., Galehouse, J.S., 2001: Variations in creep rate along the Hayward Fault, California, interpreted as changes in depth of creep. – Geophys. Res. Lett. **28**: 2269-2272.

Singh, S.K., Astiz, L., Havskov, J., 1981: Seismic gaps and recurrance periods of large earthquakes along the Mexican subduction zone. – Bull. Seism. Soc. Am. **71**: 827-843.

Singh, R.P., Sato, T., Nyland, E., 1995: The geodynamic context of the Latur (India) earthquake, 30 Septembre 1993. – Phys. Earth Planet. Int. **91**: 245-251.

Sleep, N.H., Sloss, L.L., 1980: The Michigan Basin. – Geodynamics Serie Vol. **1**, American Geophysical Union, Washington D.C.,: 93-98.

Slemmons, D.B., Depolo, C.M., 1986: Evaluation of active faulting and associated hazards. In: Studies in Geophysics, Active Tectonics. – National Acad. Press, Washington D.C.: 45-62.

Sokolov, V.Y., 2000: Hazard-consistant ground motions: generation on the basis of uniform hazard Fourier spectra. – Bull. Seism. Soc. Am. **90**: 1010-1027.

Solonjenko, W.P., 1968. Ost-Sibirien. In: S.W. Medvedev (Hrsg.): Seismische Regionalisierung der UdSSR. – Nauka, Moskau: 358-371.

Soloviev, S.L., 1974: Katalog der Tsunamis an der Westküste des Pazifiks. – Nauka, Moskau, 310 pp.

Soloviev, S.L., 1990: Tsunamigenic zones in the Mediterranian Sea. – Nat. hazards **3**: 183-202.

Somerville, P., Irikara, K., Graves, R., Sawada, S., Wald, D., Abrahamson, N., Iwaskai, W., Kagawa, T., Smith, N., Kowada, A., 1999: Characterizing crustal earthquake slip models for the prediction of strong ground motion. – Seism. Res. Lett. **70**: 59-80.

Somerville, P., McLaren, J.P., Saikia, U.K., Helmberger, D.V., 1990: The 25 November 1988 Saguenay, Quebec, earthquake: Source Parameters and the attenuation of strong ground motion. – Bull. Seism. Soc. Am. **80**: 1118-1143.

Somerville, P., Saikia, Ch., Wald, D., Graves, R., 1996: Implications of the Northridge earthquake for strong ground motions from thrust faults. – Bull. Seism. Soc. Am. **86**: 115-125.

Somerville, P.G., Smith, N.F., Graves, R.W., Abrahamson, N.A., 1997: Modification of empirical strong ground motion attenuation relations to include the amplitude and duration effects of rupture directivity. – Seism. Res. Lett. **68**: 199-222.

Spence, W., 1987: Slab pull and the seismotectonics of subducting lithosphere. – Rev. of Geophys. **25**: 55-69.

Sponheuer, W., 1952: Erdbebenkatalog Deutschlands und der angrenzenden Gebiete für die Jahre 1800-1899. – Mitt. Deutscher Erdbebend., Jena, Heft **3**, 195 pp.

Staub, R., 1928: Der Bewegungsmechanismus der Erde. – Gebrüder Bornträger, Berlin, 280 pp.

Stegena, L., Szeidowitz, G., 1991: The 14 jannuary 1810 earthquake in Mór, Hungary: the first isoseismal map. – Tectonophys. **193**: 109-115.

Stein, R.S., Barka, A.A., Dieterich, J.H., 1997: Progressive failure on the North Anatolian fault since 1939 by earthquake stress triggering. – Geophys. J. Int. **128**: 594-604.

Steinbrugge, K.V., 1970: Earthquake damage and structural performance in the United States. In: R.L. Wiegel (ed.): Earthquake Engineering. – Prentice-Hall, Englewood Cliffs N.J.: 167-226.

Steinbrugge, K.V., Zacher, E.G., Tocher, D., Whitten, C.A., 1960: Creep on the San Andreas fault. – Bull. Seism. Soc. Am. **50**: 389-415.

Stiros, S.C., 1988: Archeology – a tool to study active tectonics. – EOS Trans. Am. Geophys. Union **69**: 1638-1639.

Stoll, D., 1980: Determination of fault parameters of five 1976 Friuli earthquakes from Rayleigh wave spectra. – Boll. Geof. pura ed appl. **22**: 3-11.

Strobach, K., 1991: Unser Planet Erde – Ursprung und Dynamik. – Gebrüder Bornträger, Berlin-Stuttgart, 253 pp.

Studer, J.A., Koller, M.G., 1997: Bodendynamik. – Springer-Verlag, Berlin etc., 262 pp.

Stüwe, K., 2000: Geodynamik der Lithosphäre. – Springer-Verlag, Berlin etc., 405 pp.

Sue, Ch., Gress, J.R., Lahaie, F., Amitrano, D., 2002: Mechanical behavior of western alpine structures inferred from statistical analysis of seismicity. – Geophys. Res. Lett. **29**, No. 8: 65.1-4.

Suess, E., 1874: Die Erdbeben Niederösterreichs. – Denkschrift k. k. Akad. Wissensch. in Wien, math.-naturw. Kl. **33**: 61-98.

Suess, E., 1875: Die Erdbeben des südlichen Italiens. – Denkschrift k. k. Akad. Wissensch. In Wien, math.-naturw. Kl. **34**: 1-32.

Sykes, L.R., 1971: Aftershock zones of great earthquakes, seismicity gaps, and earthquake prediction for Alaska and Aleutians. – J. Geophy. Res. **76**: 8021-8041.

Sykes, L.R., 1978: Intraplate seismicity, reactivation of preexisting zones of weakness, alkaline magmatism, and other tectonism postdating continental fragmentation. – Rev. Geophys. Space Phys. **16**: 621-688.

Sykes, L.R., 1996: Intermediate- and long-term earthquake prediction. – Proc. Nat. Acad. Sci. USA **93**: 3732-3739.

Takahasi, R., 1963: A summary report on the Chilean Tsunami of may,1960, as observed along the coast of Japan. – Int. Union Geod. Geophys., Monographie No. **24**: 77-86.

Takahashi, R., Hirano, K., 1941: Seismic vibrations of soft ground. – Bull. Earth. Res. Inst. **19**: 534-543.

Talwani, P., 1988: The intersection model for intraplate earthhquakes. – Seism. Res. Lett. **59**: 305-310.

Taponnier, P., Molnar, P., 1976: Slip-line field theory and large-scale continental tectonics. – Nature **264**: 319-324.

Taubenheim, J., 1969: Statistische Auswertung geophysikalischer und meteorologischer Daten. – Akad. Verl. ges., Geest & Portig, Leipzig, 386 pp.

Taymaz, T., Jackson, J., McKenzie, D., 1991: Active tectonics of the north and central Aegean Sea. – Geophys. J. Int. **106**: 433-490.

Tchalenko, J.S., Ambraseys, N.N., 1970: Structural analysis of the Dasht-e-Bayaz (Iran) earthquake fractures. – Geol. Soc. Am. Bull. **81**: 41-60.

Teng, T., Tsai, Y.-B., Lee, W.H.K., 2001: The Chi-Chi, Taiwan earthquake of 20 September 1999. – Bull. Seism. Soc. Am. **91**: 893-1593.

Thatcher, W., Lisowski, M., 1987: Long-term seismic potential of the San Andreas fault southeast of San Francisco, California. – J. Geophys. Res. **92**: 4771-4784.

Thenhaus, P.C., 1990: Perspectives on earthquake hazards in the New Madrid seismic zone, Missouri. – Earthqu. and volc. **22**: 4-21.

Thiel, Ch.C. (ed.), 1990: Competing against time.- Report to the Governor George Denkmejian from the Governor's Board of Inquiry on the 1989 Loma Prieta Earthquake. – State of California, Dept. of Gen.Serv., North Highlands, California, 264 pp.

Tibi, R., Bock,G., Xia, Y., Baumbach, M., Grosser, H., Milkereit, C., Karakisa, S., Zünbül, S., Kind, R., Zschau, J., 2001: Rupture processes of the 1999 August 17 Izmit and November 12 Düzce (Turkey) earthquakes. – Geophys. J. Int. **144**: F1-F7.

Tinti, St., Guiliani, D., 1983: The Messina strait tsunami of December 28, 1908 – a critical review of experimental data and observations. – Il nuovo Cim. **60**: 429-442.

Tollmann, A., 1982: Großräumiger variszischer Deckenbau im Moldanubikum und neue Gedanken zum Variszikum Europas. – Geotekton. Forsch., Schweizerbart, Stuttgart, No. **64**: 91 pp.

Tsuboi, C., 1933: Notes on the mechanical strength of the earth's crust. – Bull. Earthqu. Res. Inst. **11**: 275-277.

Turcotte, D.L., 1989: Fractals in geology and geophysics. – Pageoph **131**: 171-196.

Turcotte, D.L., Schubert, G., 1982: Geodynamics. – J. Wiley & Sons, New York etc., 450 pp.

Turnowsky, J., Schneider, G., 1982: The seismotectonic character of th september 3, 1978 Swabian Jura earthquake series. – Tectonophys. **83**: 151-162.

US Departement of the Interior, US Department of Commerce, 1971: The San Fernando, California, earthquake of February 9, 1971. – Geol. Surv., Prof. Pap. 733, Washington D.C., 254 pp.

US Geological Survey, 1990: Most destructive known earthquakes on record in the world. – National Earthquake Information Center, Golden CO.

Van Arsdale, R., Purser, J., Stephenson, W., Odum, J., 1998: Faulting along the Southern margin of the Reelfoot lake, Tennessee. – Bull. Seism. Soc. Am. **88**: 131-139.

Vanmarcke, E.H., 1976: Structural response to earthquakes. In: C. Lomnitz & E. Rosenblueth (eds.): Seismik risk and engineering decisions. – Elsevier, Amsterdam-Oxford-New York: 287-337.

Vine, F.J., Matthews, D.H., 1963: Magnetic anomalies over oceanic ridges. – Nature **199**: 947-949.

Vogt, J. (ed.), 1979: Les tremblements de terre en France. – Mém. BRGM No. 96, Orléans, 208 pp.

Waas, G., 1988: Das Erdbeben vom 19. September 1988 in Mexiko. Bodendynamische und bautechnische Aspekte. In: M. Steinwachs (Hrsg.): Ausbreitung von Erschütterungen in Boden und Bauwerk. – 3.Jt. DGEB. Trans Tech. Publ., Clausthal: 57-91.

Wadati, K., 1935: On the activity of deep-focus earthquakes in the Japan Islands and neighbourhoods. – Geophys. Mag. **8**: 305-325.

Wadati, K., 1963: The report on the Tsunami of the Chilean earthquake, 1960. – Techn. Rep. Japan Meteor. Ag., Tokyo, 58 pp.

Wadati, K., Hirono, T., Hisamoto, S., 1963: On the tsunami warning system in Japan. In: D.C. Cox (ed.): Proc. Tsunami meetings 10th Pac. Science Congr.: 138-146.

Wang, J., 1985: Periodicity of ground fissures and earthquakes in the earthquake belt of Weihe river. – Acta Seism. Sin. **7**: 190-201.

Wanner, E., 1937: Zur Statistik der Erdbeben. – Gerlands Beitr. Geophys. **50**: 85-90 (I); 223-228 (II).

Ward, St.N., 1994: Constraints on the seismotectonics of the Central Mediterranian from Very Long Baseline Interferometry. – Geophys. J. Int. **117**: 441-452.

Ward, St.N., 1997: More on Mmax. – Bull. Seism. Soc. Am. **87**: 1199-1208.

Wald, D.J., Somerville, P.G., 1995: Variable-slip rupture model of the Great 1923 Kanto, Japan, earthquake: Geodetic and body-waveform analysis. – Bull. Seism. Soc. Am. **85**: 159-177.

Wechsler, E., 1987: Das Erdbeben von Basel 1356. Teil 1: Historische und kunsthistorische Aspekte. – Publ. Reihe Schweiz. Erdbebend. No. **102**, Zürich, 128 pp.

Wegener, A., 1915: Die Entstehung der Kontinente und Ozeane. – Sammlung Vieweg, Braunschweig, 94 pp.

Weidmann, M., 2002: Erdbeben in der Schweiz. – Desertina, Chur, 297 pp.

Weischet, W., 1963: Further observations of geologic and geomorphic changes from the catastrophic earthquake of May 1960, in Chile. – Bull. Seism. Soc. Am. **53**: 1237-1257.

Wells, D.L., Coppersmith, K.J., 1994: New empirical relationships among magnitude, rupture length, rupture width, rupture area and surface displacement. – Bull. Seism. Soc. Am. **84**: 974-1002.

Wenzel, F., Oncescu, M.C., Baur, M., Fiedrich, F., 1999: An early warning system for Bucharest. – Seism. Res. Lett. **70**: 161-169.

Wesnousky, St.G., 1986: Earthquakes, quaternary faults, and seismic hazard in California. – J. Geophys. Res. **91**: 12.587-12.631.

Wesnousky, S.G., Jones, L.M., Scholz, Ch.H., Deng. Qu.,1984: Historical seismicity and rates of crustal deformation along the margins of the Ordos Block, North China. – Bull. Seism. Soc. Am. **74**: 1767-1783.

Wiechert, E., 1907: Theoretisches über die Ausbreitung von Erdbebenwellen. – Nachr. k. Ges. Wissensch. zu Göttingen, math.-phys. Kl.:1-114.

Wiegel, R.L., 1970: Tsunamis. In: R.L. Wiegel(ed.): Earthquake engineering. – Prentice-Hall, Englewood Cliffs N.J.: 253-306.

Wielandt, E., 2002: Seismometry. In: W.H.K. Lee, H. Kanamori, P.C. Jennings, C. Kisslinger (eds.): International handbook of earthquake and engineering seismology. Part A. – Academic Press, Amsterdam etc.: 283-303.

Wilson, J.T., 1965: A new class of faults and their bearing on continental drift. – Nature **207**: 343-347.

Wirtschaftsministerium Baden-Württemberg, 2001: Erdbebensicher Bauen.5.Aufl. – Stuttgart, 107 pp.

Wolf, J.P., 1985: Dynamical soil-structure interaction. – Prentice-Hall, Englewood Cliffs N.J., 466 pp.

Wood, H.O., 1933: Preliminary report on the Long Beach earthquake. – Bull. Seism. Soc. Am. **23**: 43-56.

Wood, R.M., 1983: What happens to the Rhine Graben „subplate boundary“ where it meets the S. North Sea? In: A.R.Ritsema & A. Gürpinar (eds.): Seismicity and Seismic Risk in the offshore North Sea. – Reidel, Dordrecht: 35-42.

Wood,R.M., 1985: The dark side of the Earth. – Allen & Unwin, London-Boston-Sydney, 246 pp.

Wright, F.L., 1923/24: Experimenting with human lives. In: B. Brooks Pfeiffer (ed.): Frank Lloyd Wright: Collected Writings. – Vol. I (1894-1930): 169-174.

Wu, K.T., Yue, M.-Sh., Wu, H.-Y., Cao, X.-L., Chen, H.T., Huang, W.-Q., Tian, K.-Y., Lu, Sh.-D.,1976: Certain characteristics of Haicheng earthquake (M=7.3) sequence. – Acta Geophys. Sin. **19**: 95-109.

Yanshin, A.L. (ed.), 1966: Tectonics of Eurasia. – Nauka, Moscow, 488 pp.

Ye, H., Zhang, B., Mao, F., 1987: The Cenozoic tectonic evolution of the Great North China: two types of rifting and crustal necking in the Great North China and their tectonic implications. – Tectonophys. **133**: 217-227.

Yeats, R.S., Sieh, K., Allen, C.R., 1997: The geology of earthquakes. – Oxford Univ. Press, New York-Oxford, 568 pp.

Youd, L.T., 2003: Liquefaction mechanisms and induced ground failure. In: W.H.K. Lee, H. Kanamori, P.C. Jennings, C. Kisslinger (eds.): Handbook of earthquake and engineering seismology. Part B. Academic Press, Amsterdam etc.: 1159-1173.

Youd, T.L., Perkins, D.M., Turner, W.G., 1989: Liquefaction severity index attenuation for the Eastern United States. In: T.D. O'rourke & M. Hamada (eds.): Proc. from the 2nd US-Japan-workshop on liquefaction, large ground deformation and their effects on lifelines. – Nat. Center Earthqu. Eng. Res. Techn. Rep. NCEER-89-0032, Buffalo N.Y.: 438-452.

Youngs, R.R., Coppersmith, K.J., 1985: Implications of fault slip rates and earthquake recurrance models to probabilistic hazard estimates. – Bull. Seism. Soc. Am.**75**: 939-964.

Zacharaowskaya, D.M., 1970. Das Taschkenter Erdbeben vom 26. April 1966. – Verlag FAN, Taschkent, 672 pp.

Zanchi, A., Angelier, J., 1993: Seismotectonics of Western Anatolia: regional stress orientation from geophysical and geological data. – Tectonophys. **222**: 259-274.

Zevi, B., 1998: Frank Lloyd Wright. – Birkhäuser-Verlag, Basel-Boston-Berlin, 286 pp.

Zhang, Z., Fang, CX., Yian, H., 1987: A mechanical model of the formation mechanism of the Shanxi Grabenzone and the characteristics of Shanxi earthquake zone. – Acta Seism. Sin. **9**: 28-36.

Zimmermann, M., 2000: Das somatoviszerale sensorische System. In: Schmidt, R.F., Thews, G., Lang, F., (Hrsg.): Physiologie des Menschen. – Springer-Verlag, Berlin etc.: 207-233.

Zippelt, K., Mälzer, H., 1987: Results of new geodetic investigations in SW-Germany. – J. Geodyn. **8**: 179-191.

Zoback, M.L., Zoback, M.D., 1980: State of stress in the conterminous United States. – J. Geophys. Res. **85**: 6113-6156.

Zoubek, V. (ed.), 1966: Regional geology of Chechoslovakia. Part I: The bohemian Massif (by J. Svoboda et al.). – Publ. House Chechosl. Acad. Sciences, Prague, 668 pp.

Zsíros, T., Mónus, P., Tóth, L., 1988: Hungarian earthquake catalog (465-1986). – Budapest, 182 pp.

Weiterführende Literatur

a. Gesamter Bereich der allgemeinen und angewandten Seismologie.

BÜCHER

Lee, W.H.K., Kanamori, H., Jennings, P.C., Kisslinger, C., (eds.), 2002/2003: International Handbook of Earthquake and Engineering Seismology. Part A/ Part B – Academic Press, Amsterdam etc., 1945 pp.

b. Allgemeine Seismologie (Kapitel 1 und 2)

Aki, K., Richards, P.G., 2002: Quantitative Seismology. 2nd edition. – Univ. Science Books, Sausalito, California, 700 pp.

Bolt, B.A., 1999: Earthquakes. 4th edition – W.H. Freeman, New York, 366 pp.

Eisbacher, G.H., 1995: Einführung in die Tektonik. 2. Aufl. – Spektrum Akademischer Verlag, Heidelberg. 374 pp.

Engelder, T., 1993: Stress regimes in the lithosphere. – Princeton Univ. Press, Princeton N.J., 457 pp.

Lay, T., Wallace, T.C., 1995: Modern global seismology. – Academic Press, San Diego etc., 521 pp.

Meissner, R., 1986: The continental crust. International Geophys. Series No.34 – Academic Press, Orlando, Fla., 426 pp.

Scholz, Ch.H., 2002: The mechanics of earthquakes and faulting.2nd edition. – Cambridge Univ. Press, Cambridge, 471 pp.

Shearer. P.M., 1999: Introduction to seismology. – Cambridge Univ. Press, Cambridge, 260 pp.

Strobach, K., 1991: Unser Planet Erde – Usprung und Dynamik. – Gebrüder Bornträger, Berlin-Stuttgart, 253 pp.

Stüwe, K., 2000: Geodynamik der Lithosphäre. – Springer-Verlag, Berlin etc., 405 pp.

Turcotte, D.L., Schubert, G., 2002: Geodynamics. 2nd edition. – Cambridge Univ. Press, Cambridge, 456 pp.

Udías, A., 1999: Principles of seismology. – Cambridge Univ. Press, Cambridge, 475 pp.

Yeats, R.S., Sieh, K., Allen, C.R.,1997: The geology of earthquakes. – Oxford Univ. Press, New York – Oxford, 568 pp.

ZEITSCHRIFTEN

Herausgeber: Seismological Society of America: Bulletin Seismological Society of America Vol. 92 (2002).

Seismological Research Letters Vol. 73 (2002).

Internationale/europäische Zeitschrift: Geophysical Journal International Vol. 151 (2002).

Herausgeber: American Geophysical Union: Journal Geophysical Research (Rote Reihe: Physik des Erdkörpers) Vol. 107 (2002)

Geophysical Research Letters Vol. 29 (2002).

Verlag Elsevier, Amsterdam etc.: Tectonophysics Vol. 359 (2002).

Alle nationalen und internationalen Reihen, die der Physik und Chemie des Erdkörpers, der Tektonik und Strukturgeologie gewidmet sind, enthalten Beiträge zum Thema „Erdbeben“.

c. Angewandte Seismologie (Kapitel 3 und 4)

BÜCHER

Ambrose, J., Vergun, D., 1999: Design for earthquakes. – John Wiley & Sons, New York etc., 363 pp.

Bachmann, H., 1995: Erdbebensicherung von Bauwerken. – Birkhäuser Verlag, Basel-Boston-Berlin, 292 pp.

Bryant, E., 2001: Tsunami, the underrated hazard. – Cambridge Univ. Press, Cambridge etc., 320 pp.

Clough, R.W., Penzien, J., 1993: Dynamics of structures. 2nd edition. – McGraw-Hill, Kogakusho Ltd., Tokyo etc., 739 pp.

Coburn, A., Spence, R., 1992: Earthquake protection. – J.Wiley & Sons, Chichester etc., 355 pp.

Day, R.W., 2002: Geotechnical earthquake engineering handbook. – McGraw-Hill, New York etc., 585 pp.

Earthquake Engineering Research Institute, 1986: Reducing earthquake hazards: lessons learned from earthquakes. – EERI Publ. No. 86-02, 208 pp.

Eible, J., Henseleit, O., Schlüter, F.-H., 1988: Baudynamik. – Beton-Kalender, Ernst & Sohn, Berlin: 665-774.

Flesch, R., 1993: Baudynamik, Band I. – Bauverlag, Wiesbaden-Berlin, 543 pp.

Kanai, K., 1983: Engineering Seismology. – Univ. of Tokyo Press, 251 pp.

Kappos, A.J. (ed.), 2002: Dynamic loading and design of structures. – SPON-Press, London-New York, 374 pp.

Komodromos, P., 2000: Seismic isolation for earthquake resistant structures. – W.-T-Press, Southampton-Boston, 201 pp.

Koyama, J., 1997: The complex faulting process of earthquakes. – Kluwer Academic Publ., Dordrecht-Boston-London, 208 pp.

Lomnitz, C., 1994: Fundamentals of earthquake prediction. – J. Wiley & Sons, New York etc., 326 pp.

Lomnitz, C., Rosenblueth, E.(eds.), 1976: Seismic risk and engineeriung decisions. – Elsevier, Amsterdam-Oxford-New York, 425 pp.

Luz, E., 1992: Schwingungsprobleme im Bauwesen. – Expert-Verlag, Ehningen/Böblingen, 317 pp.

McCalpin, J.P. (ed.), 1996: Paleoseismology. – Academic Press, San Diego etc., 588 pp.

Meskouris, K., Hinzen, K.-G., 2003: Bauwerke und Erdbeben. Grundlagen-Anwendung – Beispiele. – Vieweg, Wiesbaden, 470 pp.

Müller, F.P., Keintzel, E., 1984: Erdbebensicherung von Hochbauten. 2. Aufl. – Ernst & Sohn, Berlin, 249 pp.

Naeim, F. (ed.), 1989: The seismic design handbook. – Van Nostrand Reinhold, New York, 450 pp.

Petersen, Ch., 1996: Dynamik der Baukonstruktionen. – Vieweg, Braunschweig-Wiesbaden, 1272 pp.

Pocanschi, A., Phocas, M.C., 2003: Kräfte in Bewegung: Die Techniken des erdbebensicheren Bauens. – B. G. Teubner, Stuttgart-Leipzig-Wiesbaden, 601 pp.

Reiter, L., 1990: Earthquake hazard analysis. – Columbia Univ. Press, New York, 254 pp.

Smith, K., 1992: Environmental hazards. – Routledge, London-New York, 324 pp.

Studer, J.A., Koller, M.G., 1997. – Bodendynamik. 2.Aufl. – Springer-Verlag, Berlin etc., 262 pp.

Wakabyashi, M., 1986: Design of earthquake - resistant buildings. – McGraw-Hill, Book Comp., New York etc., 309 pp.

Williams, A., 1995: Seismic design of buildings and bridges. – Engineering Press, San Jose, California, 437 pp.

Wirtschaftsministerium Baden-Württemberg, 2001: Erdbebensicher Bauen. 5. Aufl. – Stuttgart, 107 pp.

Wolf, J.P., 1985: Dynamic soil-structure interaction. – Prentice-Hall, Englewood Cliffs, N.JH., 466 pp.

ZEITSCHRIFTEN

Earthquake Engineering & Structural Dynamics Vol. 32 (2003). – John Wiley & Sons.

Earthquake Spectra Vol. 18 (2002) – Earthquake Engineering Research Institute, Oakland, Cal., USA.

European Earthquake Engineering Vol.16 (2002) – Pàtron Editore, Bologna.

Index

Fett gedruckt sind Orte und Jahreszahlen von Erdbeben

A

B

C

D

E

F

G

H

I

J

K

L

M

S

T

U

V

W

Z

Printed in Germany
by Amazon Distribution
GmbH, Leipzig